从零开始学Selenium自动化测试

（基于Python·视频教学版）

李晓鹏　夜无雪◎著

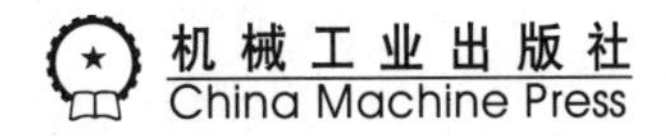

图书在版编目（CIP）数据

从零开始学Selenium自动化测试：基于Python：视频教学版/李晓鹏，夜无雪著. —北京：机械工业出版社，2020.12

ISBN 978-7-111-67003-2

Ⅰ. 从… Ⅱ. ①李… ②夜… Ⅲ. 软件工具–自动检测 Ⅳ. TP311.561

中国版本图书馆CIP数据核字（2020）第242585号

从零开始学 Selenium 自动化测试（基于 Python · 视频教学版）

出版发行：机械工业出版社（北京市西城区百万庄大街 22 号 邮政编码：100037）

责任编辑：陈佳媛 责任校对：姚志娟

印 刷：中国电影出版社印刷厂 版 次：2021 年 1 月第 1 版第 1 次印刷

开 本：186mm×240mm 1/16 印 张：20.5

书 号：ISBN 978-7-111-67003-2 定 价：99.00 元

客服电话：（010）88361066 88379833 68326294 投稿热线：（010）88379604

华章网站：www.hzbook.com 读者信箱：hzit@hzbook.com

前言

笔者很早就进入了测试行业，所在团队早期的项目都是基于 QTP 实现的自动化场景案例及围绕 QTP 实现的自动化测试框架。团队一直都在使用 HP 公司的自动化测试工具，（从低版本 QTP 到高版本的 UFT）。在 2011 年的一次内部测试技术讨论会议上，笔者与几位曾经有库巴科技及百度工作经历的同事一起进行自动化选型讨论，当时大家都提到了 Selenium。

当时团队的项目大部分属于金融（保险和银行等）类型的 Web 项目，加之一些自有的属于教育体系的 Web 产品（K12 相关产品），同时由于 Selenium 开源且支持多种开发语言，因此从 2012 年开始团队将新项目的自动化测试工作逐步转型到 Selenium 上，当时使用的开发语言是 Java。2014 年前后，笔者团队负责的一个国外视频项目是基于 Python 2 开发的，当时团队尝试了将 Selenium 与 Python 语言进行结合来完成该项目的自动化测试。

这样团队应用的自动化测试技术就有两种：QTP（或 UFT）与 Selenium。一些项目或产品还在维护与迭代阶段，由于使用的是 QTP（或 UFT），因此延续原有的自动化测试工具与框架；而新的 Web 项目则选用 Selenium，结合的开发语言是 Java 与 Python。

随着 Python 语言的快速发展，尤其是 Python 3 的发布，它被广泛应用于包括自动化测试在内的各个领域。由于 Python 语言的学习成本比 Java 语言低很多，因此笔者所在团队中的 Web 自动化测试工作也逐步从 Java 转为 Python+Selenium 为主。

随着笔者在工作中应用 Selenium 越来越深入，于是就有了不少的项目经验和技术积累，在此期间笔者还录制了大量基于 Selenium 2 的测试课程（包括 Selenium 自动化实践基础、UnitTest 单元测试框架及 B/S 自动化框架）。

受多位同行和朋友的鼓励，笔者有了将这些年在自动化测试方面的一些经验和感悟编写成书的想法，希望能将这些经验和感悟分享给想要学习测试技术的人。经过和编辑的沟通，最终确定了选题，并于 2019 年年初开始动笔。为了加快进度，笔者邀请了夜无雪加入写作，我们最终于 2020 年 6 月完稿。本书基于 Selenium 3 编写，为了使得 Selenium 的各个知识点通俗易懂，笔者针对不同的知识点设计了丰富的实战案例。希望读者通过阅读本书，能够快速掌握 Selenium 自动化测试技术。

本书特色

1．视频教学，高效、直观

为了帮助读者更加高效、直观地学习本书内容，笔者专门为本书录制了约 10 小时的基础操作视频，相信读者结合视频学习，可以达到事半功倍的效果。

2．内容全面、系统

本书全面涵盖 Web 自动化测试的相关知识，如自动化测试的前期评估、WebDriver、单元测试、Page Object 设计模式、自动化框架的设计与实现等，可以让读者通过阅读一本书即可比较系统地掌握 Web 自动化测试的核心技术。

3．由浅入深，循序渐进

本书讲解时从基础和原理入手，再辅以典型实例，尽量让前文的讲解作为后文的铺垫，一步步带领读者循序渐进地学习。这样的章节安排符合读者的学习和认知规律，学习梯度比较平滑，学习效果更好。

4．原理与实践相结合

笔者深信，只有通过动手实践，才能加深对知识的理解，因此书中不仅介绍了自动化测试的相关概念和原理，而且还匹配了相应的测试案例，这样可以让读者学以致用，适应职场的相关要求。

5．案例典型，步骤详细，代码翔实

本书注重内容的实操性，主要知识点都配合实例进行讲解。书中在讲解实例和案例时都给出了详细的操作步骤和实现代码，并对关键代码做了详细的注释，便于读者理解。

6．提供教学PPT，方便学习和教学

笔者还为本书制作了教学 PPT，可以方便相关院校的老师在教学中使用，也可以方便学生和自学人员梳理本书的知识体系。

本书内容

本书将 Python 语言与 Selenium 相结合来实现自动化测试，需要读者具备 Python 语言基础，才能很好地阅读。Python 语言的相关图书与学习资料很多，本书并没有设置专门的章节来讲解。如果读者还不具备 Python 语言基础，推荐阅读张頔编著的《Python 编程从 0 到 1》一书。这是一本很好的 Python 程序设计图书，对于读者掌握 Python 程序设计有很大的帮助。

下面简单地介绍一下本书各章的内容。

第 1 章介绍为什么要做自动化测试，常见的自动化测试工具有哪些，以及哪些项目适合开展自动化测试等。

第 2 章介绍 Selenium 的发展历程及其学习路线。

第 3 章介绍 Python 和 Selenium 的环境部署。

第 4 章介绍 Selenium 集成开发环境与 Katalon Studio 的相关知识。本章所讲内容并不是自动化测试的重点，因为实际测试过程中很少通过集成开发环境来实现自动化，它只是辅助手段，但仍然需要读者了解这些内容。

第 5 章介绍如何定位 Web 页面中的各类元素，如文本框、按钮、复选框、图片、超链接和表等。本章内容是 Selenium 应用基础，需要读者很好地掌握。

第 6 章详细介绍 WebDriver API 的相关知识，如表单处理、鼠标处理及等待时间设置等。

第 7 章详细介绍单元测试框架的相关知识，涵盖 UnitTest 与 Pytest 两种单元测试框架。

第 8 章介绍 HTML 报告的生成及测试报告邮件的发送。

第 9 章详细介绍如何在自动化测试中融入 Page Object 设计模式。该设计模式是 Selenium 自动化测试领域公认的较好的设计模式。

第 10 章介绍自动化测试框架的一些基础技能的相关知识点，如日志、数据驱动及自动化框架的设计与实现等。

第 11 章介绍自动化与持续集成（CI）的结合。

第 12 章介绍如何借助 Selenium Grid 开展分布式测试。

第 13 章介绍 Selenium 与虚拟化（Docker）的结合。

读者对象

- 有一定 Python 语言基础的自动化测试初学者；
- 初级和中级测试工程师；
- 想提升自动化测试技术的人员；
- 高校及职业院校软件测试专业的学生；
- 相关培训机构的学员。

配书资料获取

笔者为本书提供了完整的实例源代码、基础操作教学视频及教学 PPT 等配套学习资料，这些资料需要读者自行下载。读者可以在华章公司的网站（www.hzbook.com）上搜索到本书，然后单击“资料下载”按钮，即可在本书页面上找到下载链接。

另外，笔者还针对本书内容录制了一些拓展学习的高阶教学视频，感兴趣的读者可访问 51CTO 官网上笔者的课程主页（https://edu.51cto.com/lecturer/968349.html），然后查找“Selenium 3 课程视频”，或者直接询问笔者，以获取视频课程地址。需要说明的是，高阶教学视频为付费课程。

致谢

笔者自从编写并出版过一本 QTP 书籍后已经有多年没再写书了，产生了惰性，本次受出版社朋友的鼓励才开始规划并编写这本基于 Selenium 3 的书籍。在这里要感谢欧振旭编辑！由于种种原因，编写进度有些缓慢，是他一直在不断地鼓励和督促笔者，本书才得以顺利完成。另外还要感谢韩立刚老师，他对书稿的编排提供了不少帮助。最后感谢我的家人，是他们的无私付出，才让笔者能安心写作，顺利完成了书稿的编写工作。

售后支持

限于笔者的能力，书中可能还存在一些错漏，恳请广大读者批评指正。读者可以扫描下面的二维码关注笔者的个人微信，或发送 E-mail（hzbook 2017@163.com），反馈书中的疏漏和阅读时碰到的问题。

公众号

个人微信号

李晓鹏

目录

第 1 章　自动化测试基础

何为自动化测试？

当谈到该问题时，很多读者会列举多款自己所熟知的自动化测试工具，如 Selenium、Robot Framework、UFT、LoadRunner 和 JMeter 等。如果对自动化测试进行细分，可以初步分为功能性自动化测试（Selenium、UFT 和 Robot Framework 等属于功能性测试工具）与性能自动化测试（LoadRunner 和 JMeter 属于性能测试工具）。本书着重讲功能性自动化测试。

本章讲解的主要内容有：

- 什么是自动化测试；
- 自动化测试的优势；
- 何时开展自动化测试；
- 自动化测试工具。

1.1　自动化测试简介

为何要开展自动化测试？手工测试与自动化测试相比孰优孰劣呢？本节将针对这些问题展开讨论与讲解。

测试工作中往往需要面对很多问题，有时经常会听到测试工程师的抱怨，其抱怨内容大体如下：

- 重复、繁杂的工作太多；
- 同样的工作，人工重复做的次数越多，抵触的情绪越大；
- 测试工作任务重，测试周期短，工作压力大；
- 创新性的工作太少，无法体现自己的能力与价值；
- 测试结果有时需要精确到秒，手工测试来做太难了。

如何将测试工程师从繁杂的测试工作中解脱出来？如何体现测试工程师的价值，发挥测试工程师的特长？又如何将测试结果精确到秒呢？

上述问题均可以通过自动化测试来解决，一方面可提高测试的工作效率，另一方面可以通过自动化测试提升测试工程师的价值，改变大部分人对测试工作的观点。

1.1.1 自动化测试的定义

既然自动化测试可以弥补手工测试的一些不足，并能体现测试工程师的价值，那何为自动化测试？它又具备哪些特性呢？

自动化测试即借助测试工具，依照测试规范，局部或全部代替人工进行测试及提高测试效率的测试过程。其主要具备以下特征：

- 自动化测试过程是通过模拟人工操作，完成对被测试系统的输入，并且对输出结果进行检验的过程。
- 自动化测试是由软件代替人工操作，对被测试系统的 GUI 发出指令，模拟操作，从而完成自动测试的过程。

相对于手工测试，自动化测试具有以下优点。

- 优化成本：降低劳动量，降低测试成本；
- 可靠：提高测试的全面性和精确度；
- 快速：加快测试速度；
- 规范化：提供规范化的测试流程；
- 可重用：提高测试的重用性。

1.1.2 自动化测试与手工测试的关系

自动化测试既然有如此大的优势，那手工测试是否可以退出测试舞台呢？首先，让我们通过对如下问题的讨论，来解答读者的疑问。

1. 手工测试与自动化测试相比谁发现的缺陷多

测试的主要目的是通过发现缺陷和解决缺陷来提高软件质量。通常，测试的执行需要依赖测试用例。而测试工作中执行测试用例的通用方法往往是手工运行测试用例。假想一下，如果某个测试用例被自动化，则应首先对自动化后脚本的正确性进行测试。

据统计数据显示：手工测试可以发现 80%以上的缺陷，而自动化测试只能发现 20%左右的缺陷。这恰恰反映出自动化测试源于手工测试，且只是替代人工的重复性劳动。因此，可以得出结论，手工测试有不可替代的作用。

2. 测试质量孰高孰低

自动化测试（工具）只能判断实际结果与期望结果之间的差异，因此在自动化测试过程中，测试任务就演变为验证实际结果与期望结果的一致性。而测试的目的是提高测试的质量，测试执行过程中有很多不确定的因素，这些因素的出现，可能会影响最终的测试质量，因此手工测试的质量更高一些。

3. 自动化测试与软件开发的关系

自动化测试比手工测试更“脆弱”。在软件开发过程中，部分功能的改变也有可能使自动化测试程序无法运行。而由于自动化测试比手工测试开销大，并且需要不断地维护，这也限制了自动化测试工作的开展。

4. 自动化测试工具是否存在局限性

自动化测试工具毕竟是软件，它只能按预定指令执行。自动化测试工具和测试者都可以按指令执行一组测试，但人拥有思想，可以按不同的方式和不同的思维完成相同的任务，而测试软件无法这样做。

例如，测试工程师运行测试用例（或测试场景），执行测试的过程中经常需检查实际输出是否正确，此时即使软件的实际输出与期望输出一致，也有可能存在缺陷，因为测试者可以判断，而测试工具不可以。测试者可以发挥其想象力和创造力改进测试用例（或测试场景），而测试工具只能呆板地执行。

通过对以上 4 个问题的讨论可以得出结论：手工测试不会退出历史舞台，其有存在的价值。同时，手工测试的优点还有很多，如可以灵活地处理意外事件。例如，网络连接中断时，手工测试可以尽可能快地解决问题，然而这样的意外事件却会让自动化测试的执行终止。

以上分别阐述了自动化测试与手工测试存在的必要性。那么在测试工作中，何时引入自动化测试呢？自动化测试又有哪些优势呢？下面将逐一揭示。

1.1.3　何时开展自动化测试

什么时候适合开展自动化测试呢？

测试工作中，被测软件（或系统）需要多个版本的迭代。根据公司（或项目）的不同，版本发布的时间也存在差异。

开展自动化测试之前，首先需依照测试用例，对被测功能模块展开手工测试。当手工测试执行通过后，使用自动化测试工具，将手工测试的操作过程录制下来，并将正确的结果进行保存（被称为期望结果）。由于自动化测试工具记录的是关键性功能模块，被测软件（系统）的下一版本发布后，该模块仍应进行测试。

在软件新版本的测试中，启动自动化测试工具，运行前面录制好的自动化测试脚本，对比实际运行后的结果与预期结果，如不一致，则确定为缺陷，如一致，则认为该功能模块在新的版本中测试通过。

至此，可以得出一条结论：自动化测试适合在被测软件（或系统）版本相对稳定后开展。如果软件版本相对不太稳定，则会造成使用自动化测试工具录制的脚本在新的版本中回放失败，这样既浪费人力，又浪费时间。

1.1.4 自动化测试的优势

自动化测试的开展究竟能给测试工作带来哪些改进、突破与欣喜呢？其实，以下自动化测试的特点便能够很好地概括自动化测试的优势。

1．可重复

不可否认，软件测试有时确实是繁杂且重复性较高的工作。关键性功能模块要在不断迭代的测试版本中重复地测试，而这些工作，随着软件测试版本的迭代将一直持续下去。当开展自动化测试后，即可通过自动化工具来替代这些重复性工作，大大地缩减了回归测试的工作量与压力，有效提高了工作效率，缩短了回归测试的时间。

2．可程序化

自动化测试深入开展后，将不再是简单的录制与回放，它将优化录制的测试脚本，大大提高脚本的灵活性与交互性。自动化测试录制后生成的脚本中包含录制过程中生成的操作与数据。测试工作中，需用不同的测试数据覆盖不同的测试路径，来满足不同的测试场景。因此，数据维护将是一个繁杂的工作。

可以将数据与录制的自动化脚本剥离，用外部数据源管理测试数据，测试脚本只负责测试流程的组织。这样就可以大大提高自动化测试的灵活性与可持续性。后续的自动化测试工作中还可开发 UI，使用 UI 驱动自动化测试脚本，从而增加自动化测试的交互性。

3．提高测试的精确度

自动化测试可以执行一些手工测试难以达到或不可能实施的测试，例如测试工作的执行要精确到秒，或者模拟大量用户同时对某一个功能点展开测试。这些工作都是手工测试无法实现或很难达到的。而开展自动化测试后，很容易实现这些测试需求。

4．资源的有效利用

将繁杂、重复的测试任务实现自动化，可以提高准确性和工作效率，提高测试工程师的工作积极性。将测试工程师从繁杂、重复的工作中解脱出来，投入更多精力到其他的测试工作中，更有利于测试质量的提高。在实际工作中，有些测试场景仅适合于手工测试，测试工程师可以专注于手工测试部分，提高手工测试的效率。

1.1.5 自动化测试的实施场景

在讨论自动化测试的实施场景前，我们以 UI 自动化测试为例，看一下 UI 自动化实施的先决条件。

1. UI趋于稳定

UI自动化测试的维护成本是非常高的，维护工作量跟UI变动是否频繁有很大的关系。UI自动化测试前，首先需要确定UI功能和流程是否稳定，若UI功能和流程已经稳定了，再开始进行UI自动化测试。

介入UI自动化测试建议采取循序渐进的方式，由点到面，一步步地开展UI自动化测试。

2. 大量的UI重复操作

若UI功能已经稳定，但是针对这个UI的测试次数很少，进行UI自动化测试的效率会很低。重复操作的UI功能比较适合做UI自动化测试，可以通过自动化测试把测试人员从繁重的功能测试中解放出来，进行更有意义的工作。

1.1.4节中提到过，并非任何手工测试都适合用自动化测试来替代。本节也简单讨论了UI自动化的先决条件。那究竟哪些场合适合开展自动化测试呢？总结如下：

- 回归测试；
- 更多、更频繁的测试；
- 手工测试无法实现的工作；
- 跨平台产品的测试；
- 重复性较强的操作。

那么哪些场合又不适合开展自动化测试呢？总结如下：

- 软件版本不稳定；
- 涉及与物理设备交互的测试；
- 测试结果较容易通过人工判断的测试。

1.1.6 自动化测试的成本

当前，很多企业或管理者期望借助软件测试自动化提高效率，并提高质量，同时节省开支。有些企业希望实施自动化测试后，能够给企业带来效益。

在此可以肯定的是，自动化测试已经在很多领域成功实施，也有很多成功案例给企业以希望，这些企业成功实施自动化测试后，确实节省了相当可观的费用。其中，一些大型互联网公司（或研发公司），如阿里巴巴、华为、百度和腾讯等，都开始自主研发满足自己需求的自动化测试工具。然而也有很多失败的案例，看似光鲜的成功案例背后，也有失败的过程。也有很多企业不止一次尝到了自动化测试失败的滋味，例如花巨资购买的自动化软件被搁置，所有的努力化为了泡影，耗费很大精力组建的自动化测试团队最后黯淡解散。失败的结果不仅造成了人力和财力上的损失，而且直接给公司带来了经济上的损失。

自动化测试实施前期需要考虑很多因素，人力、物力、财力都是需要认真考虑与规划的。自动化测试在整个测试周期中何时开展，以及哪些测试工作可以由自动化测试替代，这些都需要在开始部署自动化测试前认真思考。影响自动化测试效率的因素，不仅有大家看到可量化的测试工作，还有许多无形的因素影响着自动化测试，如测试组织的部署等。因此，在真正实施自动化测试前一定要认真规划和考虑实施方案。

自动化测试的实施过程完全不同于手工测试。自动化测试用例与手工测试用例也大不相同。在自动化测试的实施过程中，需要不断地开发与维护脚本，因此对测试人员的能力有很高的要求。

在自动化测试实施前，需要认真分析与规划测试方案，计算自动化测试的成本。自动化测试成本包括以下几个方面：

- 软件成本：自动化软件产品购买的费用；
- 培训成本：自动化测试工程师培训的费用；
- 人力成本：自动化测试用例和测试脚本编写的人力成本。

注：只有合理规划自动化测试的成本，站在全局角度考虑自动化测试的成本与收益，方可增加自动化测试方案成功实施的可能性。

1.2 自动化测试工具

随着自动化测试的发展，市场上涌现了多款自动化测试工具，其中绝大部分是商业收费工具，也有部分是开源工具。相对于收费的自动化测试工具，开源工具的功能与使用领域都要逊色很多。很多公司基于自身测试工作的需求，又研发了适合本公司使用的自动化测试工具。目前自动化测试领域中，测试工具可谓百花齐放。

测试工具按其功能特性不同，可划分为功能测试工具、性能测试工具和测试管理工具等。下面列举了适用于不同方面的自动化测试工具。

- 功能测试工具：Selenium、UFT、Katalon Studio、Robot Framework 和 Appium 等；
- 性能测试工具：LoadRunner 和 JMeter 等；
- 接口测试工具：LoadRunner、JMeter 和 Postman 等；
- 单元测试工具：Junit、TestNG、UnitTest 和 Pytest 等；
- 测试管理工具：ALM、TFS、Jira、Rational TestManager 和 BugZilla 等。

本节从自主、开源和商业三个方面分别介绍自动化测试工具。

1.2.1 自主开发测试工具

自动化测试工具种类繁多，其高额的购买费用让人望而生畏。另一方面，自动化测试工具并不是万能的，并不能满足特殊行业和特殊业务功能特性的需要。因此，部分公司为了节省开支，根据自身测试工作的需要，自主研发了自动化测试工具。目前，阿里巴巴、华为、百度和腾讯等大家所熟知的公司，均有自主研发的测试工具。

一般情况下，自主研发的测试工具更倾向于满足公司的业务需求，往往都有很强的针对性。自主研发的测试工具都留有接口，具有自主性，容易与本公司使用的其他管理工具衔接，具有很高的灵活性。同时，自主研发的测试工具可以根据不同的项目定制不同的交互界面，大大增强了其易用性。

1.2.2　开源测试工具

不仅是开源测试工具，其他开源软件也受到了很多使用者的追捧。开源测试工具带来的优势非常明显，其受欢迎的理由也显而易见。

- License 费用：如果公司测试工具的使用数量并不是很大，仅仅是少部分人使用（或并发数很少），这种情况下无法体现开源工具的优势。测试工具的大量并发运行，购买商业测试工具的 License 费用是很可观的。
- 灵活性：开源测试工具一般都提供了源代码及开发接口，从而大大提高了使用者对测试工具的二次开发能力，这不仅有利于测试项目与测试工具的结合，而且也给开源测试工具的不断壮大注入了新鲜的血液。

在测试工作中，使用开源测试工具确实能给企业带来收益，即便仅仅使用开源测试管理工具搭建公司内部的测试管理平台也能从中获益。而且随着时间的推移，众多的开发者对工具的不断完善与维护，其必将具有更好的前景。

同商业测试工具相比，开源测试工具并非没有缺点，它在用户交互性、可靠性及易用性方面做得不太理想。因此，如果要在测试项目组中引入开源测试工具，这对测试工程师来讲，无论是对其专业知识还是解决问题的能力，都有一定的要求。

常用的开源测试工具如下：

- 功能测试工具：Selenium、Appium、Robot Framework、Watir 和 WebInject 等；
- 性能测试工具：JMeter、Locust、DBMonster、OpenSTA、TPTEST 和 Web Application Load Simulator 等；
- 测试管理工具：TestLink、Bugfree、Bugzilla 和 Mantis 等。

1.2.3　商业测试工具

商业测试工具很多，一般都有强大的功能，并且在界面的易用性和交互性上考虑全面，上手容易，易被大家接受。当然，其购买费用也很昂贵。同时也应该看到，商业测试工具同样具有其他软件工具类似的特性，例如其大部分功能或高级功能对于一般用户来说很少使用到，这就是人们经常提及的 80/20 原理（即测试工具 20%的功能经常被应用，而 80%

的功能很少被使用）。

测试工具的工作原理基本相同。对测试部门来讲，既然决定了采用商业测试工具，那么接下来面临的是需要选择一款适合测试工作的测试工具。需要注意的是，在选择测试工具时，应优先考虑商业测试工具本身的功能，验证其是否满足测试项目组的需求，如测试团队的技术沉淀、被测对象的类型（B/S 或 C/S）及开发语言的支持情况等。

优秀的商业测试工具应具备如下特点：

- 能够支持主流语言，如 Java、Python 和 PHP 等；
- 兼容性较强，如与浏览器和操作系统等兼容；
- 元素或对象能够较好地被识别；
- 脚本运行准确、快速、稳定。

下面列举几款商业测试工具。

- 功能测试工具：UFT、WinRunner 和 Rational Functional Tester 等；
- 性能测试工具：LoadRunner、Rational Robot、Compuware QALoad 和 Rational Performance Tester 等；
- 测试管理工具：TFS、ALM 和 Rational TestManager 等。

1.2.4 自动化测试工具的选择

无论是选择开源测试工具，还是购买商业测试工具或自主研发，每一款工具都有其自身的优点与不足。因此在决策前一定要拿出较充足的时间进行调研，选择适合公司需要的测试工具。建议从以下几个方面进行考虑。

1. 确认被测对象

只有先确认被测对象的类型，才能够明确选择什么类型的自动化测试工具。先确认所测试的产品是桌面程序（C/S）还是 Web 应用（B/S）。

- 适用于桌面程序的工具有 UFT 和 AutoRunner 等；
- 适用于 Web 应用的工具有 Selenium、UFT 和 AutoRunner 等。

如果被测产品是 B/S 结构，那么强烈推荐 Selenium 测试工具（也是本书要讲的内容）。为什么不是 UFT 呢？因为 Selenium 对 B/S 应用支持很好，更重要的一点是它支持多语言的开发。目前在 B/S 自动化测试领域中，Selenium 占有的市场份额最大。

2. 基于语言选择适合自己的测试平台

如何判断选择的自动化测试工具是否适合自己呢？如果测试的系统是 B/S 架构，需要从如下几个维度考虑。

- 是否支持多种系统环境（Windows、Mac 和 Linux）。
- 是否支持多种浏览器（Chrome、Firefox 和 IE）。

- 是否可以用各种编程语言编写，如 Java、Python、C#、PHP、Ruby 和 Perl 等。自己的测试团队目前掌握的是哪种开发语言要根据实际情况结合起来考虑。假如自动化测试团队从零起步，开发语言也是零积累，建议在众多的主流语言中选择一门易上手的语言作为学习对象。

假如决定使用 Selenium，而又无任何语言基础，那么你将面临选择一门开发语言的问题。Selenium 支持 Java、Python、Ruby、PHP、C#和 JavaScript。

- 从语言的易学性来讲，首选 Ruby 和 Python。
- 从语言应用的广度来讲，首选 Java、Python 和 PHP。

越来越多的团队使用 Pyhon，因为 Python 很好用，它在编程语言排行榜上一直处于上升的趋势，如图 1-1 所示。本书推荐 Python+ Selenium 的结合。

Jan 2019	Jan 2018	Change	Programming Language	Ratings	Change
1	1		Java	16.904%	+2.69%
2	2		C	13.337%	+2.30%
3	4	^	Python	8.294%	+3.62%
4	3	v	C++	8.158%	+2.55%

图 1-1　编程语言排行榜榜单

3．定位元素（或对象）方便

自动化测试工具需要对各种元素进行操作，如输入框、下拉框、按钮、对话框和警告框，以及文件上传、下载和分页等。

因此在选择自动化测试工具时，应选择一款对元素（或对象）抓取及识别支持较好的工具。

4．费用

价格是大部分公司购买测试工具时所要考虑的一个关键性因素，不同的测试工具在价格上差异也较大。同时，价格的差异也会体现在功能的差异上。购买测试工具时除了考虑费用外，还需要考虑到后续的技术支持费用，以及额外购买并发 Lisence 的费用。因此，应该总体考虑，不要仅仅考虑购买工具所花的费用。

5．兼容性

兼容性可以从几个方面考虑：是否支持多种系统环境（如 Windows、mac OS 和 Linux）、是否支持多种浏览器（如 Chrome、Firefox 和 IE）等。

1.2.5 “年度最佳”自动化测试工具

以下为 2019 年排名前十位的自动化测试工具（不限于功能性测试和性能测试），下面简要介绍一下。

1. Selenium简介

Selenium 目前是针对 B/S 应用程序最流行的开源测试自动化框架。经过十多年的发展，Selenium 已成为 Web 自动化测试人员的首选框架，尤其适用于拥有高级编程能力和脚本编写技能的人员。此外，Selenium 也成为其他开源自动化测试工具的核心框架，如 Katalon Studio、Watir、Protractor 和 Robot Framework。

Selenium 支持多种系统环境（Windows、mac OS 和 Linux）和浏览器（Chrome、Firefox 和 IE）。它的脚本可以用多种编程语言编写，如 Java、Python、C＃、PHP、Ruby 和 Perl。

测试人员可以灵活地使用 Selenium 或借助 Selenium IDE 实现录制与回访，也可以通过开发语言编写复杂的高级测试脚本来满足各种复杂场景的需要，但要有扎实的语言基础。

地址：http://www.seleniumhq.org。

类型：开源。

2. Katalon Studio简介

Katalon Studio 是一款功能强大的自动化测试工具，可部署在 Windows、mac OS 和 Linux 操作系统上。Katalon Studio 基于 Selenium 和 Appium 框架构建，并且集成了这些框架的优点。

Katalon Studio 测试工具支持不同级别的测试技能。非程序员可以轻松地启动自动化测试项目（例如使用 Object Spy 来记录测试脚本），而程序员和高级自动化测试人员可以节省构建新库和维护脚本的时间。

Katalon Studio 可以集成到 CI 流程中，并且可以与 QA 流程中的流行工具配合使用，包括 JIRA、Jenkins 和 Git 等。该工具还提供了一个很棒的功能，称为 Katalon Analytics，即通过仪表板为用户提供测试执行报告的全面视图，包括指标、图表和图形。

地址：https://www.katalon.com。

类型：免费。

3. UFT简介

UFT（统一功能测试）是 HP 开发的一款功能测试工具，其为商业测试工具，其前身是 QTP。它为跨平台的桌面、Web 和移动应用程序的 API、Web 服务和 GUI 测试提供了全面的功能集。该工具具有先进的基于图像的对象识别功能、可重复使用的测试组件和自动化文档。

UFT 使用 Visual Basic Scripting Edition 来注册测试进程和对象控制，并且与 ALM 一起协同工作。该工具通过与 Jenkins 等 CI 工具集成来支持 CI。

地址：https://software.microfocus.com/fr-ca/software/uft。

类型：商业。

4．Watir简介

Watir 是一款基于 Ruby 库的 Web 自动化测试开源工具。Watir 支持跨浏览器测试，包括 Firefox、Opera 和 IE 等；它还支持数据驱动测试，并与 RSpec、Cucumber、Test 和 Unit 等 BBD 工具集成。

地址：http://watir.com。

类型：开源。

5．IBM RFT简介

IBM RFT（Rational Functional Tester）是一个用于功能和回归测试的数据驱动测试平台，它支持广泛的应用程序，如.NET、Java、SAP、Flex 和 AJAX，使用 Visual Basic .Net 和 Java 作为脚本语言。RFT 具有称为故事版测试的独特功能，其中，用户对 AUT 的操作通过应用程序屏幕截图以故事版格式记录和可视化。

RFT 的另一个有趣的特性是它与 IBM Jazz 应用程序生命周期管理系统（如 IBM Rational Team Concert 和 Rational Quality Manager）进行了集成。

地址：https://www.ibm.com。

类型：商业。

6．TestComplete简介

SmartBear 的 TestComplete 是一款功能强大的商业测试工具，适用于 Web、移动应用和桌面程序测试。TestComplete 支持各种脚本语言，如 JavaScript、VBScript、Python 和 C ++ Script。与 Katalon Studio 一样，测试人员可以使用 TestComplete 执行关键字驱动和数据驱动的测试。该工具还提供了易于使用的录制和播放功能。

与 UTF 一样，TestComplete 的 GUI 对象识别功能可以自动检测和更新 UI 对象，这有助于减少 AUT 更改时维护测试脚本的工作量。此外，TestComplete 还在 CI 过程中与 Jenkins 集成。

地址：https://smartbear.com。

类型：商业。

7．TestPlant EggPlant简介

TestPlant EggPlant 是一款智能自动化测试工具，能让测试人员以与最终用户相同的方

式和 AUT 进行交互，即通过图形化界面对比发现与预期结果之间存在哪些差异，而不是利用常用的测试脚本视图。这使得具有较少编程技能的测试人员能够直观地学习和应用测试自动化。TestPlant EggPlant 测试工具支持 Web、移动等各种平台。

地址：https://www.testplant.com。

类型：商业。

8．Tricentis Tosca简介

Tricentis Tosca 是一种基于模型的测试自动化工具，为持续测试提供了相当广泛的功能集，包括仪表板、分析和集成，以支持敏捷和 DevOps 方法。

Tricentis Tosca 可以帮助用户优化测试资产的可重用性。与许多其他自动化测试工具一样，它支持广泛的技术和应用程序，如 Web、移动应用和 API。Tricentis Tosca 还具有集成管理、风险分析和分布式执行的功能。

地址：https://www.tricentis.com。

类型：商业。

9．Ranorex简介

Ranorex 是一款功能非常全面的商业自动化测试工具，适用于网络、移动应用和桌面程序的测试。该工具具有 GUI 识别、可重复使用的测试脚本和记录/回放的高级功能。无代码测试创建也是该工具的一个非常有用的功能，其允许新的自动化测试人员学习并将测试应用于他们的项目中。

Ranorex 测试工具支持以 Selenium 集成，从而进行 Web 应用程序测试。测试人员可以使用 Selenium 跨平台和浏览器分布式执行测试。

地址：https://www.ranorex.com。

类型：商业。

10．Robot Framework简介

Robot Framework 是一个开源自动化框架，它实现了基于验收测试和 ATDD 的关键字驱动方法。Robot Framework 为不同的自动化测试需求提供框架，并且通过使用 Python 和 Java 实现其他测试库，可以进一步扩展其测试功能。Selenium WebDriver 是 Robot Framework 中常用的外部库。

测试工程师利用 Robot Framework 作为自动化框架，不仅可以进行 Web 测试，还可以用于 Android 和 iOS 测试。对于熟悉关键字驱动测试的测试人员，可以轻松学习 Robot Framework。目前也有部分团队在使用 Robot Framework。

地址：http://www.robotframework.org。

类型：开源。

1.3　自动化测试的分层

通俗理解的自动化测试，往往指的是 UI 层面的自动化测试，而分层的自动化测试提倡的是不同阶段（或层次）都需要自动化测试。敏捷大师 Mike Cohn 提出了自动化测试的概念，然后由 Martin Fowler 大师在此基础上提出了测试分层的概念，以区别于传统的自动化测试，如图 1-2 所示。

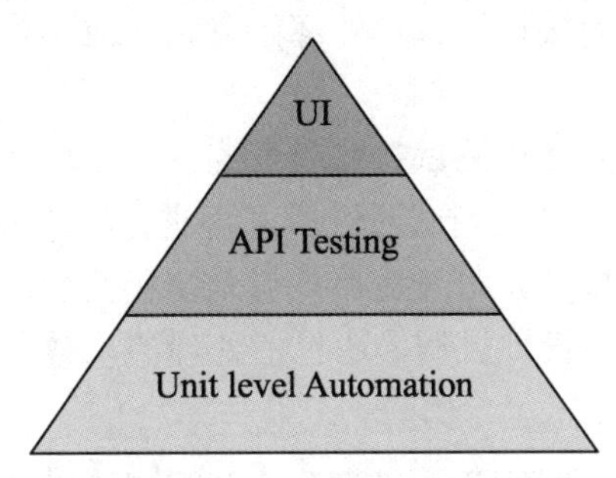

图 1-2　自动化测试分层

下面从下往上，介绍各层自动化测试的作用。

1．Unit level Automation

Unit level Automation 即单元自动化测试（数据处理层）。单元测试（Unit Testing）是指对软件中的最小可测试单元进行检查和验证。对于单元测试中的单元，一般要根据实际情况去判定其具体含义。例如 C 语言中的单元指一个函数，Java 语言中的单元指一个类，图形化软件中的单元可以指一个窗口或一个菜单等。总体来说，单元就是人为规定的最小被测功能模块。单元测试是在软件开发过程中要进行的最低级别的测试活动，软件的独立单元将在与程序的其他部分相隔离的情况下进行测试。

经常与单元测试联系起来的另外一些开发活动包括代码审查（Code Review）、静态分析（Static Analysis）和动态分析（Dynamic Analysis）。静态分析就是对软件的源代码进行研读，查找错误或收集一些度量数据，并不需要对代码进行编译和执行。动态分析就是通过观察软件运行时的动作来提供执行跟踪、时间分析以及测试覆盖度方面的信息。

单元测试一般需要借助单元测试框架，如 Java 的 Junit 和 TestNG，以及 Python 的 UnitTest 和 Pytest 等。

单元测试越早越好。单元测试是由程序员自己来完成的测试，最终受益的也是程序员自己。可以这么说，程序员有责任编写功能代码，同时也就有责任为自己的代码编写单元测试程序。执行单元测试，就是为了证明这段代码的行为和我们期望的一致。当然也有白盒测试工程师这个岗位，专门设计编写单元测试用例。

2. API Testing

API Testing 即接口测试（业务逻辑层）。接口测试是测试系统组件间接口的一种测试，主要用于检测外部系统与系统之间及内部各个子系统之间的交互点。测试的重点是要检查数据的交换、传递和控制管理过程，以及系统间的相互逻辑依赖关系等。接口测试一般用于多系统间的交互开发，或者拥有多个子系统的应用系统开发。

接口测试适用于为其他系统提供服务的底层框架系统和中心服务系统，主要用来测试这些系统对外部提供的接口，验证其正确性和稳定性。

- 外部系统与系统之间的接口测试：外部已有（其他）系统与被测系统之间的接口数据传递与校验。
- 内部各个子系统之间的接口测试：被测系统各个模块之间接口的校验。其中各个模块的测试指单元测试，单元测试通过后，再进行模块间的接口测试。

接口测试的目的是测试接口，尤其是那些与系统相关联的外部接口，测试的重点是要检查数据的交换、传递和控制管理过程，还包括处理的次数。外部接口测试一般是作为系统测试来看待的。

常见的接口测试工具有 Postman、Jmeter、SouapUI 和 LoadRunner 等。

3. UI

UI 即 UI 自动化测试（属于 GUI 界面层）。UI 层将产品内容最终呈现给用户，因此其测试也非常重要，通过 UI 测试来检验用户与软件的交互。UI 测试的目标在于确保用户界面向用户提供了适当的访问和浏览测试对象功能的操作。除此之外，UI 测试还要确保 UI 功能内部的对象符合预期要求。UI 自动化测试指替代人工界面测试，实现自动化。

对于 UI 自动化测试，读者应该再熟悉不过了，大部分测试人员的工作都是对 UI 层的功能进行测试。UI 测试就是在测试对象页面上的模拟测试（模拟手工测试）。UI 层是用户使用产品的入口，产品的所有功能通过这一层提供给用户，而测试工作大多集中在这一层。UI 层测试的稳定性也最差。UI 测试常见的工具有 Selenium、UFT、Robot Framework 和 Appium 等。

UI 层自动化测试覆盖原则如下：

- 能在底层做自动化覆盖，就尽量不要在 UI 层做自动化覆盖；
- 只做核心功能的自动化覆盖（可以通俗地理解为 BVT 或“冒烟”），脚本可维护性尽可能提高；
- 减少测试代码的冗余；
- 提高测试代码的可读性和稳定性；
- 提高测试代码的可维护性。

按照测试金字塔模型及投入/产出比，越向上，回报率越低。《Google 软件测试之道》一书中提到，Google 在其产品的各个层次的投入比例如下：

- 单元测试：占比 70%；
- 接口测试：占比 20%；
- 界面测试：占比 10%。

自动化测试面临的最大挑战是变化（尤其是 UI 的变化），因为变化会导致测试用例运行失败，所以需要对自动化测试脚本不断调试。如何控制和降低成本是对自动化测试工具及测试人员能力的一个挑战。

本书中需要学习的知识与技能属于测试金字塔顶端的 UI 测试。在 UI 层，我们选择的学习对象是 Selenium，它目前是 B/S 应用程序最流行的自动化测试开源框架。

第 2 章　Selenium 基础

本章将对 Selenium 进行一个整体的介绍，包括 Selenium 的发展历程及 Selenium 的学习路线等。

本章讲解的主要内容有：

- Selenium 简介；
- Selenium 发展历程；
- Selenium 工具集；
- 前端知识与技能。

2.1　Selenium 简介

Selenium 是一款基于 Web 应用程序（B/S）的测试工具，它是开源工具。Selenium 直接运行在浏览器中，类似于真正的用户操作。它可以与多种编程语言相结合，并且能够支持在所有的主流操作系统与多个浏览器中执行这些测试，所支持的浏览器包括 IE、Firefox、Google Chrome、Safari 和 Opera 等。Selenium 在 Google 等全球 IT 巨头的日常产品测试中均有应用。

2.1.1　Selenium 的特点

作为目前炙手可热的开源自动化测试工具，Selenium 具备如下特点：

- 开源（免费）；
- 支持多浏览器，包括 Firefox、Chrome、IE、Opera 和 Safari；
- 支持多平台，包括 Linux、Windows 和 mac OS；
- 支持多语言，包括 Python、Java、Ruby、PHP、C#和 JavaScript；
- 对 Web 页面有良好的支持；
- 简单（API 简单）和灵活（用开发语言驱动）；
- 支持分布式测试用例执行。

2.1.2　Selenium 的发展史

Selenium 经历了 3 个版本：Selenium 1.0、Selenium 2.0 和 Selenium 3。Selenium 是一个工具集，由几部分组成，每部分都有各自的特点和应用场景。

Selenium 诞生于 2004 年。当时在 ThoughtWorks 工作的 Jason Huggins 在测试一个内部应用时意识到，每次改动都需要手工进行测试的时间成本太高，他的时间应该用得更有价值。于是他开发了一个可以驱动页面进行交互的 JavaScript 库，能让多浏览器自动返回测试结果。该库最终变成了 Selenium 的核心，它也是 Selenium RC（远程控制）和 Selenium IDE 所有功能的基础。Selenium RC 是开拓性的，因为没有其他产品能让你使用自己喜欢的语言来控制浏览器，这就是 Selenium 1。

由于使用了基于 JavaScript 的自动化引擎，而浏览器对 JavaScript 又有很多安全限制，有些事情就难以实现，更糟糕的是，Web 应用程序应用范围越来越广泛，因此基于 JavaScript 开发的 Selenium 1 就有了很大的局限性。

2006 年，一名 Google 的工程师 Simon Stewart 开始基于这个项目进行开发，项目被命名为 WebDriver。Google 此时已是 Selenium 的深度使用用户，但是测试工程师们不得不绕过它的限制而使用工具。Simon 需要一款能通过浏览器和操作系统的本地方法直接和浏览器进行通话的测试工具，来解决 JavaScript SandBox（环境沙箱）的问题。WebDriver 项目的目标就是要解决 Selenium 1 的痛点。

到了 2008 年，Selenium 和 WebDriver 两个项目合并。Selenium 有着丰富的社区和商业支持，WebDriver 代表着未来的趋势，两者的合并为所有用户提供了一组通用功能，并且借鉴了一些测试自动化领域内的闪光思想，这就是 Selenium 2（也称为 Selenium WebDriver）。Selenium 2.0 = Selenium 1.0 + WebDriver。

2016 年，Selenium 3 诞生了，它移除了不再使用的 Selenium 1 中的 Selenium RC，并且官方重写了所有的浏览器驱动程序。

2.1.3　Selenium 的工具集

如图 2-1 所示为 Selenium 1.0 工具集。

1．Selenium IDE简介

Selenium IDE（集成开发环境）是一个创建测试脚本的工具，如图 2-2 所示。它是一个 Firefox 插件，实现浏览器的录制与回放功能，提供创建自动化测试的建议接口。Selenium IDE 有一个记录功能，能记录人工操作，并且能选择多种语言把它们导出到一个可重用的脚本中用于后续执行。如果没有编程经验，可以通过 Selenium IDE 来熟悉 Selenium 命令。实际的自动化测试脚本开发过程中，使用 Selenium IDE 的情况并不多。

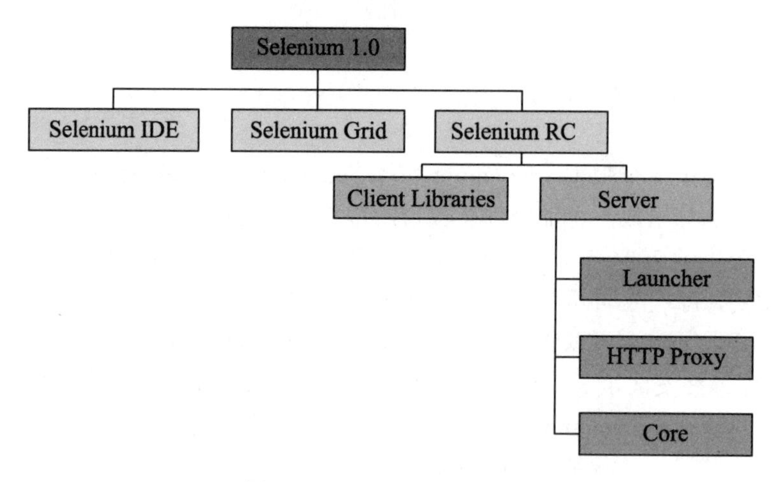

图 2-1　Selenium 1.0 工具集

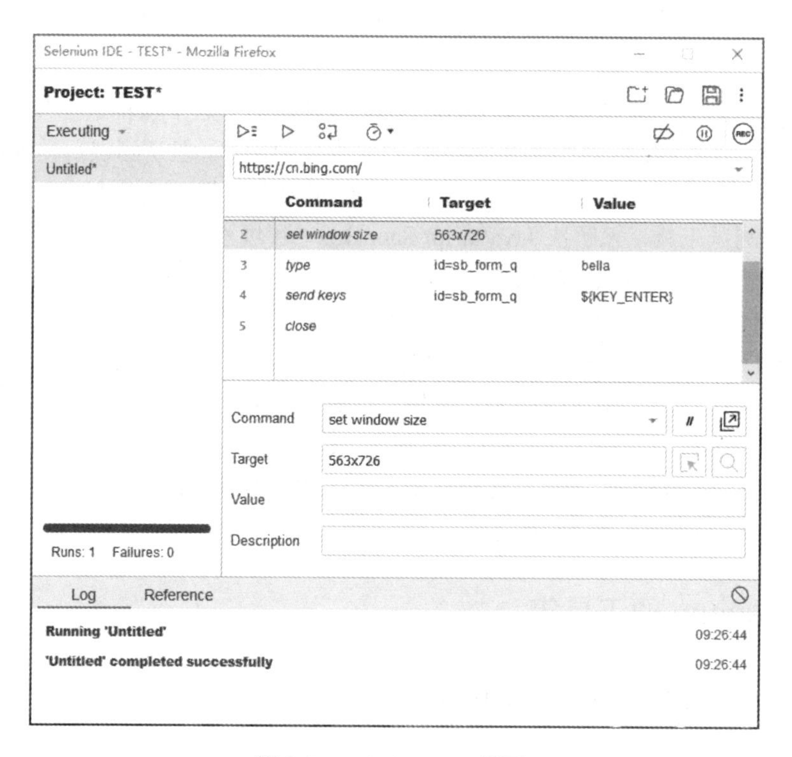

图 2-2　Selenium IDE 界面

2．Selenium RC简介

Selenium RC 是 Selenium 家族的核心工具，支持多种不同的语言（Python、Java、Ruby、PHP）编写自动化测试脚本，通过 Selenium RC 服务器作为代理服务器去访问被测应用从而达到测试的目的。

Selenium RC 分为 Client Libraries 和 Selenium Server。

- Client Libraries 库主要用于编写测试脚本，用来控制 Selenium Server 的库。
- Selenium Server 负责控制浏览器行为，主要包括 3 部分：Launcher、HTTP Proxy 和 Selenium Core。其中，Selenium Core 被 Selenium Server 嵌入到了浏览器页面中。Selenium Core 就是众多 JavaScript 函数的集合，即通过这些 JavaScript 函数，我们才可以实现用程序对浏览器进行操作。Launcher 用于启动浏览器，把 Selenium Core 加载到浏览器页面当中，并把浏览器的代理设置为 Selenium Server 的 HTTP Proxy。

Selenium 引入了 Remote Control Server 来代理 Server，JavaScript 脚本注入和与 Server 通信都通过这个代理 Server 来进行。引入 Remote Control Server 是因为“同源策略”的限制，通过代理服务器来“欺骗”远程 Server，达到使其以为是从同一个地方加载代码以正确返回请求数据的效果。如图 2.3 所示为 Selenium RC 的工作流程。

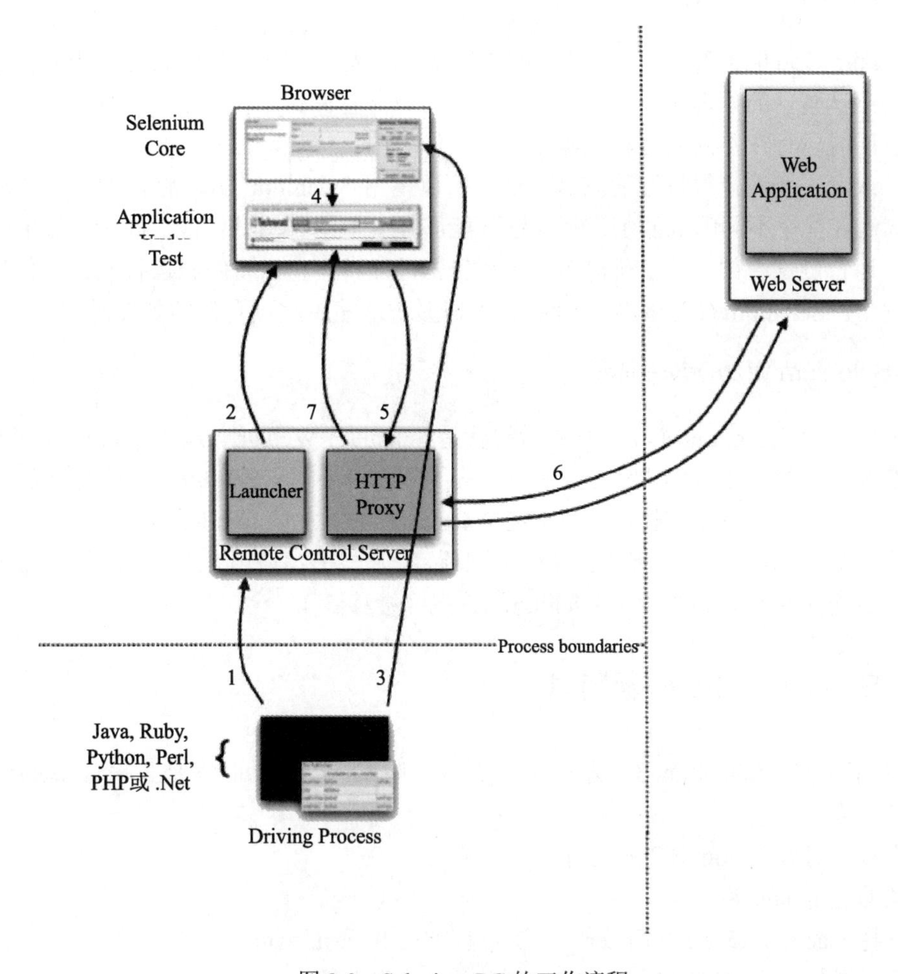

图 2-3　Selenium RC 的工作流程

（1）测试用例通过 HTTP 请求建立与 Selenium RC server 的连接。

（2）Selenium RC Server 驱动一个浏览器，把 Selenium Core 加载入浏览器页面当中，并把浏览器的代理设置为 Selenium Server 的 HTTP Proxy。

（3）执行用例向 Selenium Server 发送 HTTP 请求，Selenium Server 对请求进行解析，然后通过 HTTP Proxy 发送 JS 命令通知 Selenium Core 执行操作浏览器的动作并注入 JS 代码。

（4）Selenium Core 执行接收到的指令并操作。

（5）当浏览器收到新的请求时，发送 HTTP 请求。

（6）Selenium Server 接收到浏览器发送的 HTTP 请求后，自己重组 HTTP 请求，获取对应的 Web 页面。

（7）Selenium Server 中的 HTTP Proxy 把接收到的页面返回给浏览器。

3. Selenium Grid简介

Selenium Grid 能提升 Selenium RC 解决方案针对大型的测试套件或者哪些需要运行在多环境的测试套件的处理能力。Selenium Grid 可以并行测试用例，也就是说，不同的测试用例可以同时运行在不同的远程机器上。这样做有两个优势，首先，如果有一个大型的测试套件，或者一个运行得很慢的测试套件，可以使用 Selenium Grid 将该测试套件划分成几份，同时在几个不同的机器上运行，这样能够显著地提升测试性能。同时，如果必须在多环境中运行测试套件，可以获得多个远程机器的支持，它们将同时运行测试套件。在不同的情况下，Selenium Grid 都能通过并行处理显著地缩短测试套件的处理时间。

4. Selenium WebDriver简介

当人们谈论 Selenium 时，一般所指的就是 Selenium WebDriver。Selenium WebDriver 是 Selenium 2 主推的工具。事实上，Selenium WebDriver 是 Selenium RC 的替代品，因为 Selenium 需要保留向下兼容性的原因。在 Selenium 2 中，Selenium RC 没有被彻底地抛弃，如果使用 Selenium 开发一个新的自动化测试项目，强烈推荐使用 Selenium 2 的 WebDriver 进行编码。而在 Selenium 3 中，Selenium RC 已经被移除了。

2.1.4 Selenium 3.0 的新特性

2016 年 7 月，Selenium 3.0 发布第一个 beta 版本，当前的版本是 3.141。Selenium 3 版本的特性有：

- 去掉了对 Selenium RC 的支持；
- 全面拥抱 Java 8；
- 支持 mac OS（Sierra or later），支持官方的 SafariDriver；
- 通过微软官方的 WebDriverserver 支持 Edge 浏览器；

- 只支持 IE 9.0 版本以上；
- 通过 Mozilla 官方的 geckodriver 支持 Firefox；
- Selenium IDE 支持 Chrome 插件；
- 支持微软的 Edge 浏览器。

本书中我们选择基于 Selenium 3.0 进行学习。

2.2 成就“大神”之路

要想一步步成为自动化测试“大神”，首先要树立正确的学习价值观。作为计算机从业者应该认识到，只要在 IT 行业从事的时间久了，就会发现，无论是运维、数据库、测试等都或多或少需要掌握开发的技能（研发岗位就不讨论了）。

既然是自动化测试，那么编程基础是必须要具备的，比如 Java、Python、PHP、Ruby 等。目前 Selenium IDE 已很少被使用，要想学好 Selenium，一定要掌握开发语言。

2.2.1 开发语言

在学习 Selenium 自动化前，先要选一门语言来学习。学习 Selenium，目前最流行的是 Java 和 Python（Selenium 支持 Java、Python、Ruby、PHP、C#、JavaScript 等），至于选哪个，可根据自己的情况而定。测试团队目前掌握的是哪种开发语言，根据自己的实际情况结合起来即可。

假如自动化测试团队从零起步，无任何开发语言基础，建议在众多的主流语言中，选择一门易上手的语言作为学习对象，推荐选择 Python。目前 Python+Selenium 的结合使用度越来越广。掌握了 Python 语言基础，就可以学习 Selenium 了。当然，如果同时掌握 django 等框架就更好了。

2.2.2 前端知识

Selenium 是基于 Web 的自动化测试技术，要针对的对象是 Web 页面，所以有必要掌握一些前端知识，其中，HTML，CSS，JavaScript 是必须要了解的。

1. HTML简介

HTML 指的是超文本标记语言（Hyper Text Markup Language）。HTML 是一种标识性的语言，它包括一系列标签，通过这些标签可以将网络上的文档格式统一，使分散的 Internet 资源连接为一个逻辑整体。HTML 文本是由 HTML 命令组成的描述性文本，HTML 命令由文字、图形、动画、声音、表格、链接等组成。HTML 标记标签通常被称为 HTML

标签（HTML tag）。

- HTML 标签是由尖括号包围的关键词，如<html>；
- HTML 标签通常是成对出现的，如<b>和</b>；
- 标签对中的第一个标签是开始标签，第二个标签是结束标签；
- 开始和结束标签也被称为开放标签和闭合标签。

HTML 相对比较简单，了解一些基础的知识即可。

```
<html>
<body>
<h1>这是标题</h1>
<p>这是段落。</p>
</body>
</html>
```

2. JavaScript简介

JavaScript 是一种网络脚本语言，被广泛用于 Web 应用开发中，常用来为网页添加各式各样的动态功能，为用户提供更流畅、美观的浏览效果。通常，JavaScript 脚本是通过嵌入在 HTML 中来实现自身的功能的。

如需在 HTML 页面中插入 JavaScript，应使用<script>标签。<script>和</script>会告诉 JavaScript 在何处开始和结束。

<script>和</script>之间的代码行包含了 JavaScript，例如以下代码：

```
<!DOCTYPE html>
<html>
<body>
.
.
<script>
document.write("<h1>This is a heading</h1>");
document.write("<p>This is a paragraph</p>");
</script>
.
.
</body>
</html>
```

关于 Javascript，读者有所了解即可，并不需要学得很深，掌握一些基础的知识，然后在自动化测试实践中碰到的时候再继续深学下去，根据具体问题具体解决即可。

3. CSS简介

层叠样式表（Cascading Style Sheets，CSS）是一种用来表现 HTML 或 XML 等文件样式的语言。CSS 能够对网页中元素位置的排版进行像素级的精确控制，支持几乎所有的字体、字号和样式，拥有对网页对象和模型样式编辑的能力。

- 样式定义如何显示 HTML 元素；
- 样式通常存储在样式表中；
- 把样式添加到 HTML 4.0 中，是为了解决内容与表现分离的问题；
- 外部样式表可以极大地提高工作效率；
- 外部样式表通常存储在 CSS 文件中；
- 多个样式定义可层叠为一。

图 2-4 所示为 CSS 代码结构。

4．DOM简介

DOM（Document Object Model）是文档对象模型的简称。DOM 为文档提供了结构化表示，并定义了如何通过脚本来访问文档结构，目的其实就是为了能让 JS 操作 HTML 元素而制定的一个规范。

DOM 是由节点组成的，它并不是一种技术，而是一种访问结构化文档的思想。例如 JavaScript 对 HTML DOM 进行的操纵，里面的节点、方法、属性等都是 JavaScript 语言自身所提供的，而不是 DOM 所具有的。基于这种思想，每种语言都有自己的 DOM 解析器。

HTML 加载完毕后，渲染引擎会在内存中把 HTML 文档生成一个 DOM 树，getElementById 用于获取内存中 DOM 树上的元素节点，操作的时候修改的是该元素的属性。图 2-5 所示为 DOM 结构。

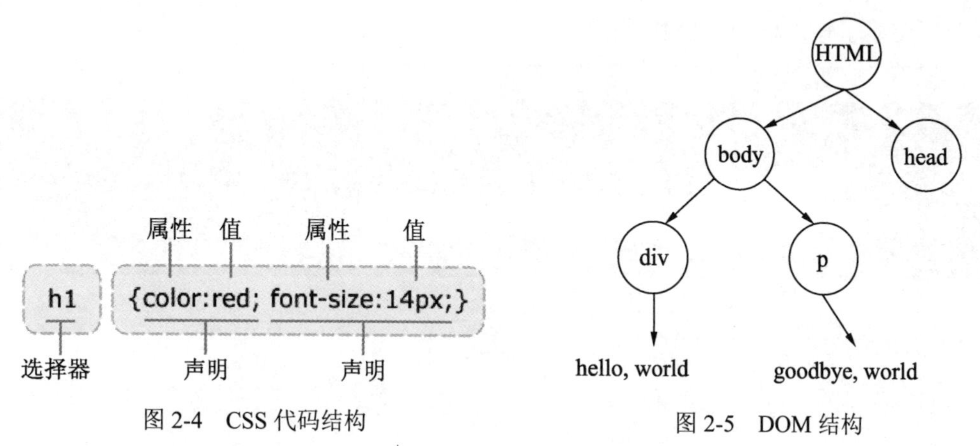

图 2-4　CSS 代码结构

图 2-5　DOM 结构

由图 2-5 可知，在 HTML 当中，一切都是节点（非常重要）：

- 元素节点：HMTL 标签；
- 文本节点：标签中的文字（如标签之间的空格、换行）；
- 属性节点：标签的属性。

如果要学习 HTML、CSS、JavaScript 等知识，可以访问 https://www.w3school.com.cn/，自行学习，这里不再进行过多介绍。

2.2.3 前端工具

1. 前端工具——Firefox

- Firefox Developer Tools 工具：在写本书时 Firefox 的最新版本是 Firefox Quantum 64.0.1，新版的 Firefox 中需要学会使用自带的 Firefox Developer Tools 工具。打开 Firefox，通过按 F12 键可以将 Firefox Developer Tools 工具调用出来，如图 2-6 所示。

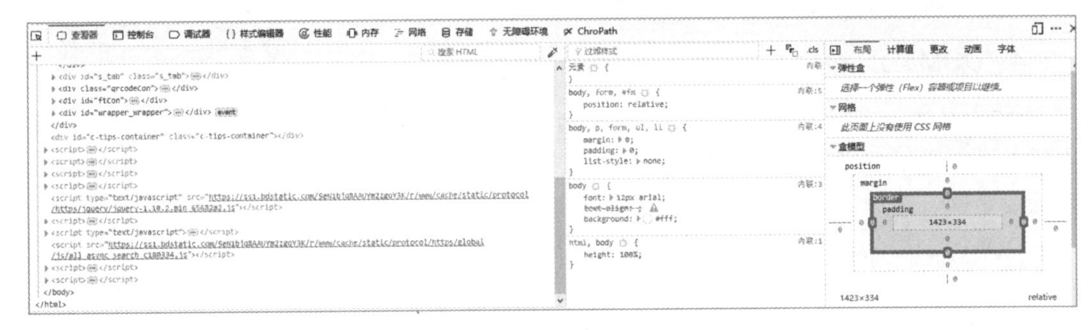

图 2-6　Firefox Developer Tools 工具界面

以 Bing 首页为例，通过按 F12 键，调用 Firefox Developer Tools，单击图 2-7 中的 按钮，从页面中选择一个元素，这里选择的是 Bing 的输入框。此时在“查看器”窗口中可以看到突显了输入框的 HTML 代码。

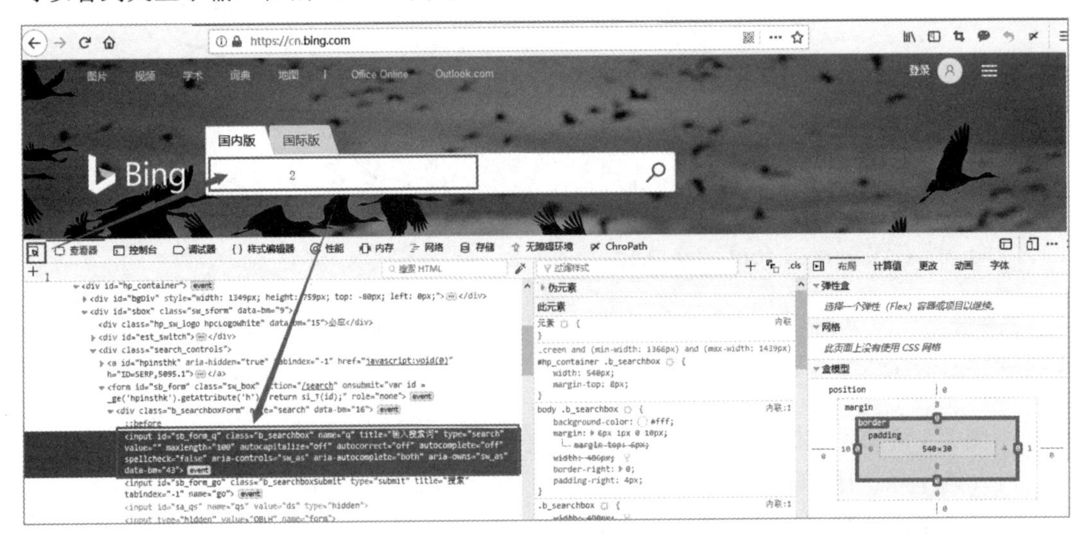

图 2-7　突显的 HTML 代码

- ChroPath for Firefox 工具：Firefox 可以安装一些辅助定位的浏览器组件如 ChroPath，当安装完成后也会出现在浏览器的开发者工具中，如图 2-8 所示。此工具可以快速帮助定位相对 XPath 或绝对 XPath 路径及 CSS 路径，大大提升定位速度。

- FireBug 工具：是 Firefox 下的一个扩展，能够调试所有网站语言，如 HTML、CSS 等，但 FireBug 最吸引人的是 JavaScript 调试功能，使用起来非常方便，而且在各种浏览器下都能使用。除此之外，其他功能也很强大，比如 HTML、CSS、DOM 的查看与调试，网站整体分析等。

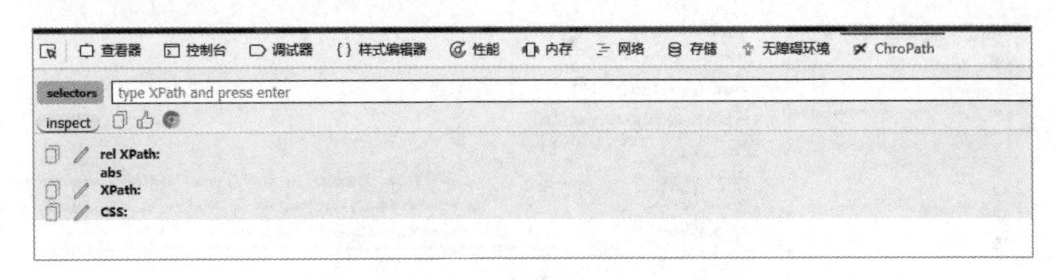

图 2-8　ChroPath for Firefox 工具界面

2016 年 6 月，FireBug 和 Firefox DevTools 进行了整合。2017 年 10 月，FireBug 正式告别。这也意味着，在最新的 Firefox 版本中，FireBug 无法再使用。如果你使用的是旧版本的 Firefox，FireBug 仍然是可以使用的。本书提供的资料库中，提供了 Firefox 39 与 Firefox 47，供想使用旧版本的读者下载，同时还提供了 Firebug.xpi 供读者选择下载。Firefox 的组件 xpi，可以在 Firefox 的附加组件中通过本地文件进行安装。

- FirePath 工具：FirePath 插件可扩展 FireBug 的功能。它能够修改、检查、生产 XPath 和 CSS 选择定位器的功能。

当通过 FireBug 的鼠标图标选择一个元素后，FirePath 输入框将给出 XPath 的表达式，快速帮助我们定位元素。也可以单击 xpath 切换到 CSS 定位方式，FirePath 与 FireBug 一样，只适用于 Firefox 的旧版本（新版本不支持）。FirePath.xpi 也可在本书提供的资料库中找到。

FireBug 与 FirePath 两者的根本区别在于 FireBug 返回的是绝对 XPath 路径，但 FirePath 返回的是相对路径，如图 2-9 所示。

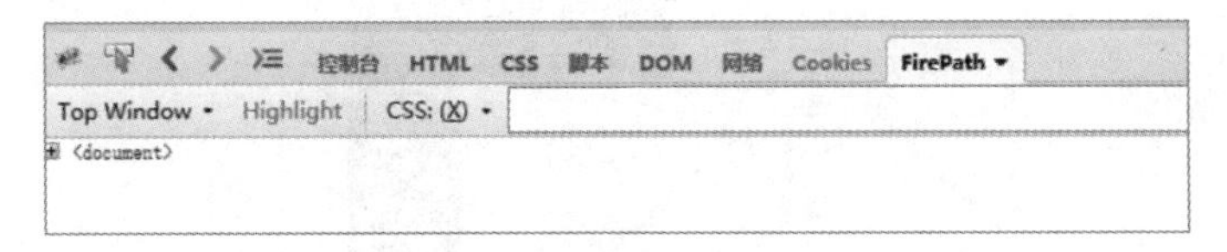

图 2-9　FirePath 界面

- WebDriver Element Locator 工具：在使用 WebDriver 进行 Web 自动化测试时，需要定位大量的页面元素。除了使用 FireBug 和 FirePath 插件外，可以安装插件 WebDriver Element Locator，如图 2-10 所示。在 FireBug 相应的元素位置直接右击，然后根据自己使用的语言直接复制即可。WebDriver Element Locator 也仅适用于 Firefox 的旧版本（新版本不支持）中。WebDriver Element Locator.xpi 也可在本书提供的资料库中找到。

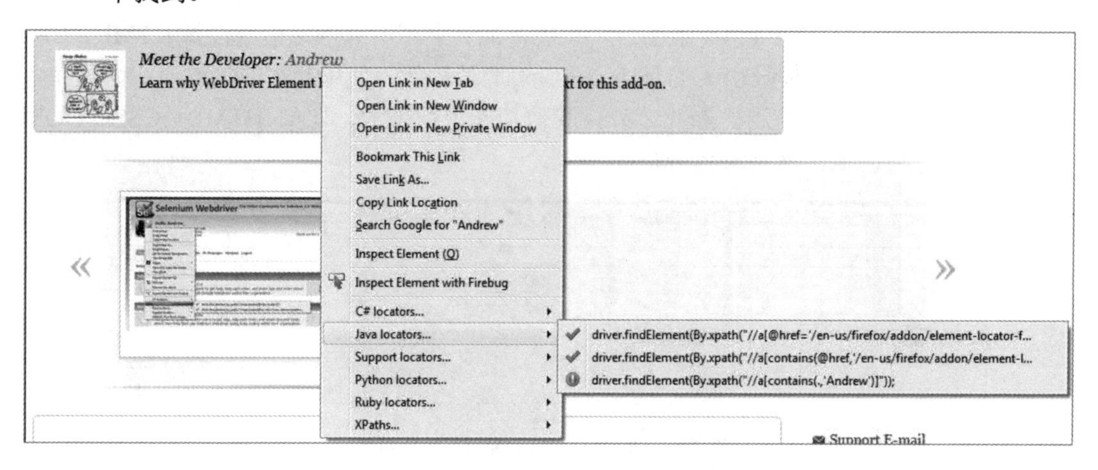

图 2-10　安装 WebDriver Element Locator

2. 前端工具——Chrome

Chrome 开发者工具：是一套内置于 Google Chrome 中的 Web 开发和调试工具，可用来对网站进行迭代、调试和分析，只需在 Chrome 的菜单中选择“更多工具”|“开发者工具”命令或按 F12 键即可调用。

在页面元素上右击，选择“检查”命令，在 Elements 中就能看到我们定位元素的 id、name 和 class 等。例如 Bing 输入框，如图 2-11 所示，通过在 Bing 输入框元素上右击，在弹出的快捷菜单中选择“检查”命令，即可在 Elements 中看到该元素的 HTML 代码，在该代码区域右击，选择 copy 命令，就能根据需要复制出 CSS、XPath 定位方式的代码。

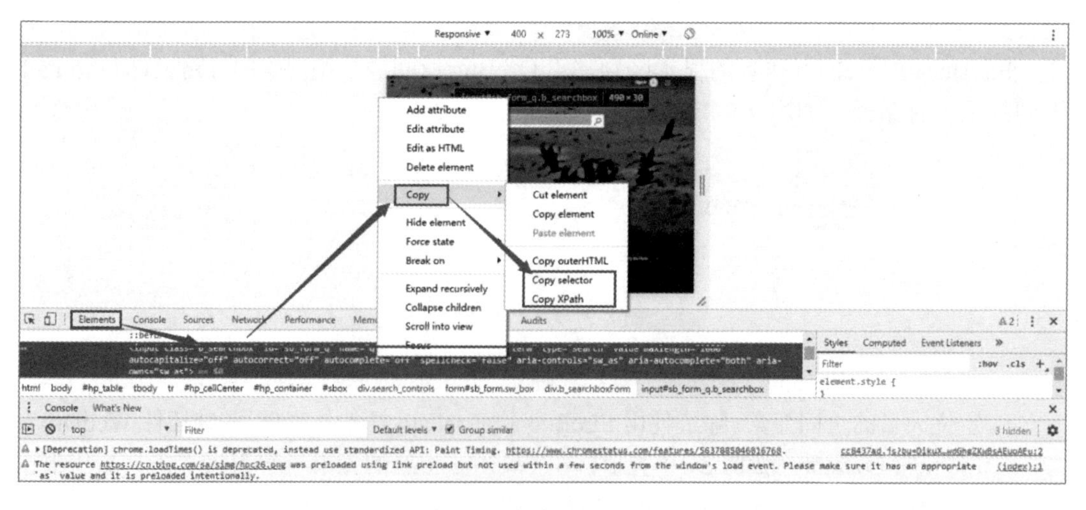

图 2-11　Chrome 开发者工具

- ChroPath for Chrome 插件：Google 浏览器 Chrome 中也提供了 ChroPath 插件，如图 2-12 所示。

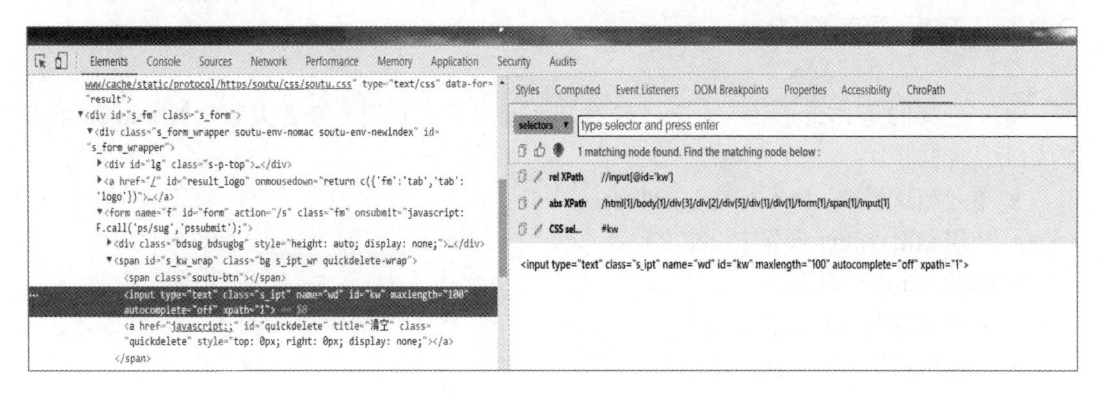

图 2-12　ChroPath for Chrome 插件

2.2.4　网络基础知识

1．HTTP简介

超文本传输协议（Hyper Text Transfer Protocol，HTTP）是互联网上应用最为广泛的一种网络协议，所有的 WWW 文件都必须遵守这个标准。

HTTP 包括：

- GET：请求读取由 URL 所标志的信息；
- POST：给服务器添加信息（如注释）；
- PUT：在给定的 URL 下存储一个文档；
- DELETE：删除给定的 URL 所标志的资源。

2．Cookie简介

Cookie 是在 HTTP 下，服务器或脚本可以维护客户信息的一种方式。Cookie 是由 Web 服务器保存在用户浏览器上的小文本文件，它可以包含有关用户的信息。无论何时用户连接到服务器，Web 站点都可以访问 Cookie 信息。

目前有些 Cookie 是临时的，有些则是持续的。临时的 Cookie 只在浏览器上保存一段规定的时间，一旦超过规定的时间，该 Cookie 就会被系统清除。持续的 Cookie 则保存在用户的 Cookie 文件中，下一次用户返回时，仍然可以对它进行调用。

3．Session简介

Session 是指终端用户与交互系统进行通信的时间间隔，通常指从注册进入系统到注销退出系统之间所经过的时间。

2.2.5 开发语言技能

本书选择的是 Python 语言，除了掌握 Python 语言基础外，需要大家掌握 Python 语言的如下技能知识：

- 单元测试框架，Pytest 或 UnitTest；
- 使用 xlrd、xlwt 操作 Excel 文件；
- configParser 等模块；
- 配置文件的读写操作；
- Logging 库对日志的显式写入；
- SMTP 等发送邮件的操作。

2.2.6 持续集成

持续集成是一种软件开发实践，即团队开发成员经常集成他们的工作，通常每个成员每天至少集成一次，也就意味着每天可能会发生多次集成。每次集成都通过自动化的构建（包括编译、发布、自动化测试）来验证，从而尽早地发现集成错误。

这意味着自动化测试也是持续集成的一环，也需要自动化测试与持续集成工具的结合。目前常见的持续工具有 Jenkins 等。

2.2.7 分布式

如果有一个大型的测试套件，或者一个运行得很慢的测试套件，可以使用 Selenium Grid 将该测试套件划分成几份，同时在几个不同的机器上运行，这样能够显著地提升性能。当 UI 用例集过多时，可以考虑分布式 Selenium Grid 和 Jenklins 结合实现分布式执行，让多台机器同时执行测试。

2.2.8 自动化测试平台

如果考虑团队内部，个别测试工程师代码编写能力较弱或想让功能工程师也可参与自动化过程，从而提高自动化测试的使用效率，较好的解决方案是提供 UI 界面的自动化测试平台，便于操作自动化测试用例的运行。如果要搭建这样的平台，在 Python 语言中提供了几个不错的框架，如 Django 和 Flask 等，这就需要自动化测试工程师掌握其中一个或多个框架，并进行自动化测试平台设计。

第3章　环 境 部 署

前面用了两章的篇幅讲解了自动化测试及 Selenium 方面的知识，可能有的读者已迫不及待，期望早些开始真正的“Selenium 秀”了。本章我们就开始真正接触 Selenium。学习 Selenium，我们选择的语言是 Python，而学习 Python 和 Selenium 是需要部署环境的，本章我们就一起来学习如何部署自动化测试所需的各种环境。

本章讲解的主要内容有：

- 语言环境的安装——Python；
- Selenium 的安装；
- IDE 环境的安装——PyCharm。

3.1　Python 的安装

假如你是从零起步，无任何开发语言基础，想在众多的主流语言中选择一门易上手的语言作为学习对象，那么推荐选择 Python。Python 语言在开发语言排行榜上一直呈上升态势，越来越多的开发者选择 Python 作为开发语言。如图 3-1 所示，在 2019 年 2 月份的开发语言排名中，Python 排名第三，截至 2020 年 2 月，Python 仍排名第三。

Feb 2019	Feb 2018	Change	Programming Language	Ratings	Change
1	1		Java	15.876%	+0.89%
2	2		C	12.424%	+0.57%
3	4	^	Python	7.574%	+2.41%
4	3	˅	C++	7.444%	+1.72%
5	6	^	Visual Basic .NET	7.095%	+3.02%
6	8	^	JavaScript	2.848%	-0.32%

图 3-1　2019 年 2 月开发语言排名

Python 可应用于多个平台，包括 Windows、Linux 和 mac OS X。Python 有两个版本，即 2.x 和 3.x。因为 Python 大版本向下是不兼容的，而且其核心团队于 2020 年停止了对 2.7 版本的支持，因此我们采用 3.6 版本。

注：目前使用 Python 2.7 的研发团队越来越少，无论你是学习 Python 开发，还是学习自动化测试，均无须过多考虑，果断地选择 Python 3.x 即可。

对于 Python 3.6、Python 3.7 及 Python 3.8，读者不用太在意小版本之间的差异，只要是 Python 3.x 即可。

3.1.1 Windows 环境下的 Python 安装

Python 的官方下载网址为 http://www.python.org/downloads/。本书交稿时，最新的版本是 Python 3.7.2（如图 3-2 所示），本书采用的版本是 Python 3.6.5。

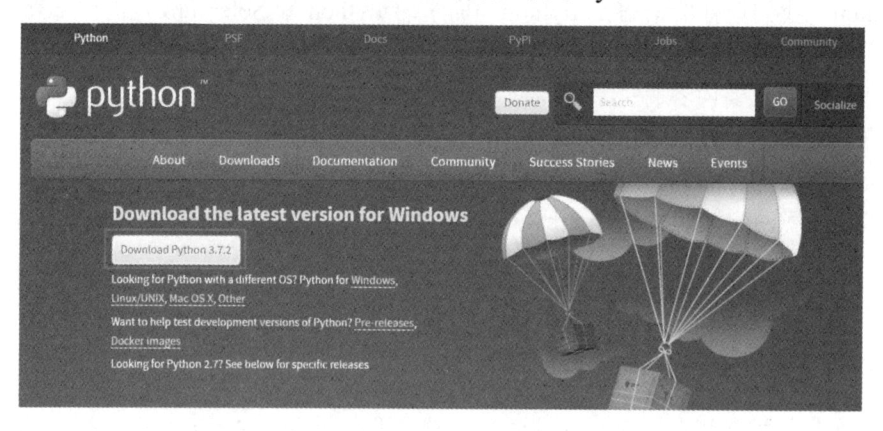

图 3-2　Python 官网

在 Python 官网的首页进入 https://www.python.org/downloads/windows/页面，在其中可以针对历史版本进行下载，如图 3-3 所示，可以下载 Python 3.6.5。笔者的操作系统是 Windows 10 64 位，因此下载 Windows x86-64 executable installer。

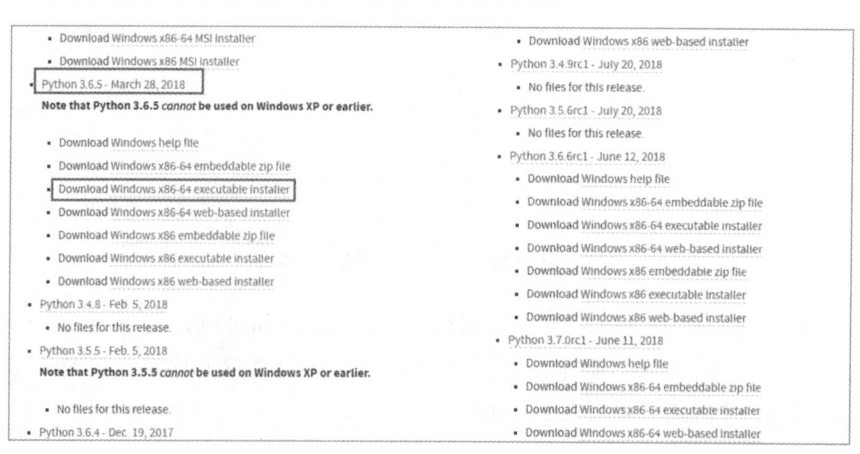

图 3-3　Python 历史版本下载页面

在官网上，读者可以选择不同操作系统版本的 Python 进行下载。大部分读者的操作系统是 Windows，可以针对自己的操作系统版本，下载合适的 Python 版本，如 32 位或 64 位。单击 Download Python 3.6.5 即可下载（如果 Python 官网访问缓慢，读者也可以通过本书提供的配书资料中找到相应的安装文件进行安装，配书资料里提供了 Python 3.7.2 与 Python 3.6.5 两个版本，都是基于 64 位的 Windows 操作系统）。

下载完成后，会得到一个以.exe 为后缀的安装文件包，右击下载的文件（如 Python 3.6.5.exe）以管理员身份运行，会弹出 Python 3.6.5 程序安装对话框。注意，选中 Add Python 3.6 to PATH 复选框，因为这样就可以将 Python 写入环境变量中，不需要自己再去配置环境变量，如图 3-4 所示。

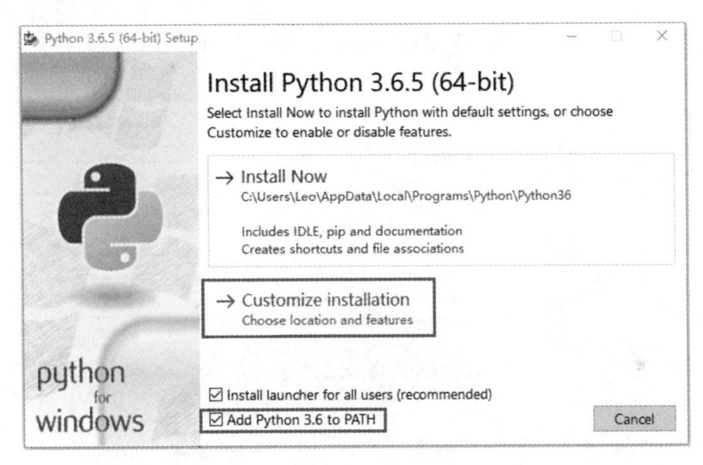

图 3-4　Python 3.6.5 安装对话框

注：从 Windows 7 开始，用户并不会直接获得系统管理员权限，一般双击安装包，便是以登录的用户权限进行安装，而很多软件的安装及运行需要以管理员权限进行处理，因此大家要格外注意。Python3.6.5.exe 是我们确定要安装的.exe 程序，因此要右击 Python3.6.5.exe，然后选择“以管理员身份运行”，从而通过获取 Windows 管理员权限进行安装。本书后面的章节，由于项目的需要，对 Python 版本进行了升级，使用的是 Python 3.7.5。读者可以直接安装 Python 3.7.5，也可以继续使用 Python 3.6.5，两者均可，无须刻意重新安装为最新的 Python 3 版本。

选择自定义安装的 Customize installation 选项后，进入 Optional Features 安装对话框，如图 3-5 所示。由于后面安装 Selenium 等均借助 pip，因此这里一定要确认 pip 复选框是被选中的。Python 3.6.5 安装过程中，默认 pip 是被选中的，要避免人为不小心而取消选中 pip 复选框。单击 Next 按钮，进入 Advanced Optinos 对话框。

在 Advanced Optinos 对话框中，选中 Install for all users 复选框。可以修改 Python 的安装路径，也可以在默认路径下安装，最后单击 Install 按钮，如图 3-6 所示。

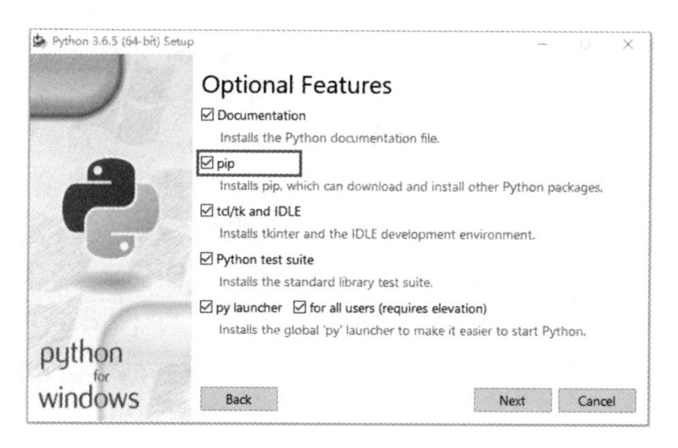

图 3-5　Optional Features 对话框

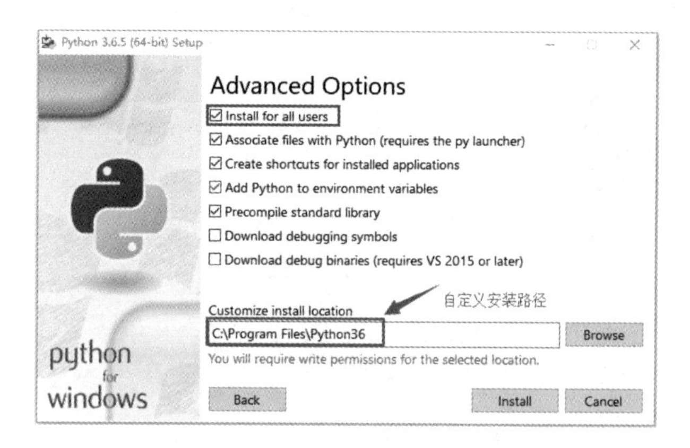

图 3-6　Advanced Options 对话框

在 Setup Progess 对话框中可以看到 Python 安装程序的安装进度，如图 3-7 所示。

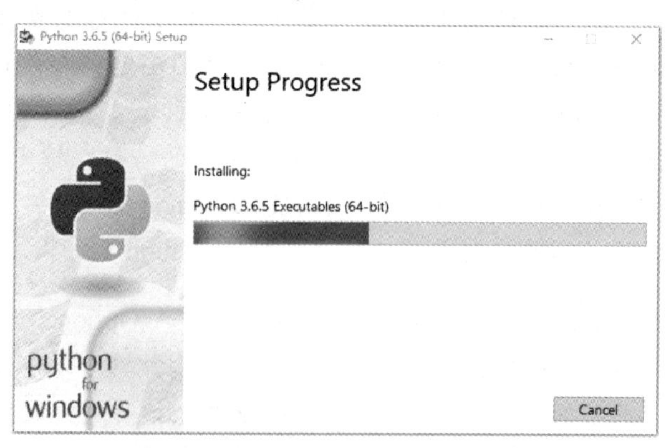

图 3-7　Python 安装进度

安装完成后如图 3-8 所示，意味着 Python 安装完毕。

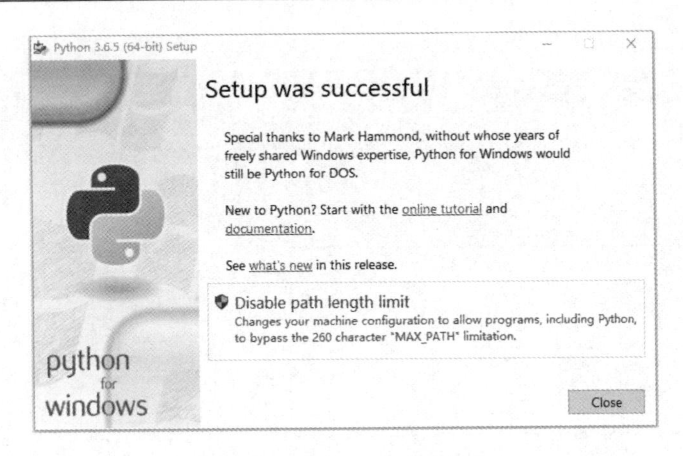

图 3-8　Python 安装完毕

Python 3.6.5 安装完毕后，可以通过 Windows 命令行来验证一下。打开 Windows 的 cmd 窗口（可以通过 Windows 键 + R 键，输入 cmd 命令）。在 cmd 中输入 Python，如果显示如图 3-9 所示的信息，即意味着 Python 安装成功。

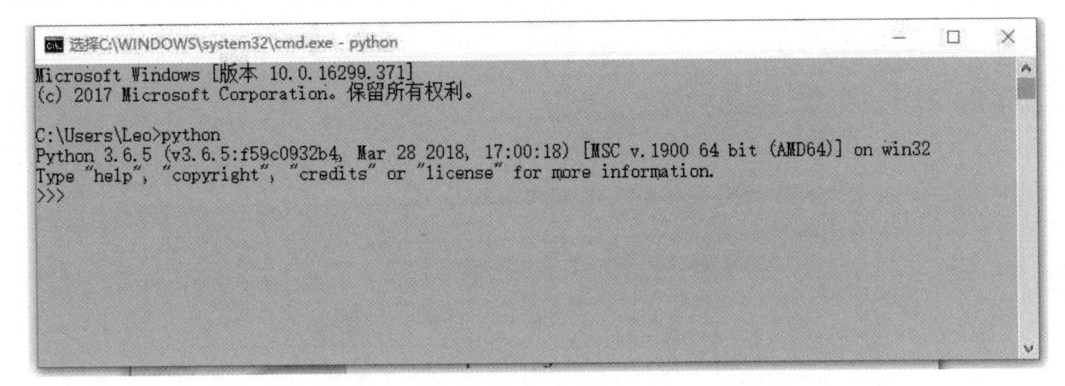

图 3-9　cmd 命令窗口

后续应用过程中，借助 pip 能够快速地安装很多软件。因此，安装完 Python 后，还需要检验一下 pip 是否成功安装。

由于 Python 3.6.5 版本在安装过程中本身就包含 pip 包，因此不需要再单独下载和安装。可以在 cmd 命令窗口中输入 pip 命令查看其是否安装成功。如果显示结果如图 3-10，则说明 pip 安装成功。

注：pip 要在 cmd 命令状态下使用，因此不能直接在图 3-9 中的展示位置（Python 编辑状态）直接输入 pip，而需要在图 3-9 所示的 Python 编辑状态中输入 exit()，返回到 cmd 命令行状态后再输入 pip。

Python 安装完毕后会被添加到环境变量中，如图 3-11 与图 3-12 所示。

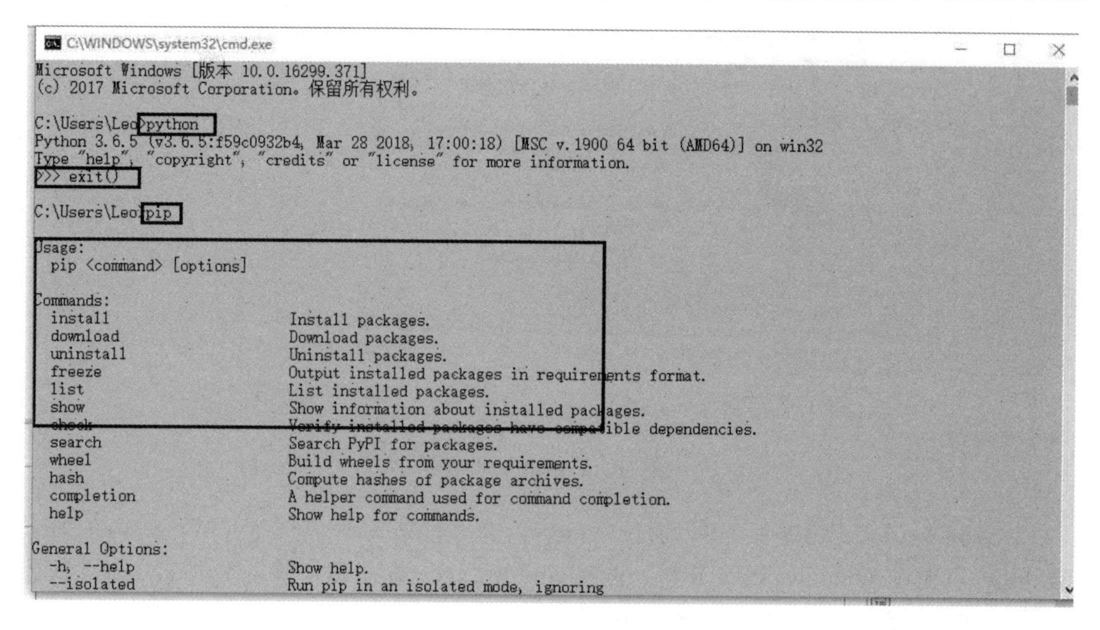

图 3-10　pip 安装成功

系统属性

计算机名　硬件　高级　系统保护　远程

要进行大多数更改，你必须作为管理员登录。

性能

视觉效果，处理器计划，内存使用，以及虚拟内存

设置(S)...

用户配置文件

与登录帐户相关的桌面设置

设置(E)...

启动和故障恢复

系统启动、系统故障和调试信息

设置(T)...

环境变量(N)...

确定　取消　应用(A)

图 3-11　设置环境变量 1

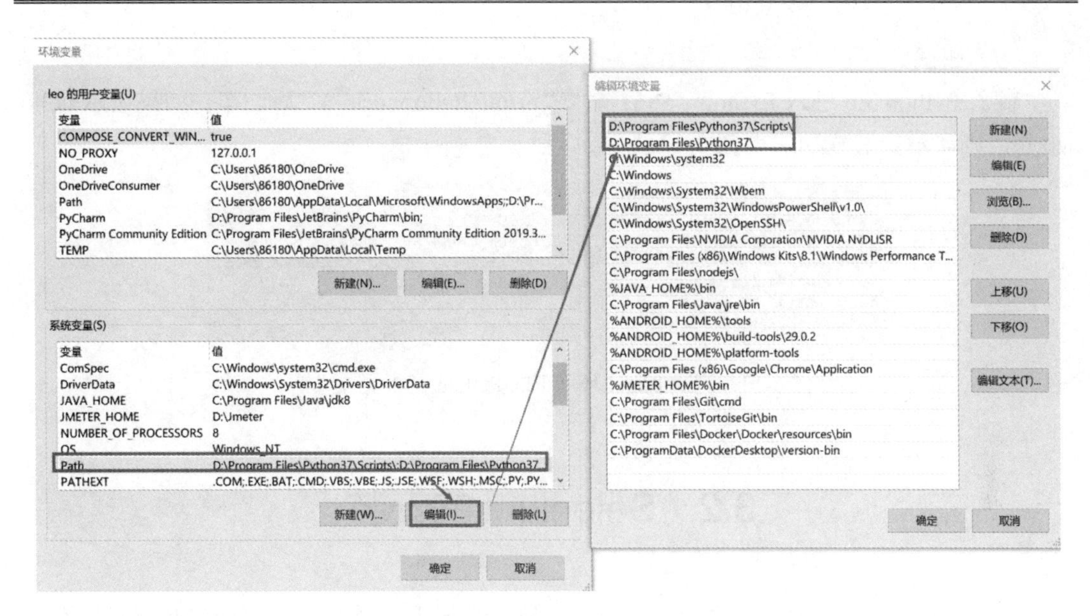

图 3-12 设置环境变量 2

3.1.2 Linux 环境下的 Python 安装

目前大部分读者的操作系统都是 Windows，本书也是以 Windows 10（64 位）为主来介绍 Selenium，因此对于 Linux 环境下的部署，仅介绍一些安装 Python 的主要步骤。

（1）确认 Linux 上已经安装了 YUM 和 wget。

（2）因为安装 Python 需要依赖各种 dev 包，所以需要下载一些常用的包：

```
yum -y install openssl-devel gcc bzip2-devel libxml2-devel zlib zlib-devel
```

（3）下载 Python 3.6 安装包，命令如下：

```
wget http://cdn.npm.taobao.org/dist/Python/3.6.5/Python-3.6.5.tgz
```

（4）解压下载好的 Python 包，命令如下：

```
tar -zxvf Python-3.6.5.tgz
```

（5）解压后，进入 Python 的解压目录，命令如下：

```
cd Python-3.6.5
```

（6）指定安装目录，必须是已经存在的目录，如/usr/local/Python3.6.5，命令如下：

```
./configure --prefix=/usr/local/Python3.6.5
```

（7）进行编译安装，命令如下：

```
make && make install
```

（8）做连接，命令如下：

```
ln -s /usr/local/Python3.6.5/bin/Python3 /usr/local/bin/Python3.6
```

（9）测试。

输入 Python 3.6 进入 Python，然后输入“print("hello world")”后回车，如果显示 hello world，则表示安装成功，如图 3-13 所示。

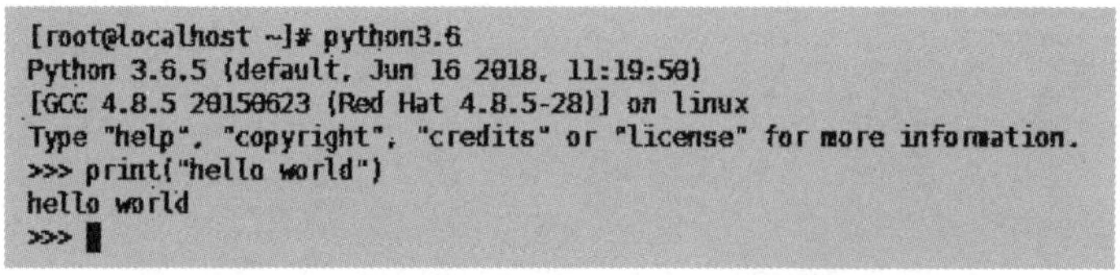

```
[root@localhost ~]# python3.6
Python 3.6.5 (default, Jun 16 2018, 11:19:50)
[GCC 4.8.5 20150623 (Red Hat 4.8.5-28)] on linux
Type "help", "copyright", "credits" or "license" for more information.
>>> print("hello world")
hello world
>>> 
```

图 3-13　测试 Linux 环境下的 Python 是否安装成功

3.2　Selenium 的安装

Selenium 安装可以通过两种形式，分别是在线安装与离线安装。两种安装方式均不复杂，读者可根据自己的网络情况选择适合的一种安装方式。

3.2.1　在线安装

以管理员身份运行 cmd，然后在 cmd 命令窗口中输入 pip install selenium 进行安装，如图 3-14 所示。如果想安装指定版本的 Selenium，如 3.12.0，可输入 pip install Selenium==3.12.0。安装过程中可能会因为网络问题导致安装缓慢或中断。如果安装失败，可以重新输入命令 pip install selenium 尝试再次安装，直到进度 100%完成为止。

在本书完成初稿阶段，Selenium 的最新版本为 3.141.59（可在 https://www.Seleniumhq.org/download/中查看）。

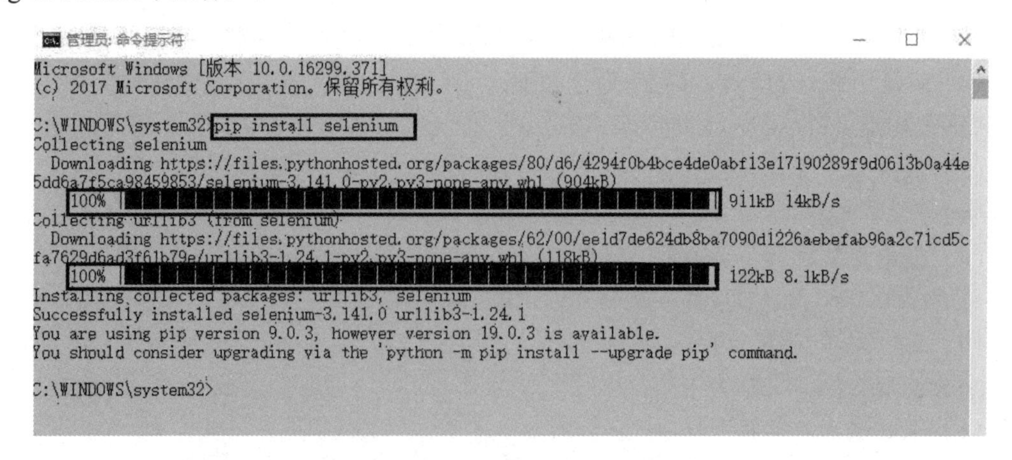

图 3-14　Linux 环境下的 Python 安装

安装完毕后，可在 cmd 命令窗口中通过 pip show selenium 命令查看安装的 Selenium 版本，如图 3-15 所示。

```
Microsoft Windows [版本 10.0.16299.371]
(c) 2017 Microsoft Corporation。保留所有权利。

C:\WINDOWS\system32>pip show selenium
Name: selenium
Version: 3.141.0
Summary: Python bindings for Selenium
Home-page: https://github.com/SeleniumHQ/selenium/
Author: UNKNOWN
Author-email: UNKNOWN
License: Apache 2.0
Location: c:\program files\python36\lib\site-packages\selenium-3.141.0-py3.6.egg
Requires: urllib3
You are using pip version 9.0.3, however version 19.0.3 is available.
You should consider upgrading via the 'python -m pip install --upgrade pip' command.
```

图 3-15　查看安装的 Selenium 版本

3.2.2　离线安装

Selenium 的下载地址是 https://pypi.org/project/selenium/#files，选择下载 selenium-3.141.0.tar.gz 文件（可在本书提供的配书资料中找到离线下载的 Selenium 版本），如图 3-16 所示。

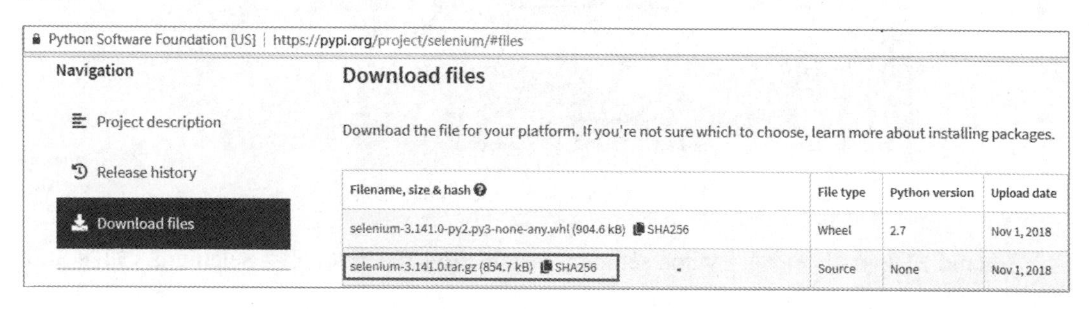

图 3-16　Selenium 离线下载包

Selenium 下载完毕后，将其解压到 Python 安装路径\Lib\site-packages 下（笔者的路径为 C:\Program Files\python36\Lib\site-packages），解压文件夹并命名为 selenium，如图 3-17 所示。

在 Python 安装路径\Lib\site-packages 下的 selenium 文件夹中，可以看到 setup.py 文件，如图 3-18 所示。

以管理员身份运行 cmd，通过 cmd 命令窗口进入 Selenium 目录，如图 3-19 所示。

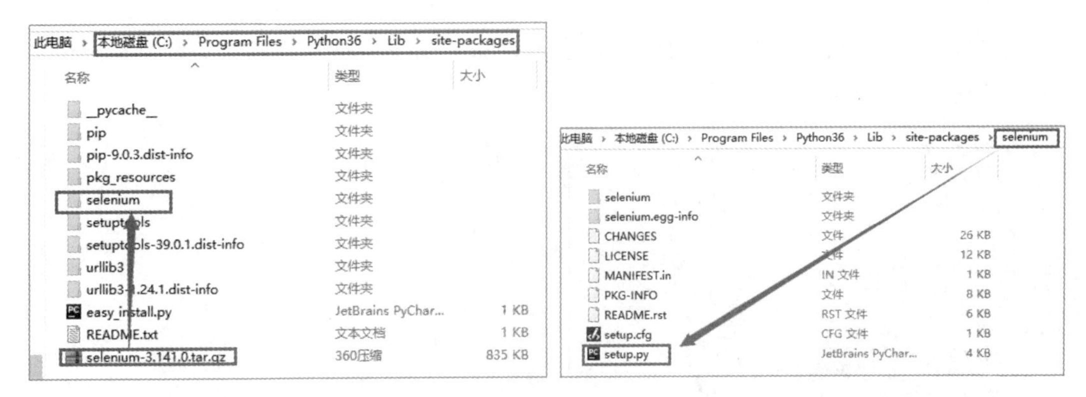

图 3-17　selenium 文件夹　　　　图 3-18　selenium 文件夹中的 setup.py 文件

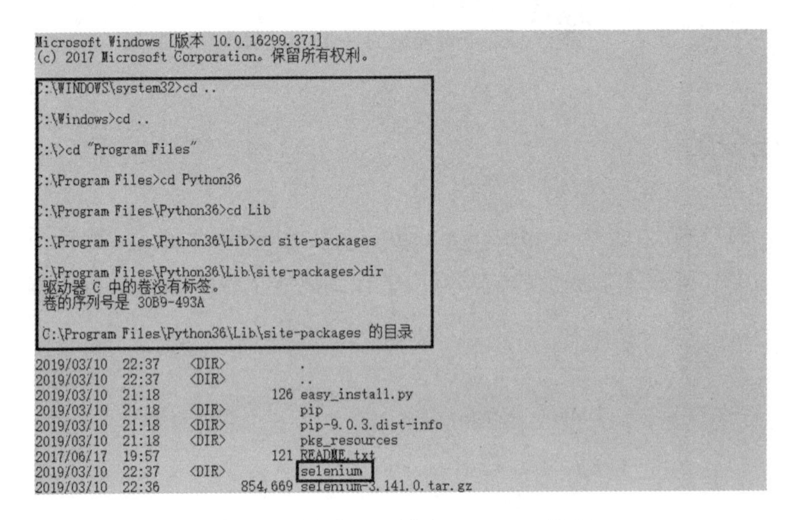

图 3-19　通过 cmd 进入 Selenium 目录

在 cmd 命令窗口中输入 Python setup.py install 后回车，开始安装 Selenium，如图 3-20 所示。

```
C:\Program Files\Python36\Lib\site-packages>cd selenium

C:\Program Files\Python36\Lib\site-packages\selenium>python setup.py install
running install
running bdist_egg
running egg_info
writing selenium.egg-info\PKG-INFO
writing dependency_links to selenium.egg-info\dependency_links.txt
writing requirements to selenium.egg-info\requires.txt
writing top-level names to selenium.egg-info\top_level.txt
reading manifest file 'selenium.egg-info\SOURCES.txt'
Installed c:\program files\python36\lib\site-packages\selenium-3.141.0-py3.6.egg
Processing dependencies for selenium==3.141.0
Searching for urllib3==1.24.1
Best match: urllib3 1.24.1
Adding urllib3 1.24.1 to easy-install.pth file

Using c:\program files\python36\lib\site-packages
Finished processing dependencies for selenium==3.141.0

C:\Program Files\Python36\Lib\site-packages\selenium>
```

图 3-20　安装 Selenium

安装完毕后，可在 cmd 命令窗口中通过 pip show Selenium 命令查看安装的 Selenium 版本，如图 3-21 所示。

```
C:\Program Files\Python36\Lib\site-packages\selenium>pip show selenium
Name: selenium
Version: 3.141.0
Summary: Python bindings for Selenium
Home-page: https://github.com/SeleniumHQ/selenium/
Author: UNKNOWN
Author-email: UNKNOWN
License: Apache 2.0
Location: c:\program files\python36\lib\site-packages\selenium-3.141.0-py3.6.egg
Requires: urllib3
You are using pip version 9.0.3, however version 19.0.3 is available.
You should consider upgrading via the 'python -m pip install --upgrade pip' command.
```

图 3-21　查看 Selenium 版本

前面已经将 Python 和 Selenium 安装完毕。如何才能知道安装的 Selenium 确实已经安装好了呢？接下来验证 Selenium 是否可以正常使用。

以管理员身份运行 cmd，在 cmd 命令窗口中输入 Python，进入 Python 编辑状态，依次输入 from selenium import webdriver 命令和 webdriver.Firefox()命令用以调用 Firefox，如图所示 3-22 所示。

```
(c) 2017 Microsoft Corporation。保留所有权利。

C:\WINDOWS\system32>python
Python 3.6.5 (v3.6.5:f59c0932b4, Mar 28 2018, 17:00:18) [MSC v.1900 64 bit (AMD64)] on win32
Type "help", "copyright", "credits" or "license" for more information.
>>> from selenium import webdriver
>>> webdriver.Firefox()
Traceback (most recent call last):
  File "C:\Program Files\Python36\lib\site-packages\selenium-3.141.0-py3.6.egg\selenium\webdriver\common\service.py", li
ne 76, in start
    stdin=PIPE)
  File "C:\Program Files\Python36\lib\subprocess.py", line 709, in __init__
    restore_signals, start_new_session)
  File "C:\Program Files\Python36\lib\subprocess.py", line 997, in _execute_child
    startupinfo)
FileNotFoundError: [WinError 2] 系统找不到指定的文件。

During handling of the above exception, another exception occurred:

Traceback (most recent call last):
  File "<stdin>", line 1, in <module>
  File "C:\Program Files\Python36\lib\site-packages\selenium-3.141.0-py3.6.egg\selenium\webdriver\firefox\webdriver.py",
 line 164, in __init__
    self.service.start()
  File "C:\Program Files\Python36\lib\site-packages\selenium-3.141.0-py3.6.egg\selenium\webdriver\common\service.py", li
ne 83, in start
    os.path.basename(self.path), self.start_error_message)
selenium.common.exceptions.WebDriverException: Message: 'geckodriver' executable needs to be in PATH.
```

图 3-22　调用 Firefox

在 Python 编辑器中运行了以上命令后，能够看到 Firefox 浏览器（笔者计算机上的 Firefox 版本为 65）并没有被打开，而且在命令行末尾看到错误信息“Selenium.common.exceptions.WebDriverException: Message: 'geckodriver' executable needs to be in PATH.”。大概的意思是缺少 geckodriver。出现这个错误并不能武断地认为 Selenium 没有安装成功，这恰恰是接下来要解决的问题。学习完下面一节的内容后再回来看该错误，就能够理解产生错误的原因了。

3.3　IDE 工具的选择

学习 Selenium，需要跟代码成为“好朋友”（需要书写大量代码）。因此，需要选择一款集成开发环境（Integrated Development Environment，IDE）。我们学习 Selenium，结合的语言是 Python，因此需选择一款 IDE，只需要选择能够支持 Python 的 IDE 工具即可。能够支持 Python 的 IDE 非常多，如 PyCharm、Vim、Eclipse+Pydev、Sublime Text、VsCode 等。这里选择的 Python 集成开发环境是 PyCharm，它是目前 Python 开发工程师最常用的一款集成开发环境。

3.3.1　PyCharm 简介

PyCharm 是由 JetBrains 打造的一款 Python IDE，带有一整套可以帮助用户在使用 Python 语言开发时提高效率的工具，比如调试、语法高亮、Project 管理、代码跳转、智能提示、自动完成、单元测试、版本控制。此外，该 IDE 还提供了一些高级功能，以用于支持 Django 框架下的专业 Web 开发，同时支持 Google App Engine 等。

PyCharm 官方下载地址为 https://www.jetbrains.com/PyCharm/download/#section=windows。在下载页面，可以根据自己的计算机操作系统选择对应的安装包。对于 Windows 系统，选择如图 3-23 所示的安装包。

可以看到，Community 版本是免费、开源的，我们选择下载 Community 版本。目前我们下载的 Community 版本为 PyCharm-community-2018.3.5.exe（可在本书提供的配书资料中获取）。

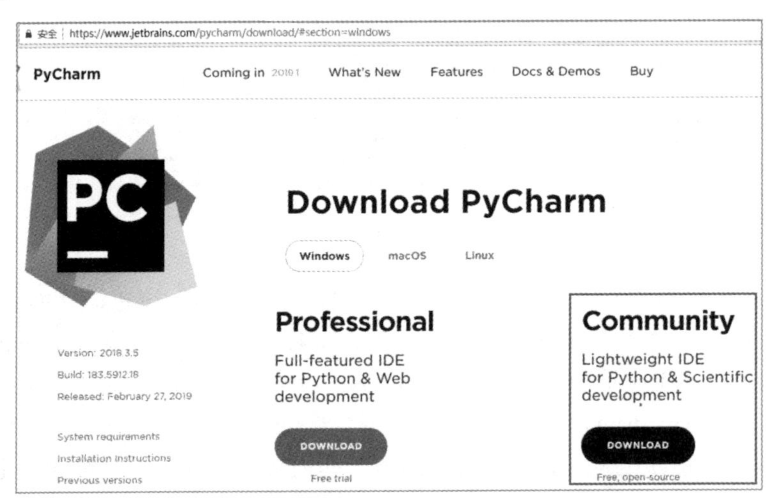

图 3-23　PyCharm 下载页面

注：PyCharm 的 Community 版本其功能没有专业版本的 Professional 全，但 Community 版本足以满足日常开发使用，因此我们选择 Community 版本。大家所熟知的 IntelliJ IDEA（Java IDE）、WebStorm（JavaScript IDE）、TeamCity（强大的安装即用持续集成工具）等工具也都属于 JetBrains 旗下。

3.3.2　PyCharm 的安装

（1）右击 PyCharm-community-2018.3.5.exe 应用程序，选择“以管理员身份运行”命令安装 PyCharm，如图 3-24 所示。

（2）单击 Next 按钮，在 Choose Install Location 对话框中选择安装路径，如图 3-25 所示。

图 3-24　PyCharm 安装欢迎对话框

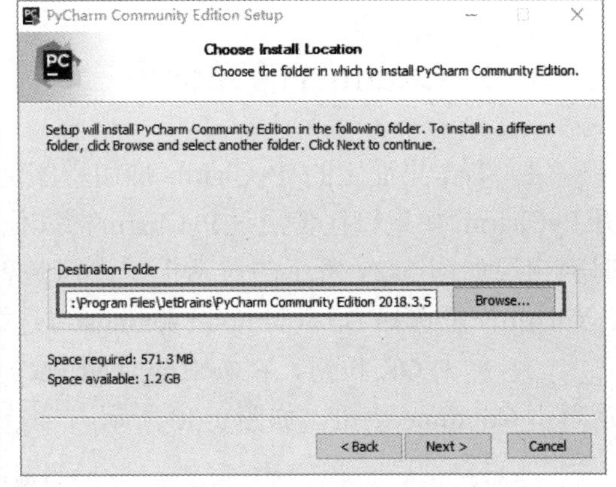

图 3-25　PyCharm 安装路径选择对话框

（3）单击 Next 按钮，进入 Installation Options 安装对话框，在其中选择安装选项。笔者的操作系统是 64 位，因此选择了 64-bit launcher。选择安装选项完毕后，单击 Next 按钮开始安装，如图 3-26 所示。

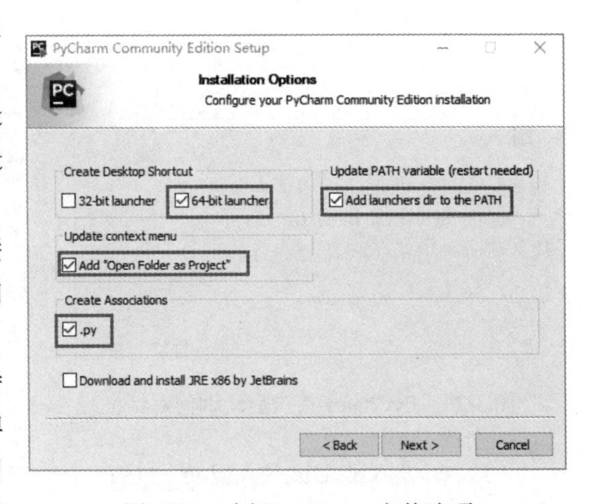

图 3-26　选择 PyCharm 安装选项

（4）在 PyCharm Setup 对话框中，直接单击 Install 按钮，按默认方式安装即可，如图 3-27 所示。

（5）在 PyCharm 安装进度界面耐心等待两分钟左右，当 PyCharm 安装完毕后，会弹出如图 3-28 所示的对话框，提示需要重新启动操作系统。选择 Reboot now 单选按钮，重启 Windows 操作，完成 PyCharm 的安装，如图 3-28 所示。

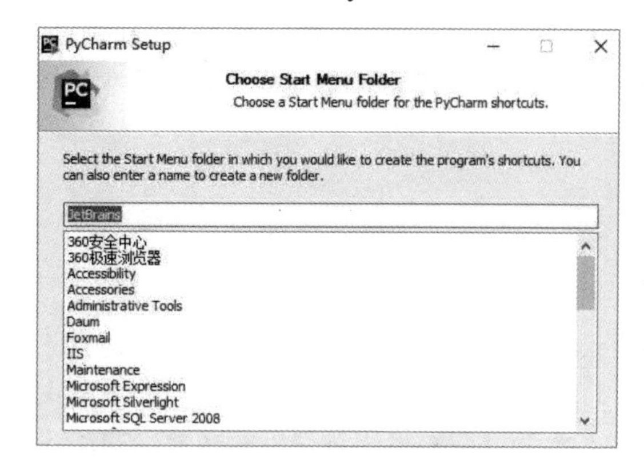

图 3-27　启动菜单选项

图 3-28　PyCharm 安装完毕

3.3.3　PyCharm 的简单使用

（1）右击桌面上的 PyCharm 应用程序快捷图标，选择“以管理员身份运行”命令打开 PyCharm。如果以往使用过 PyCharm 的其他版本，重新安装 PyCharm 后，在启动 PyCharm 时会出现如图 3-29 所示的对话框，询问是否把以往的配置信息导入。如果是首次安装 PyCharm，可选择 Do not import settings 单选按钮。

（2）单击 OK 按钮，在 JetBrains Privacy Policy 对话框中选中 I confirm…复选框，然后单击 Continue 按钮，如图 3-30 所示。

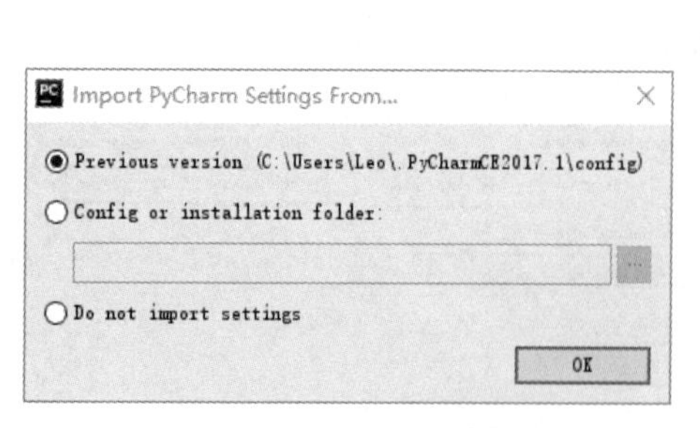

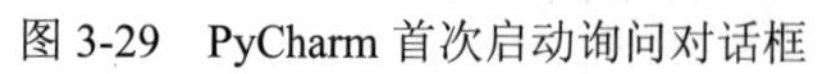
图 3-29　PyCharm 首次启动询问对话框

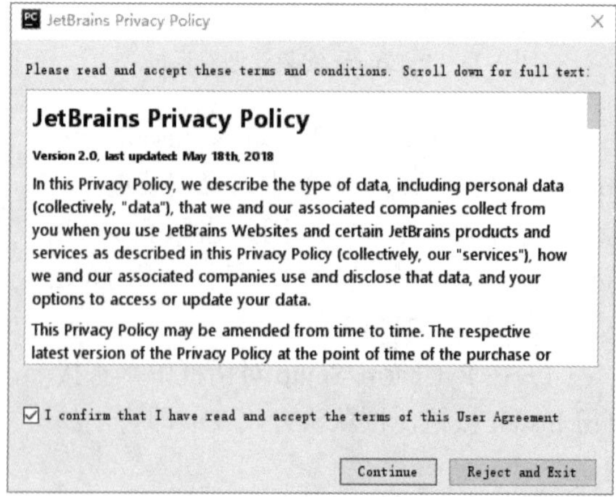

图 3-30　PyCharm 隐私政策

（3）在进入的 Data Sharing 对话框中单击 Don’t send 按钮，如图 3-31 所示。

（4）此时进入 PyCharm 启动界面，如图 3-32 所示。

（5）进入 PyCharm IDE 后的界面如图 3-33 所示。

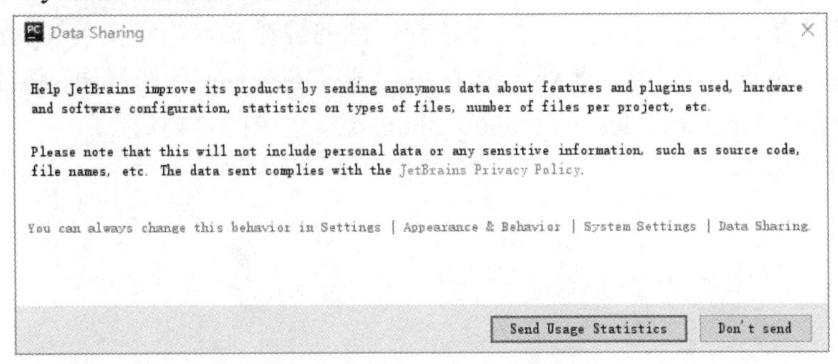

图 3-31　Data Sharing 信息

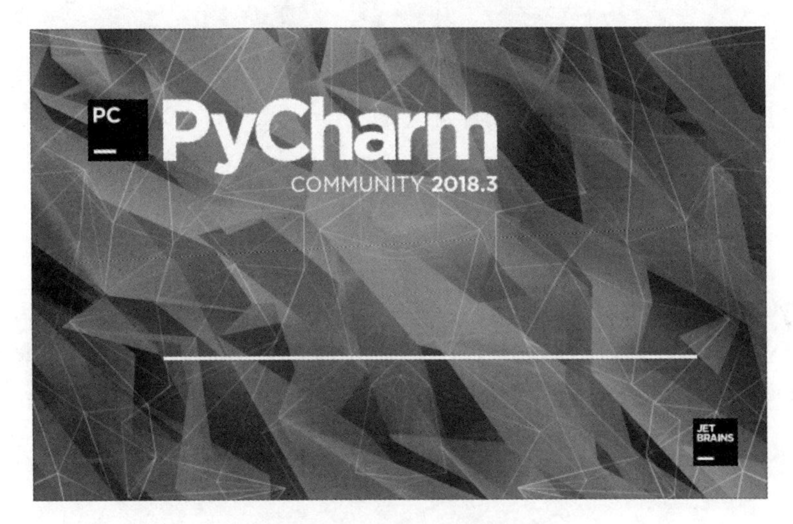

图 3-32　PyCharm 启动界面

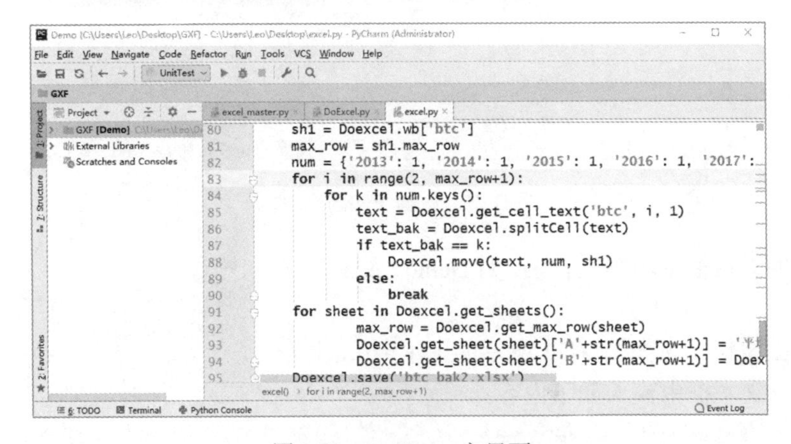

图 3-33　PyCharm 主界面

在 PyCharm 主界面的 File 菜单中选择 New Project 命令，弹出如图 3-34 所示的 Create

Project 对话框。如果要创建一个工程，可先命名，然后单击 Create 按钮即可。

需要注意的是，创建工程时，一定要选择正确的解释器。笔者安装 Python 的目录是 C:\Program Files\python36，因此此处选中了 Existing interpreter 单选按钮，路径指向 Python 3.6 的安装目录 C:\Program Files\python36\python.exe，如图 3-34 所示。

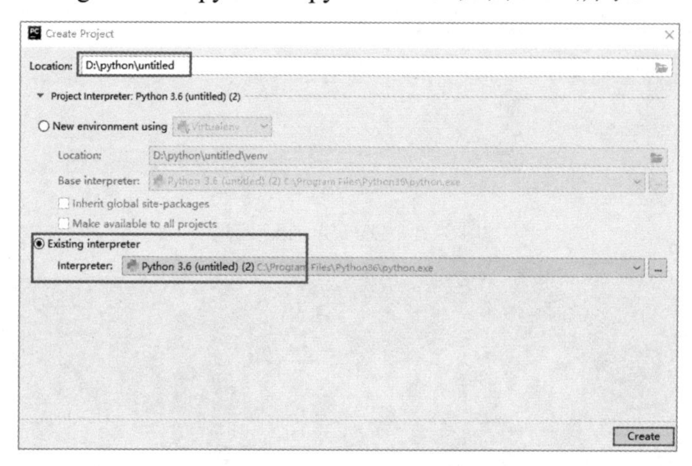

图 3-34　创建工程对话框

进入 PyCharm 主界面，右击工程（untitled）所在位置的箭头指向的地方，在弹出的菜单中选择 New 命令，此时可以选择创建 File、Python Package 和 Python File 等命令，这里选择 Python File 命令，如图 3-35 所示。

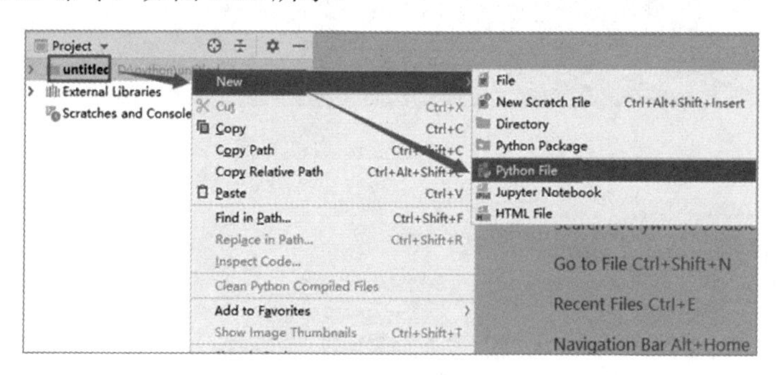

图 3-35　创建 Python 文件

在弹出的对话框中填写文件名，如 Demo，如图 3-36 所示。

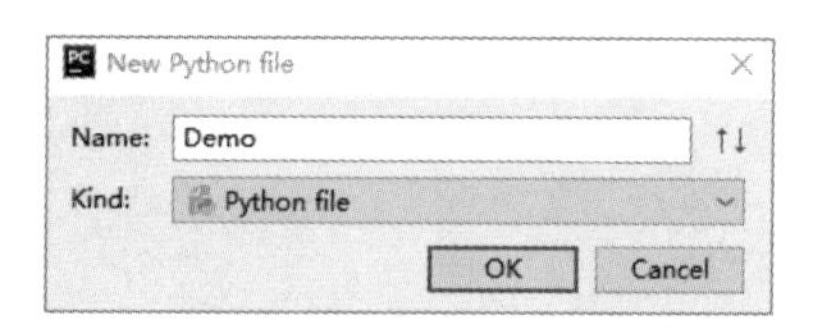

图 3-36　Python 文件命名

单击 OK 按钮，在如图 3-37 所示的 PyCharm 主界面的 demo.py 文本框中输入如下内容：

```
from selenium import webdriver

driver = webdriver.Firefox()
driver.get("http:/cn.bing.com")
```

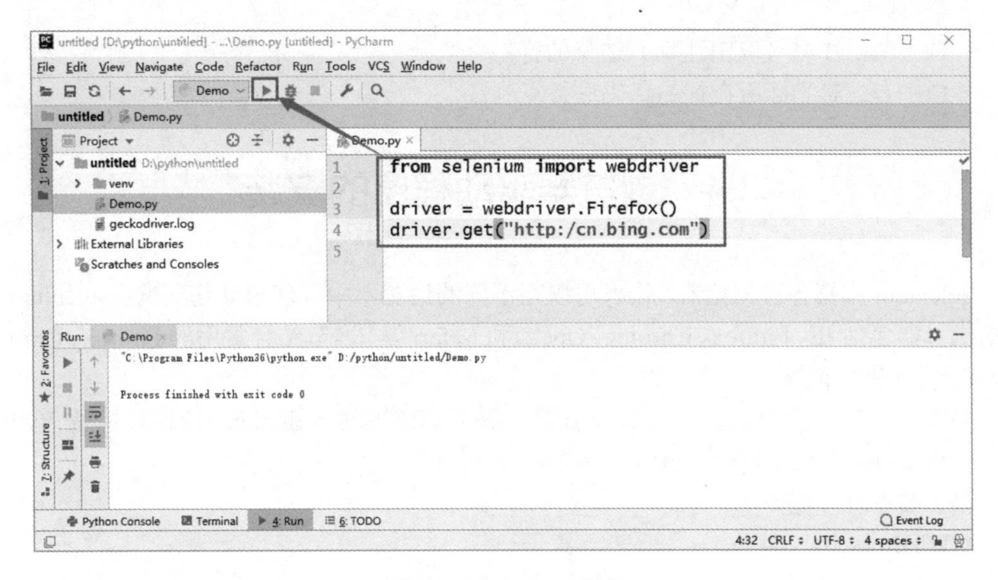

图 3-37　Selenium 代码

单击运行按钮（图 3-37 中的小三角图标），可以看到，程序调用 Firefox 浏览器打开了 Bing 首页，如图 3-38 所示。

图 3-38　Bing 首页

PyCharm 中的一些常见操作如下：

- 工具栏显示：View→Toolbar 和 View→Tool Buttons；
- 主题：File→Settings→Edit→Color Scheme；
- 字体颜色：File→Settings→Edit→Colors；
- 字体：Settings→Edit→Fonts。

PyCharm 部分快捷键如下：

- Ctrl + Enter：在下方新建行但不移动光标；
- Shift + Enter：在下方新建行并移到新行行首；

- Ctrl + /：注释（取消注释）选择的行；
- Ctrl+D：对光标所在行的代码进行复制。

3.4 浏览器驱动程序的安装

Selenium 支持各种浏览器，读者可以在不同的浏览器中开展自动化测试。Selenium 支持的浏览器包括 IE、Firefox、Chrome、Opera 和 Safari 等。本节结合常用的 Firefox、Chrome 与 Selenium 进行讲解。

在本节内容正式开始前，有必要强调一下本书使用的 Selenium 整体环境是 Python 3.6.5 + Selenium 3.14 + Firefox 65。

笔者的系统环境如下：

- Windows 10（64 位）；
- Python 3.6.5；
- Selenium 3.14；
- Firefox 65；
- Chrome 68。

如果读者的 Firefox 版本低于 47，可以直接跳过本节内容。

由于 Selenium 3.0 调用 Firefox 48（含 48）以上的版本，需要先安装浏览器的驱动程序，因此本节先讲解一下浏览器驱动程序的安装。

注：如果你想使用 Firefox 的老版本（47 以下），如 Python 3.6 + Selenium 2.48+Firefox 46，可以下载 Firefox 的历史版本，地址是 https://download-installer.cdn.mozilla.net/pub/Firefox/releases/或 http://ftp.mozilla.org/pub/Firefox/releases/。老版本的 Firefox 可以使用 FireBug、FirePath 和 WebDriver Element Locator 等插件。本书提供的资料里也提供了这些插件。

3.4.1 Chrome 浏览器的安装

有读者在实际应用过程中更喜欢使用谷歌浏览器 Chrome。下面介绍 Selenium 如何与 Chrome 相结合进行使用。

1. 下载chromedriver.exe

chromedriver.exe 文件是调用 Chrome 的驱动文件，因此该文件的版本必须要和 Chrome 的版本兼容。

chromedriver.exe 的下载网址如下：

- http://chromedriver.storage.googleapis.com/index.html；

- http://npm.taobao.org/mirrors/chromedriver。

chromedriver.exe 的版本很多，因为笔者的 Chrome 版本是 68.0.3440.106，所以下载的 chromedriver.exe 版本是图 3-39 所示的版本（2.37）。

当笔者将 Chrome 升级后，Chrome 的版本为 75.0.3770.142，如图 3-40 所示，下载的 chromedriver.exe 版本与 Chrome 浏览器版本相对应（仅仅是版本号.140 不同），如图 3-41 所示。chromedriver.exe 从 70 开始，就可以找到与 Chrome 版本相对应的下载版本了，从而避免了如图 3-39 中那样选择 chromedriver.exe 版本时选 2.7 还是 2.8 的纠结，不再需要查询 Chrome 的版本（如 68.0.3440.106）与 chromedriver.exe（如 2.7 或 2.8）到底是如何匹配的。

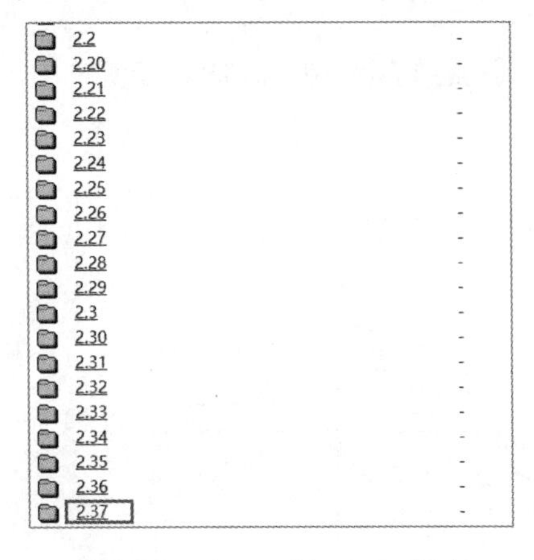

图 3-39　chromedriver.exe 版本

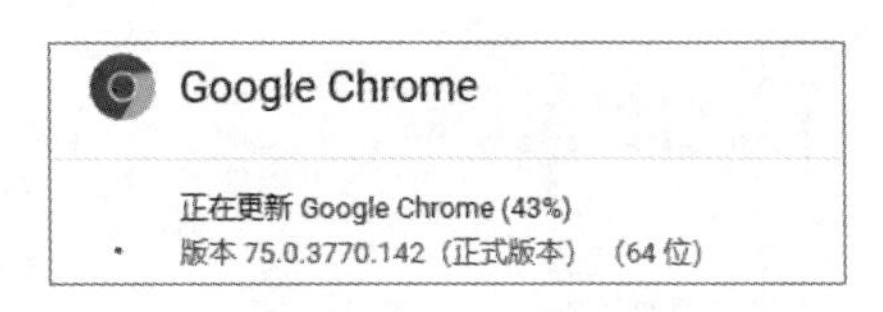

图 3-40　Chrome 版本

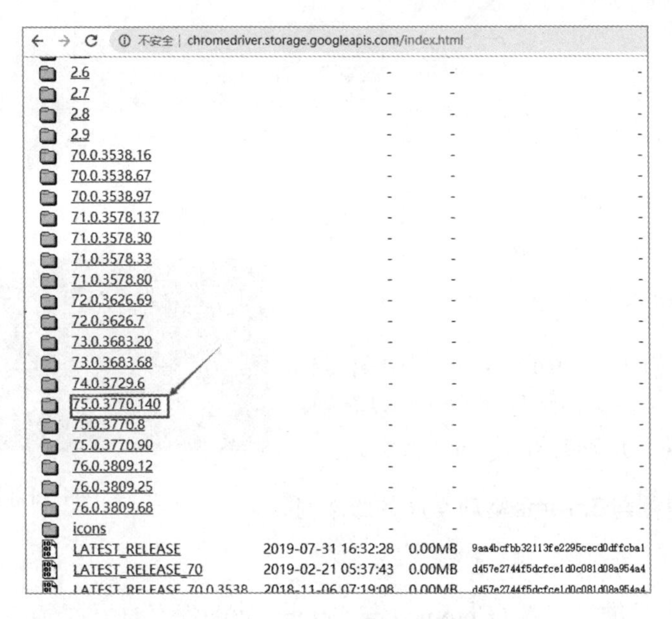

图 3-41　chromedriver.exe 版本

将下载的 chromedriver.exe（2.37）复制到 Chrome 的安装目录下（一般是 C:\Program Files (x86)\Google\Chrome\Application），如图 3-42 所示。

› 此电脑 › 本地磁盘 (C:) › Program Files (x86) › Google › Chrome › Application

名称	修改日期	类型	大小
65.0.3325.181	2018/4/9 16:24	文件夹	
SetupMetrics	2018/4/9 16:32	文件夹	
chrome.exe	2018/3/20 13:59	应用程序	1,553 KB
chrome.VisualElementsManifest.xml	2018/4/9 16:24	XML 文档	1 KB
chromedriver.exe	2018/3/20 3:11	应用程序	6,207 KB
master_preferences	2018/4/9 16:23	文件	126 KB

图 3-42　Chrome 驱动程序的安装路径

然后设置系统的环境变量，将 Chrome 的路径添加到 Path 中。添加环境变量的步骤如图 3-43 所示。

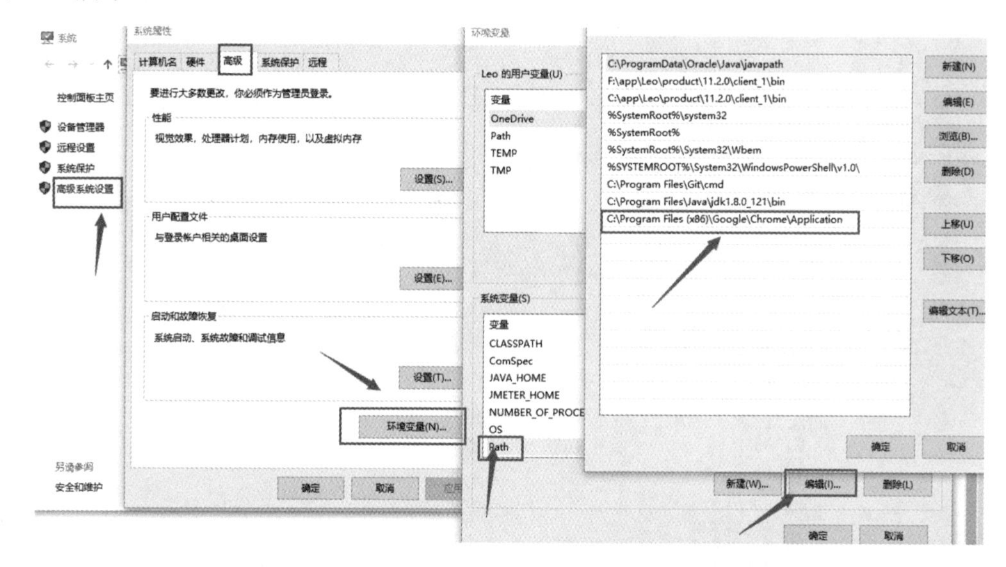

图 3-43　Path 环境变量中的设置

2. 验证Selenium

打开 IDE（如 PyCharm），在其中编写代码，如图 3-44 所示。然后运行代码，可以看到，调用 Chrome 浏览器成功打开了 Bing 首页。

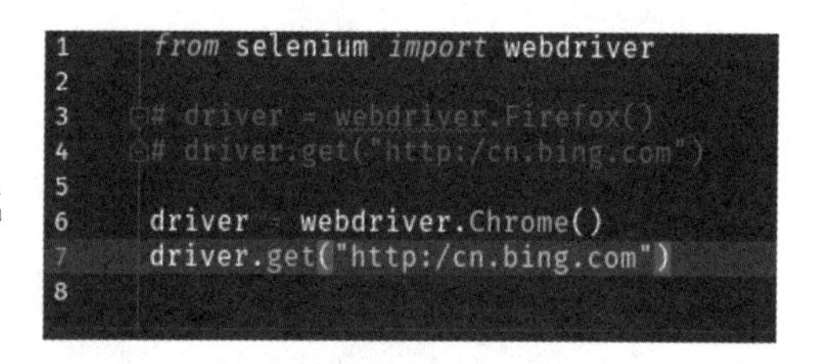

图 3-44　代码调试

3. 谷歌浏览器与Chrome驱动程序的版本对应关系

表 3-1 是部分谷歌浏览器（Chrome）与 Chrome 驱动程序的版本对应关系，以供参考。

表 3-1　Chrome浏览器与Chrome驱动程序的版本对应关系

Chrome驱动程序	Chrome浏览器
ChromeDriver 76.0.3809.12 (2019-06-07)	Chrome version 76
ChromeDriver 75.0.3770.8 (2019-04-29)	Chrome version 75
ChromeDriver v74.0.3729.6 (2019-03-14)	Chrome v74
ChromeDriver v2.46 (2019-02-01)	Chrome v71-73
2018 年兼容版本部分对照	
ChromeDriver v2.45 (2018-12-10)----------Supports Chrome v70-72	Chrome v70-72
ChromeDriver v2.44 (2018-11-19)	Chrome v69-71
ChromeDriver v2.43 (2018-10-16)	Chrome v69-71
ChromeDriver v2.42 (2018-09-13)	Chrome v68-70
ChromeDriver v2.41 (2018-07-27)	Chrome v67-69
ChromeDriver v2.40 (2018-06-07)	Chrome v66-68
ChromeDriver v2.39 (2018-05-30)	Chrome v66-68
ChromeDriver v2.38 (2018-04-17)	Chrome v65-67

3.4.2　Firefox 浏览器的安装

1．geckodriver部署

下载 Firefox 浏览器的驱动程序（geckodriver.exe）地址为 https://gitHub.com/mozilla/geckodriver/releases，如图 3-45 所示。

前面已经介绍过，笔者使用的操作系统是 64 位的 Windows 10，因此选择下载 geckodriver-v0.24.0-win64.zip 包（笔者使用的 Firefox 浏览器对应的驱动程序可在本书提供的配书资料中找到）。

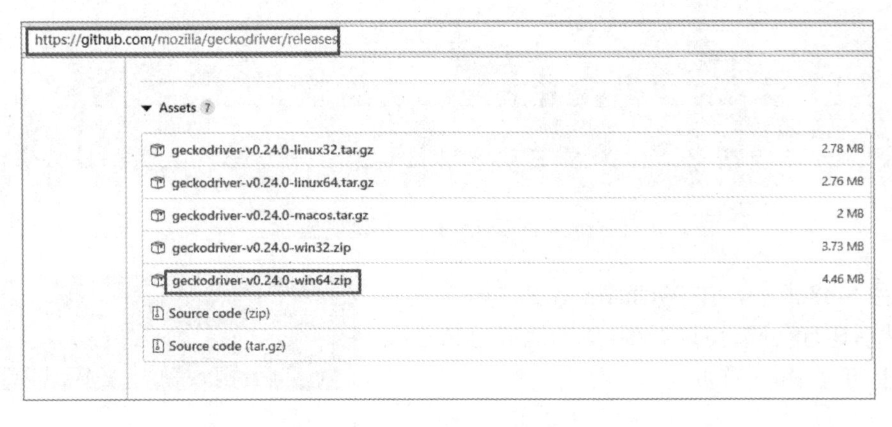

图 3-45　Firefox 浏览器驱动程序

解压下载的 geckodriver 压缩包，然后将 geckodriver.exe 复制到 Python 的安装目录下（笔者的 Python 安装路径为 C:\Program Files\Python36），如图 3-46 所示。

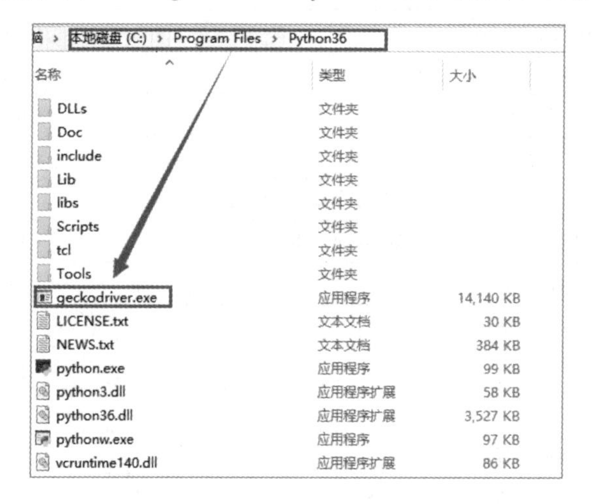

图 3-46　geckodriver.exe 的安装路径

注意：搭建过程中，Python、Firefox 和 geckodriver 都要添加到环境变量中。因为 Python 已经被添加到了环境变量中，因此可以直接把 geckodriver 放在 Python 的安装文件里即可，无须再配置环境变量。

2. 验证Selenium

以管理员身份运行 cmd，在 cmd 命令窗口输入 Python 命令，进入 Python 编辑状态，依次输入 from selenium import webdriver 和 webdriver.Firefox()命令。

如图 3-47 所示，将 geckodriver 部署到 Python 安装目录中后，成功地调用了 Firefox 浏览器，同时也验证了 Selenium 能够完美地进行工作。

```
Microsoft Windows [版本 10.0.16299.371]
(c) 2017 Microsoft Corporation。保留所有权利。

C:\WINDOWS\system32>python
Python 3.6.5 (v3.6.5:f59c0932b4, Mar 28 2018, 17:00:18) [MSC v.1900 64 bit (AMD64)] on win32
Type "help", "copyright", "credits" or "license" for more information.
>>> from selenium import webdriver
>>> webdriver.Firefox()
<selenium.webdriver.firefox.webdriver.WebDriver (session="e16604ed-a80c-440b-81b7-656dddf70403")>
>>>
```

图 3-47　调用 Firefox 浏览器

如图 3-48 所示，在 PyCharm IDE 中输入测试代码，然后运行代码，可以看到，成功地调用 Firefox 浏览器打开了 Bing 首页。

```
1  from selenium import webdriver
2
3  driver = webdriver.Firefox()
4  driver.get("http:/cn.bing.com")
5
```

图 3-48　代码调试

3．可能遇到的问题

（1）问题 1：Message: 'geckodriver' executable needs to be in PATH。

解决方案：下载 geckodriver.exe 驱动文件。找到 geckodriver.exe 路径，将其配置到环境变量 Path 中。使用本节的方法直接放在 Python 安装目录下也是可以的。

（2）问题 2：Message: Expected browser binary location, but unable to find binary in default location, no 'moz: FirefoxOptions.binary' capability provided, and no binary flag set on the command line。

解决方案：firefox.exe 文件也需要配置到环境变量 Path 中，安装完 Firefox 后，找到 firefox.exe 文件，将其添加到 Path 中，如 C:\Program Files\Mozilla Firefox\firefox.exe，如图 3-49 与图 3-50 所示。

图 3-49　配置 firefox.exe 文件

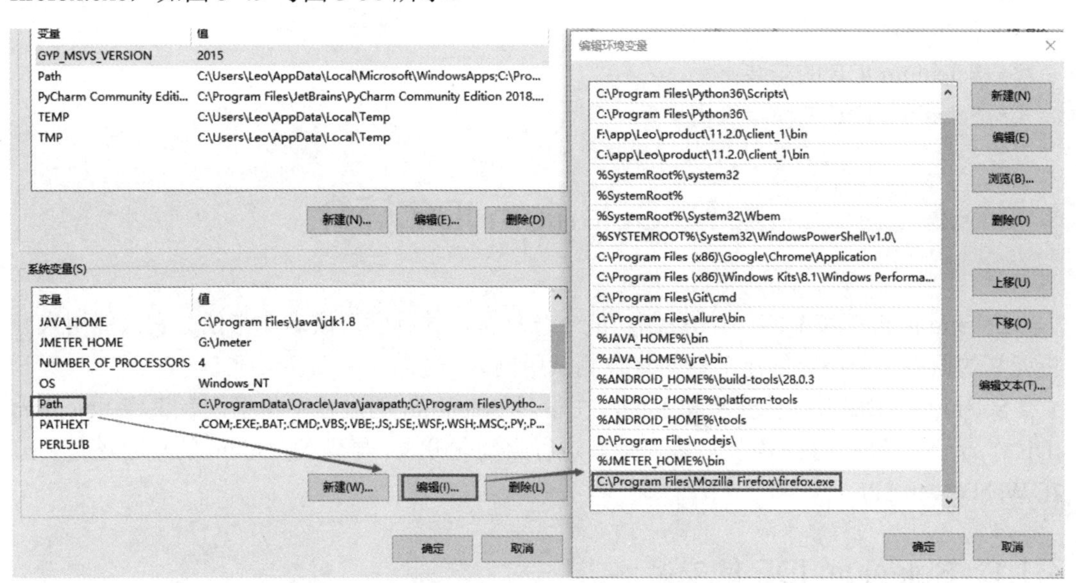

图 3-50　配置环境变量

第 4 章　Selenium IDE

Selenium IDE（集成开发环境）是用来开发 Selenium 测试用例的工具。Selenium IDE 是一个易用的 Firefox 插件，通过记录和回放功能可以快速创建测试用例，对开发测试用例提供有效的帮助。Selenium IDE 的功能类似于 UFT（Unified Functional Testing）的录制功能。Selenium IDE 还包含一个右键菜单，允许先从浏览器当前页面选择一个 UI 元素，然后从一个列表中选择 Selenium 命令，这些命令通常包含根据 UI 元素的内容预定义的参数。这不但节省时间，而且也是一个熟悉 Selenium 脚本语法的好方法。

本章讲解的主要内容有：

- Selenium IDE 的安装；
- Selenium IDE 的简单应用。

4.1　Selenium IDE 简介

Selenium IDE 和 UFT 中的录制功能十分相似，并且学习成本非常低。它只能用来分析元素的原型，而不能创建全套的复杂测试用例。

Selenium IDE 很容易安装和上手，在学习 Selenium 的过程中希望读者仅将 Selenium IDE 作为一个辅助工具，不要过多倚重其进行自动化开发，学习 Selenium 的重心还是要放在 WebDriver API 上。

4.1.1　Selenium IDE 的安装

安装 Selenium IDE 有以下几种方式。

1. 在Firefox组件中进行安装

具体步骤如下：

（1）打开 Firefox 浏览器，选择“工具”|“附加组件”命令，如图 4-1 所示。

图 4-1　附加组件

（2）打开“获取附加组件”页面，单击“查看更多附加组件”

按钮，如图 4-2 所示。

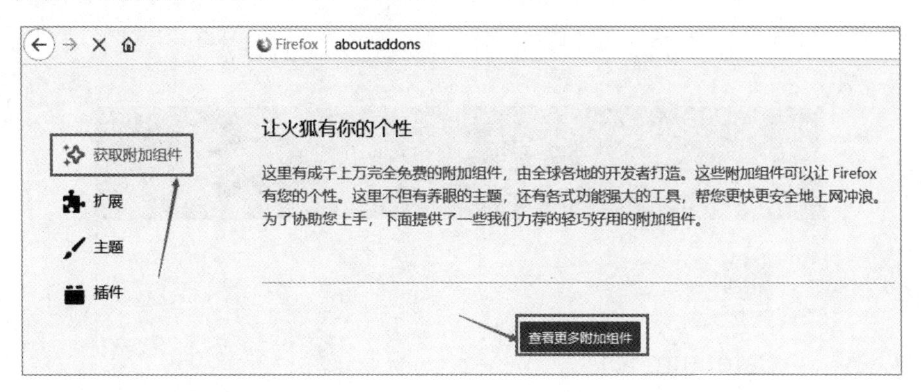

图 4-2　查看更多附加组件

（3）在组件检索框中检索 selenium ide，如图 4-3 所示。

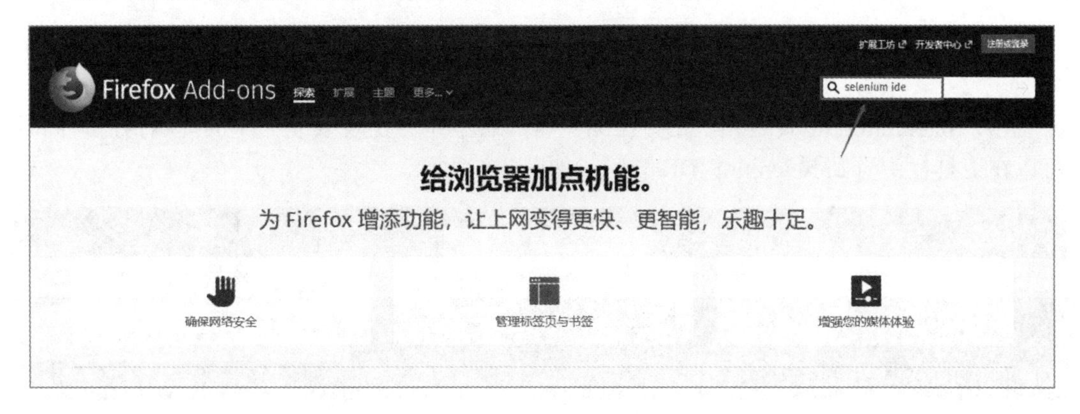

图 4-3　检索组件

检索结果如图 4-4 所示。

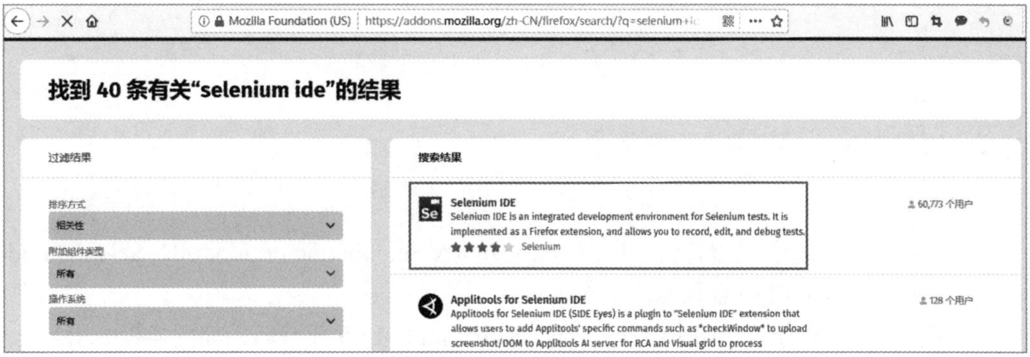

图 4-4　检索 Selenium IDE 的结果

（4）单击该组件进入 Selenium IDE 组件详情页，单击“添加到 Firefox”按钮即可安装，如图 4-5 所示。

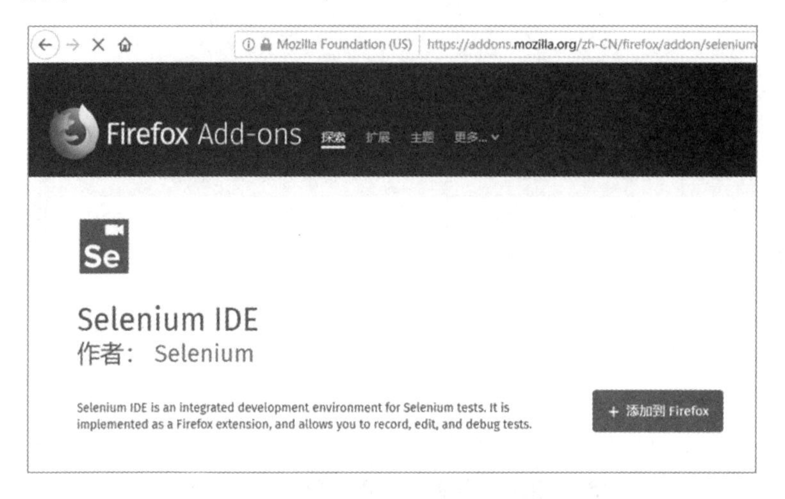

图 4-5　Selenium IDE 组件详情页

（5）Selenium IDE 安装完毕后，在浏览器的右上角会出现安装完毕的提示信息，同时可以在工具栏中看到 Selenium IDE 图标，如图 4-6 所示。

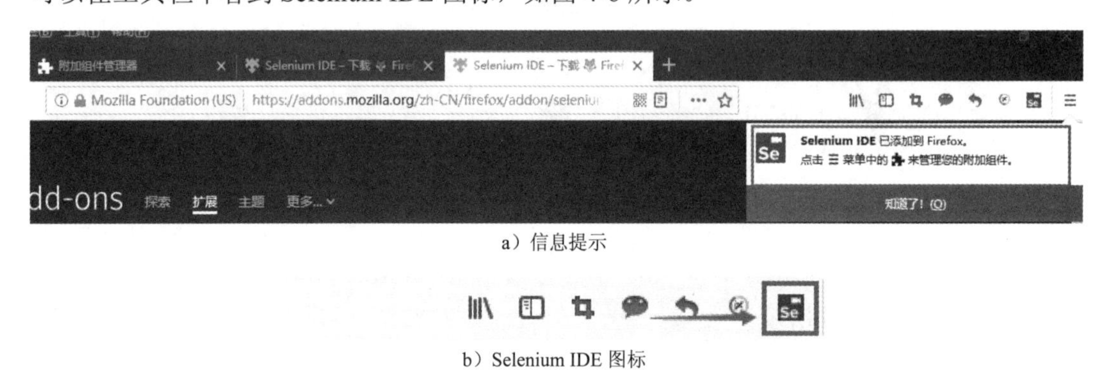

a）信息提示

b）Selenium IDE 图标

图 4-6　完成 Selenium IDE 的安装

2. 通过Selenium官网进行安装

具体步骤如下：

（1）打开 Firefox 浏览器，输入网址 https://www.Seleniumhq.org/docs/02_Selenium_ide.jsp，打开 Selenium IDE 下载页面，如图 4-7 所示。

（2）单击 Selenium IDE site 链接，进入 Selenium IDE 下载页面，如图 4-8 所示。

（3）在 Selenium IDE 下载页面中单击 FIREFOX DOWNLOAD 按钮，进入添加 Selenium IDE 组件页面，单击“添加到 Firefox”按钮，如图 4-9 所示。

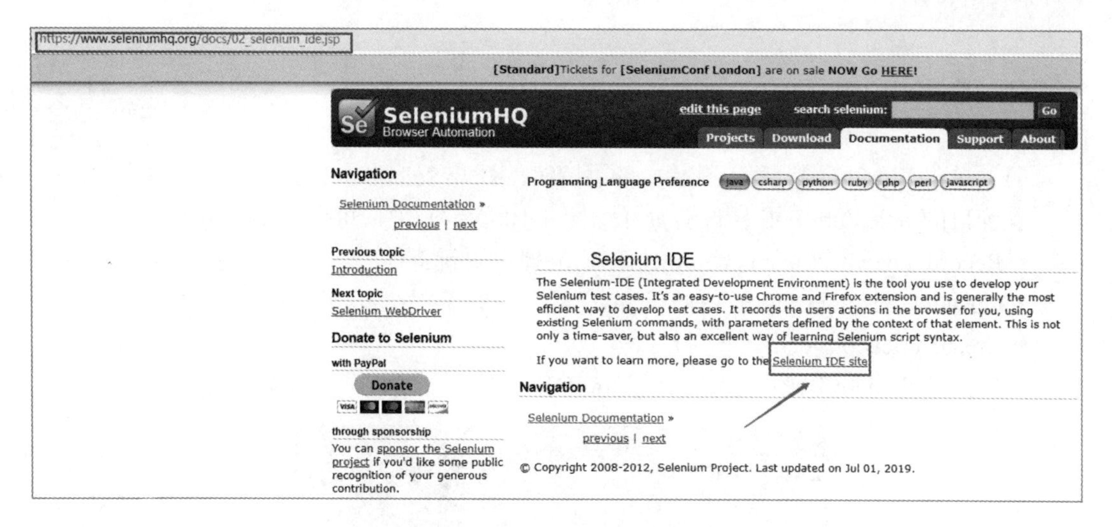

图 4-7　Selenium IDE 安装页面

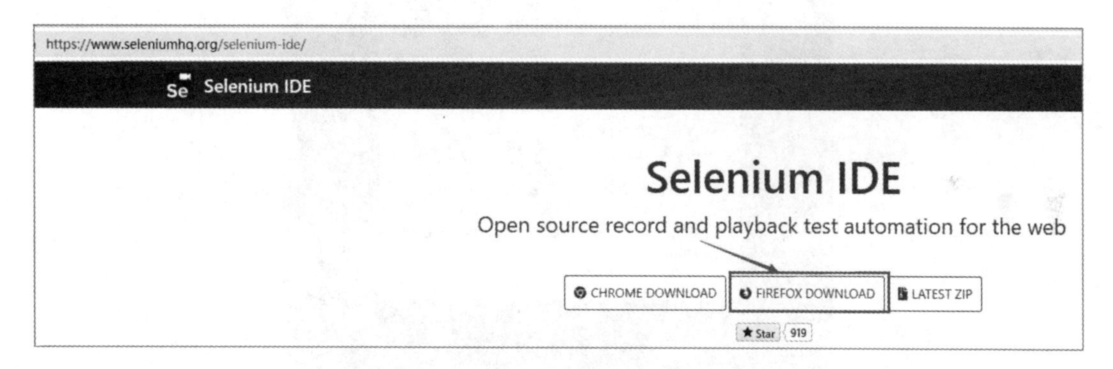

图 4-8　Selenium IDE 插件下载页面

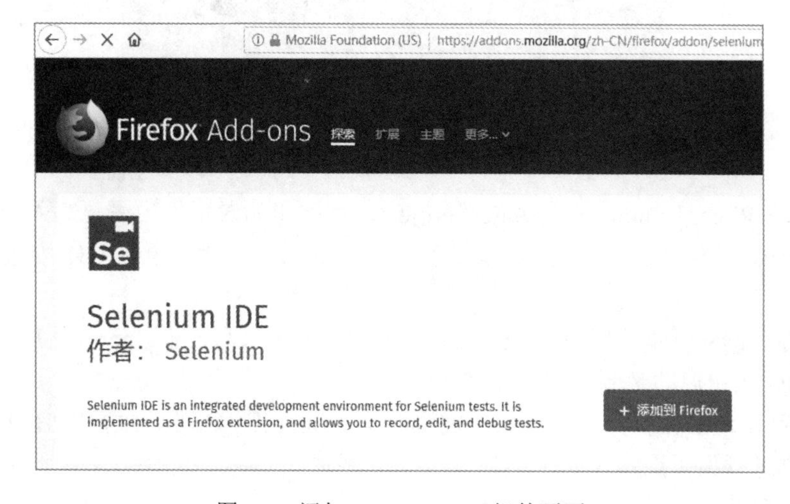

图 4-9　添加 Selenium IDE 组件页面

4.1.2　Selenium IDE 的运行

（1）单击 Firefox 浏览器工具栏中的Se按钮，打开 Selenium IDE。

在弹出的 Selenium IDE 插件首页（如图 4-10 所示）中，可以看到以下选项。

- Record a new test in a new project：记录脚本到新工程；
- Open an existing project：打开一个已经存在的工程；
- Create a new project：创建新工程；
- Close Selenium IDE：关闭 Selenium IDE。

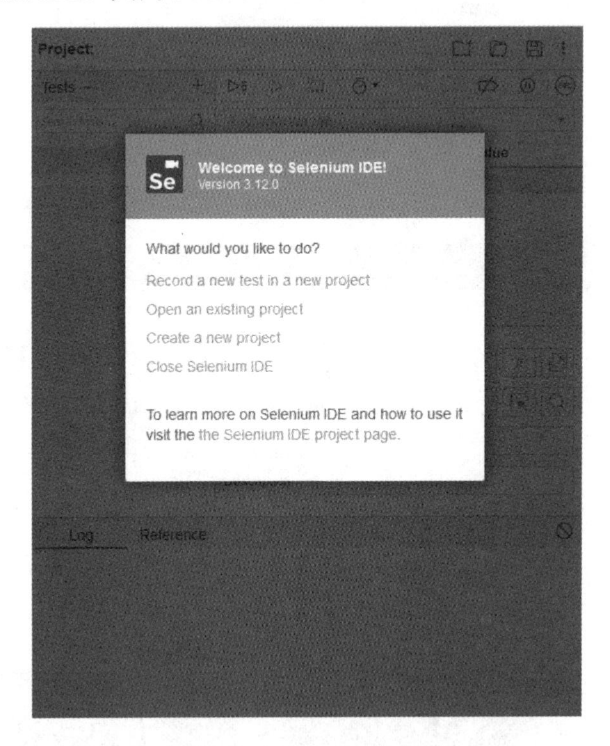

图 4-10　Selenium IDE 首页

（2）单击 Record a new test in a new project，在弹出的对话框中需要写入工程的名称。这里以测试 Bing 搜索首页为例，输入工程的名称为 bing，然后单击 OK 按钮，如图 4-11 所示。

（3）在弹出的对话框中设置工程的 BASE URL 为 https://cn.bing.com，然后单击 START RECORDING 按钮启动录制，如图 4-12 所示。

（4）启动录制后会打开前面提供的被测对象（Bing 搜索）的地址，以 Bing 搜索为例，在 Bing 首页进行如下操作（如图 4-13 所示）。

① 输入 bella。

② 单击搜索按钮⚲。

③ 关闭浏览器。

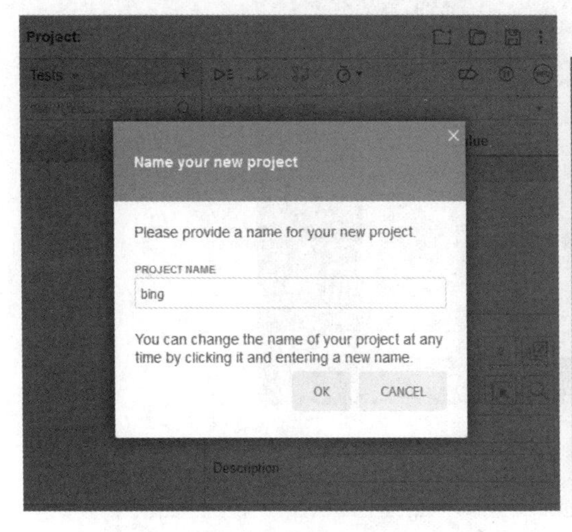

图 4-11　输入工程名称

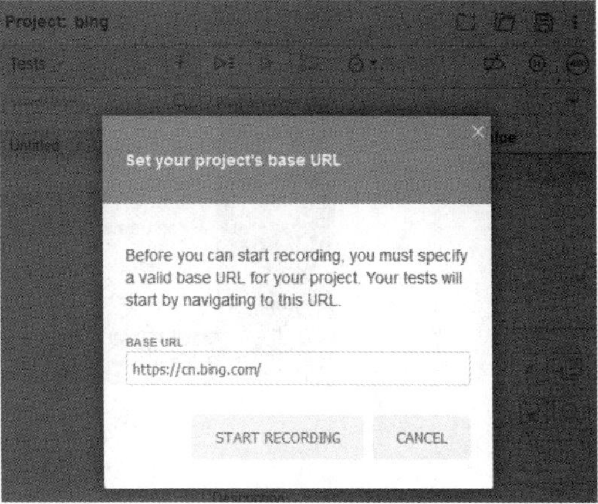

图 4-12　输入 BASE URL

图 4-13　录制操作

（5）在 Selenium IDE 中单击停止按钮停止录制，如图 4-14 所示。

图 4-14　停止录制

（6）单击停止按钮后弹出设置 test 的对话框，需要设置 test 的名称，这里设置为 Bing_Search，单击 OK 按钮，如图 4-15 所示。

（7）此时可以看到 Selenium IDE 录制后的脚本，如图 4-16 所示。其实通过录制的内容能够很直观地了解到录制过程中操作了哪些内容，如表 4-1 所示。

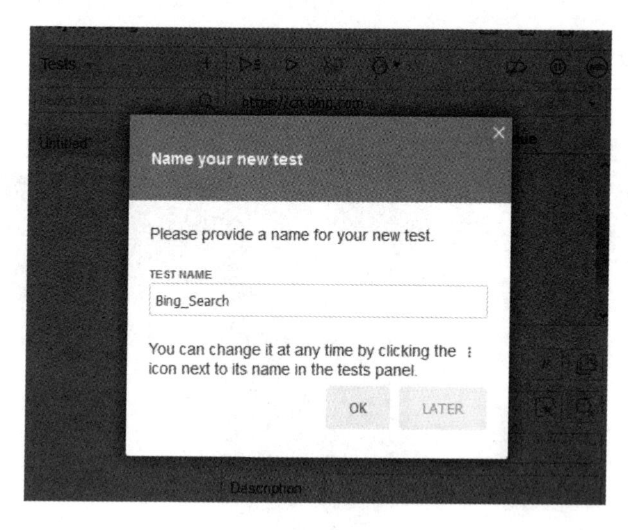

图 4-15　设置 Test 的名称

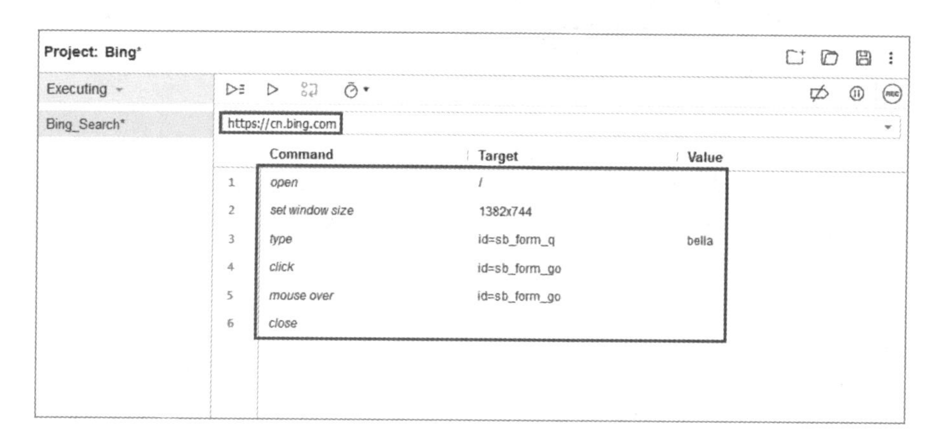

图 4-16　步骤列表

表 4-1　操作分解表

动　　作	解　　释
Open	启动浏览器，打开Bing首页
Set window size　　1382*744	放大浏览器
Type　　id=sb_form_q　　bella	在Bing搜索框中设置检索值bella
Click　　id=sb_form_go	单击搜索按钮
Mouse over　id=sb_form_go	滑动到搜索按钮上，该步没用
Close	关闭浏览器

（8）单击 Run all tests 按钮 ▷≡ 或 Run current test 按钮 ▷，运行录制的测试用例。测试用例运行通过后，颜色会变为绿色，在下半部分可以看到运行结果，如图 4-17 所示。

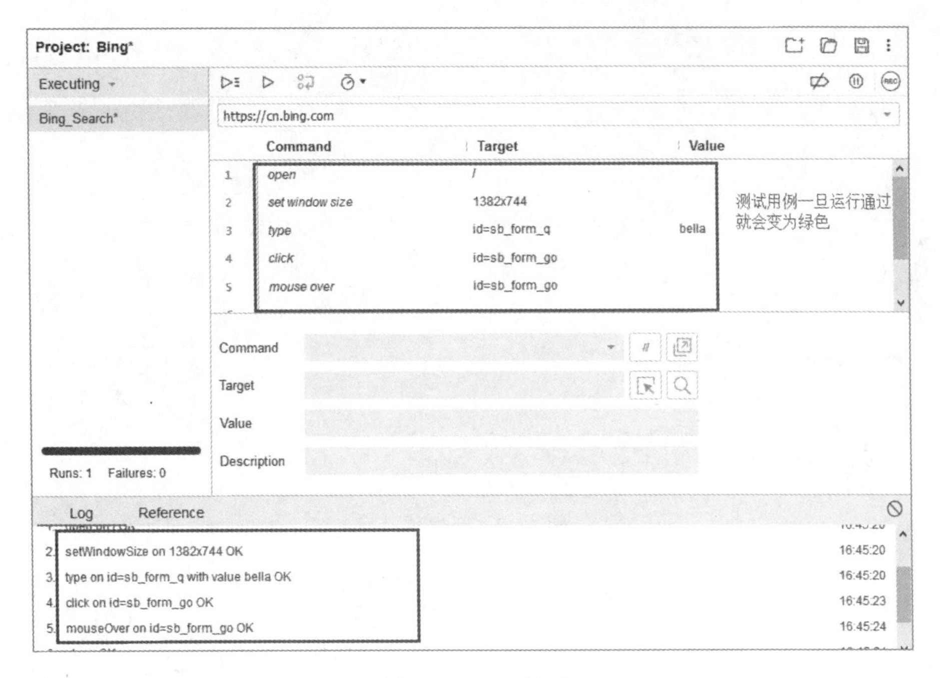

图 4-17　运行结果

4.2　Selenium IDE 菜单栏

菜单栏位于 Selenium IDE 界面的最顶部，常用的菜单命令包括：工程名称、新建工程、打开工程和保存工程，如图 4-18 所示。

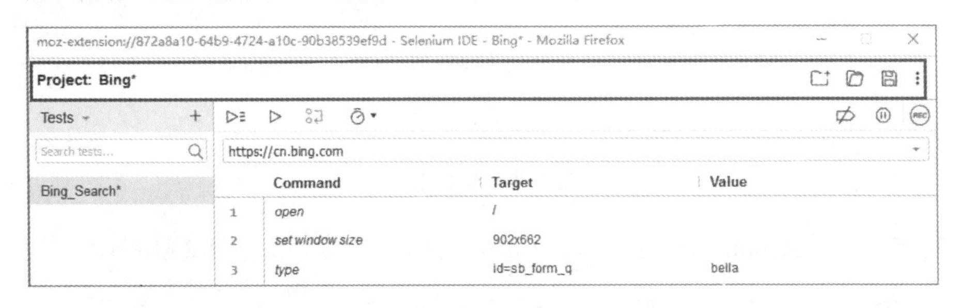

图 4-18　菜单栏

- 工程名称：用于重命名整个项目，如图 4-19 所示。
- 新建工程：新建项目，如图 4-20 所示。
- 打开工程：用于从个人计算机中加载已有的工程，如图 4-21 所示。
- 保存工程：用于保存当前正在打开的整个工程，如图 4-22 所示。

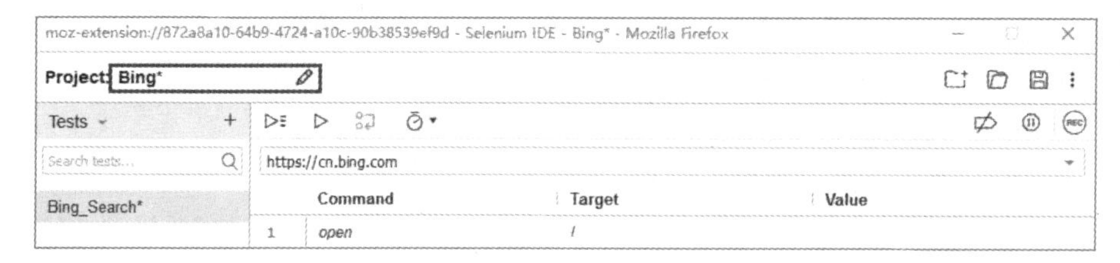

图 4-19　工程名称

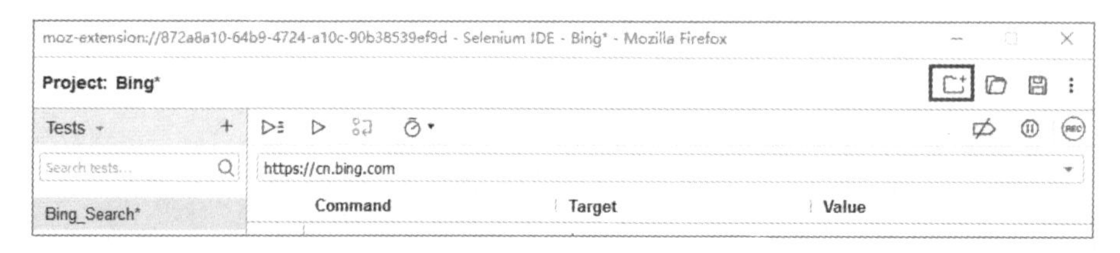

图 4-20　新建项目

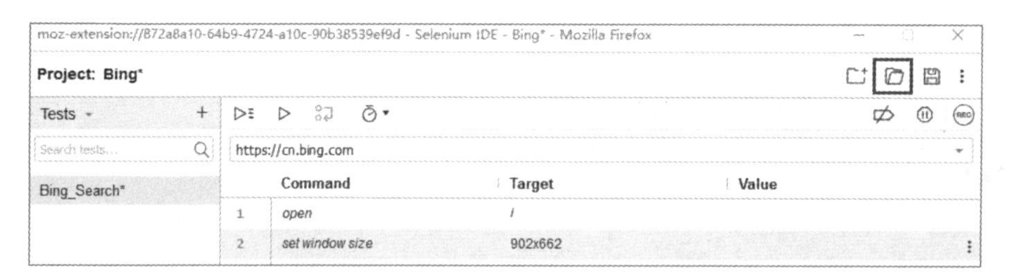

图 4-21　打开工程

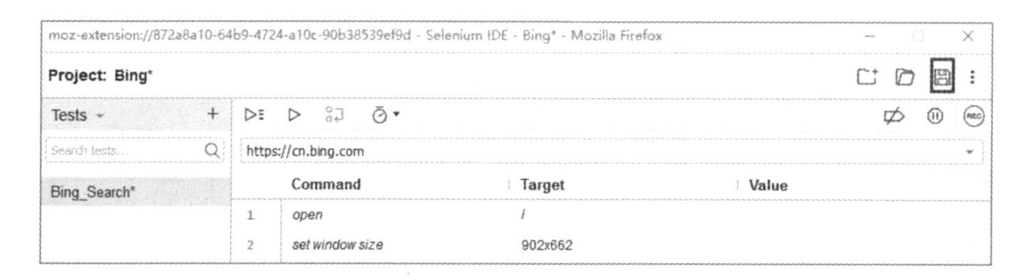

图 4-22　保存工程

- 更多：包括 Running in CI、What’s new 和 Help 命令，如图 4-23 所示。

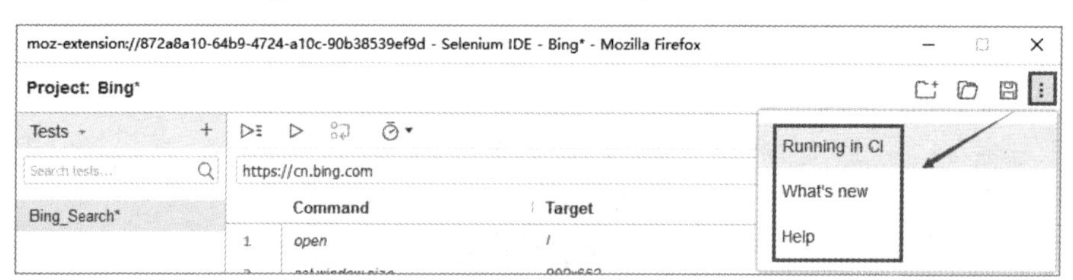

图 4-23　更多的命令

选择 Running in CI 命令，可以在 Firefox 浏览器中打开地址 https://www.seleniumhq.org/selenium-ide/docs/en/introduction/command-line-runner/。

在该页面可查看有关 Command-line Runner 的介绍，如图 4-24 所示。

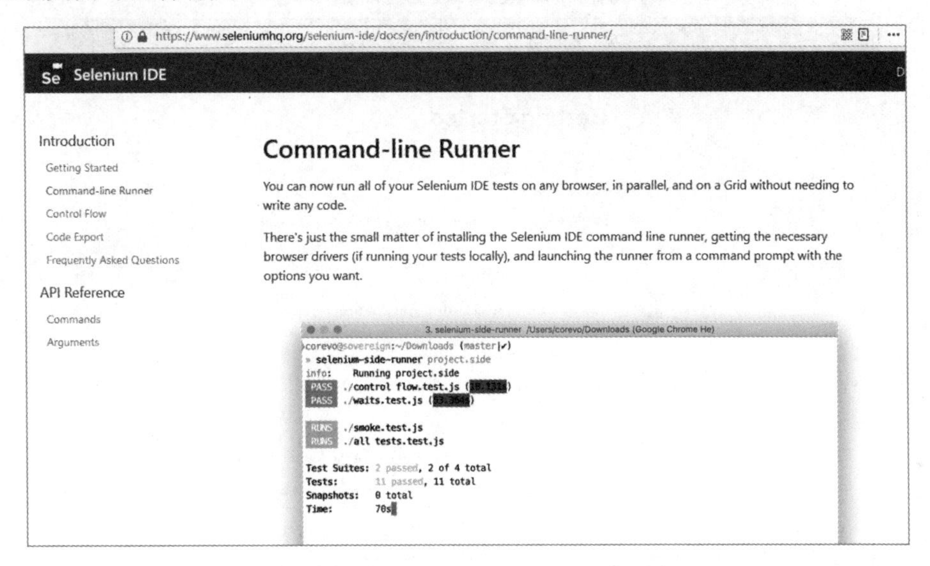

图 4-24　Command-line Runner 介绍

选择 What's new 命令，可以在 Firefox 浏览器中打开地址 https://github.com/SeleniumHQ/selenium-ide/releases/tag/v3.12.1，可在 GitHub 中查看 Selenium IDE 的最新版本，如图 4-25 所示。

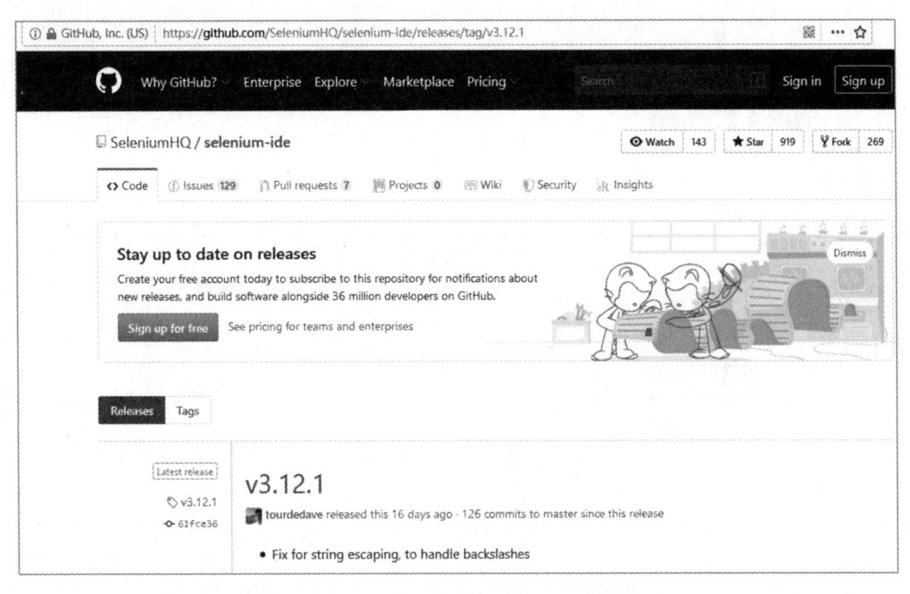

图 4-25　查看 Selenium IDE 的最新版本

选择 Help 命令，可以在 Firefox 浏览器中打开 Selenium IDE 的在线帮助文档，如图 4-26 所示。

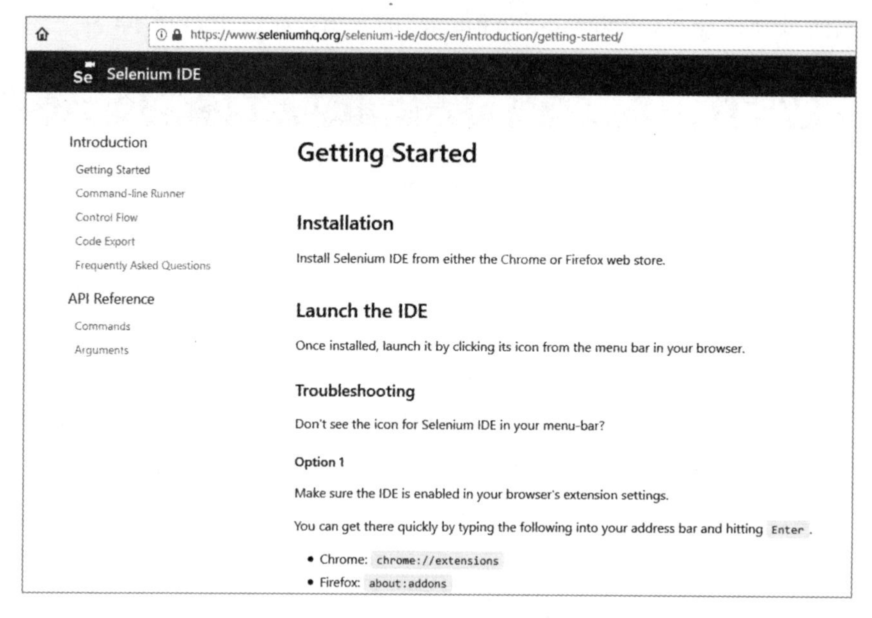

图 4-26　在线帮助文档

4.3　Selenium IDE 工具栏

Selenium IDE 工具栏包含用于控制测试用例执行的模块，同时还提供了调试测试用例的步骤功能，如图 4-27 所示。

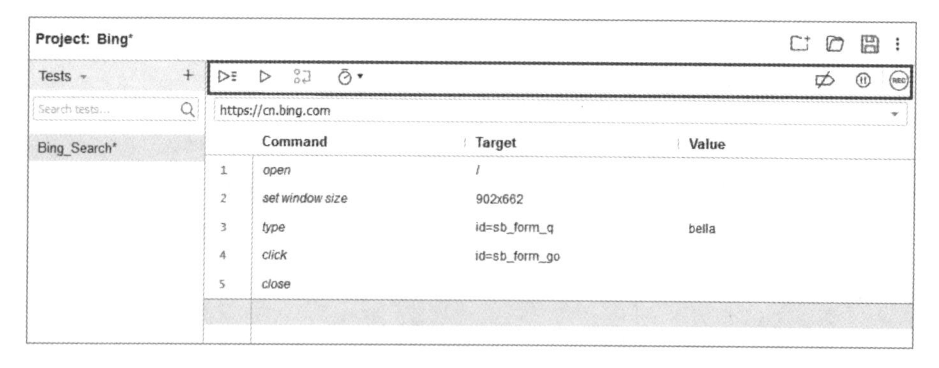

图 4-27　工具栏

- 录制按钮：工具栏最右侧的红色按钮就是录制按钮，用来录制用户在浏览器上的操作脚本。其中 REC 表示录制，单击该按钮可开始录制。当录制按钮变为■状态时，单击该按钮，可停止录制。如图 4-28 所示。

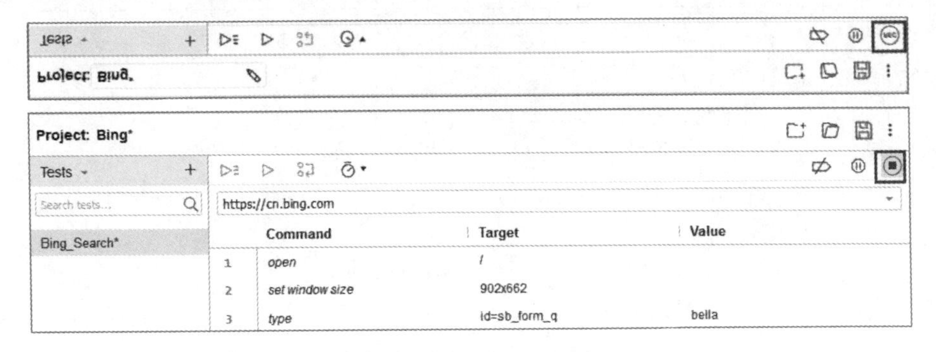

图 4-28　录制/停止按钮

- 速度控制选项：用来控制用例（回放）执行速度。Fast 表示快，Slow 表示慢，如图 4-29 所示。

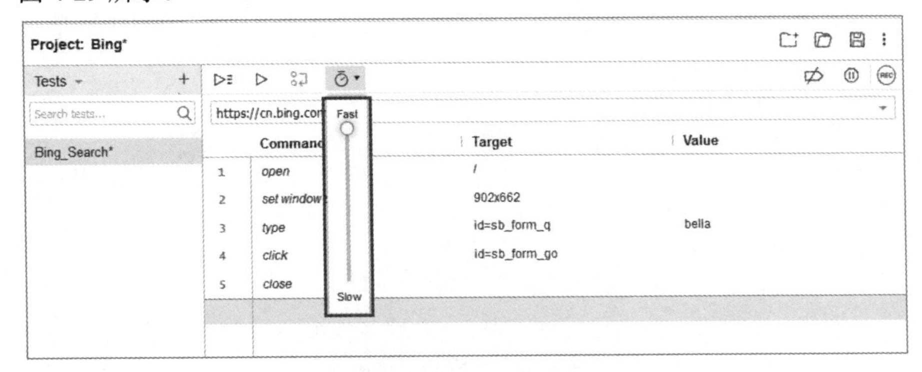

图 4-29　速度控制选项

- 全部运行：如果当前工程有多个测试用例，单击该按钮就会将所有测试用例全部执行。该项用于在加载具有多个测试用例的测试套件时运行整个测试套件，如图 4-30 所示。

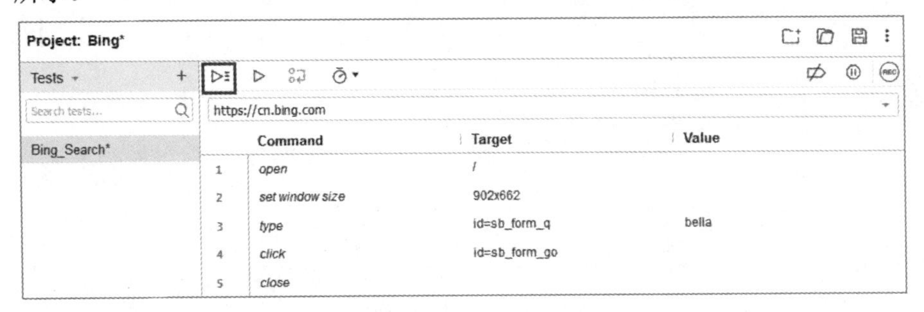

图 4-30　全部执行按钮

- 运行测试：单击该按钮只会执行当前选中的用例。如果当前工程只有一个用例，那么这个按钮和“全部执行”按钮效果相同，如图 4-31 所示。

图 4-31　全部执行按钮

- 步骤功能：用于进入步骤，通过测试用例一次运行一个命令，逐步执行用例。该项主要用于调试用例，如图 4-32 所示。

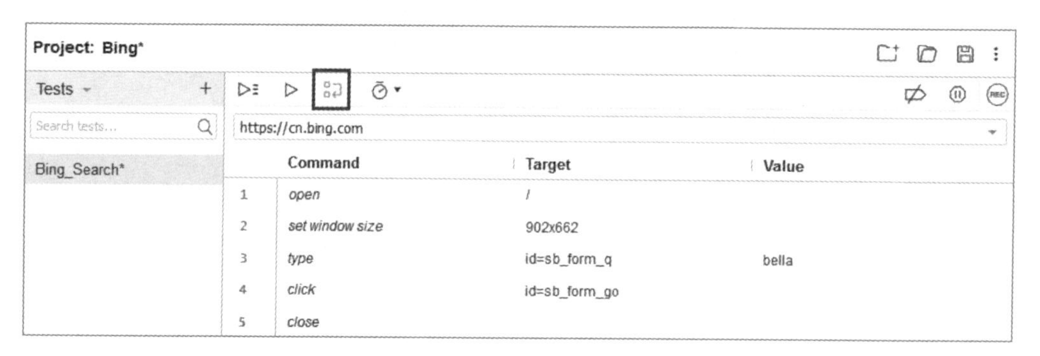

图 4-32　步骤功能按钮

- 禁用断点：禁用有问题的用例，方便其他用例继续执行，相当于隐藏该用例，如图 4-33 所示。

图 4-33　禁用断点按钮

- 例外暂停：紧急暂停，如图 4-34 所示。

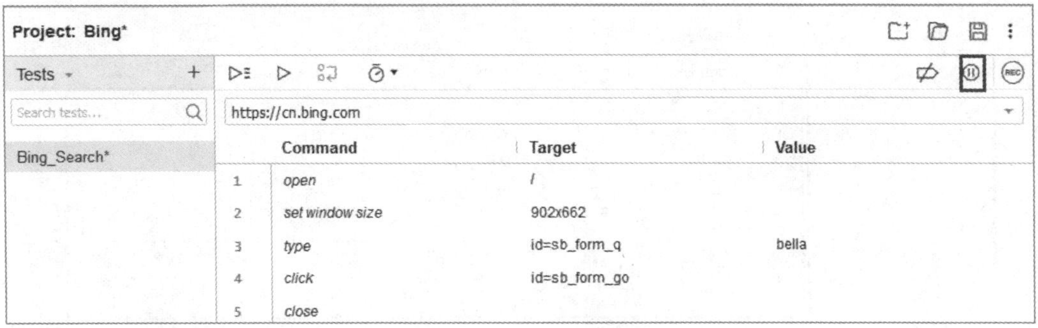

图 4-34　紧急暂停按钮

4.4　Selenium IDE 地址栏

Selenium 地址栏里提供了一个地址 URL 下拉列表，URL 地址栏会记住以前访问过的网站，以便以后导航变得容易，如图 4-35 所示。

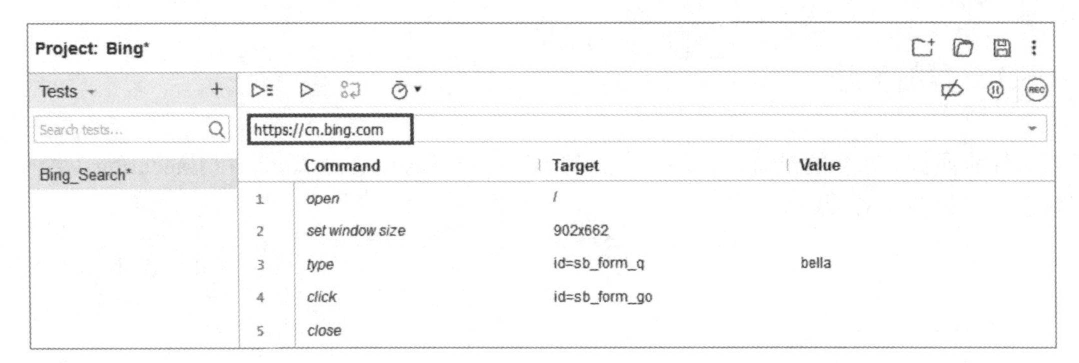

图 4-35　地址栏下拉列表

4.5　测试用例窗口

Selenium IDE 记录的所有测试用例均在测试用例窗口显示。测试用例窗口是展现所有记录的测试用例的列表，以便用户可以轻松地在测试用例之间进行切换。测试用例窗口还包括导航面板、测试脚本编辑区域等，如图 4-36 所示。

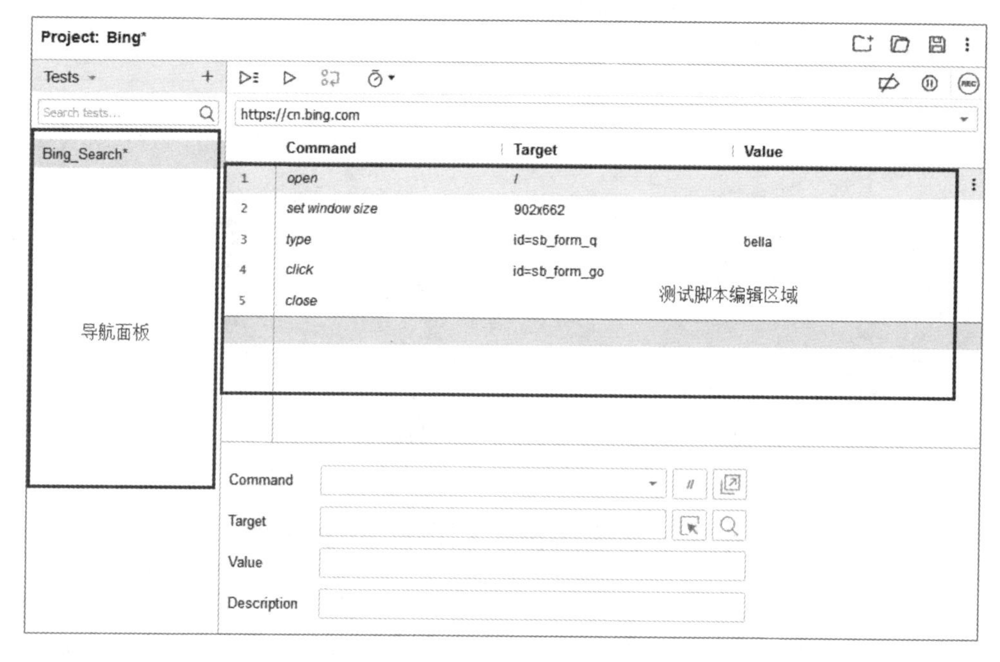

图 4-36　测试用例窗口

4.5.1　导航面板

导航面板：左侧的导航面板用于用例管理，包括 Tests、Test suites 和 Executing 3 种样式选项，如图 4-37 所示。

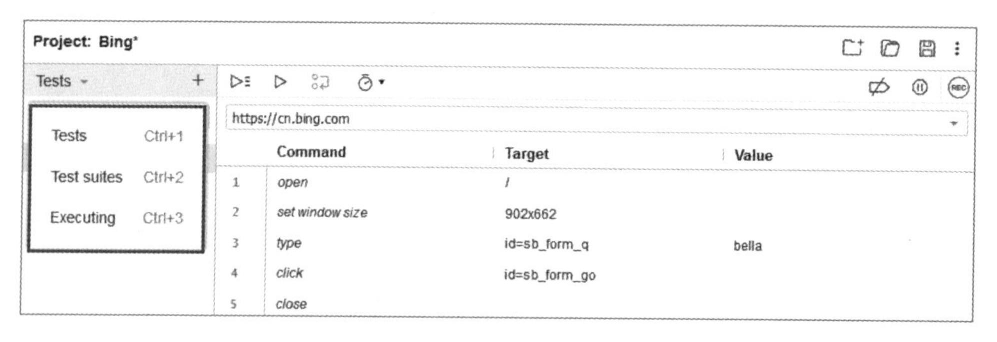

图 4-37　导航面板

1. Tests选项

Tests 选项表示可单独编写测试用例。这里显示所有测试用例列表，可供搜索及新建测试用例，如图 4-38 所示。

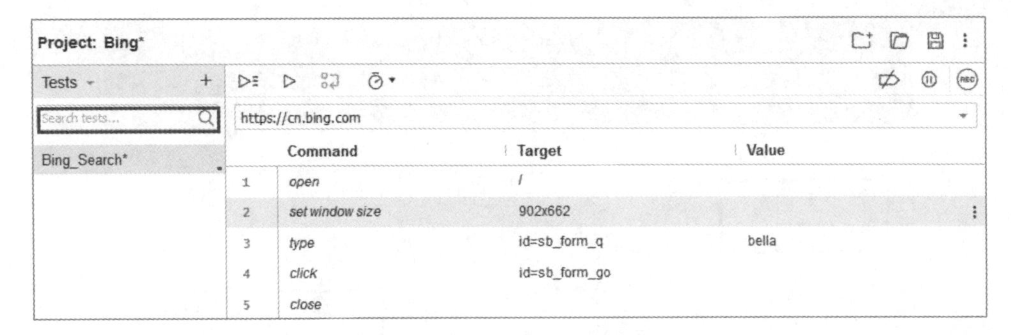

图 4-38　测试用例列表

在 Tests 右侧，单击“+”号按钮，可新建测试用例，如图 4-39 所示。

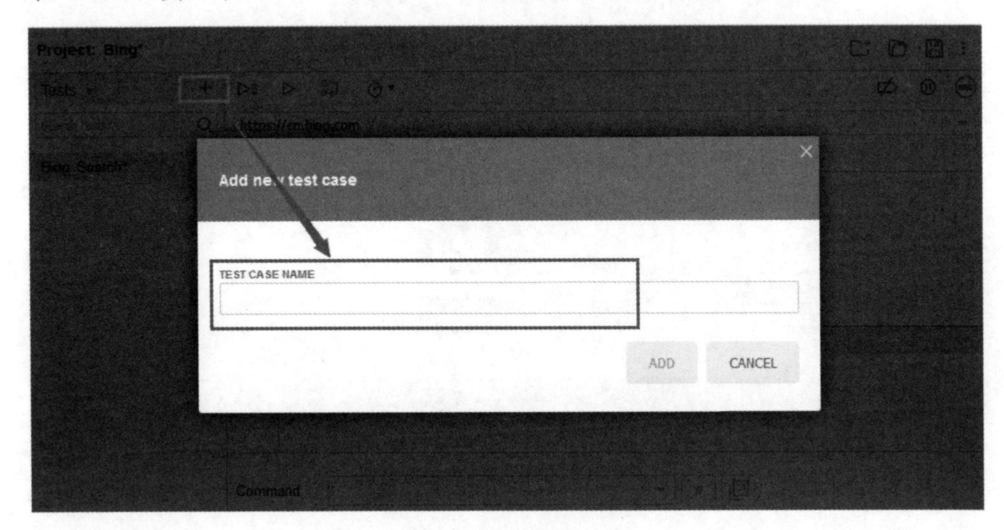

图 4-39　新建测试用例

- Rename：给测试用例重命名，如图 4-40 与图 4-41 所示。

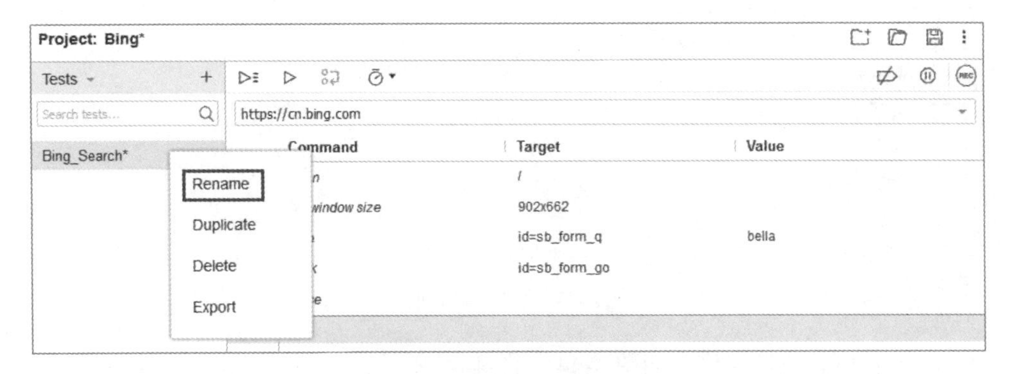

图 4-40　给测试用例重命名 1

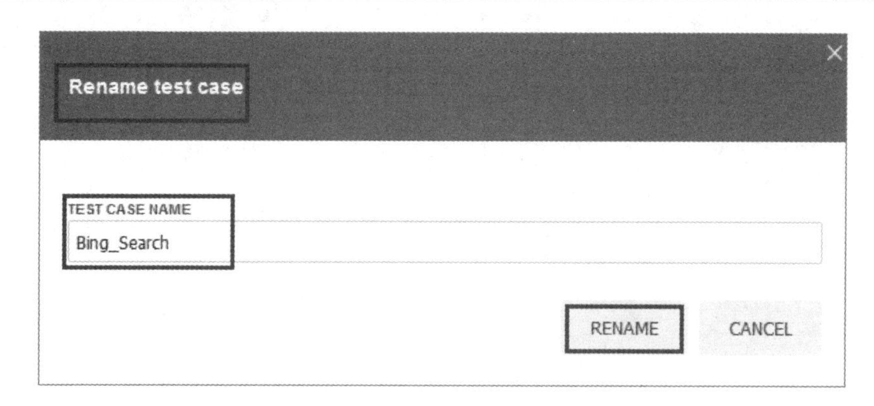

图 4-41　给测试用例重命名 2

- Duplicate：复制测试用例，如图 4-42 与图 4-43 所示。

图 4-42　复制测试用例

图 4-43　新的测试用例

- Delete：删除测试用例，如图 4-44 与图 4-45 所示。

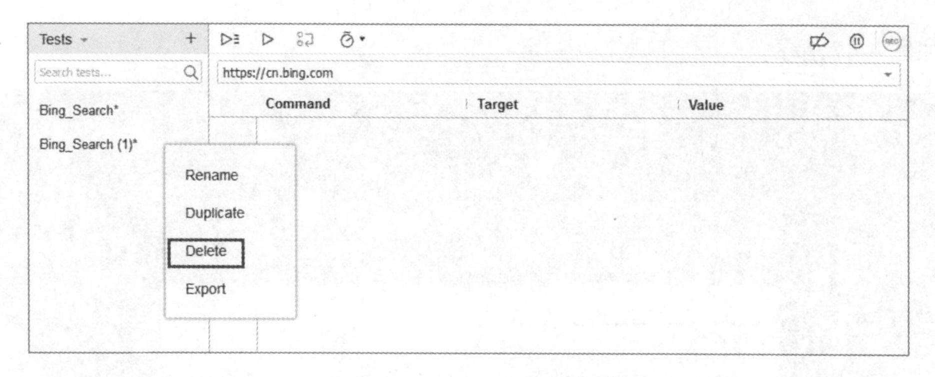

图 4-44　删除测试用例

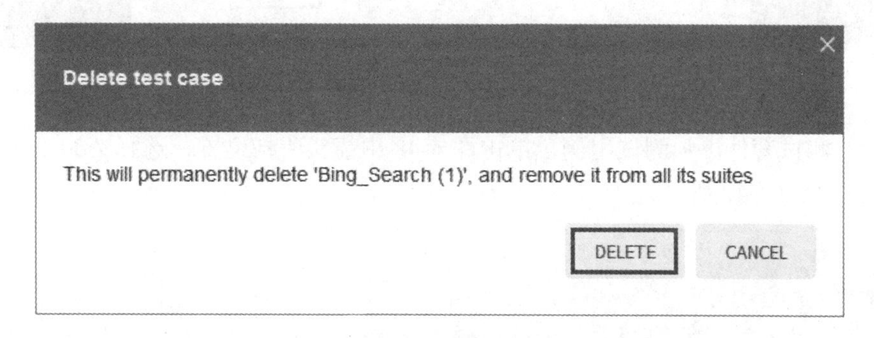

图 4-45　确认删除

2. Test suites选项

Test suites 选项用于测试套件管理，可以将多个测试用例组合成一个组合。测试套件中的测试用例是通过 Tests 选项添加的，该选项可显示所有线程组及其用例，可以搜索、新建线程组。

如果没有建立其他测试套件，默认测试套件的名称为 Default Suite，如图 4-46 所示。

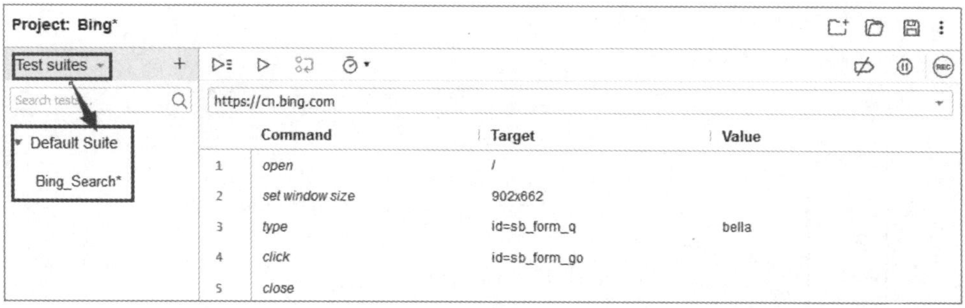

图 4-46　测试套件

单击“+”号按钮，新建测试套件。在弹出的添加测试套件对话框中输入测试套件名称，如图 4-47 所示。

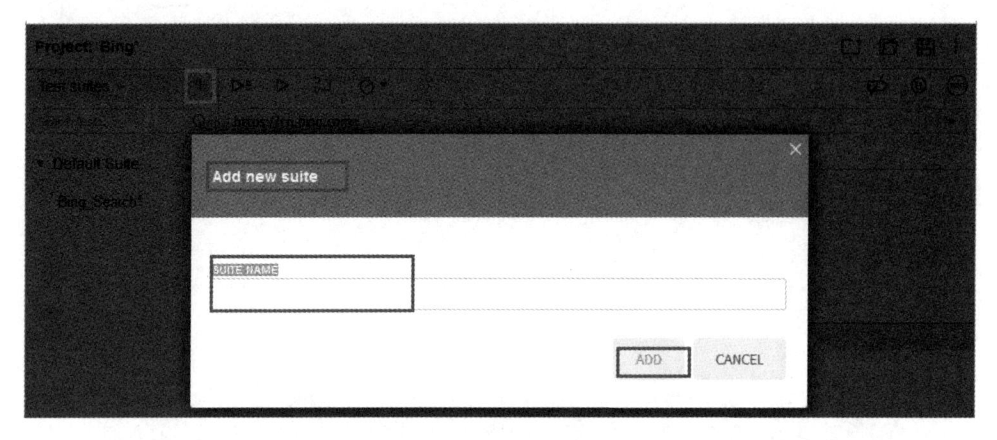

图 4-47　新建测试套件

然后给测试套件添加测试用例，单击图 4-48 中箭头所指位置，选择 Add tests 选项可添加用例，如图 4-49 所示。

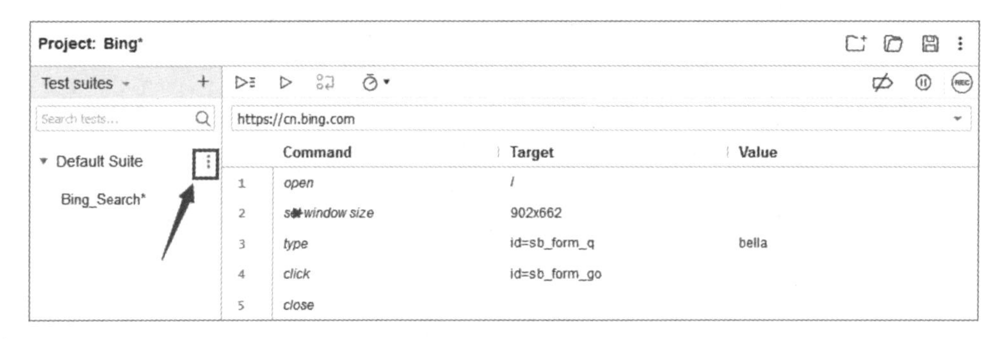

图 4-48　测试套件维护

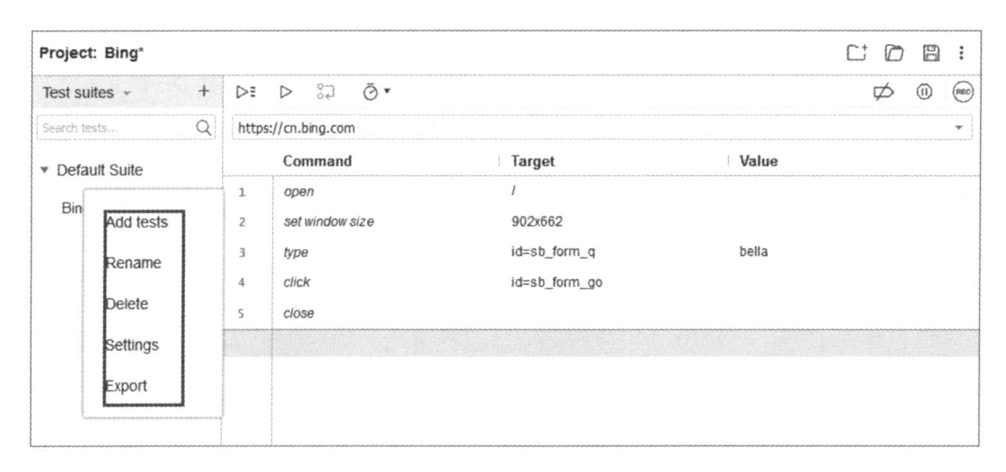

图 4-49　添加测试用例

Tests 中的所有用例均可以被选择，在当前测试套件下的测试用例其显示为被选中状态，如图 4-50 所示。

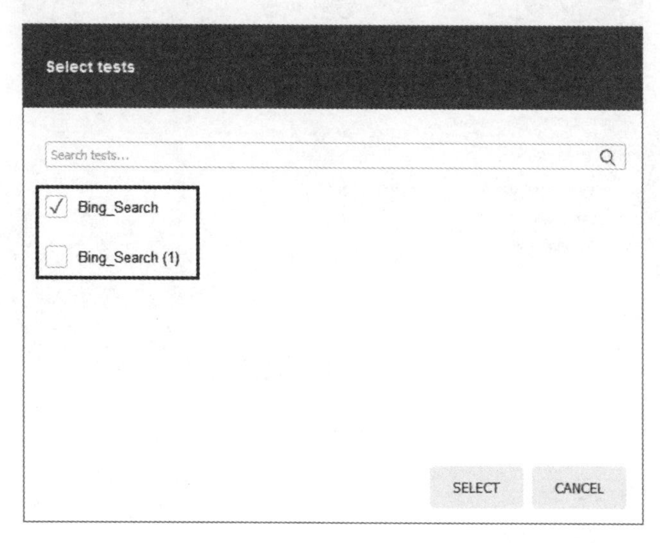

图 4-50　测试用例选择

选择 Rename 选项，可重命名测试套件，如图 4-51 所示。选择 Delete 选项，可删除测试套件。

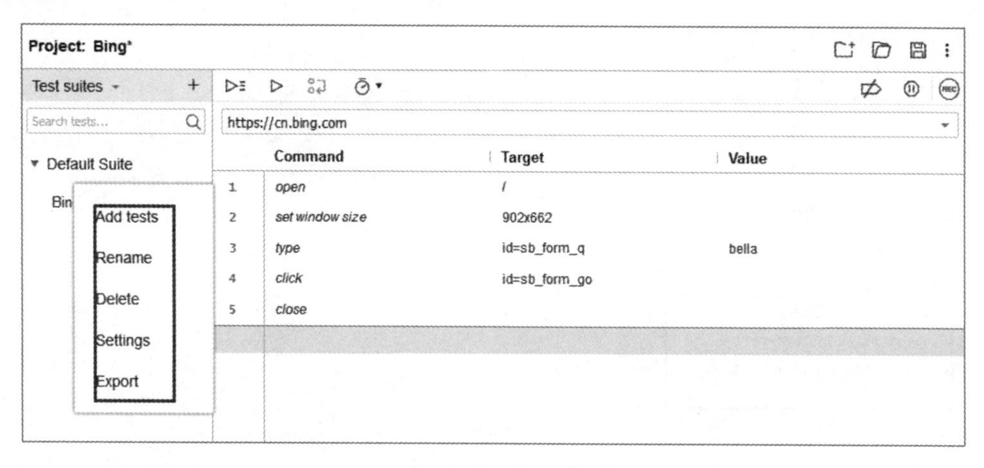

图 4-51　测试套件维护

选择 Settings，可进行用例执行设置，如超时设置（Timeout）、并发执行（Run in parallel）和持久会话（Persist session）。对持久会话的使用要持慎用态度，如图 4-52 所示。

3. Executing选项

选择 Executing 选项，可以看到测试执行结果摘要，其中包括各种测试用例的通过/失败状态，如图 4-53 所示。

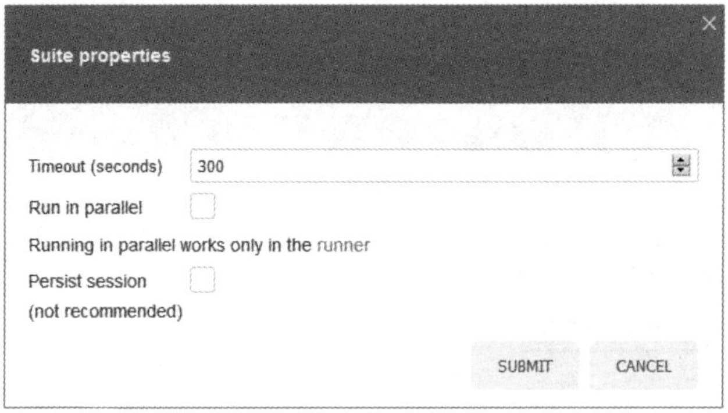

Suite properties

Timeout (seconds) 300

Run in parallel

Running in parallel works only in the runner

Persist session
(not recommended)

SUBMIT CANCEL

图 4-52　超时设置

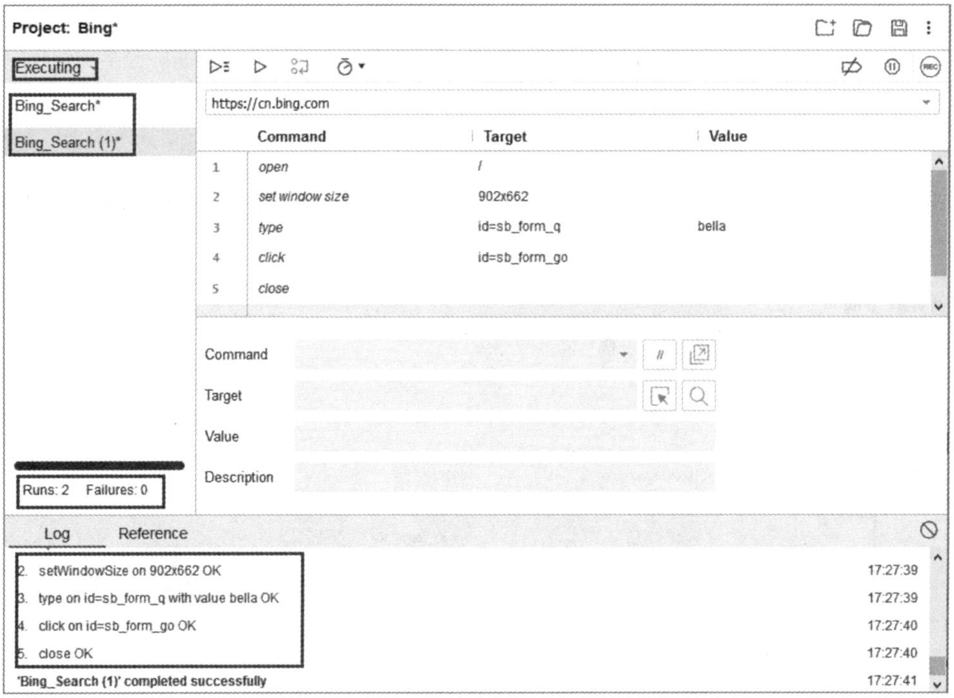

Project: Bing*

Executing

Bing_Search*

Bing_Search (1)*

https://cn.bing.com

	Command	Target	Value
1	open	/	
2	set window size	902x662	
3	type	id=sb_form_q	bella
4	click	id=sb_form_go	
5	close		

Command

Target

Value

Description

Runs: 2　Failures: 0

Log　Reference

2. setWindowSize on 902x662 OK 17:27:39
3. type on id=sb_form_q with value bella OK 17:27:39
4. click on id=sb_form_go OK 17:27:40
5. close OK 17:27:40
'Bing_Search (1)' completed successfully 17:27:41

图 4-53　结果摘要

4.5.2　脚本编辑区域

测试脚本编辑器区域显示 IDE 记录的所有测试脚本和用户交互信息。测试脚本编辑器区域命令的先后顺序与测试用户录制时的顺序完全相同。编辑区列表分为 3 列：Command

（命令）、Target（目标）和 Value（值），如图 4-54 所示。

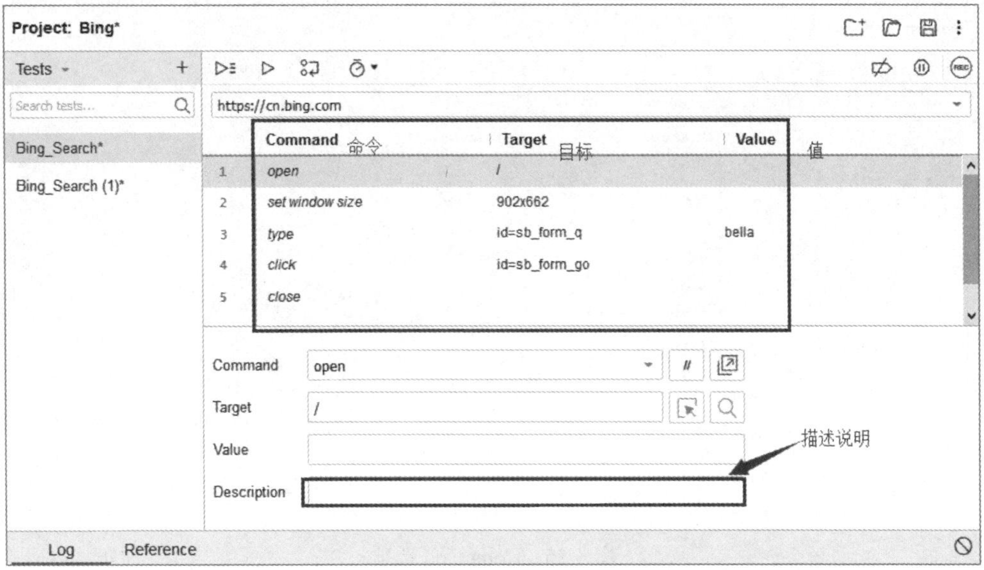

图 4-54　测试脚本编辑区

在 Command 列中，单击图 4-54 中的 open 所在行，给其添加描述说明（Description，打开浏览器），如图 4-55 所示。

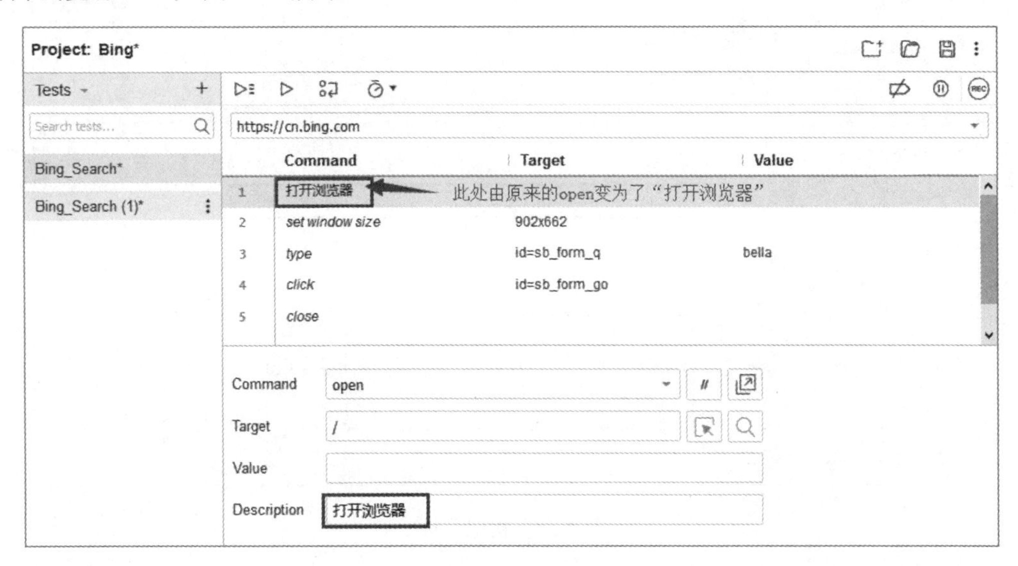

图 4-55　描述说明

可以将命令（Command）列视为在浏览器元素上执行的实际操作。如果要打开一个新 URL，该命令是 open，如果单击网页上的链接或按钮，则该命令为 click，输入值为 type，如图 4-56 所示。

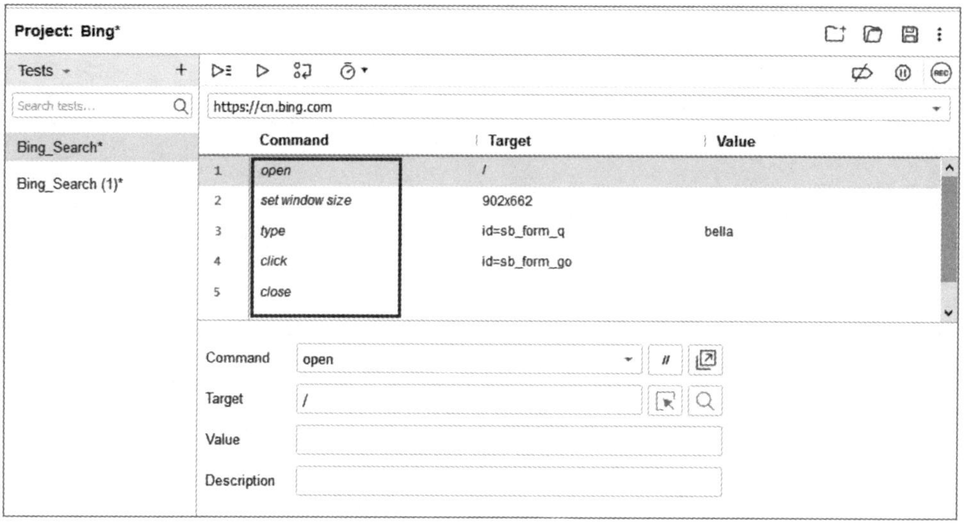

图 4-56　Command 选项

Target 指定必须在其上执行操作的 Web 元素及 locator 属性。如 type 行，其目标是 id=sb_form_q，如图 4-57 所示。

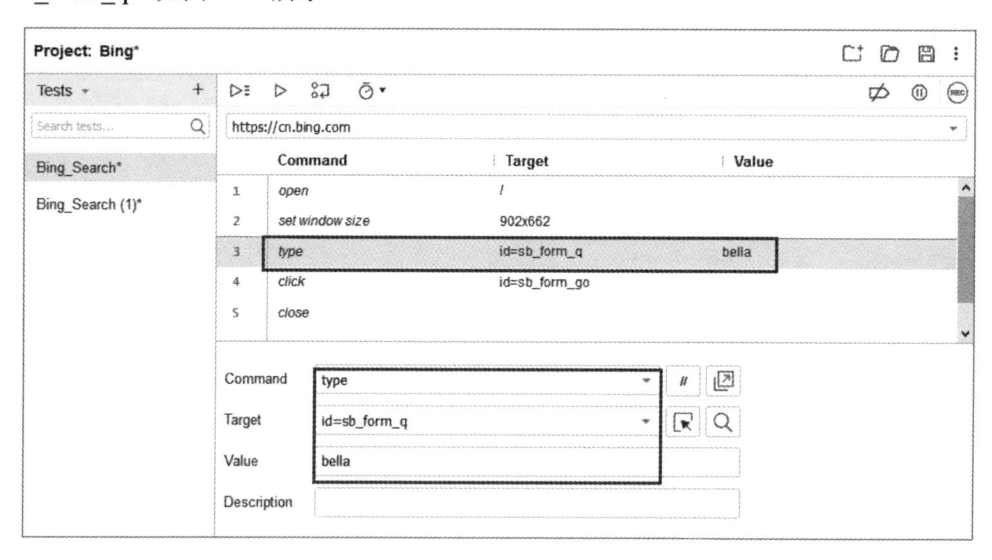

图 4-57　指定目标

Value 可视为可选字段，当需要发送或设置一些值时，需要设置 Value。例如，在搜索框中输入搜索值 bella，如图 4-58 所示。

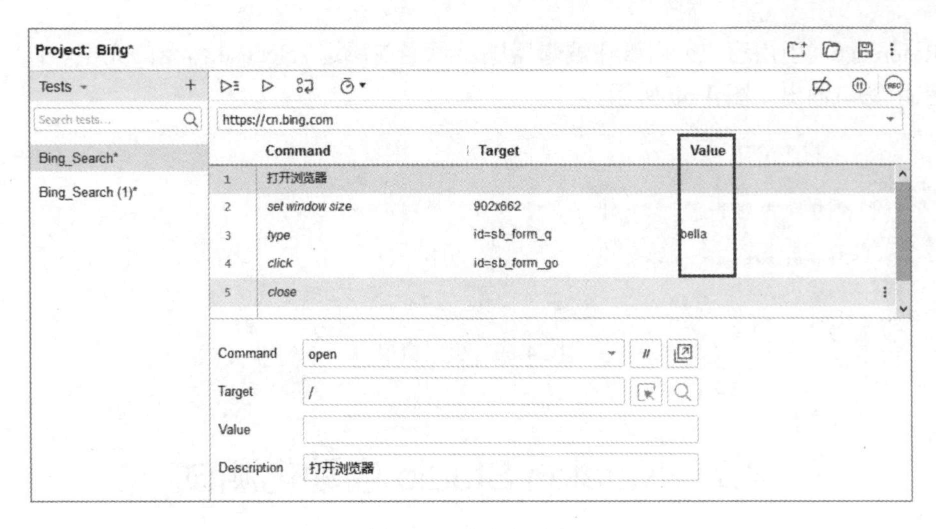

图 4-58　输入搜索值

4.6　日志窗口与引用窗口

Log（日志窗口）用于在执行期间显示运行时消息。它可以分为 4 种类型：信息、错误、调试和警告，如图 4-59 所示。

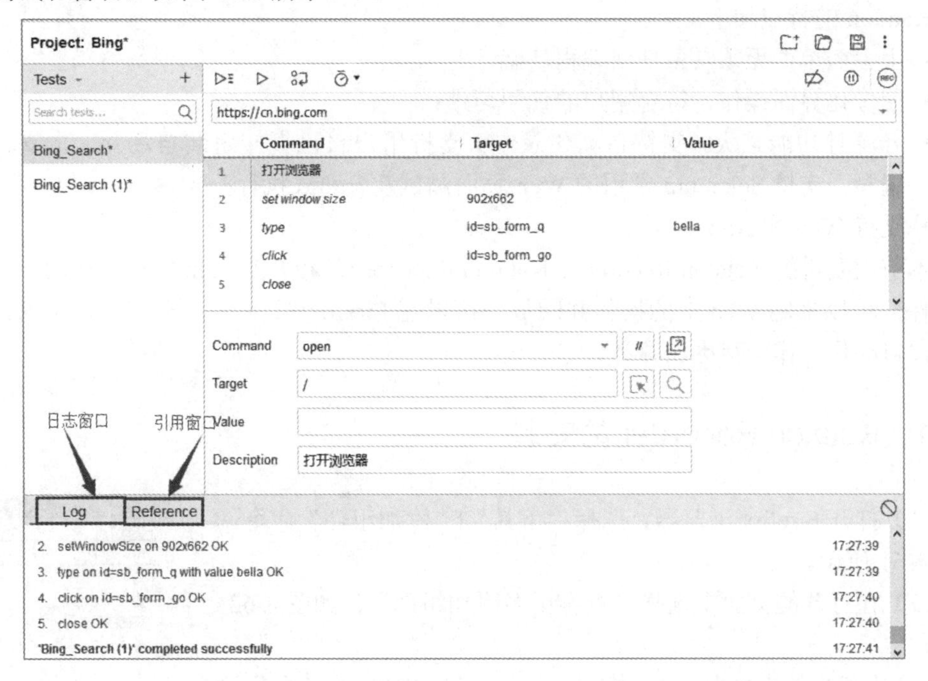

图 4-59　日志窗口

Reference（引用窗口）用于在编辑器中显示当前所选 selenese 命令的完整、详细的信息。引用窗口输出如图 4-60 所示。

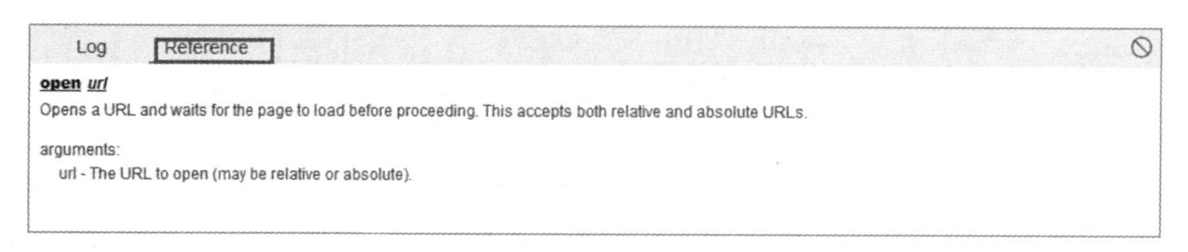

图 4-60　引用窗口

4.7　Katalon Studio 自动化测试

Katalon Studio 是一款功能强大的测试自动化工具，可部署在 Windows、Mac OS、Linux 操作系统上。Katalon Studio 基于 Selenium 和 Appium 框架构建，Katalon Studio 集成了这些框架的优点。

在 2018 年全球十大自动化测试工具中，Katalon 超过了自动化测试工具 UFT（HP 的自动化测试工具），排名第二，仅次于大家熟知的 Selenium（Selenium 也是本书讲授的自动化工具），可以说是实力新秀。更重要的是，Katalon 号称永久免费。

Katalon 的特点如下：

- 上手简单，无须具备任何编程基础；
- 图像化界面操作，符合用户的使用习惯；
- 开源且功能强大，支持自动化录制；支持用户自己直接组装自动化，也支持 Java 编写；支持 Selenium 常用的 Web 页面测试及分布式执行；
- 支持 Web 和 App。

本节主要讲解 Katalon Recorder。Katalon Recorder 是和 Selenium IDE 一样的一个浏览器插件，可以录制 Web 上的操作并回放，可以在 Firefox 组件中下载。Katalon Recorder 使测试自动化工作变得更加容易。

4.7.1　Katalon Recorder 的安装

（1）打开 Firefox 浏览器，选择“工具”|“附加组件”命令，如图 4-61 所示。

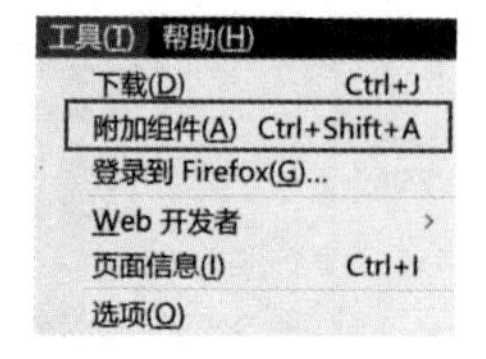

图 4-61　“附加组件”命令

（2）在打开的页面中选择“查看更多附加组件”，如图 4-62 所示。

（3）在组件检索框中，输入检索 selenium ide，如图 4-63 所示。

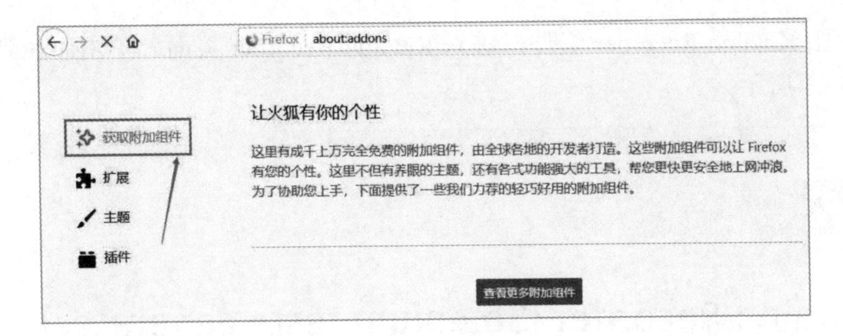

图 4-62　更多附加组件

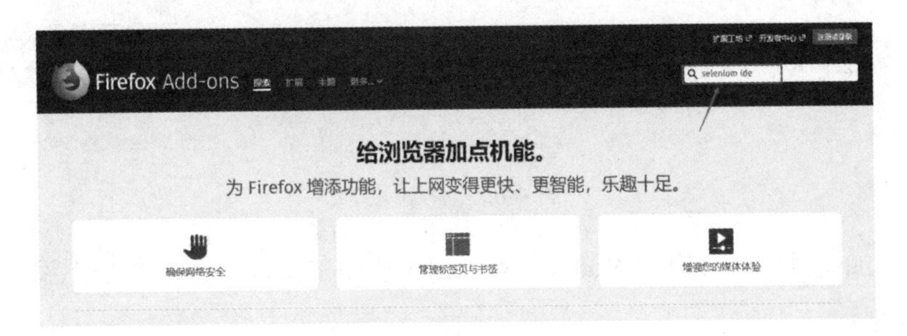

图 4-63　检索组件

（4）检索 Selenium IDE 后，可在结果中看到 Katalon Recorder，如图 4-64 所示。

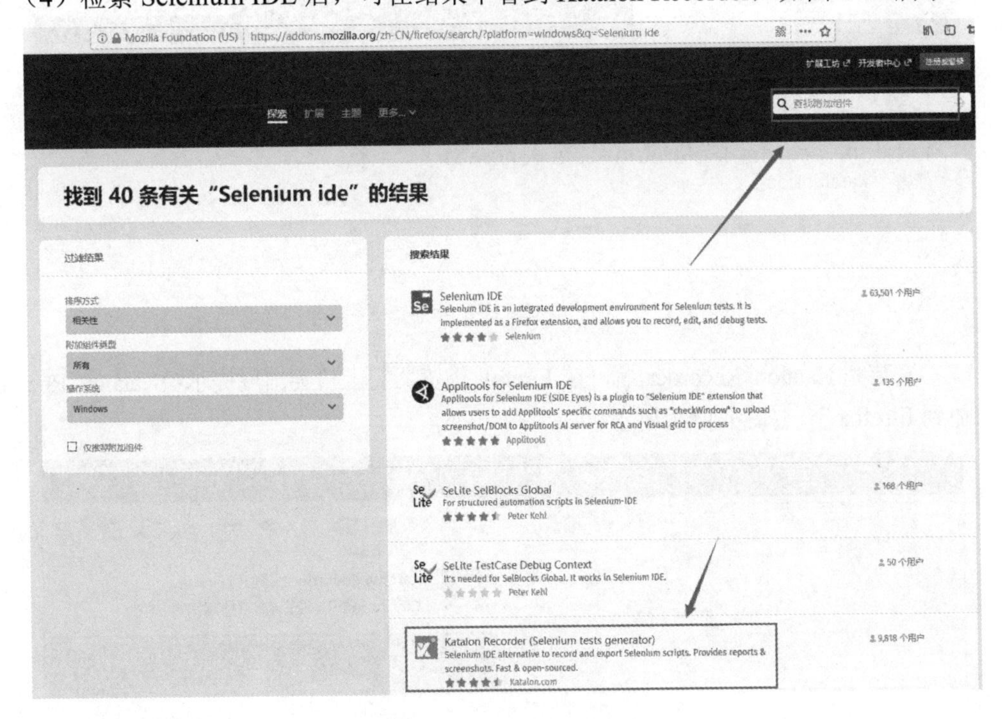

图 4-64　Katalon Recorder

（5）单击 Katalon Recorder 组件，进入 Katalon Recorder 页面，单击添加到 Firefox 按钮，如图 4-65 所示。

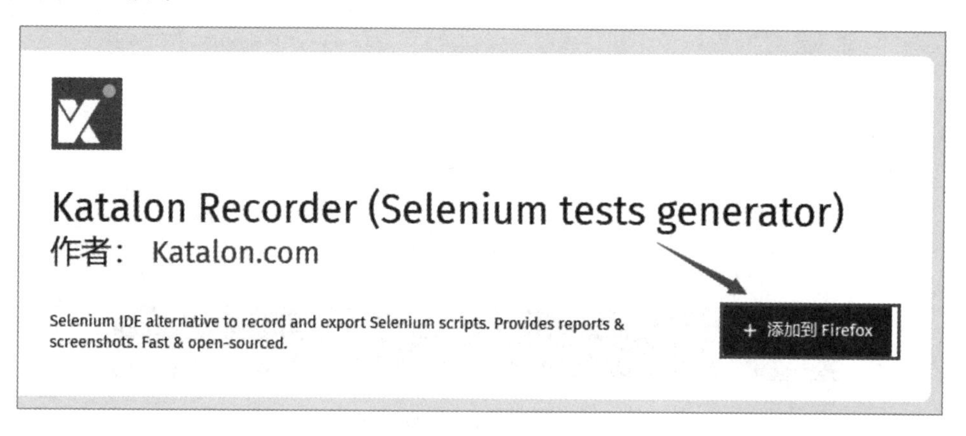

图 4-65　添加组件

（6）在添加过程中，会出现 Katalon Recorder 权限的提示信息，单击“添加(A)”按钮，如图 4-66 所示。

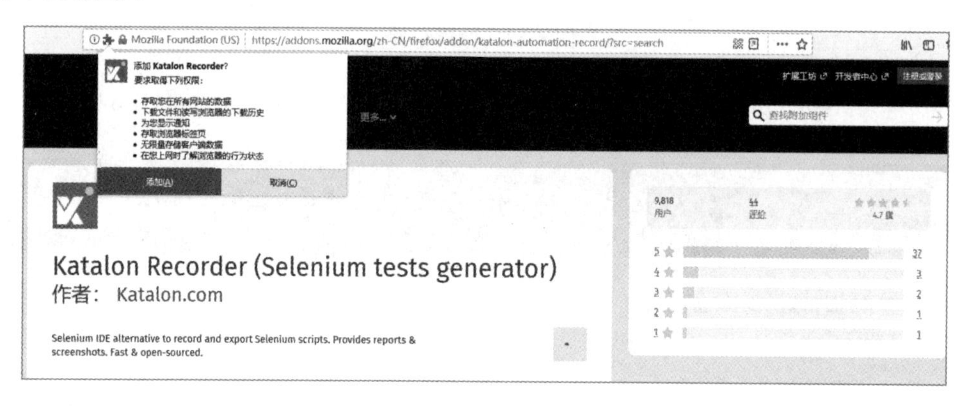

图 4-66　提示信息

（7）安装完 Katalon Recorder 后，在 Firefox 浏览器右上角会出现提示“Katalon Recorder 已添加到 Firefox”，如图 4-67 所示。

图 4-67　通知

（8）单击工具栏中的 Katalon Recorder 图标，打开 Katalon Recorder，主界面如图 4-68 所示。

Command	Target	Value
open	https://cn.bing.com/	
click	id=sb_form_q	
type	id=sb_form_q	bella
click	id=sb_form_go	
close	win_ser_local	

图 4-68　Katalon Recorder 主界面

在 Firefox 浏览器中打开 Bing 首页，在 Katalon Recorder 界面中单击 Record 按钮开始录制，如图 4-69 所示。

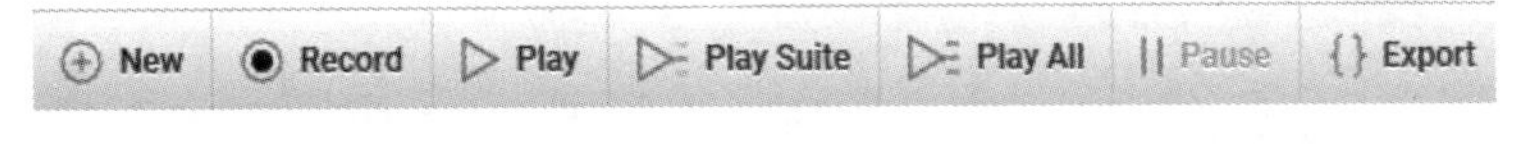

图 4-69　开始录制

启动录制后，在 Bing 搜索页面中进行如下操作：

（1）输入 bella。

（2）单击搜索按钮 。

（3）关闭浏览器。

（4）在 Katalon Recorder 工具栏中单击 Stop 按钮停止录制，如图 4-70 所示。

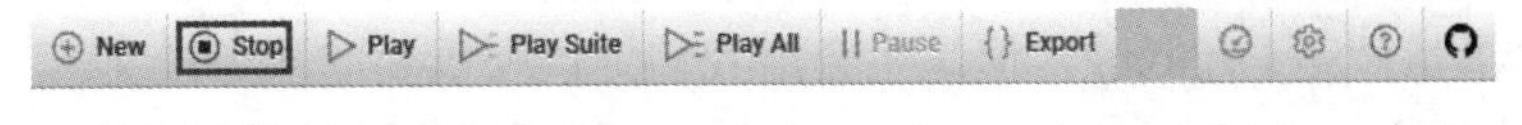

图 4-70　停止录制

Katalon Recorder 的录制界面与 Selenium IDE 相似，主要分为以下 4 部分：

- Main Toolbar：工具栏，常用按钮的展现。其中，Export 可以将录制的脚本导出为各种语言的脚本，而 Selenium IDE 是不可以导出脚本的，其右侧指针按钮可以控制回放速度。

录制的时候，如果某些步骤不想录制，可以单击 Pause 按钮。如果已经录制完了，想在已录制的脚本中再加一段操作，可以单击某行脚本，再单击 Record 按钮，将会把新的录制操作插入选择行的上部。

- Test Case/ Suite Explorer：测试套件/测试用例管理区，记得录制完后及时保存。
- Test Case Details View：测试用例编辑区，录制的脚本都会出现在这里。
- Log/Reference/Variable：回放时可以通过查看 Log 来调试；Reference 用于显示第 3 个区域选中命令的 API，如图 4-71 所示。

图 4-71　Reference 窗口

在 Katalon Recorder 工具栏中单击“{}Export”（导出）按钮，弹出输出测试脚本窗口，如图 4-72 所示。

在输出测试脚本窗口中，可以选择输出测试脚本的语言，如 Python 2（WebDriver+uintest）。这里虽然是 Python 2，但是也会给我们提供很重要的参考意义。

当选择了 Python 2（WebDriver+uintest）后，可以看到录制的脚本过程用 Python 代码展现了出来。单击 Copy to Clipboard 按钮可以将代码复制并粘贴到自己的 IDE 中（PyCharm 等），方便进一步维护，如图 4-73 所示。

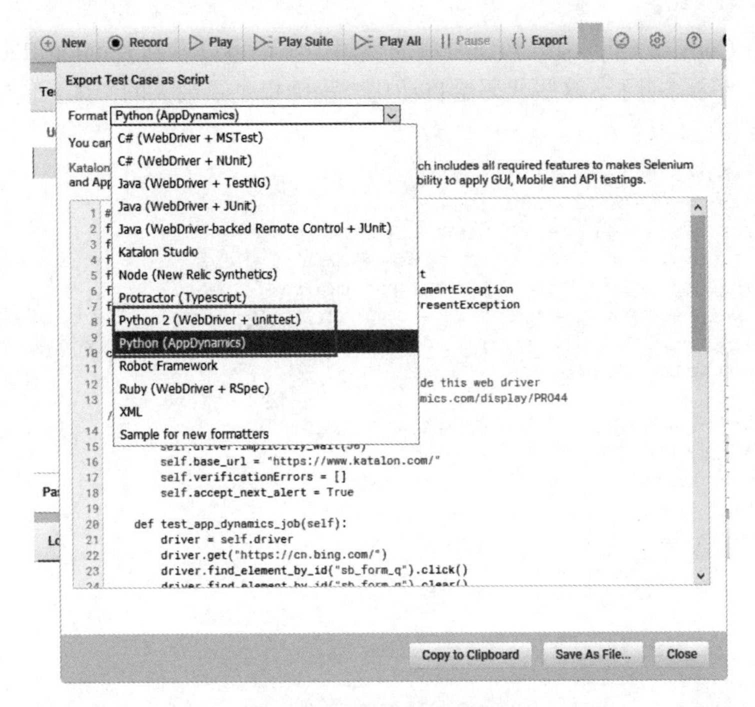

图 4-72　输出测试脚本窗口

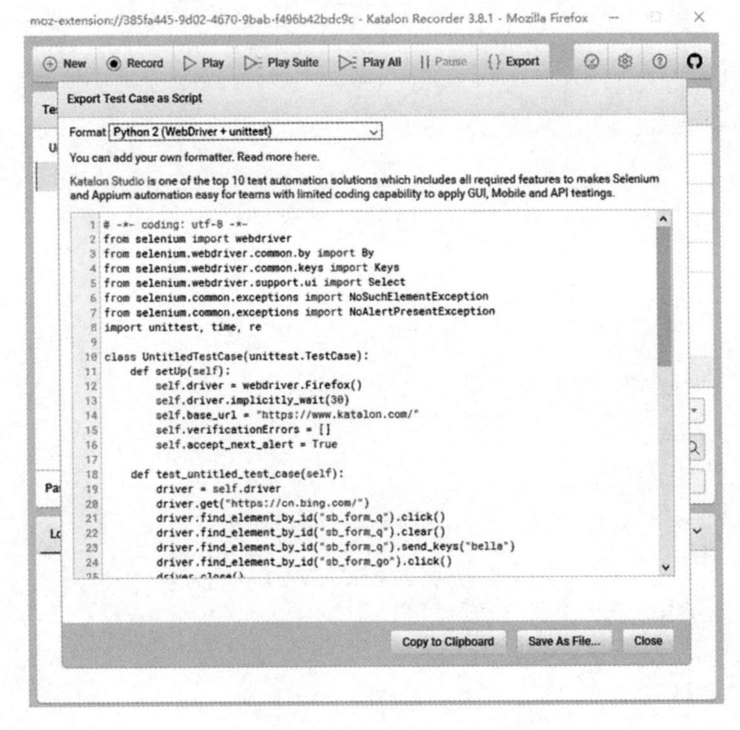

图 4-73　Python 代码

通过单击 Copy to Clipboard 按钮复制的代码如下，可以看到 Katalon Recorder 生成的代码逻辑十分清晰、明了。这些代码给自动化工程师提供了很大的帮助，他们可以进行二次加工或直接使用。

```
# -*- coding: utf-8 -*-
from selenium import webdriver
from selenium.webdriver.common.by import By
from selenium.webdriver.common.keys import Keys
from selenium.webdriver.support.ui import Select
from selenium.common.exceptions import NoSuchElementException
from selenium.common.exceptions import NoAlertPresentException
import unittest, time, re

class UntitledTestCase(unittest.TestCase):
    def setUp(self):
        self.driver = webdriver.Firefox()
        self.driver.implicitly_wait(30)
        self.base_url = "https://www.katalon.com/"
        self.verificationErrors = []
        self.accept_next_alert = True

    def test_untitled_test_case(self):
        driver = self.driver
        driver.get("https://cn.bing.com/")
        driver.find_element_by_id("sb_form_q").click()
        driver.find_element_by_id("sb_form_q").clear()
        driver.find_element_by_id("sb_form_q").send_keys("bella")
        driver.find_element_by_id("sb_form_go").click()
        driver.close()

    def is_element_present(self, how, what):
        try:
            self.driver.find_element(by=how, value=what)
        except NoSuchElementException as e:
            return False
        return True

    def is_alert_present(self):
        try:
            self.driver.switch_to_alert()
        except NoAlertPresentException as e:
            return False
        return True

    def close_alert_and_get_its_text(self):
        try:
            alert = self.driver.switch_to_alert()
            alert_text = alert.text
            if self.accept_next_alert:
                alert.accept()
            else:
                alert.dismiss()
            return alert_text
```

```
        finally:
            self.accept_next_alert = True

    def tearDown(self):
        self.driver.quit()
        self.assertEqual([], self.verificationErrors)

if __name__ == "__main__":
    unittest.main()
```

4.7.2　案例：Katalon Recorder 的数据驱动

本节基于一个案例，通过 Katalon Recorder 轻松实现数据驱动测试。

在 Bing 搜索页面中进行如下操作：

（1）输入 bella。

（2）单击搜索按钮。

（3）关闭浏览器。

（4）在 Katalon Recorder 工具栏中单击 Stop 按钮。

录制完毕后，形成的基础场景如图 4-74 所示。

图 4-74　基础场景

（1）创建一个 JSON 文件，文件命名为 SearchWord.json，内容如下：

```
[
  {
   "SearchValue": "Bella"
  },
  {
  "SearchValue": "leo"
  }
 ]
```

（2）在 Data Driven 区域，单击 Add JSON File 按钮，加载刚刚创建的 SearchWord.json 文件，如图 4-75 所示。

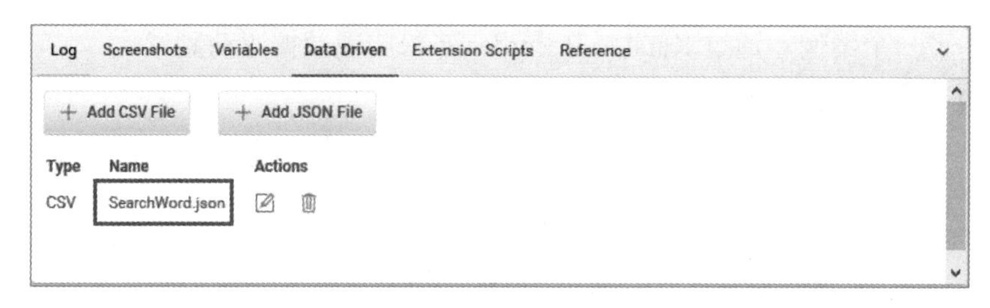

图 4-75　添加 JSON 文件

（3）右击 id=sb_form_q 所在行，选择 Add Command 命令，成功在 id=sb_form_q 下添加一个空白行，如图 4-76 所示。

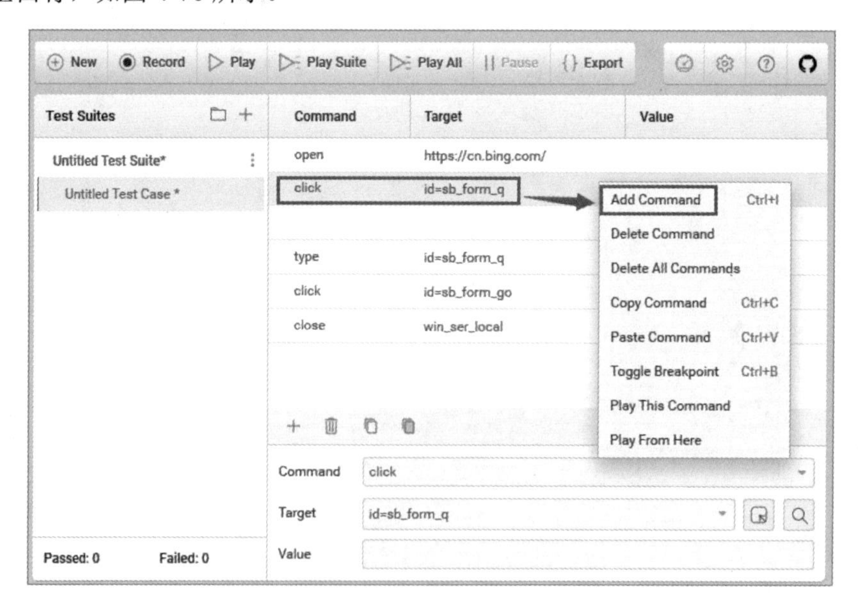

图 4-76　添加空白行

（4）选中添加的空白行，在编辑区域填写内容，在 Command 下拉列表框中选择

loadVars，在 Target 中输入 SearchWord.json，与创建的 JSON 文件同名，如图 4-77 所示。

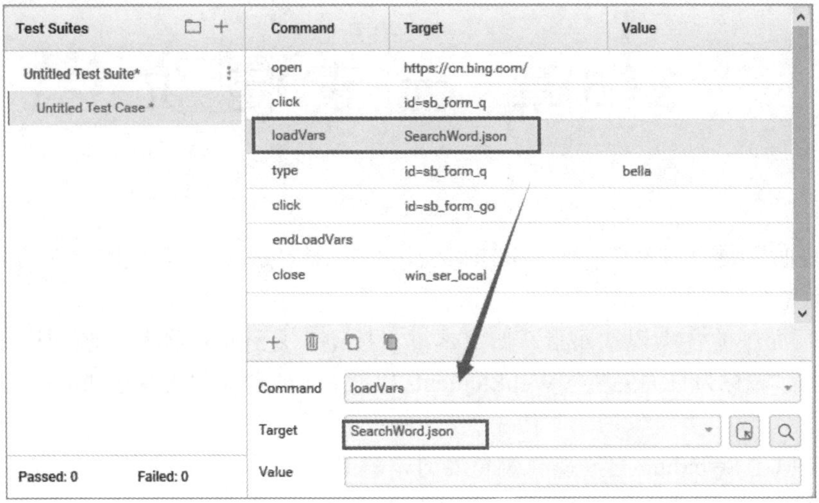

图 4-77　设置目标文件

（5）右击 id=sb_form_go 所在行，选择 Add Command 命令，成功在 id=sb_form_go 下添加一个空白行。选中添加的空白行，在编辑区域填写内容，在 Command 下拉列表框中选择 endLoadVars，其他为空，如图 4-78 所示。

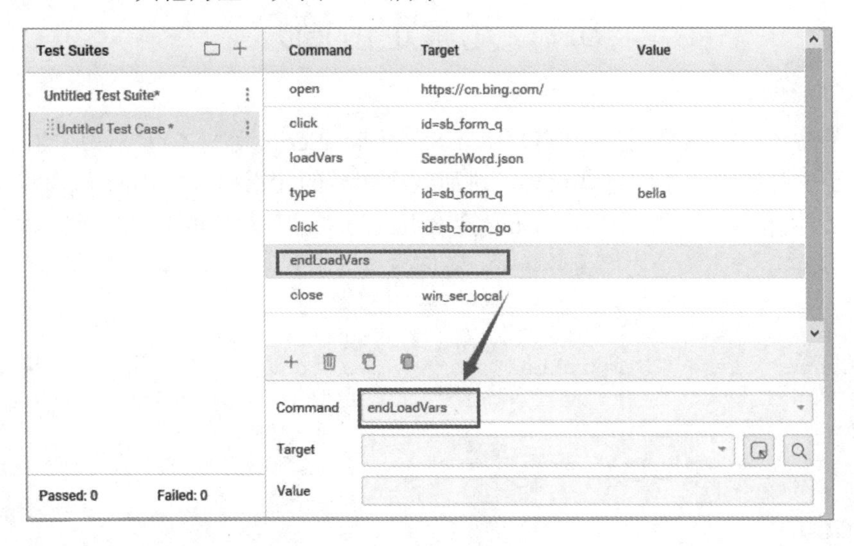

图 4-78　操作维护

（6）单击 Play 按钮进行回放，可以看到，程序检索完 bella 后，又检索了 leo，循环了两次。

第 5 章　元 素 定 位

Web 页面主要由 HTML、CSS 和 JavaScript 脚本构成。随着互联网技术的发展，当下大部分页面都是动态页面。

Web 页面中的各类视觉元素，如文本框、按钮、复选框、图片、超链接和表等，在 Selenium 中都被称为页面元素（WebElements），在其他自动化工具（如 UFT 中）中常常被称为对象。

当我们想让 Selenium 自动操作浏览器时，就必须告诉 Selenium 如何定位元素。

本章讲解的主要内容有：

- Selenium WebDriver 定位元素；
- 理解浏览器开发者模式辅助定位元素的方法；
- Selenium 定位元素的方法，包括 ID、Name、Class 和 CSS 等。

5.1　元素定位简介

大家都知道，Web 页面是由 HTML、CSS 和 JavaScript 等脚本开发而成的，可以通过查看页面源文件的方式了解这些信息，进而找到想要的元素标签（Tag），知晓对应元素的属性、属性值及页面的结构。以 Bing 搜索页面为例，其对应的 HTML 代码如下：

```
<form action="/search" onsubmit="var id = _ge('hpinsthk').getAttribute('h');
return si_T(id);" role="none">
   <div class="b_searchboxForm" role="search" data-bm="15">
   <input class="b_searchbox" id="sb_form_q" name="q" title="输入搜索词"
type="search" value="" maxlength="100" autocapitalize="off" autocorrect=
"off"
autocomplete="off" spellcheck="false" aria-controls="sw_as" aria-autocomplete=
"both"
aria-owns="sw_as">
      <div id="sb_go_par" data-sbtip="搜索网页">
         <input type="submit" class="b_searchboxSubmit" id="sb_form_go"
tabindex="-1"
name="go">
      </div>
```

```
        <div id="sw_as" role="listbox" aria-label="建议" style="display:
block; margin-left: -
1px; margin-right: 1px;">
            <div class="sa_as" data-priority="2" data-bm="20"></div>
        </div>
    </div>
</form>
```

通过 Web 页面的代码能够看到，搜索元素时，采用嵌入在<form>标签内的<input>标签来完成，其中，搜索框<input>的标签包含 id、class 和 name 等属性。

```
<input class="b_searchbox" id="sb_form_q" name="q" title="输入搜索词"  type=
"search" value="" maxlength="100" autocapitalize="off" autocorrect="off"
autocomplete="off" pellcheck="false" aria-controls="sw_as" aria-autocomplete=
"both"  aria-owns="sw_as">
```

5.2　浏览器定位元素

目前，大部分浏览器都内置了相关插件或组件，能够帮助我们快速、简洁地展示各类元素的属性定义、DOM 结构及 CSS 样式等属性。本书中使用的浏览器是 Firefox 和 Chrome（这两款浏览器也是开发者常用的浏览器），因此本节基于这两款浏览器介绍这些工具（组件）的使用方法。

5.2.1　Firefox 浏览器

如果大家对 Firefox 浏览器较为熟知，那么对旧版本的 FireBug 一定印象深刻，FireBug 的功能非常强大。

2016 年 12 月，FireBug 宣布停止更新，因此新版本中的 Firefox 浏览器已经看不到 FireBug 的影子了。但 FireBug 不是消失了，而是被合并到了 Firefox Developer Tools 内置工具中了。

写作本书时 Firefox 的最新版本是 Firefox Quantum 60.0.1。新版的 Firefox 需要读者学会使用自带的 Firefox Developer Tools 工具。打开 Firefox，通过按 F12 键调出该工具，如图 5-1 所示。

以 Bing 首页为例，通过按 F12 键调用 Firefox Developer Tools，然后单击 按钮，从页面中选择一个元素，这里选择的是 Bing 输入框，此时在“查看器”中可以看到突显了输入框的 HTML 代码，如图 5-2 所示。可以看到，这跟我们以往所熟知的 FireBug 没有任何区别。

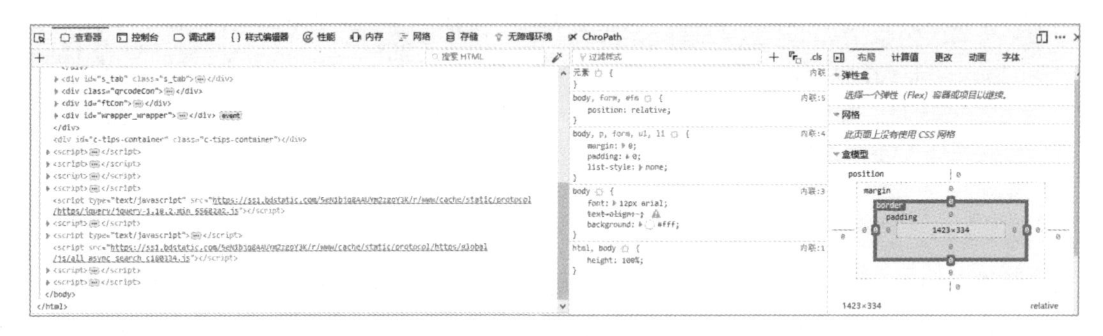

图 5-1　Firefox Developer Tools 工具

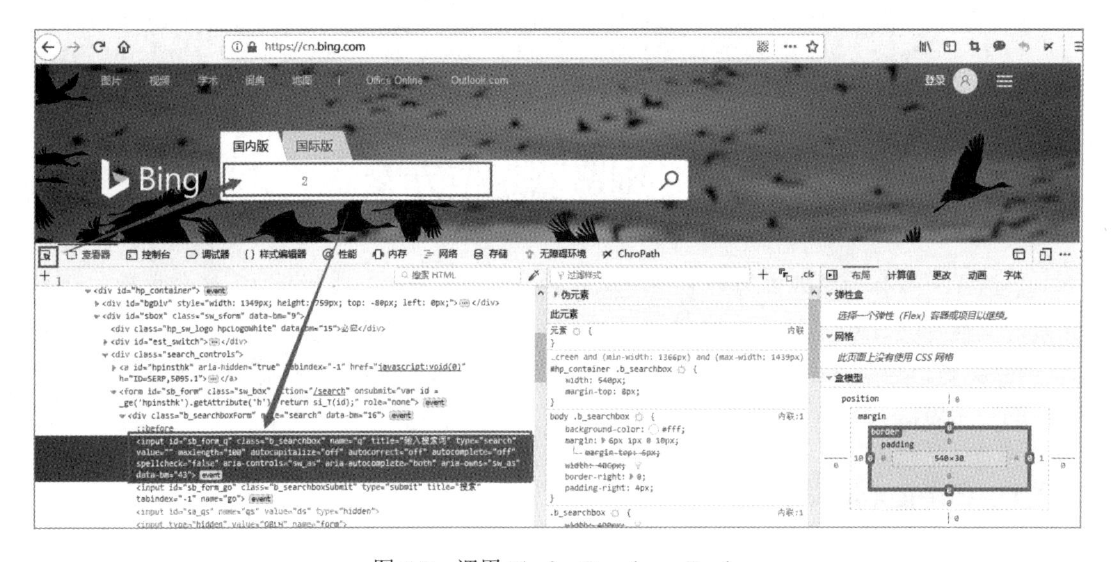

图 5-2　调用 Firefox Developer Tools

5.2.2　Chrome 浏览器

Chrome 浏览器与 Firefox 浏览器一样，也有对应的开发者工具。Chrome 开发者工具是一套内置于 Google Chrome 中的 Web 开发和调试工具，可以用来对网站进行迭代、调试和分析。在 Chrome 菜单栏中选择“更多工具”|“开发者工具”命令或按 F12 键可以调用开发者工具。

在页面元素上右击，选择“检查”命令，在 Elements 中就能看到定位的元素 id、name 和 class 等。例如，在 Bing 输入框的元素上右击，选择“检查”命令，即可在 Elements 中看到该元素的 HTML 代码，右击后选择 Copy 命令，就能复制出 CSS 或 XPath 定位方式的代码，如图 5-3 所示。

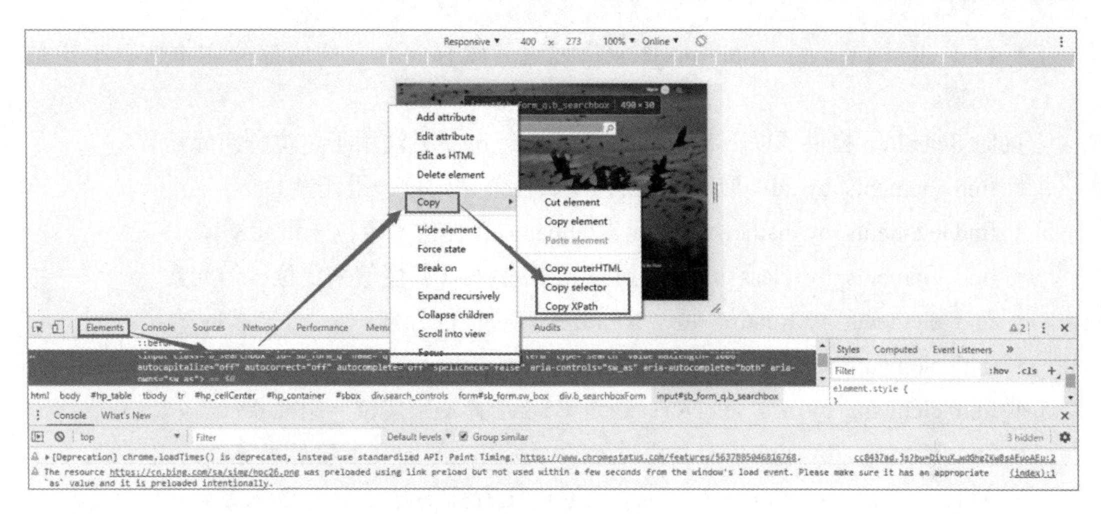

图 5-3　Chrome 开发者工具

5.3　Web 元素定位

要想 Selenium 操作元素，需要告知 Selenium 如何去定位元素来模拟用户动作。例如，要操作 Bing 搜索页，步骤如下：

（1）找到搜索框与搜索按钮。

（2）通过键盘输入检索的关键字。

（3）用鼠标单击搜索按钮。

（4）提交搜索请求。

Selenium 能够模拟上面描述的动作，但 Selenium 并不能理解如何在搜索框中输入关键字或单击搜索按钮的操作。Selenium 需要代码告诉它如何定位搜索框或搜索按钮，从而实现模拟人工的操作。

Selenium 提供了多种方法用于定位元素（find_element_by_*），其中“*”号代表可变的方法，例如 ID 和 name 等。

Selenium 提供了以下 8 种 find_element_by_*方法用于定位元素。

- find_element_by_id：通过元素的 ID 属性值来定位元素；
- find_element_by_name：通过元素的 name 属性值来定位元素；
- find_element_by_class_name：通过元素的 class 属性值来定位元素；
- find_element_by_xpath：通过 XPath 来定位元素；
- find_element_by_tag_name：通过元素的 tag name 来定位元素；
- find_element_by_css_selector：通过 CSS 选择器来定位元素；
- find_element_by_link_text：通过元素标签对之间的文本信息来定位元素；

- find_element_by_partial_link_text：通过元素标签对之间的部分文本信息来定位元素。

同时 Selenium 提供了以下 8 种 find_elements_by_*方法用于定位一组元素。

- find_elements_by_id：通过元素的 ID 属性值来定位一组元素；
- find_elements_by_name：通过元素的 name 属性值来定位一组元素；
- find_elements_by_class_name：通过元素的 class 属性值来定位一组元素；
- find_elements_by_xpath：通过 XPath 来定位一组元素；
- find_elements_by_tag_name：通过元素的 tag name 来定位一组元素；
- find_elements_by_css_selector：通过 CSS 选择器来定位一组元素；
- find_elements_by_link_text：通过元素标签对之间的文本信息来定位一组元素；
- find_elements_by_partial_link_text：通过元素标签对之间的部分文本信息来定位一组元素。

5.3.1 ID 定位

ID（find_element_by_id）是 Selenium 中较常用的定位方式，它一般不会存在 ID 重名的元素。目前，大部分技术研发团队的开发方式采用的都是前后端分离的技术。很多团队在前端代码提交后，在审核代码时都会检查元素的属性定义，ID 的唯一性就是其中需要检查的一项。因此 find_element_by_id 方法是查找页面上元素较好的方法。

搜索框元素的属性描述 HTML 代码如下：

```
<input class="b_searchbox" id="sb_form_q" name="q" title="输入搜索词" type=
"search" value="" maxlength="100" autocapitalize="off" autocorrect="off"
autocomplete="off" spellcheck="false" aria-controls="sw_as" aria-autocomplete=
"both" aria-owns="sw_as">
```

可见，id="sb_form_q"的定位方法就是 find_element_by_id("sb_form_q")，如图 5-4 所示。

Selenium 通过 Firefox 浏览器驱动操作输入框的代码如下：

```
from selenium import webdriver

driver=webdriver.Firefox()

driver.get("https://cn.bing.com/")
driver. find_element_by_id("sb_form_q").send_keys("bella")
driver.quit()                          #关闭浏览器
```

打开 PyCharm 编译器，创建一个工程，并且在该工程下创建一个.py 文件（文件名自己命名即可，如 Demo.py），然后将以上代码输入到创建的.py 文件中，如图 5-5 所示。

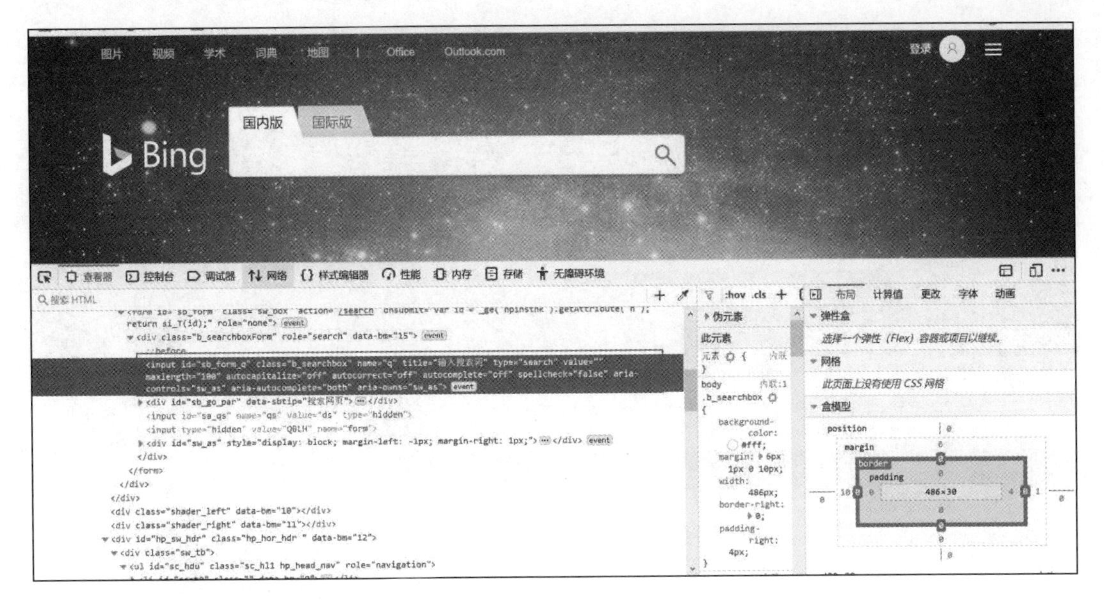

图 5-4　搜索框元素属性描述

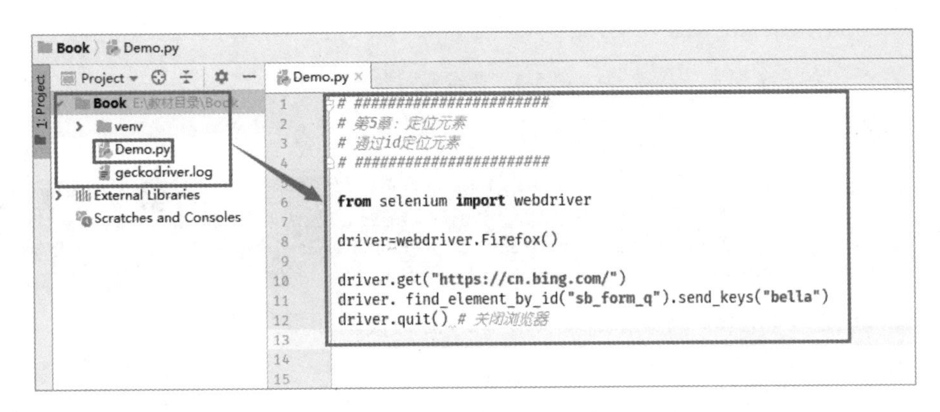

图 5-5　创建.py 文件

右击 Demo.py 文件，在弹出的快捷菜单中选择“Run **”命令（如 Run 'Demo'）运行代码，可以看到，浏览器按如下操作执行。

（1）打开 Firefox 浏览器。

（2）打开 Bing 首页。

（3）输入 bella。

（4）关闭浏览器。

5.3.2　name 定位

通过 name 定位是另外一种常用的定位元素的方式。

当一个元素存在 name 属性时，可以使用 name 定位。这里依旧以 Bing 搜索框为例（name="q"），find_element_by_name("q")，如图 5-6 所示。

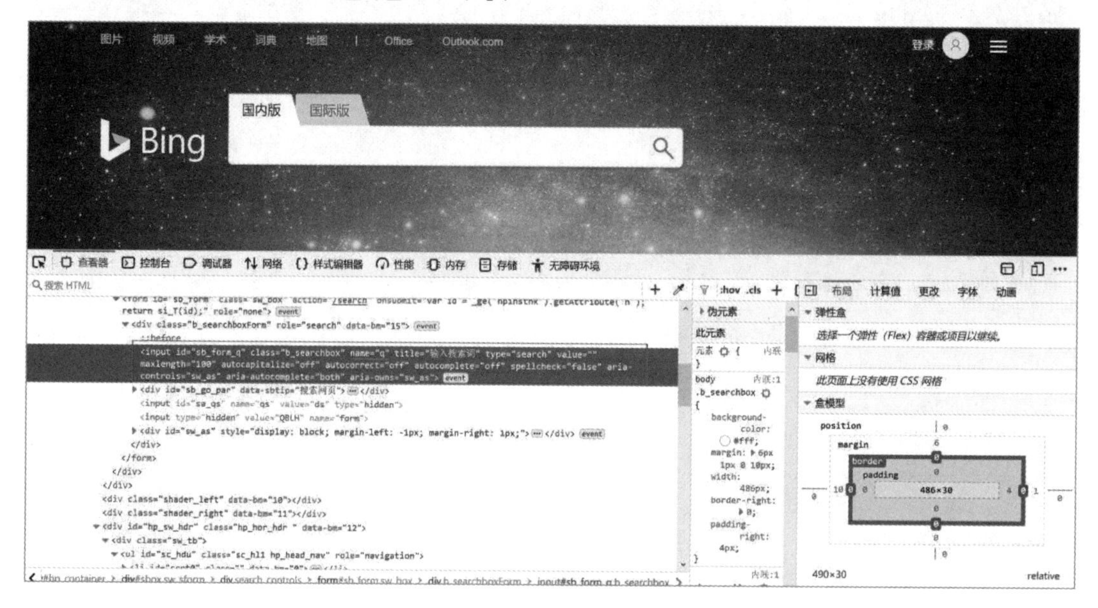

图 5-6　搜索框元素

搜索框元素的属性描述 HTML 代码如下：

```
<input class="b_searchbox" id="sb_form_q" name="q" title="输入搜索词" type=
"search" value="" maxlength="100" autocapitalize="off" autocorrect="off"
autocomplete="off" spellcheck="false" aria-controls="sw_as" aria-autocomplete=
"both" aria-owns="sw_as">
```

Selenium 通过 Firefox 浏览器驱动操作输入框的代码如下：

```
from selenium import webdriver

driver=webdriver.Firefox()

driver.get("https://cn.bing.com/")
driver. find_element_by_name("q").send_keys("bella")
driver.quit()                              # 关闭浏览器
```

5.3.3　class 定位

大部分前端的样式都是通过 class 来渲染，所以定位元素时还可以通过选择 class 来定位。class 用来关联 CSS 中定义的属性。

Bing 首页搜索框元素 class=" b_searchbox"，如图 5-7 所示。通过 find_element_by_class_name("b_searchbox")来定位搜索框。

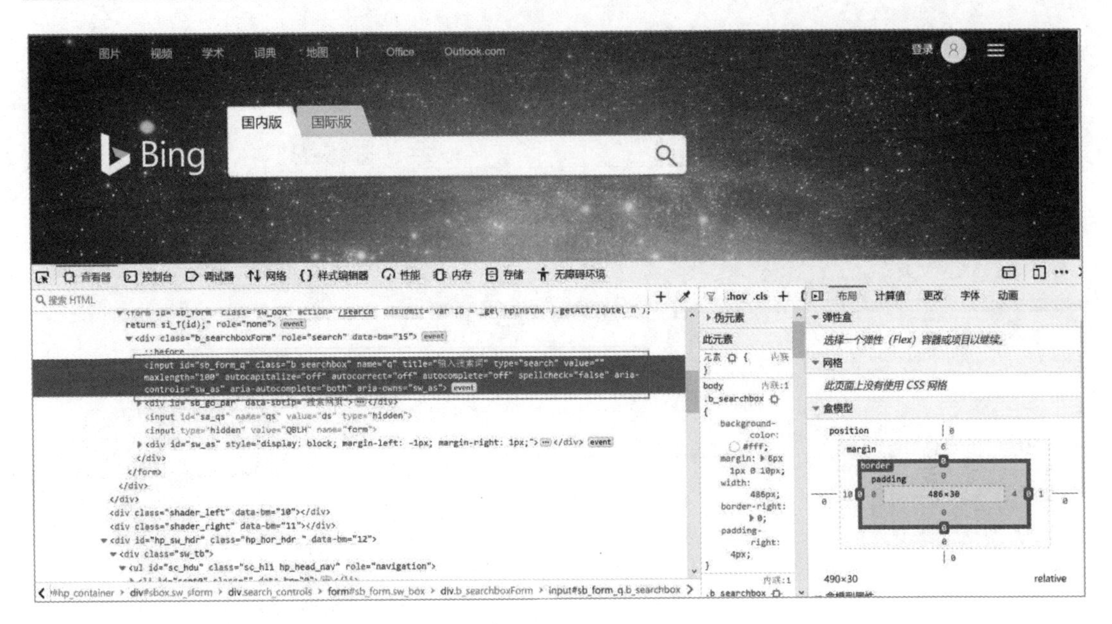

图 5-7　搜索框元素属性描述

搜索框元素的属性描述 HTML 代码如下：

```
<input class="b_searchbox" id="sb_form_q" name="q" title="输入搜索词" type=
"search" value="" maxlength="100" autocapitalize="off" autocorrect="off"
autocomplete="off" spellcheck="false" aria-controls="sw_as" aria-autocomplete=
"both" aria-owns="sw_as">
```

Selenium 通过 Firefox 浏览器驱动操作输入框的代码如下：

```
from selenium import webdriver

driver= webdriver.Firefox()

driver.get("https://cn.bing.com/")
driver.find_element_by_class_name("b_searchbox").send_keys("bella")
driver.quit()                                   #关闭浏览器
```

注：有时某元素的 class 属性值由通过空格隔开的两个值组成（如“百度一下”按钮元素 class="bg s_btn"），此时通过 class 定位时，只取其中一个即可（如此时仅仅使用 class="bg s_btn"中的"s_btn"即可），如图 5-8 所示。

这里以百度搜索页面为例进行讲解。

（1）找到搜索框与“百度一下”按钮。

（2）通过键盘输入检索的关键字。

（3）用鼠标单击“百度一下”按钮。

（4）提交搜索请求。

图 5-8　搜索框元素

百度首页搜索框元素的属性描述 HTML 代码如下：

```
<input id="kw" name="wd" class="s_ipt" value="" maxlength="255" autocomplete=
"off">
```

单选按钮元素，如图 5-9 所示。

图 5-9　“百度一下”按钮元素

百度首页“百度一下”按钮元素的属性描述 HTML 代码如下：

```
<input type="submit" id="su" value="百度一下" class="bg s_btn">
```

代码实现如下：

```
from selenium import webdriver

driver= webdriver.Firefox()

driver.get("https://www.baidu.com/")

#通过 ID 定位搜索框元素且赋值 bella
driver.find_element_by_id("kw").send_keys("bella")
#通过 class 定位“百度一下”按钮并单击
driver.find_element_by_class_name("bg s_btn").click()
```

运行以上代码，在 PyCharm 控制台中可以看到如下错误：

```
Selenium.common.exceptions.NoSuchElementException: Message: Unable to
locate element: .bg s_btn
```

将 driver.find_element_by_class_name("bg s_btn")代码中的"bg s_btn"改为"s_btn"：

```
from selenium import webdriver

driver= webdriver.Firefox()

driver.get("https://www.baidu.com/")

driver.find_element_by_id("kw").send_keys("bella")
# driver.find_element_by_class_name("bg s_btn").click()
driver.find_element_by_class_name("s_btn").click()
```

运行代码，看到可以成功单击“百度一下”按钮，并且不会报错。在代码运行过程中，单击“百度一下”按钮后，出现的图 5-10 所示的校验信息属于百度安全校验的一种方式，无须在意。

将 driver.find_element_by_class_name("bg s_btn") 代码中的"bg s_btn"改为" bg "：

百度安全验证

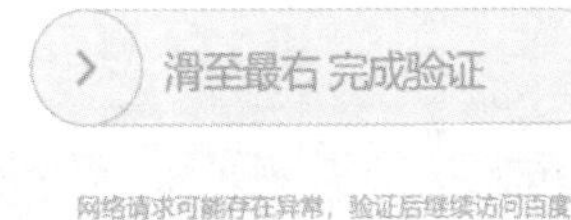

网络请求可能存在异常，验证后继续访问百度

意见反馈

图 5-10 单击“百度一下”按钮后出现的验证页面

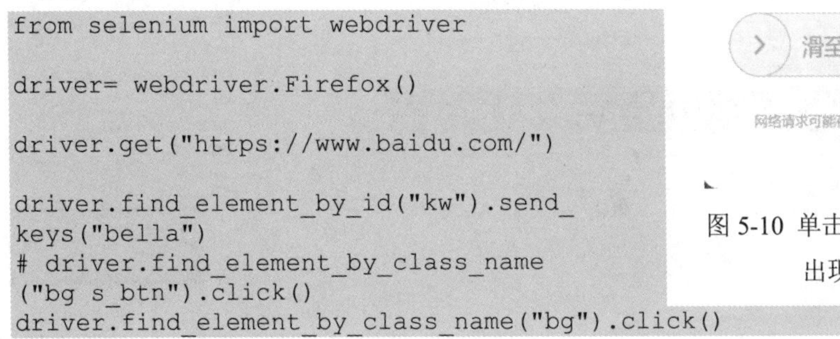

```
from selenium import webdriver

driver= webdriver.Firefox()

driver.get("https://www.baidu.com/")

driver.find_element_by_id("kw").send_
keys("bella")
# driver.find_element_by_class_name
("bg s_btn").click()
driver.find_element_by_class_name("bg").click()
```

运行代码，看到可以成功在搜索框中输入 bella，而“百度一下”按钮却没被单击。代码运行结束且并没有报错。

通过以百度搜索页为例，如果通过 find_element_by_class_name 方法来定位“百度一下”按钮元素，可以得出如下结论：

- 不能直接使用 class 属性值"bg s_btn"，代码出错；
- 将"bg s_btn"改为" bg "，虽然代码正常结束未报错，但是“百度一下”按钮元素不会被单击；
- "bg s_btn"改为"s_btn"，代码可以正常运行，并且可以正确单击“百度一下”按钮元素。

注：通过 ID、name、class 属性是最常用的用来定位元素的方法。

5.3.4 tag 定位

tag name 方法是通过对 HTML 页面中 tag name 匹配方式来定位元素的。类似于 JavaScript 中的 getElementsByTagName()。

tag name 方法在某些特定场合下十分有用，例如，通过标签<checkbox>的 tag name 可以一次性定位到页面中的所有复选框元素。

1. 通过tag name定位Bing案例

依旧使用 Bing 首页的搜索框为例，如图 5-11 所示。例如，find_element_by_tag_name ("input").send_keys("1234")。

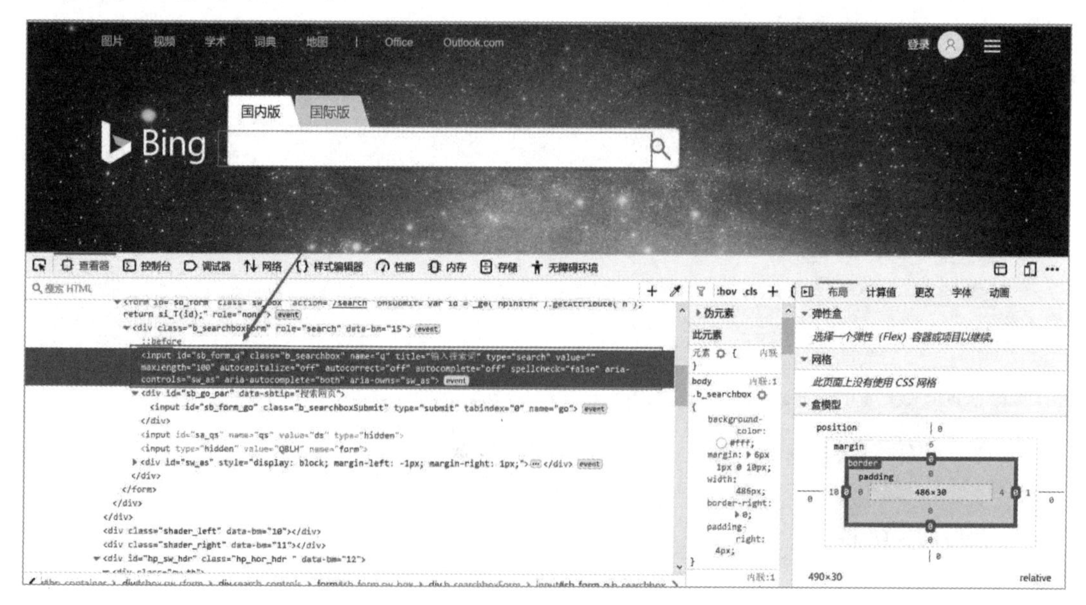

图 5-11 Bing 搜索框元素

搜索框元素的属性描述 HTML 代码如下，可以看到该元素的标签是<input>。

```
<input class="b_searchbox" id="sb_form_q" name="q" title="输入搜索词" type=
```

```
"search" value="" maxlength="100" autocapitalize="off" autocorrect="off"
autocomplete="off" spellcheck="false" aria-controls="sw_as" aria-autocomplete=
"both" aria-owns="sw_as">
```

Selenium 通过 Firefox 浏览器驱动操作输入框的代码如下：

```
from selenium import webdriver

driver= webdriver.Firefox()

driver.get("https://cn.bing.com/")
driver.find_element_by_tag_name("input").send_keys("bella")
driver.quit()                          # 关闭浏览器
```

但是通过标签名的定位方式要慎用，如果能够不用还是尽量不用，因为一个页面有大量重复的标签名容易造成混乱，从而使 Selenium 无法找到正确的元素。

Bing 首页的输入框和搜索按钮都是 input 标签，虽然前面的代码能够成功执行且在输入框中成功输入了 bella，但是该例具有一定的偶然性（是由于输入框元素是第 1 个 input 标签的缘故）。如果换成其他例子，就未必能够成功执行了。

```
====搜索框元素====
<input class="b_searchbox" id="sb_form_q" name="q" title="输入搜索词" type=
"search" value="" maxlength="100" autocapitalize="off" autocorrect="off"
autocomplete="off" spellcheck="false" aria-controls="sw_as" aria-autocomplete=
"both" aria-owns="sw_as">

====Bing 首页的搜索按钮====
<input type="submit" class="b_searchboxSubmit" id="sb_form_go" tabindex=
"0" name="go">
```

2. 通过tag name定位一组元素案例

在实际过程中，可通过 tag name 定位一组元素。通过 HTML 语言简单编写了 checkbox.html 文件。checkbox.html 页面的 HTML 代码如下（本书提供的资料里也会提供该案例）。

```
<html>
  <head>
       <title>复选框测试实例</title>
  </head>
  <body>
    请选择你喜爱的水果</br>
      <input type="checkbox" name="fruit" value ="apple" >苹果<br>
      <input type="checkbox" name="fruit" value ="orange">橘子<br>
      <input type="checkbox" name="fruit" value ="mango">芒果<br>
  </body>
</html>
```

checkbox.html 页面的展现效果如图 5-12 所示。

请选择你喜爱的水果
□苹果
□橘子
□芒果

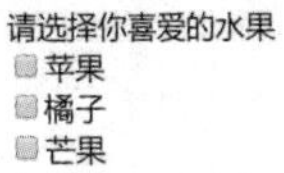

图 5-12　checkbox.html 页面效果

通过 checkbox.html 页面的 HTML 代码可以看到 3 个复选框的标签都是<input>标签。

案例要求：设计 Selenium 脚本，实现同时选中 3 种水果的复选框。

代码如下：

```
from selenium import webdriver
from time import sleep

driver = webdriver.Firefox()
#checkbox.html 的路径要根据自己的实际情况调整
driver.get("file:///D:/checkbox.html")

inputs = driver.find_elements_by_tag_name("input")

for i in inputs:
    # 通过看源代码，使用 type 或 name 均可，因为三种水果这 3 个元素的 type 和 name 属性
均相同
    if i.get_attribute("type") == "checkbox":
    # if i.get_attribute("name") == "fruit":
        i.click()
        sleep(3)
driver.quit()
```

通过上面的代码可以看到，通过 find_elements_by_tag_name 方法定位了所有标签为<input>的元素。

5.3.5 link 定位

find_element_by_link_text 方法是通过文本链接来定位元素。以 Bing 首页中顶部的“学术”链接为例，如图 5-13 所示。

图 5-13　checkbox.html 页面效果

查看对应的 HTML 代码，如图 5-14 所示。从 HTML 中代码能看出这是一个 a 标签具有 href 属性的链接，所以我们使用 link 定位来操作“学术”链接，如图 5-13 所示。

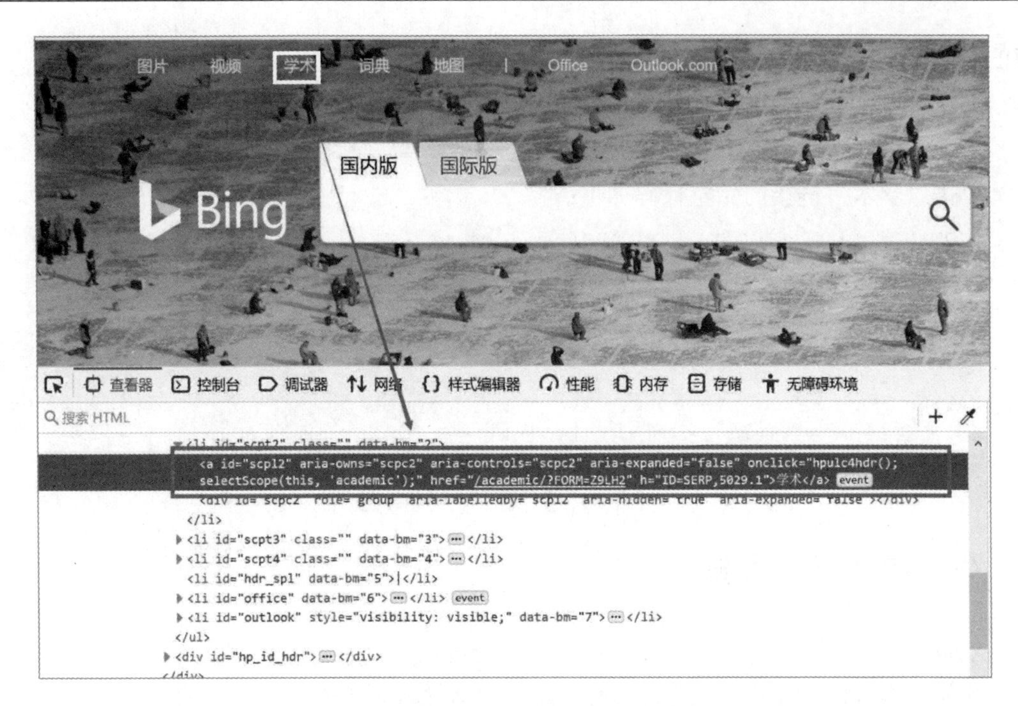

图 5-14　checkbox.html 页面的 HTML 代码

对应的 HTML 代码如下：

```
<a id="scpl2" aria-owns="scpc2" aria-controls="scpc2" aria-expanded="false"
onclick="hpulc4hdr();selectScope(this, 'academic');" href="/academic/
?FORM=Z9LH2" h="ID=SERP,5029.1">学术</a>
```

通过 find_element_by_link_text 方法操作“学术”元素链接的代码为：

```
find_element_by_link_text("学术").click()
```

单击“学术”链接的完整代码如下：

```
from selenium import webdriver
from time import sleep

driver = webdriver.Firefox()
driver.get("http://cn.bing.com/")
#通过 link 定位
driver.find_element_by_link_text("学术").click()

sleep(3)
driver.quit()
```

5.3.6　partial_link_text 定位

find_element_by_partial_link_text 方法是通过文本链接的一部分文本来定位元素的。这就相当于平常我们说的包含，不需要输入全部内容，输入一部分即可。以 Bing 首页中顶部的“学术”链接为例。

通过 find_element_by_partial_link_text 方法操作“学术”元素链接的代码为：

```
find_element_by_partial_link_text ("学").click()
```

单击“学术”链接的完整代码如下：

```
from selenium import webdriver
from time import sleep

driver = webdriver.Firefox()
driver.get("http://cn.bing.com/")

# 通过 partial_link_text 定位
driver.find_element_by_partial_link_text("学").click()
sleep(3)
driver.quit()
```

5.3.7 XPath 定位元素

XPath 即为 XML 路径语言（XML Path Language），它是一种用来确定 XML 文档中某部分位置的语言。通俗一点讲就是通过元素的路径来查找到这个元素的，相当于通过定位一个对象的坐标来找到这个对象。

Selenium WebDriver 支持使用 XPath 表达式来定位元素。当发现通过 ID、name 或 class 属性值无法定位元素时，可以尝试使用 XPath 的方式。通过 XPath 可以灵活地应用绝对或相对路径来定位元素。

1．通过绝对路径定位

XPath 表达式表示从 HTML 代码的最外层逐层查找，最后定位到按钮节点。如果这样不好理解，可以举个生活中的例子，比如你的户口所在地是×省×市×区×号，对于不熟悉你的人来说，通过这个地方就可以查找到你。

仍以 Bing 首页为例。借助 Firefox 浏览器的前端工具 Developer Tools 工具，从最顶层<html>-><body>->… …-><input>标签，拼接对应元素的绝对路径，如图 5-15 所示。

find_element_by_xpath 方法使用 XPath 来定位元素。XPath 主要用标签名的层级来定位元素的绝对路径，其中最外层是 html，然后在 body 内一级一级往下查找想找的元素。如果某个层级有多个相同的标签，就按前后顺序确定是第几个，例如 input[1]表示当前层级的第 1 个 input 标签。

借助 Firefox 浏览器的前端工具 Developer Tools 工具，可以拼接出输入框与搜索按钮两个元素的绝对路径。

- 搜索框：/html/body/table/tbody/tr/td/div/div[2]/div[3]/form/div/input[1]；
- 搜索按钮：/html/body/table/tbody/tr/td/div/div[2]/div[3]/form/div/div[1]/input。

图 5-15　checkbox.html 页面效果

操作 Bing 搜索页的步骤如下：

（1）通过 XPath 找到搜索框与搜索按钮元素。

（2）通过键盘输入检索的关键字。

（3）用鼠标单击搜索按钮。

（4）提交搜索请求。

Selenium 的完整代码如下：

```
from selenium import webdriver
from time import sleep

driver = webdriver.Firefox()
driver.get("http://cn.bing.com/")

driver.find_element_by_xpath("/html/body/table/tbody/tr/td/div/div[2]/d
iv[3]/form/div/input[1]").send_keys("bella")        #搜索框
driver.find_element_by_xpath("/html/body/table/tbody/tr/td/div/div[2]/d
iv[3]/form/div/div[1]/input").click()               #搜索按钮

sleep(3)
driver.quit()
```

借助 Chrome 浏览器的开发者工具能够快速地获得对应元素 XPath 的绝对路径。

在 Chrome 浏览器中打开 Bing。在 Chrome 菜单中选择“更多工具”|“开发者工具”命令（通过 F12 键可以调用）。

通过选择器，选中某元素（如搜索框元素）并右击，选择 Copy|Copy full XPath 命令。就将该元素 XPath（搜索框元素）的绝对路径复制下来，然后粘贴到代码中使用即可（/html/body/table/tbody/tr/td/div/div[2]/div[3]/form/div/input[1]），如图 5-16 所示。

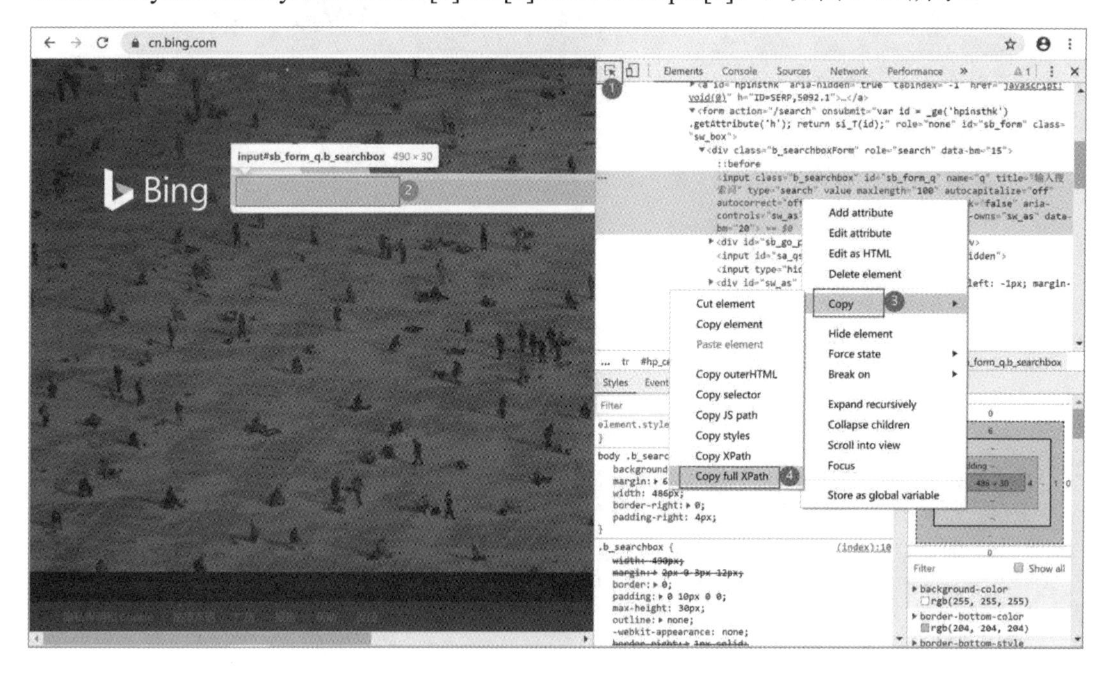

图 5-16　复制 XPath

注：通过 XPath 定位元素的过程中，不要过度依赖使用 Firefox 的开发者工具， Seleium 也是支持 Chrome 浏览器的。要很好地借助 Firefox 浏览器与 Chrome 浏览器两者的开发者工具，综合应用两款浏览器的前端开发者工具来获得某元素的 XPath。为了避免人工输入路径有可能引发的错误，尽量不要自己手动输入绝对路径。

2．通过元素属性定位

XPath 定位元素除了使用绝对路径外，也可以使用元素的某个属性值来定位。下面同样以 Bing 首页为例。

XPath 通过元素的某个属性值来定位元素，就无须手动输入了，可以借助 Firefox 浏览器与 Chrome 浏览器两者的开发者工具来完成。

借助 Firefox 浏览器开发者工具获得搜索框元素 XPath 的值。在 Firefox Developer Tools

中选中搜索框元素，然后右击该元素的代码区域，选择“复制”|“XPath”命令，就可以得到该元素的某个属性值的 XPath 值（//*[@id="sb_form_q"]），如图 5-17 所示。

图 5-17　复制 XPath

同理可以获得搜索按钮元素某个属性值的 XPath（//*[@id="sb_form_go"]）。这里//表示当前页面某个目录下，*表示匹配所有标签，[@id="sb_form_go"]与[@id="sb_form_q"]表示对应元素（搜索框元素与搜索按钮元素）的 ID 属性值是"sb_form_go"与"sb_form_q"。

通过元素某个属性定位元素的 XPath 的完整代码如下：

```
from selenium import webdriver
from time import sleep

driver = webdriver.Firefox()
driver.get("http://cn.bing.com/")

#简化的 XPath 路径
driver.find_element_by_xpath("//*[@id='sb_form_q']").send_keys("bella")
driver.find_element_by_xpath("//*[@id='sb_form_go']").click()

sleep(3)
driver.quit()
```

通过 Chrome 浏览器的开发者工具，获得元素的某个属性的 XPath 的操作如图 5-18 所示。

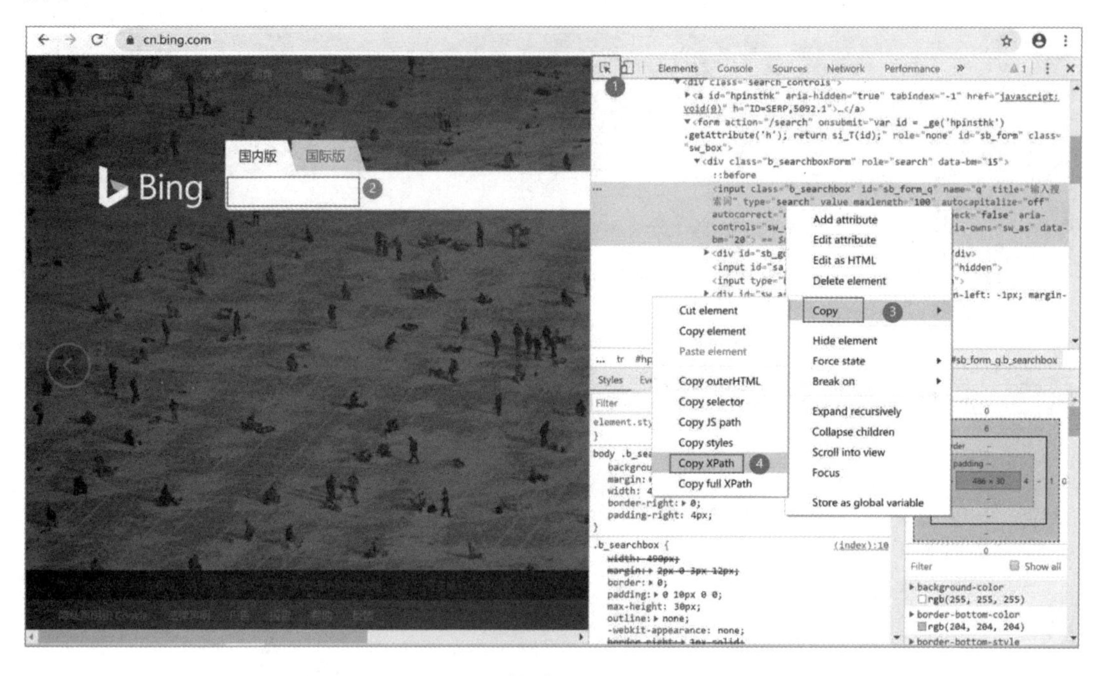

图 5-18　复制 XPath 的操作

XPath 可通过元素的属性来定位该元素，但 XPath 定位不仅仅局限于 ID，也可以通过元素的其他属性值来实现，如 name 和 class 等。

搜素框元素的 HTML 代码如下：

```
<input class="b_searchbox" id="sb_form_q" name="q" title="输入搜索词" type=
"search" value="" maxlength="100" autocapitalize="off" autocorrect="off"
autocomplete="off" spellcheck="false" aria-controls="sw_as" aria-autocomplete=
"both" aria-owns="sw_as">
```

搜索按钮元素的 HTML 代码如下：

```
<input type="submit" class="b_searchboxSubmit" id="sb_form_go" tabindex=
"0" name="go">
```

此时就需要手动输入通过两个元素的 name 和 class 属性实现的 XPath 定位。下面分别通过 name 与 class 属性值来定位。

通过元素的 name 属性定位元素的完整代码如下：

```
from selenium import webdriver
from time import sleep

driver = webdriver.Firefox()
driver.get("http://cn.bing.com/")
```

```
# 利用元素属性定位--name
driver.find_element_by_xpath("//input[@name='q']").send_keys("bella")
driver.find_element_by_xpath("//input[@name='go']").click()

sleep(3)
driver.quit()
```

这里//表示当前页面某个目录下，input 表示匹配 input 标签的元素，[@name='q']与[@name='go']表示对应元素（搜索框元素与搜索按钮元素）的 name 属性值是"q"与"go"。

通过元素的 class 属性定位元素的完整代码如下：

```
from selenium import webdriver
from time import sleep

driver = webdriver.Firefox()
driver.get("http://cn.bing.com/")

# 利用元素属性定位--class
driver.find_element_by_xpath("//input[@class='b_searchbox']").send_keys
("bella")
driver.find_element_by_xpath("//input[@class='b_searchboxSubmit']").cli
ck()

sleep(3)
driver.quit()
```

前面实现了几个 XPath 定位元素的案例，XPath 与元素的不同属性结合有多种形式，表 5-1 中列举了其中的一部分供读者参考。

表 5-1　XPath定位元素语法示例

//a[1]	第一个a标签
//input[@class='b_searchbox']	class为'b_searchbox'的input元素
//form[input/@name='q']	定位form，有一个子元素是input框，这个input的name为q
//form[@id='sb_form_q']/input[1]	定位某个form下的第一个input，该form的ID为sb_form_q
//input[@id='sb_form_q' and @name='q']	定位一个input框，其ID为sb_form_q，name 为q
/html/body/input[1]	绝对路径

3. 层级与属性结合定位

如果被定义的元素无法通过自身属性来唯一标识，此时可以考虑借助上级元素来定位。举个生活中的例子，一个婴儿刚出生，还没有姓名与身份证号，此时给婴儿进行检查时往往会标注为“某某之女”。因为婴儿的母亲是确定的，找到母亲也就找到了婴儿。XPath 的层级与属性结合定位的原理就是如此。

假设 Bing 页面的搜索框与搜索按钮元素无法通过自身属性来定位，则可以借助其上一级（父对象）元素来定位，前端代码如图 5-19 所示。

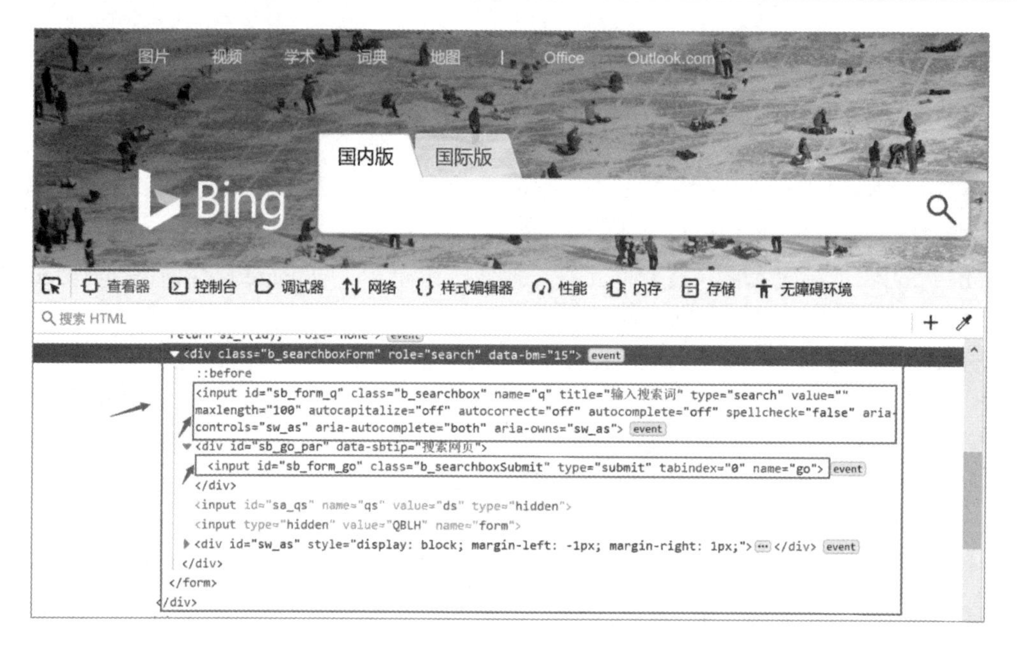

图 5-19　Bing 页面代码

搜索框元素的上一级是一个 div 标签，该 div 标签的 class 属性是 b_searchboxForm，HTML 代码如下：

```
<div class="b_searchboxForm" role="search" data-bm="15">
......
......
</div>
```

通过元素之间的层级关系与属性结合的方法定位搜索框元素的实现方式如下：

```
find_element_by_xpath("//div[@class='b_searchboxForm']/input")
```

搜索按钮元素的上一级也是一个 div 标签，该 div 标签的 ID 属性等于 sb_go_par，该 div 的 HTML 代码如下：

```
<div id="sb_go_par" data-sbtip="搜索网页">
<input type="submit" class="b_searchboxSubmit" id="sb_form_go" tabindex=
"0" name="go">
</div>
```

通过元素之间的层级关系与属性结合的方法，定位搜索按钮元素的实现方式如下：

```
find_element_by_xpath("//div[@id='sb_go_par']/input")
```

XPath 通过层级与属性结合定位元素的完整代码如下：

```
from selenium import webdriver
from time import sleep

driver = webdriver.Firefox()
driver.get("http://cn.bing.com/")
```

```
# 通过层级与属性结合，定位元素
# 适用于某个元素其本身无法标识自己，需要通过其上一级元素来标识
driver.find_element_by_xpath("//div[@class='b_searchboxForm']/input").s
end_keys("bella")
driver.find_element_by_xpath("//div[@id='sb_go_par']/input").click()

sleep(1)
driver.quit()
```

4. 多属性结合定位

假设某元素无法通过单一属性定位，如果该元素还有其他属性，考虑多个属性的组合来定位该元素。举个生活中的例子，假如你所在的项目小组中有两个同事都叫王强，而他们的工号不同，则姓名+工号就能够唯一地标记具体是哪个同事。

假设 Bing 页面的搜索框与搜索按钮元素无法通过单个属性来定位，则可以多个属性结合来实现定位。

搜索框元素的 HTML 代码如下：

```
<input class="b_searchbox" id="sb_form_q" name="q" title="输入搜索词" type=
"search" value="" maxlength="100" autocapitalize="off" autocorrect="off"
autocomplete="off" spellcheck="false" aria-controls="sw_as" aria-autocomplete=
"both" aria-owns="sw_as">
```

搜索按钮元素的 HTML 代码如下：

```
<input type="submit" class="b_searchboxSubmit" id="sb_form_go" tabindex=
"0" name="go">
```

通过多属性结合定位元素时，需要通过 and 连接多个属性。例如：

```
find_element_by_xpath("//input[@id='sb_form_q' and @class='b_searchbox'] ")
find_element_by_xpath("//input[@id='sb_form_go' and @class='b_searchbox
Submit']")
```

XPath 通过多属性结合定位元素的完整代码如下：

```
from selenium import webdriver
from time import sleep

driver = webdriver.Firefox()
driver.get("http://cn.bing.com/")

# 如果一个属性不能唯一标识某个元素，考虑多个属性组合+使用逻辑运算符
driver.find_element_by_xpath("//input[@id='sb_form_q' and @class='b_
searchbox'] ").send_keys("bella")
driver.find_element_by_xpath("//input[@id='sb_form_go' and @class='b_
searchboxSubmit']").click()

sleep(3)
driver.quit()
```

5.3.8 CSS 定位元素

CSS 指层叠样式表（Cascading Style Sheets），是一种用来表现 HTML 或 XML 等文件样式的计算机语言，能够灵活地为页面提供丰富样式的风格。

CSS 使用选择器为页面元素绑定属性（如 ID、class 等），这些选择器可以被 Selenium 用来进行定位元素。CSS 可以较为灵活地选择控件的任意属性，其定位元素的速度比 XPath 快。

CSS 定位是通过 find_element_by_css_selector 方法实现的，常见的语法格式如表 5-2 所示。

表 5-2 CSS选择器的常见语法格式

选 择 器	例 子	例 子 描 述
.class	.intro	选择class="intro"的所有元素
#id	#firstname	选择id="firstname"的所有元素
*	*	选择所有元素
element	p	选择所有<p>元素
element,element	div,p	选择所有<div>元素和所有<p>元素
element element	div p	选择<div>元素内部的所有<p>元素
element>element	div>p	选择父元素为<div>元素的所有<p>元素

详细的 CSS 选择器语法格式可参考附录。下面仍然以 Bing 搜索页为例介绍 CSS 定位的用法。

要操作 Bing 搜索页的步骤如下：

（1）通过 CSS 找到搜索框与搜索按钮元素。

（2）通过键盘输入检索的关键字。

（3）用鼠标单击搜索按钮。

（4）提交搜索请求。

搜素框元素的 HTML 代码如下：

```
<input class="b_searchbox" id="sb_form_q" name="q" title="输入搜索词" type=
"search" value="" maxlength="100" autocapitalize="off" autocorrect="off"
autocomplete="off" spellcheck="false" aria-controls="sw_as" aria-autocomplete=
"both" aria-owns="sw_as">
```

“搜索”按钮元素的 HTML 代码如下：

```
<input type="submit" class="b_searchboxSubmit" id="sb_form_go" tabindex=
"0" name="go">
```

1. 通过ID定位

通过元素的 ID，find_element_by_css_selector()方法实现的源码如下：

```
from selenium import webdriver
from time import sleep

driver = webdriver.Firefox()
driver.get("http://cn.bing.com/")

driver.find_element_by_css_selector("#sb_form_q").send_keys("bella")
driver.find_element_by_css_selector("#sb_form_go").click()

sleep(3)
driver.quit()
```

2. 通过class定位

通过元素的 class 属性，find_element_by_css_selector()方法实现的源码如下：

```
from selenium import webdriver
from time import sleep

driver = webdriver.Firefox()
driver.get("http://cn.bing.com/")

# 通过 css - class 定位
driver.find_element_by_css_selector(".b_searchbox").send_keys("bella")
driver.find_element_by_css_selector(".b_searchboxSubmit").click()

sleep(1)
driver.quit()
```

3. 通过name定位

借助 name 属性，通过 find_element_by_css_selector()方法实现的源码如下：

```
from selenium import webdriver
from time import sleep

driver = webdriver.Firefox()
driver.get("http://cn.bing.com/")

# 通过 css-属性定位
driver.find_element_by_css_selector("[name='q']").send_keys("bella")
driver.find_element_by_css_selector("[name='go']").click()

sleep(1)
driver.quit()
```

4. CSS层级定位

类似 XPath 的层级定位，CSS 也可以通过层级（父元素）实现元素的定位。搜索框元素的上一级是一个 div 标签，该 div 标签的 class 属性等于 b_searchboxForm，HTML 代码如下：

```
<div class="b_searchboxForm" role="search" data-bm="15">
......
......
</div>
```

搜索按钮元素的上一级也是一个 div 标签，该 div 标签的 ID 属性等于 sb_go_par，该 div 的 HTML 代码如下：

```
<div id="sb_go_par" data-sbtip="搜索网页">。
<input type="submit" class="b_searchboxSubmit" id="sb_form_go" tabindex=
"0" name="go">
</div>
```

搜素框元素与父元素（class 等于 b_searchboxForm）的结合，格式如下：

```
find_element_by_css_selector("div.b_searchboxForm>input#sb_form_q")
```

搜索按钮元素与父元素（id 等于 sb_go_par）的结合，格式如下：

```
find_element_by_css_selector("div#sb_go_par>input.b_searchboxSubmit")
```

可以看到父元素与子元素是通过 > 连接起来的。通过 CSS 层级定位，find_element_by_css_selector()方法实现的源码如下：

```
from selenium import webdriver
from time import sleep

driver = webdriver.Firefox()
driver.get("http://cn.bing.com/")

# 通过 CSS 层级定位
# 输入框为 ID，搜索按钮为 class
driver.find_element_by_css_selector("div.b_searchboxForm>input#sb_form_
q").send_keys("bella")
driver.find_element_by_css_selector("div#sb_go_par>input.b_searchboxSub
mit").click()

sleep(1)
driver.quit()
```

可以通过 Firefox 浏览器自带的 Firefox Developer Tools 工具快速生成 CSS 语法，生成的操作方法与 XPath 相同，如图 5-20 所示。

选择“CSS 选择器”命令，即可复制搜素框元素的 CSS 语法（#sb_form_q），这样可以快速地获取某元素的 CSS 语法。

选择“CSS 路径”命令，可获取搜素框元素的 CSS 路径（类似 XPath 绝对路径），如图 5-21 所示。

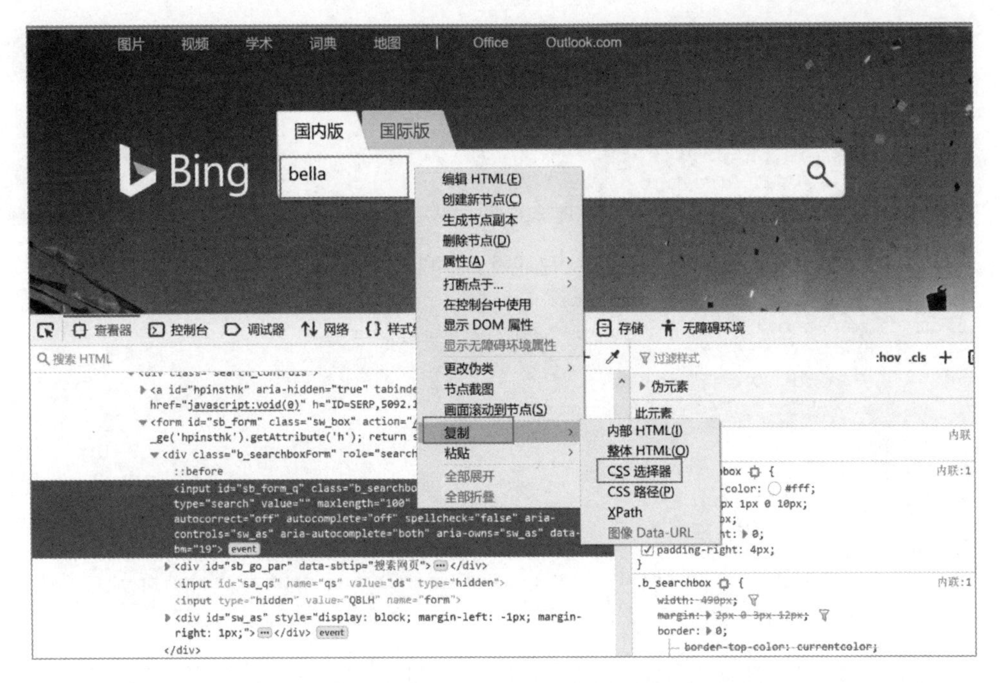

图 5-20　复制 CSS 选择器

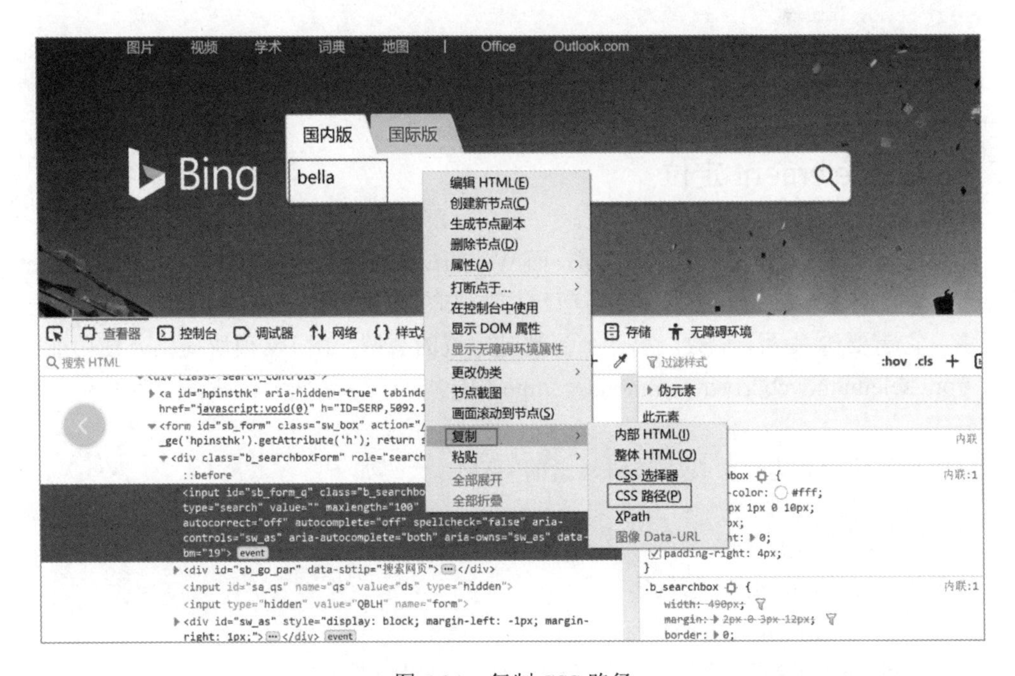

图 5-21　复制 CSS 路径

搜素框元素的 CSS 路径如下：

```
html body.zhs.zh-CN.ltr table#hp_table tbody tr td#hp_cellCenter.hp_hd
```

```
div#hp_container div#sbox.sw_sform div.search_controls form#sb_form.sw_
box div.b_searchboxForm input#sb_form_q.b_searchbox
```

搜索按钮元素的 CSS 路径如下：

```
html body.zhs.zh-CN.ltr table#hp_table tbody tr td#hp_cellCenter.hp_hd
div#hp_container div#sbox.sw_sform div.search_controls form#sb_form.sw_
box div.b_searchboxForm div#sb_go_par input#sb_form_go.b_searchboxSubmit
```

通过 CSS 绝对路径，find_element_by_css_selector()方法实现的源码如下：

```
from selenium import webdriver
from time import sleep

driver = webdriver.Firefox()
driver.get("http://cn.bing.com/")

# 通过 CSS 层级
# 通过完成 CSS 路径来定位
driver.find_element_by_css_selector("html body.zhs.zh-CN table#hp_table
tbody tr td#hp_cellCenter.hp_hd div#hp_container div#sbox.sw_sform
div.search_controls form#sb_form.sw_box div.b_searchboxForm input#sb_form_
q.b_searchbox").send_keys("bella")

driver.find_element_by_css_selector("html body.zhs.zh-CN table#hp_table
tbody tr td#hp_cellCenter.hp_hd div#hp_container div#sbox.sw_sform div.
search_controls form#sb_form.sw_box div.b_searchboxForm input#sb_form_go.b_
searchboxSubmit").click()

sleep(3)
driver.quit()
```

5.3.9 find_element 定位

前面我们介绍了 8 种定位元素的方法。而 WebDriver 还提供了另一种方法 find_element()，其通过 By 来申明定位的方法，传入对应定位方法的定位参数。find_element()方法用于定位元素，它需要传入两个参数，第一个参数是定位的类型，由 By 模块提供（使用前需要通过 from selenium.webdriver.common.by import By 导入 By 模块），第二个参数是具体定位的方式。

以搜索按钮元素为例，搜索按钮元素的 HTML 代码如下：

```
<input type="submit" class="b_searchboxSubmit" id="sb_form_go" tabindex=
"0" name="go">
```

对应的 find_element()方法具体如下：

- find_element(By.ID, "sb_form_go");
- find_element(By.CLASS_NAME,"b_searchboxSubmit");
- find_element(By.NAME,"go");
- find_element(By.CSS_SELECTOR,".b_searchboxSubmit");

- find_element(By.XPATH,"//*[@id='sb_form_go']")；
- find_element(By.LINK_TEXT,"****")，由于搜索框元素没有 Link text，所以对应属性值用****替代；
- find_element(By.PARTIAL_LINK_TEXT,"****")；
- find_element(By.TAG_NAME,"****")。

以 Bing 搜索场景为例，步骤如下：

（1）找到搜索框与搜索按钮元素。

（2）在搜索框中输入 bella 关键字。

（3）用鼠标单击搜索按钮。

（4）提交搜索请求。

通过 By.ID 实现 Bing 搜索场景要求的完整代码如下：

```
from selenium import webdriver
from time import sleep
from selenium.webdriver.common.by import By

driver = webdriver.Firefox()
driver.get("http://cn.bing.com/")

driver.find_element(By.ID,value="sb_form_q").send_keys("bella")
driver.find_element(By.ID,value="sb_form_go").click()

sleep(1)
driver.quit()
```

通过 By.NAME 实现 Bing 搜索场景要求的完整代码如下：

```
from selenium import webdriver
from time import sleep
from selenium.webdriver.common.by import By

driver = webdriver.Firefox()
driver.get("http://cn.bing.com/")

driver.find_element(By.NAME,"q").send_keys("bella")
driver.find_element(By.NAME,"go").click()

sleep(1)
driver.quit()
```

通过 By.CLASS_NAME 实现 Bing 搜索场景要求的完整代码如下：

```
from selenium import webdriver
from time import sleep
from selenium.webdriver.common.by import By

driver = webdriver.Firefox()
driver.get("http://cn.bing.com/")

driver.find_element(By.CLASS_NAME,value="b_searchbox").send_keys("bella")
driver.find_element(By.CLASS_NAME,value="b_searchboxSubmit").click()
```

```
sleep(1)
driver.quit()
```

通过 By.XPATH 实现 Bing 搜索场景要求的完整代码如下：

```
from selenium import webdriver
from time import sleep
from selenium.webdriver.common.by import By

driver = webdriver.Firefox()
driver.get("http://cn.bing.com/")

driver.find_element(By.XPATH,"//*[@id='sb_form_q']").send_keys("bella")
driver.find_element(By.XPATH,"//*[@id='sb_form_go']").click()

sleep(1)
driver.quit()
```

通过 By.CSS_SELECTOR 实现 Bing 搜索场景要求的完整代码如下：

```
from selenium import webdriver
from time import sleep
from selenium.webdriver.common.by import By

driver = webdriver.Firefox()
driver.get("http://cn.bing.com/")

driver.find_element(By.CSS_SELECTOR,".b_searchbox").send_keys("bella")
driver.find_element(By.CSS_SELECTOR,".b_searchboxSubmit").click()

sleep(1)
driver.quit()
```

第 6 章　WebDriver API 剖析

前面章节介绍的元素定位部分也属于 WebDriver API。Web 测试过程中除了页面中各类视觉元素的定位外，还需要对这些元素或其他部分进行操作，才能实现满足自动化测试场景的需要，如浏览器的操作、复选框和下拉列表框的操作等。

本章讲解的主要内容有：

- 浏览器的操作；
- 窗体和下拉列表框的操作等；
- JS 脚本和文件的操作等。

6.1　操作浏览器的基本方法

WebDriver 也提供了一些操作浏览器的方法，例如浏览器的最大化、大小控制和前进与后退等。

6.1.1　浏览器的大小控制

很多时候我们希望打开浏览器后，它能够全屏显示，也就是浏览器最大化。WebDriver 提供了 maximize_window()方法来将浏览器最大化。代码如下：

```
from selenium import webdriver
from time import sleep

driver = webdriver.Firefox()
driver.get("http://cn.bing.com/")

driver.maximize_window()
sleep(1)
driver.quit()
```

运行代码打开浏览器之后往往默认就是最大化显示，看不到 maximize_window()方法的效果。有时希望打开浏览器后在指定的尺寸下运行，如 800×600，WebDriver 提供了 set_window_size()方法来控制浏览器的大小。代码如下：

```
from selenium import webdriver
from time import sleep
```

```
driver = webdriver.Firefox()
driver.get("http://cn.bing.com/")

sleep(1)
# 使用 set_window_size()方法控制浏览器的大小
driver.set_window_size(800,600)
sleep(1)
# 使用 maximize_window()方法使浏览器全屏
driver.maximize_window()
sleep(1)
driver.quit()
```

运行代码，浏览器默认打开时为最大化显示，然后通过 set_window_size()方法使其变为 800×600 的尺寸显示，之后通过 maximize_window()方法使其又变为最大化显示。

6.1.2 浏览器的前进与后退

在通过浏览器访问网页时，有时会借助浏览器的前进与后退按钮查看浏览历史，如图 6-1 所示。WebDriver 提供了 forward()与 back()方法来控制浏览器的前进与后退。

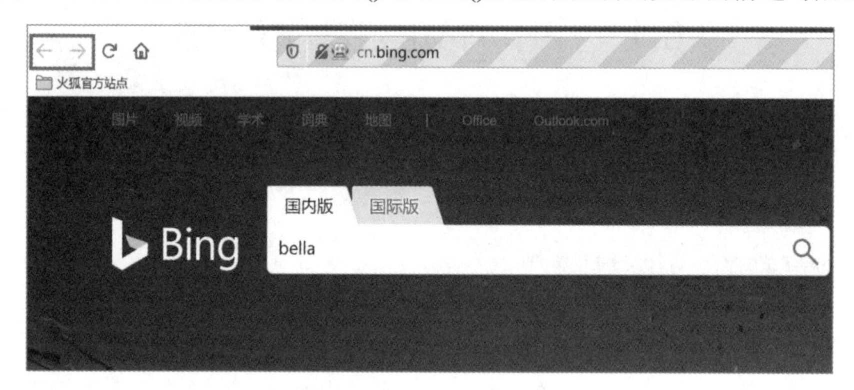

图 6-1　Bing 首页

控制浏览器前进与后退的代码如下：

```
from selenium import webdriver
from time import sleep

driver = webdriver.Firefox()
driver.get("http://cn.bing.com/")

# back()和 forward()
sleep(3)
print("访问学术页")
second_url = "http://cn.bing.com/academic/?FORM=Z9LH2"
print("send page is %s" %(second_url))
driver.get(second_url)
```

```
sleep(1)
print("返回到 Bing 首页")
driver.back()

sleep(1)
print("再前进到学术页")
driver.forward()

sleep(1)
driver.quit()
```

以上代码通过单击 Bing 首页的“学术”超级链接，然后单击后退按钮，再单击前进按钮来控制浏览器的前进（forward()方法）与后退（back()方法），并且通过 print()方法在控制台窗口查看程序的运行的情况，如图 6-2 所示。

```
访问学术页
send page is http://cn.bing.com/academic/?FORM=Z9LH2
返回到Bing首页
再前进到学术页
```

图 6-2　查看程序的运行情况

6.1.3　页面刷新

日常访问页面时，常常用到刷新（F5）功能来刷新页面。WebDriver 提供了 refresh()方法来刷新页面，代码如下：

```
from selenium import webdriver
from time import sleep

driver = webdriver.Firefox()
driver.get("http://cn.bing.com/")
sleep(2)
driver.refresh()

sleep(2)
driver.quit()
```

6.1.4　获取页面 URL 地址与标题

WebDriver 提供的 current_url 与 title 可以获取当前页面的 URL 地址与标题，这样在实际测试过程中，可以帮助我们校验实际结果是否与期望结果一致。

例如，图 6-3 中“学术”页面的 title 为“Bing 学术”，下面的代码就是通过获取页面的 title 来校验与期望的 title 是否一致，从而进一步判断测试结果。

```
from selenium import webdriver
from time import sleep
```

```
driver = webdriver.Firefox()
driver.get("http://cn.bing.com/")

print("==========The first page ============")
# 打印Bing首页的title
First_Title = driver.title
First_Url = driver.current_url
print("The first page Tilte is: %s" % First_Title)
print("The first page Url is: %s" % First_Url)

print("==========The target page ============")
driver.find_element_by_xpath("//a[@id='scpl2']").click()
# 输出“学术”页的title
sleep(2)
Second_Title = driver.title
Second_Url = driver.current_url
print("The second page tilte is: %s" % Second_Title)
print("The first page Url is: %s" % First_Url)

Expect_Title = "Bing 学术"
if Second_Title == Expect_Title:
   print(True)
else:
   print(False)

driver.quit()
```

图 6-3　学术页面的 title

运行代码后，由于期望结果（Expect_Title）与实际“学术”页面的 title 相同，因此输出结果为 True。

6.1.5　获取浏览器类型

Selenium 实现的自动化测试脚本，在实际过程中常常会与 CI 平台进行集成。当自动化测试程序运行失败时，如果通过测试结果知道自动化程序是在哪种类型的浏览器上运行失败的，则为我们排查问题提供了一个方向。

WebDriver 提供 name 来获取浏览器的类型，具体代码如下：

```
from selenium import webdriver
from time import sleep

driver = webdriver.Firefox()
driver.get("http://cn.bing.com/")

#输出浏览器的类型
Browser_Name = driver.name
print("The Browser is: %s" % Browser_Name)

driver.quit()
```

运行代码后，输出的结果为 Firefox。

6.1.6　关闭当前窗口与退出浏览器

WebDriver 提供了 close()与 quit()方法用来关闭窗口与浏览器。

- driver.close()：关闭当前窗口；
- driver.quit()：退出浏览器，即关闭所有窗口。

以 Sahi 官网为例，当访问 http://sahitest.com/demo/index.htm 网址时，页面如图 6-4 所示，单击 Window Open Test 链接会打开一个新的页面。当代码运行 close()方法时，关闭当前窗口，而另一个窗口还处于打开状态。代码如下：

```
from selenium import webdriver
from time import sleep

driver = webdriver.Firefox()
driver.get("http://sahitest.com/demo/index.htm")

sleep(1)
# 单击Window Open Test链接进入http://sahitest.com/demo/framesTest.htm
driver.find_element_by_xpath("/html/body/table/tbody/tr/td[1]/a[8]").cl
ick()
sleep(2)
driver.close()                                        #关闭当前窗口
```

driver.quit()则是关闭所有窗口，也就是退出浏览器。代码如下：

```
from selenium import webdriver
from time import sleep

driver = webdriver.Firefox()
driver.get("http://sahitest.com/demo/index.htm")

sleep(1)
# 单击 Window Open Test 链接进入 http://sahitest.com/demo/framesTest.htm
driver.find_element_by_xpath("/html/body/table/tbody/tr/td[1]/a[8]").cl
ick()
sleep(2)

driver.quit()                                   #关闭所有窗口（退出浏览器）
```

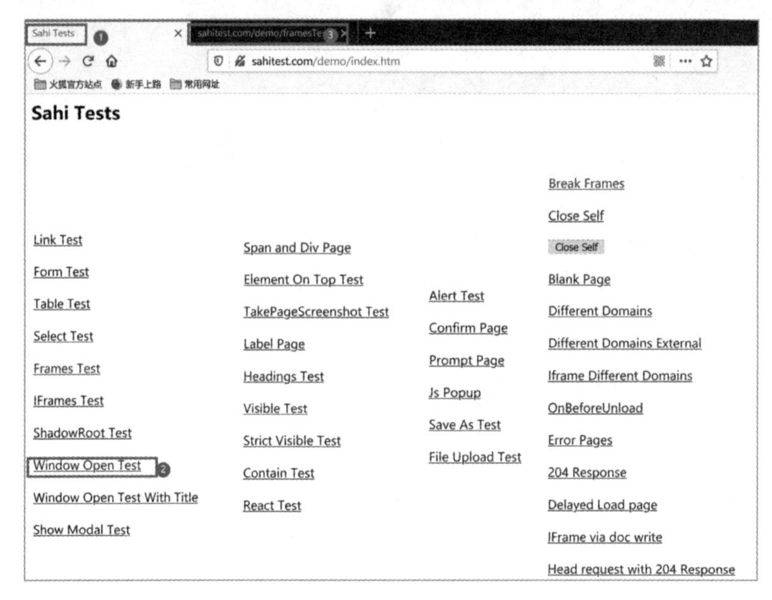

图 6-4　Sahi 网站

6.2　元素的操作方法

在前面章节的代码中，其实我们已经接触到了元素的操作方法，如 click()与 send_keys()方法。click()方法用于单击元素，如：

```
driver.find_element_by_xpath("//*[@id='sb_form_go']").click()
```

send_keys()方法用于模拟在元素上输入内容，如：

```
driver.find_element_by_xpath("//*[@id='sb_form_q']").send_keys("bella")
```

本节一起来看看元素的操作方法还有哪些。

6.2.1　清除元素的内容

clear()方法用于清除元素中已有的内容。代码如下：

```
from selenium import webdriver
from time import sleep

driver = webdriver.Firefox()
driver.get("http://cn.bing.com/")

#先赋值 bella
driver.find_element_by_xpath("//input[@id='sb_form_q']").send_keys("bel
la")
sleep(2)
#清空搜索框
driver.find_element_by_xpath("//input[@id='sb_form_q']").clear()

sleep(1)
driver.quit()
```

6.2.2　提交表单

submit()方法用于提交 form 表单内容或者模拟回车操作，有时可替代 click()方法。代码如下：

```
from selenium import webdriver
from time import sleep

driver = webdriver.Firefox()
driver.get("http://cn.bing.com/")

driver.find_element_by_xpath("//input[@id='sb_form_q']").send_keys("bel
la")                                              #先赋值 bella
# driver.find_element_by_xpath("//input[@id='sb_form_go']").click()
driver.find_element_by_xpath("//input[@id='sb_form_go']").submit()
sleep(1)
driver.quit()
```

6.2.3　获取元素的尺寸

size 方法用于获取元素尺寸。例如 Bing 首页的 Bing 图标所在的 div 区域大小为 132×52，如图 6-5 所示。

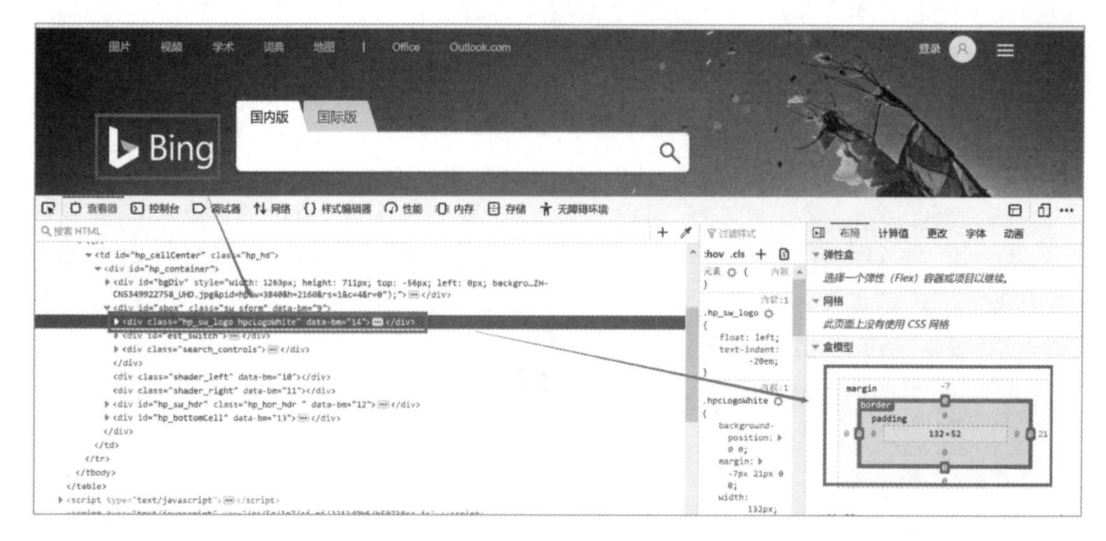

图 6-5　Bing 网站

获得 Bing 图标所在区域大小的代码如下：

```
from selenium import webdriver

driver = webdriver.Firefox()
driver.get("http://cn.bing.com/")

#Bing 首页的 Logo 图
size = driver.find_element_by_xpath("/html/body/table/tbody/tr/td/div/
div[2]/div[1]").size
print(size)

# #方法 2：上面的代码注释掉后，可以去掉方式 2 的注释观察效果
#for key,value in size.items():
#    print(key+':'+str(value))

driver.quit()
```

运行代码，可以在 PyCharm 控制台中得到结果{'height': 52.0, 'width': 132.0}。

6.2.4　获取元素的属性与文本

get_attribute()方法用于获取元素的相关属性。例如 Bing 首页中，搜索框元素的 HTML 代码如下，其中包括该元素的 id、class、name 等属性。

```
<input class="b_searchbox" id="sb_form_q" name="q" title="输入搜索词" type=
"search" value="" maxlength="100" autocapitalize="off" autocorrect="off"
autocomplete="off" spellcheck="false" aria-controls="sw_as" aria-autocomplete=
"both" aria-owns="sw_as" data-bm="20">
```

通过 get_attribute()方法可以获取该元素的 name 属性值，代码如下：

```
from selenium import webdriver

driver = webdriver.Firefox()
driver.get("http://cn.bing.com/")

# 获得搜索框元素的 name 属性值
NameValue = driver.find_element_by_xpath("//input[@id='sb_form_q']").get_
attribute("name")
print(NameValue)
driver.quit()
```

text 方法用于获取元素文本。例如，Bing 首页存在两个 Tab 区域，分别是“国内版”与“国外版”，如图 6-6 所示。

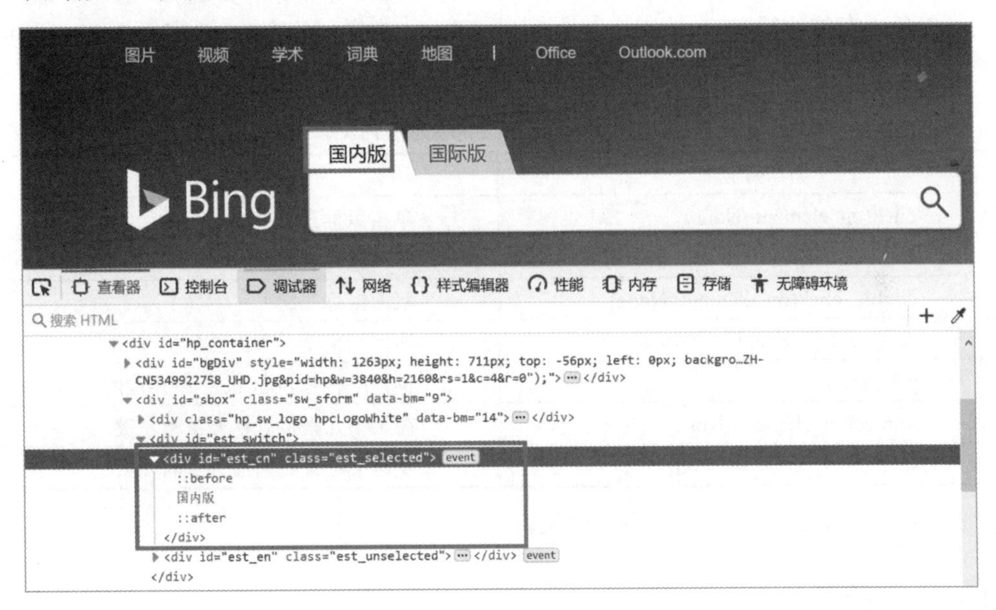

图 6-6　Bing 网站首页

通过 text 方法可获得“国内版”元素的文本信息，代码如下：

```
from selenium import webdriver

driver = webdriver.Firefox()
driver.get("http://cn.bing.com/")

# 获得“国内版”Tab 的 text 方法
TabValue = driver.find_element_by_xpath("//*[@id='est_cn']").text
print(TabValue)

driver.quit()
```

6.3 鼠 标 操 作

在自动化测试工程中，可能会遇到页面中的某个元素，需要把鼠标光标移动到该元素上面才能显示出来。当遇到这种情况时，可借助 ActionChains 类来处理。

在模拟使用鼠标操作时，我们需要先导入 ActionChains 类，代码如下：

```
from selenium.webdriver.common.action_chains import ActionChains
```

ActionChains 用于生成用户的行为，可以模拟鼠标操作，如单击、双击、单击鼠标右键、拖曳等。

所有的行为都存储在 ActionChains 对象中，再通过 perform()方法执行所有 ActionChains 对象中存储的行为。perform()也是 ActionChains 类提供的方法，通常与 ActionChains()配合使用。ActionChains 方法的说明可参考表 6-1。

表 6-1　ActionChains方法列表

方　法	说　明
click(on_element=None)	单击鼠标左键
context_click(on_element=None)	单击鼠标右键
double_click(on_element=None)	双击鼠标左键
drag_and_drop(source, target)	拖曳到某个元素上然后松开
perform()	执行所有ActionChains中存储的行为
release(on_element=None)	在某个元素位置松开鼠标左键
send_keys(*keys_to_send)	发送某个键到当前焦点的元素

更多的 ActionChains 方法请参考附录。

6.3.1 右击操作

context_click()方法是先定位一个元素，然后对定位的元素执行右击。首先我们要先定位一个元素，其次执行需要的操作，最后需要提交操作。

以 Bing 首页为例，在搜索框元素区域进行右击操作，代码如下：

```
from selenium import webdriver
from selenium.webdriver.common.action_chains import ActionChains
from time import sleep

driver = webdriver.Firefox()
driver.get("http://cn.bing.com/")

sleep(1)
right = driver.find_element_by_xpath("//input[@id='sb_form_q']")
```

```
ActionChains(driver).context_click(right).perform()

sleep(1)
driver.quit()
```

6.3.2　双击操作

double_click()方法用于对元素进行操作。以 Bing 首页上的搜索按钮为例，对其发起双击操作，代码如下：

```
from selenium import webdriver
from selenium.webdriver.common.action_chains import ActionChains
from time import sleep

driver = webdriver.Firefox()
driver.get("http://cn.bing.com/")

sleep(1)
#定位要双击的元素
double = driver.find_element_by_xpath("//input[@id='sb_form_go']")
# 对定位的元素执行鼠标双击操作
ActionChains(driver).double_click(double).perform()

sleep(1)
driver.quit()
```

6.3.3　拖动操作

drag_and_drop()方法实现元素拖动的功能，即通过鼠标拖曳某个元素到指定的元素后再松开。以 Bing 首页为例，拖动“学术”链接元素到搜索框元素的位置，如图 6-7 所示。

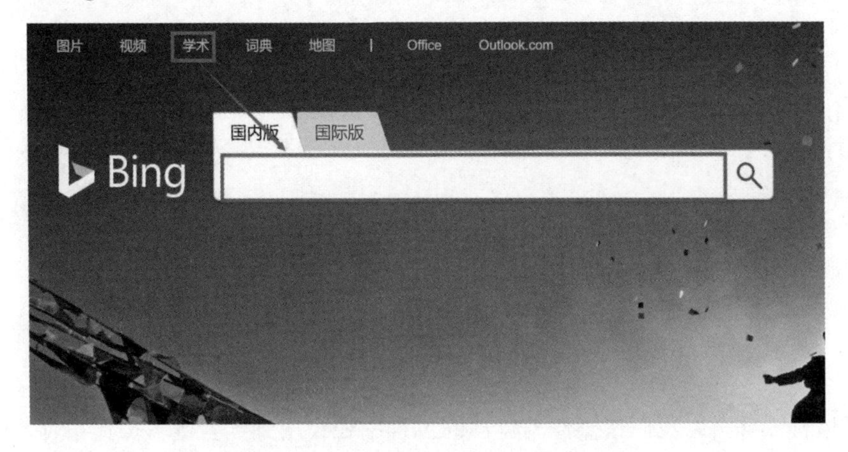

图 6-7　Bing 首页的“学术”链接元素

实现代码如下：

```
from selenium import webdriver
from selenium.webdriver.common.action_chains import ActionChains
from time import sleep

driver = webdriver.Firefox()
driver.get("http://cn.bing.com/")

sleep(1)
# 定位到“学术”元素的原位置
element = driver.find_element_by_xpath("//*[@id='scpl2']")

# 定位到元素要移动到的目标位置，目标是搜索框
target = driver.find_element_by_xpath("//input[@id='sb_form_q']")

# 执行元素的移动操作
ActionChains(driver).drag_and_drop(element, target).perform()

sleep(1)
driver.quit()
```

6.3.4 鼠标指针悬停操作

通过 move_to_element()方法，可以将鼠标指针悬停在一个元素上，从而查看该元素的一些提示信息。例如，将鼠标指针悬停在 Bing 首页的搜索框元素上，实现代码如下：

```
from selenium import webdriver
from selenium.webdriver.common.action_chains import ActionChains
from time import sleep

driver = webdriver.Firefox()
driver.get("http://cn.bing.com/")

sleep(1)
# 搜索框
element = driver.find_element_by_xpath("//input[@id='sb_form_q']")

# 执行鼠标指针悬停操作
ActionChains(driver).move_to_element(element).perform()

sleep(2)
driver.quit()
```

6.4 键盘操作

除了鼠标操作外，我们在操作浏览器的过程中还会用到一些键盘操作事件，例如按键盘回车键、回退键，通过键盘进行复制、粘贴等操作。

Selenium 提供了比较完整的键盘操作，同样的，在模拟键盘操作之前也需要导入 Keys

类，代码如下：

```
from selenium.webdriver.common.keys import Keys
```

Key()类几乎提供了所有按键的方法，如表 6-2 所示。

表 6-2　常用的键盘操作

引用方法	对应键盘
send_keys(Keys.BACK_SPACE)	删除键（BackSpace）
send_keys(Keys.SPACE)	空格键（Space）
send_keys(Keys.TAB)	制表键（Tab）
send_keys(Keys.ESCAPE)	回退键（Esc）
send_keys(Keys.ALTERNATE)	换档键（Alt）
send_keys(Keys.ENTER)	回车键（Enter）
send_keys(Keys.SHIFT)	大小写转换键（Shift）
send_keys(Keys.CONTROL,'a')	全选（Ctrl+A）
send_keys(Keys.CONTROL,'c')	复制（Ctrl+C）
send_keys(Keys.CONTROL,'x')	剪切（Ctrl+X）
send_keys(Keys.CONTROL,'v')	粘贴（Ctrl+V）
send_keys(Keys.F1)	F1键
send_keys(Keys.F12)	F12键
send_keys(Keys.PAGE_UP)	向上翻页键（Page Up）
send_keys(Keys.PAGE_DOWN)	向下翻页键（Page Down）
send_keys(　Keys.LEFT)	向左方向键（Left）
send_keys(　Keys.RIGHT)	向右方向键（Right）

常见的键盘操作实现代码如下：

```
from selenium import webdriver
from time import sleep
from selenium.webdriver.common.keys import Keys

driver = webdriver.Firefox()
driver.get("http://cn.bing.com/")

# 设置当前等待时间为 1s
sleep(1)
# 在搜索框中搜索 Selenium
driver.find_element_by_id("sb_form_q").send_keys("Selenium")
sleep(2)

# 输入删除键
driver.find_element_by_id('sb_form_q').send_keys(Keys.BACK_SPACE)
sleep(2)
```

```
# 在搜索框中输入bella
driver.find_element_by_id("sb_form_q").send_keys('bella')
sleep(2)

# 输入Ctrl+A（全选操作）
driver.find_element_by_id("sb_form_q").send_keys(Keys.CONTROL,'a')
sleep(2)

# 输入Ctrl+X（剪切操作）
driver.find_element_by_id("sb_form_q").send_keys(Keys.CONTROL,'x')
sleep(2)

# 输入Ctrl+V（粘贴操作）
driver.find_element_by_id("sb_form_q").send_keys(Keys.CONTROL,'v')
sleep(2)

# 输入回车键
driver.find_element_by_id("sb_form_q").send_keys(Keys.ENTER)
sleep(2)
driver.close()
```

6.5　定位一组元素

前面我们介绍了 WebDriver 有 8 种定位单个元素的方法，以及与之对应的用于定位一组元素的 8 种方法（参见 5.3 节），本节介绍如何定位一组元素。

1．通过tag name定位一组元素的案例

第 5 章介绍过，可通过 tag name 定位一组元素。我们通过 HTML 语言简单编写了 checkbox.html 文件，代码如下（本书提供的资料里也会提供该案例）：

```
<html>
  <head>
      <title>复选框测试实例</title>
  </head>
  <body>
    请选择你喜爱的水果</br>
      <input type="checkbox" name="fruit" value ="apple" >苹果<br>
      <input type="checkbox" name="fruit" value ="orange">橘子<br>
      <input type="checkbox" name="fruit" value ="mango">芒果<br>
  </body>
</html>
```

checkbox.html 页面的展现效果如图 6-8 所示。

请选择你喜爱的水果
苹果
橘子
芒果

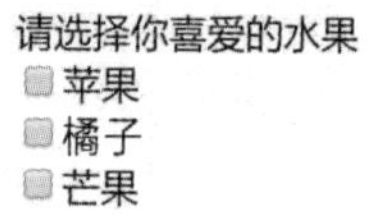

图 6-8　checkbox.html 页面效果

通过 checkbox.html 页面的 HTML 代码可以看到，3 个复选框的标签都是<input>。

案例要求：设计 Selenium 脚本，通过 find_elements_by_

tag_name()方法实现选中 3 种水果的复选框。

案例实现代码如下：

```
#方式 1：通过 find_elements_by_tag_name()方法实现
from selenium import webdriver
from time import sleep

driver = webdriver.Firefox()
#checkbox.html 的路径要根据自己的实际情况调整
driver.get("file:///D:/checkbox.html")

inputs = driver.find_elements_by_tag_name("input")

for i in inputs:
    # 通过看源代码，使用 type 或 name 均可。因为 3 种水果的 3 个元素的 type 和 name 属性
      均相同
    if i.get_attribute("type") == "checkbox":
    # if i.get_attribute("name") == "fruit":
        i.click()
        sleep(3)
driver.quit()
```

通过上面的代码可以看到，通过 find_elements_by_tag_name()方法定位了所有标签为<input>的元素。

此外，还可以通过 find_elements_by_xpath()方法实现该案例要求的操作，代码如下：

```
#方式 2：通过 find_elements_by_xpath()方法实现
from selenium import webdriver
from time import sleep

driver = webdriver.Firefox()
driver.get("file:///D:/checkbox.html")

checkboxes = driver.find_elements_by_xpath("//input[@name='fruit']")

print(len(checkboxes))

for checkbox in checkboxes:
    checkbox.click()
driver.quit()
```

2．层级定位

前面提到了层级定位，层级定位可能在这些情况发生时被用到：

如果被定位的元素无法通过自身属性来唯一标识自己，此时可以考虑借助上级元素来定位自己。举个生活中的例子，一个婴儿刚出生时还没有姓名与身份证号，此时给婴儿进行检查时往往会标注为“某某之女”。因为婴儿的母亲是确定的，找到母亲也就找到了婴儿。XPath 的层级与属性结合定位的原理也是如此。

在定位一组元素时，也可以用层级定位的方法。例如常见的表格、下拉列表框等，都可能用到层级定位。

本节案例的效果如图 6-9 所示。所需要进行的操作如下：

（1）通过层级定位方式获得表格“广东”这个单元格的值。

（2）在“籍贯”下拉列表框中选择“上海”。

省份	城市
广东	浙江
广州	杭州

籍贯 上海

图 6-9　案例效果图

案例的 HTML 源码如下：

```
<html>
    <head>
        <title>表格&下拉列表框</title>
    </head>
    <style>
        .box{
            width:500px;height:800px;
            margin:20px auto;
            text-align:center;
        }
    </style>
    <body>
        <table border="1" id="qw" align="center">
            <tr>
                <th>省份</th>
                <th>城市</th>
            </tr>
            <tr>
                <td>广东</td>
                <td>浙江</td>
            </tr>
            <tr>
                <td>广州</td>
                <td>杭州</td>
            </tr>
        </table>
        </br>
        <div class="box">
            <label>籍贯</label>
                <select name="site">
                    <option value="0">北京</option>
                    <option value="1">上海</option>
                    <option value="2">深圳</option>
                </select>
        </div>
    </body>
</html>
```

通过层级定位方式实现的代码如下：

```
from selenium import webdriver
driver=webdriver.Firefox()
driver.get("file:///D:/ TableSelect.html")

table=driver.find_element_by_id("qw")

# 获取行数
```

```
row=table.find_elements_by_tag_name("tr")

# 获取列数
col=row[0].find_elements_by_tag_name("th")

# 获取第一行第一列的值
Row_Col=row[1].find_elements_by_tag_name("td")[0].text
print(Row_Col)

# 在下拉列表框中选择第 2 个值
checkvalue=driver.find_element_by_name("site")
checkvalue.find_element_by_xpath("//option[@value='1']").click()
```

6.6　等待时间

有时有些元素还没加载出来脚本就对其进行操作了，这样必然是无法成功的，所以我们需要加入等待时间，尽量不因为元素没加载出来而报错。

在自动化测试过程中，元素等待是必须要掌握的方法。因为在自动化测试过程中必然会遇到环境不稳定、网络加载缓慢等情况。当定位没有问题，但程序运行时却报出元素不存在（不可见）的错误时，就需要思考是否是因为程序运行太快或者页面加载太慢而造成了元素不可见，此时就必须设置等待时间，直到元素可见后再继续运行程序。

当 UI 自动化页面元素不存在时，常见的发生异常的原因有如下几点：

- 页面加载时间过慢，需要查找的元素代码已经执行完成，但是页面还未加载成功，从而发生异常；
- 查到的元素没有在当前的 iframe 或者 frame 中，此时需要切换至对应的 iframe 或者 frame 中；
- 代码中对元素的描述错误。

在 Selenium 中，提供的 3 种常见的等待时间的方式各有优点和缺点，当熟练掌握这些方式后，可以尝试针对不同的情况选择最优的等待方式。

6.6.1　强制等待

强制等待也叫作固定休眠时间，是设置等待的最简单的方法，如 sleep(5)，其中 5 的单位为 s，这在前面章节的案例代码中经常见到。

sleep(*)不管什么情况代码运行到它所在的位置时，都会让脚本暂停运行一定时间（如 sleep(5)为暂停 5s），时间到达后再继续运行。

sleep()的缺点是不够智能，如果设置的时间太短，而元素还没有加载出来，代码照样会报错；如果设置的时间太长，则又会浪费时间。不要忽视每次几秒的时间，当用例多了，代码量大了，多几秒就会影响脚本的整体运行速度，所以应尽量少用强制等待 sleep()（至少生产环境中尽量避免使用）。

使用强制等待 sleep()的方法如下：

```
from selenium import webdriver
from time import sleep
from selenium.webdriver.common.by import By

driver = webdriver.Firefox()
driver.get("http://cn.bing.com/")

driver.find_element(By.XPATH,"//*[@id='sb_form_q']").send_keys("bella")
driver.find_element(By.XPATH,"//*[@id='sb_form_go']").click()

sleep(1)
driver.quit()
```

6.6.2 隐式等待

隐式等待也叫作智能等待（implicitly_wait(xx)），当设置了一段时间后，在这段时间内如果页面完成加载，则进行下一步，如果未加载完，则会报超时错误。

设置隐式等待（implicitly_wait()）后，如果整个页面很快加载完毕，而因为程序代码中对元素的描述属性不正确，造成不能在页面中很快找到该元素时，代码会根据隐式等待时设置的一个最长等待时间（如 implicitly_wait(10)，最长等待时间等于 10s），不断地尝试查找元素，直到超过最长等待时间（10s）后才会抛出异常，告知找不到该元素。因此，隐式等待中的最长等待时间也可理解为查找元素的最长时间。

隐式等待（implicitly_wait()）也是存在缺点的。隐式等待是设置了一个最长等待时间（implicitly_wait(10)，最长等待时间等于 10s），如果在规定时间内（10s 以内）网页很快加载完成（如 5s），则执行下一步，否则一直等到时间（10s）截止，然后才执行下一步。这里就存在弊端了，例如有时程序代码中想要操作的页面中的某个元素早就加载完成了，但是显示过程中如 JS 等代码加载特别慢，整个网页还处在加载过程中，那么程序代码会一直等待整个页面加载完成才会执行下一步。

下面以 Bing 搜索页为例来理解隐式等待 implicitly_wait()的应用，代码如下：

```
from selenium import webdriver
from Selenium.common.exceptions import NoSuchElementException
from time import sleep,ctime

driver = webdriver.Firefox()
# implicitly_wait 隐式等待
# 判断某元素，如果超过 10s 未发现，则抛出异常
# 如果在 5s 内页面加载完毕，则对该元素进行操作
driver.implicitly_wait(10)
driver.get("http://cn.bing.com/")

try:
```

```
    print(ctime())                              #输出第一个时间

    # 情况 1：正确的搜索框元素定义 id='sb_form_q'
    # ======运行情况 1 时，需要将情况 2 的代码注释掉======
    #
driver.find_element_by_xpath("//input[@id='sb_form_q']").send_keys("bel
la")
    # driver.find_element_by_xpath("//input[@id='sb_form_go']").click()

    # 情况 2：将输入框 id 改为 sb_form_qq，看看时间是否等待了 10s 后，才抛出异常
    # ======运行情况 2 时，需要将情况 1 的代码注释掉======

driver.find_element_by_xpath("//input[@id='sb_form_qq']").send_keys("be
lla")
    driver.find_element_by_xpath("//input[@id='sb_form_go']").click()

except NoSuchElementException as e:
    print(e)
finally:
    print(ctime())                              # 输出第一个时间，观察间隔时间
    driver.quit()
```

下面分析两种情况的结果。

1. 情况1

由于 Bing 搜索页整体加载速度很快，而搜索框元素代码中定义正确，所以代码运行很快结束，可以看到输出的两个时间几乎一致。

```
Fri Feb 28 00:19:28 2020
Fri Feb 28 00:19:28 2020
```

2. 情况2

将搜索框元素的 id 属性改为'sb_form_qq'，而 Bing 搜索页上并不存在该元素，代码运行时肯定会报错。

运行代码，在结果中观察代码运行情况，检测到元素的时间超过 implicitly_wait(10)中的最长等待时间 10s 后抛出了错误，并且两次输出的时间间隔也是 10s。

```
Fri Feb 28 00:22:41 2020
Message: Unable to locate element: //input[@id='sb_form_qq']
Fri Feb 28 00:22:51 2020
```

注：需要特别说明的是，隐式等待对整个 Driver 的周期都会起作用，所以只需要设置一次即可，就是在整个程序代码中的最前面设置一次即可。

6.6.3 显式等待

显式等待（WebDriverWait）配合该类的 until()和 until_not()方法，能够根据判断条件

进行灵活地等待。它的执行原理是：程序每隔多长时间检查一次，如果条件成立了，则执行下一步，否则继续等待，直到超过设置的最长时间，然后抛出 TimeoutException。

WebDriverWait 等待也是我们推荐的方法。在使用 WebDriverWait 方法前需要导入该方法。使用 WebDriverWait 方法时常常会结合 expected_conditions 模块一起使用。

结合前面的 Bing 搜索测试场景，等搜索框元素在 DOM 树中被加载后再对搜索框元素完成赋值操作，代码如下：

```
from selenium import webdriver
from selenium.webdriver.common.by import By
from selenium.webdriver.support.ui import WebDriverWait
from selenium.webdriver.support import expected_conditions as EC

driver = webdriver.Firefox()
driver.get("http://cn.bing.com/")

# driver.find_element_by_xpath("//input[@id='sb_form_q']")
element = WebDriverWait(driver,5,0.5).until(EC.presence_of_element_located
((By.ID,"sb_form_q")))
element.send_keys("bella")

driver.quit()
```

WebDriverWait 类是 WebDriver 提供的等待方法，具体格式如下：

```
WebDriverWait(driver, timeout, poll_frequency=0.5, ignored_exceptions=
None)
```

WebDriverWait 方法中的参数说明如下：

- driver：传入 WebDriver 实例，即代码中的 driver。
- timeout：超时时间，即等待的最长时间（同时要考虑隐式等待时间）。
- poll_frequency：调用 until 或 until_not 中的方法的间隔时间，默认是 0.5s。
- ignored_exceptions：忽略的异常。如果在调用 until 或 until_not 的过程中抛出这个元组中的异常，则不中断代码，继续等待；如果抛出的是这个元组外的异常，则中断代码，抛出异常。默认只有 NoSuchElementException。

WebDriverWait 需要与 until()或者 until_not()方法结合使用。例如：

```
WebDriverWait(driver,5).until(method,message ="")
```

调用该方法提供的驱动程序作为参数，直到返回值为 True。

- method：在等待期间，每隔一段时间调用这个传入的方法，直到返回值不是 False。
- message：如果超时，抛出 TimeoutException，将 message 传入异常。例如：

```
WebDriverWait(driver,5).until_not(method, message ="")
```

调用该方法提供的驱动程序作为参数，直到返回值为 False。

- until_not 与 until 相反，until 是当某元素出现或某个条件成立则继续执行，until_not 是当某元素消失或某个条件不成立则继续执行，两者参数相同。

expected_conditions 是 Selenium 的一个模块，其中包含一系列可用于判断的条件。

expected_conditions 模块包含十几个 condition，与 until、until_not 组合能够实现很多判断，如果将其灵活封装，可以大大提高脚本的稳定性。

- title_is：判断当前页面的标题是否完全等于预期字符串，返回布尔值。
- title_contains：判断当前页面的标题是否包含预期字符串，返回布尔值。
- presence_of_element_located：判断某个元素是否被加到了 DOM 树里，并不代表该元素一定可见。
- visibility_of_element_located：判断某个元素是否可见。可见代表元素非隐藏，并且元素的宽和高都不等于 0。
- visibility_of：跟前面的几个方法做一样的事情，只是前面的方法要传入 locator，而该方法直接传定位到的 element 即可。
- presence_of_all_elements_located：判断是否至少有一个元素存在于 DOM 树中。例如，如果页面上有 *n* 个元素的 class 都是'b_searchbox'，那么只要有一个元素存在，这个方法就返回 True。
- text_to_be_present_in_element：判断某个元素中的 text 是否包含预期的字符串。
- text_to_be_present_in_element_value：判断某个元素中的 value 属性是否包含预期的字符串。
- frame_to_be_available_and_switch_to_it：判断该 frame 是否可以切换（switch）进 Frame，如果可以的话则返回 True 并且切换进去，否则返回 False。
- invisibility_of_element_located：判断某个元素是否不存在于 DOM 树中或不可见。
- element_to_be_clickable：判断某个元素是否可见并且是可以单击的。
- staleness_of：当某个元素从 DOM 树中移除后，返回 True 或 False。
- element_to_be_selected：判断某个元素是否被选中了，一般用在下拉列表框中。
- element_selection_state_to_be：判断某个元素的选中状态是否符合预期。
- element_located_selection_state_to_be：跟前面的方法作用一样，只是前面的方法传入定位到的 element，而该方法传入 locator。
- alert_is_present：判断页面上是否存在 alert。

隐式等待和显式等待是可以结合起来使用的，示例代码如下：

```
from selenium import webdriver
from selenium.webdriver.support.wait import WebDriverWait
from selenium.webdriver.support import expected_conditions as EC
from selenium.webdriver.common.by import By

driver = webdriver.Firefox()

driver.implicitly_wait(20)                        # 隐式等待

driver.get("http://cn.bing.com/")
locator = (By.NAME,"q")

try:
```

```
    # 显式等待
    WebDriverWait(driver,10,0.5).until(EC.presence_of_element_located
(locator))
    driver.find_element_by_xpath("//input[@name='q']").send_keys("bella")
finally:
    driver.quit()
```

上面的代码中我们设置了隐式等待和显式等待，在其他操作中，隐式等待起决定性作用，而在 WebDriverWait 中，显式等待起主要作用。需要注意的是，最长的等待时间取决于两者之间的大者，此例中为 20，隐式等待时间大于显式等待时间，则该代码的最长等待时间等于隐式等待设置的时间。

6.7 Frame 切换

我们在使用 Selenium 定位页面元素的时候，有时会遇到定位不到的问题，在页面上可以看到元素，用浏览器的开发者工具也能够看到，而代码运行就是定位不到。当遇到这种情况时，很有可能是有 Frame 存在。

Frame 标签有 Frameset、Frame 和 IFrame 3 种，Frameset 跟其他普通标签没有区别，不会影响到正常的定位。在页面中我们经常能看到 Frame 或 IFrame（Frame 是整个页面的框架，IFrame 是内嵌的框架），由于 WebDriver 定位元素时只能在一个页面上定位，所以对于 IFrame 这样的情况，WebDriver 是无法直接定位到元素的。Selenium 中有对应的方法对 Frame 进行操作。

WebDriver 提供了 switch_to.frame()方法来切换 Frame，格式如下：

```
switch_to.frame(reference)
```

1. 切换IFrame

下面通过一个案例来讲解如何切换 IFrame。案例描述如下：

- 外部页面有个指向 baidu 的链接；
- 内嵌的页面是通过 IFrame 实现的，嵌套的是 Bing 首页。

iframe.html 页面的实现代码如下：

```
<html>
    <body>
        <div class="alert" align="center">The link
            <a class="alert-link" href="http://www.baidu.com">
             baidu
            </a>
        </div>
        <div class="row-fluid">
            <div class="span-ifrme" align="center">
                <h4 align="center">iframe</h4>>
                 <iframe id="iname" name="nf" src="http://cn.bing.com" width=
```

```
"800" height="600"></iframe>>
            </div>
        </div>
    </body>
</html>
```

iframe.html 页面的呈现效果如图 6-10 所示。

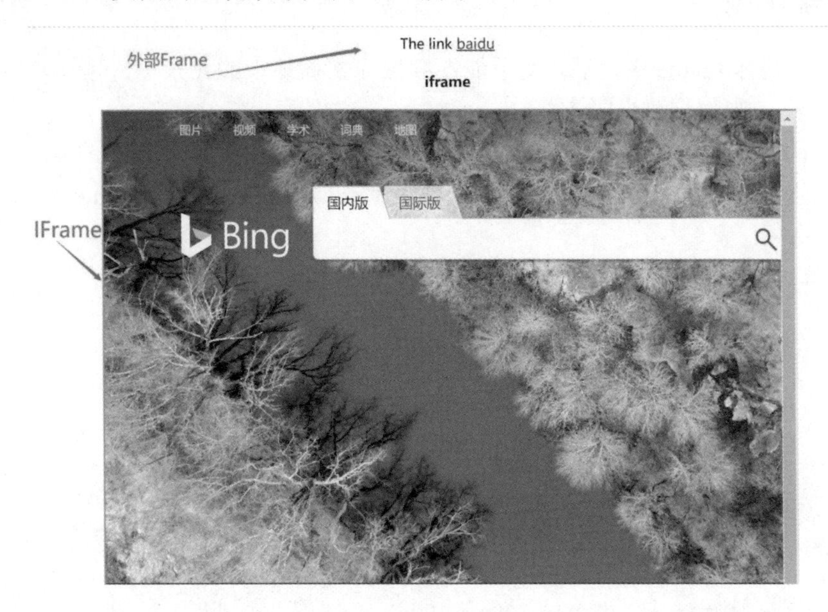

图 6-10　案例效果图

案例要求：

单击 Bing 搜索页的搜索框完成关键字的搜索。iframe.html 代码中 IFrame 标签的 id 等于"iname"。实现代码如下：

```
from selenium import webdriver
from time import sleep

driver = webdriver.Firefox()
driver.get("file:///D:/iframe.html")

# 案例 1：操作 IFrame
# 切换窗体 IFrame（id:iname,name:nf）
# 使用 switch_to_frame 时会在该方法上出现下划线，不再推荐使用
# driver.switch_to_frame("iname")
driver.switch_to.frame("iname")
driver.find_element_by_xpath("//input[@id='sb_form_q']").send_keys("bel
la")
driver.find_element_by_xpath("//input[@id='sb_form_go']").click()
sleep(2)

driver.quit()
```

注：需要特别说明的是有些人还在使用 switch_to_frame()方法，但是在编写代码的时候会发现这行代码被画上了删除线，原因是这个方法已经被淘汰了，之后很有可能不再支持，因此建议的写法是 switch_to.frame()。

2．切换到主窗体

当切换到子窗体 Frame 中之后，便不能继续操作主窗体中的元素了，这时如果要操作主窗体中的元素，则需切换回主窗体。

针对本节的案例，就是当对 Bing 搜索页完成操作后，如想单击外部的 baidu 链接，则需要切换到主窗体。切换到主窗体的方法是 driver.switch_to.default_content()。实现代码如下：

```
from selenium import webdriver
from time import sleep

driver = webdriver.Firefox()
driver.get("file:///D:/iframe.html")

driver.switch_to.frame("iname")
driver.find_element_by_xpath("//input[@id='sb_form_q']").send_keys("bel
la")
driver.find_element_by_xpath("//input[@id='sb_form_go']").click()
sleep(2)
driver.switch_to.default_content() #switch_to.default_content() 跳到最外层
driver.find_element_by_xpath("//a[@href='http://www.baidu.com']").click()
sleep(2)

driver.quit()
```

如果遇到嵌套的 Frame，由子窗体切换到它的上一级父窗体，则可以使用 switch_to.parent_frame()方法。

针对本节的案例，就是当对 Bing 搜索页进行操作后，如果想单击外部的 baidu 链接，其实就是切换到它的父级，因此也可以通过 switch_to.parent_frame()方法实现，代码如下：

```
from selenium import webdriver
from time import sleep

driver = webdriver.Firefox()
driver.get("file:///D:/iframe.html")

driver.switch_to.frame("iname")
driver.find_element_by_xpath("//input[@id='sb_form_q']").send_keys("bella")
driver.find_element_by_xpath("//input[@id='sb_form_go']").click()
sleep(2)
driver.switch_to.parent_frame()              # 切换到 IFrame 的上一级
driver.find_element_by_xpath("//a[@href='http://www.baidu.com']").click()
sleep(2)

driver.quit()
```

6.8　警告框与弹出框的处理

在实际开发过程中常常会见到 JavaScript 生成的警告框，提示错误信息、报警信息、执行的操作等内容。本节将介绍如何通过 WebDriver 来操作警告框和弹出框。

alert/confirm/prompt 按钮弹出框操作的主要方法/属性如表 6-3 所示。

表 6-3　弹出框的处理方法

方法/属性	描　　述	实　　例
text	获得警告窗口的文本	alert.text
accept()	单击OK或“确认”按钮，接受警告信息	alert.accept()
dismiss()	驳回警告信息，单击“取消”或叉号按钮关闭对话框	alert.dismiss()
send_keys()	模拟给元素输入文本值	alert.send_keys()

案例呈现的效果如图 6-11 所示。

单击 alert 按钮后，效果如图 6-12 所示。

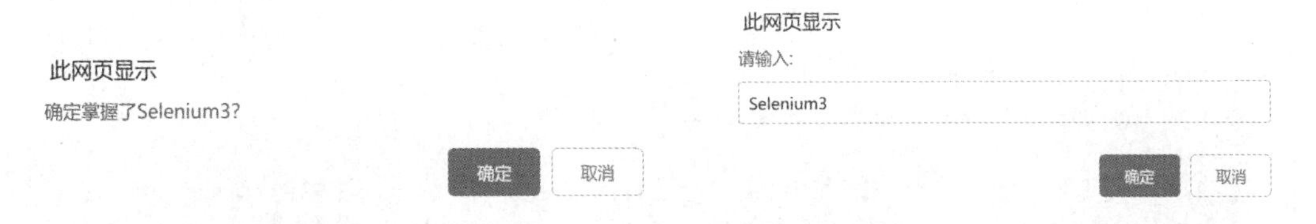

图 6-11　案例效果图　　　　图 6-12　单击 alert 按钮后的效果

单击 confirm 按钮后，效果如图 6-13 所示。

单击 prompt 按钮后，效果如图 6-14 所示。

此网页显示

确定掌握了Selenium3?

确定　取消

图 6-13　单击 confirm 按钮后的效果

此网页显示

请输入:

Selenium3

确定　取消

图 6-14　单击 prompt 按钮后弹出的提示框

实现的 HTML 代码如下：

```
<html>
    <head>
        <title>Alert</title>
    </head>
    <style>
        .box{
            width:500px;height:800px;
```

```
            margin:20px auto;
            text-align:center;
        }
    </style>
    <body>
        </br>
        </br>
        <div class="box">
            <input id = "alert" value = "alert" type = "button" onclick =
"alert('你掌握了 Selenium3 吗? ');"/>
            <input id = "confirm" value = "confirm" type = "button" onclick
= "confirm('确定掌握了 Selenium3? ');"/>
            <input id = "prompt" value = "prompt" type = "button" onclick =
"var name = prompt('请输入:','Selenium3'); document.write(name) "/>
        </div>
    </body>
</html>
```

1．alert按钮的操作

alert 按钮的操作步骤如下：

（1）调用 switch_to_alert()方法切换到 alert 弹出框；

（2）调用 text 方法获取弹出的文本信息；

（3）调用 accept()方法单击“确定”按钮；

（4）调用 dismiss()方法相当于取消弹出框或单击右上角的关闭按钮。

实现代码如下：

```
from selenium import webdriver
from time import sleep

driver = webdriver.Firefox()
driver.get("file:///D:/alert1.html")

driver.find_element_by_id("alert").click()
sleep(3)

# 返回 alert 弹出框中的文本信息
AlertInfo = driver.switch_to.alert
print(AlertInfo.text)
# AlertInfo.accept()# 接受警告信息，运行 accept()方法时，注释掉 dismiss()代码
AlertInfo.dismiss() # 驳回警告信息，运行 accept()方法时，注释掉 accept()代码

driver.quit()
```

运行代码，在 PyCharm 的输出结果中可以看到输出了“你掌握了 Selenium3 吗？”文本信息。

2．confirm的操作

confirm 按钮的操作步骤如下：

（1）调用 switch_to_alert()方法切换到 alert 弹出框。
（2）调用 text 方法获取弹出的文本信息。
（3）调用 accept()方法单击“确定”按钮。
（4）调用 dismiss()方法取消弹出框或单击右上角的关闭按钮。
实现代码如下：

```
from selenium import webdriver
from time import sleep

driver = webdriver.Firefox()
driver.get("file:///D:/alert1.html")

driver.find_element_by_id("confirm").click()
sleep(3)

# 返回 alert 中的文本信息
AlertInfo = driver.switch_to.alert
print(AlertInfo.text)
AlertInfo.accept()       # 接受警告信息，运行 accept()方法时，注释掉 dismiss()代码
# AlertInfo.dismiss()    # 驳回警告信息，运行 accept()方法时，注释掉 accept()代码
driver.quit()
```

运行代码，在 PyCharm 的输出结果中可以看到输出了“确定掌握了 Selenium3？”文本信息。

3．prompt的操作

prompt 按钮的操作步骤如下：
（1）调用 switch_to_alert()方法切换到 alert 弹出框。
（2）调用 text 方法获取弹出的文本信息。
（3）调用 accept()方法单击“确定”按钮。
（4）调用 dismiss()方法取消弹出框或单击右上角的关闭按钮。
（5）如果有输入框，调用 send_keys()方法输入文本内容。
实现代码如下：

```
from selenium import webdriver
from time import sleep

driver = webdriver.Firefox()
driver.get("file:///D:/alert1.html")

driver.find_element_by_id("prompt").click()
sleep(3)

# 返回 alert 中的文本信息
AlertInfo = driver.switch_to.alert
print(AlertInfo.text)

# AlertInfo.accept()     #接受警告信息，运行 accept()方法时，注释掉 dismiss()代码
```

```
# AlertInfo.dismiss()   #解散警告信息，运行 accept()方法时，注释掉 accept()代码
#运行 send_keys()，需要注释掉 dismiss()与 accept()代码
AlertInfo.send_keys("学会了 Selenium3")
sleep(2)
driver.quit()
```

运行代码可以看到，在弹出框中输入了“学会了 Selenium 3”。

6.9 单选按钮、复选框和下拉列表框的处理

HTML 页面中的单选按钮、复选框、下拉列表框均可通过 WebDriver 实现操作。本节结合案例一起来看看 WebDriver 如何操作这些控件。

设计 HTML 的页面并将其命名为 Radio&Select&CheckBox.html，代码如下：

```
<html>
    <head>
        <title>单选按钮\复选框\下拉列表框</title>
    </head>
    <style>
        .box{
            width:500px;height:800px;
            margin:20px auto;
            text-align:center;
        }
    </style>
    <body>
        <div class="box">
            </form>
                <h4>单选:Radio</h4>
            <form>
                <label value="radio">男</label>
                <input name="sex" value="male" id="boy" type="radio"><br>
                <label value="radio1">女</label>
                <input name="sex" value="female" id="girl" type="radio">
            </form>

            <h4>复选框:CheckBox</h4>
            <form>
                <input id="c1" type="checkbox">Java<br>
                <input id="c2" type="checkbox">Python<br>
                <input id="c3" type="checkbox">C++<br>
            </form>

            <h4>下拉框:Select</h4>
            <label>籍贯</label>
                <select name="site">
                    <option value="0">北京</option>
                    <option value="1">上海</option>
                    <option value="2">深圳</option>
```

```
                </select>
        </div>
    </body>
</html>
```

Radio&Select&CheckBox.html 页面效果如图 6-15 所示。可以看到页面中包含单选按钮、复选框和下拉列表框控件。

图 6-15　页面效果

1. 单选按钮：Radio

案例要求：

（1）首先定位单选按钮的位置。

（2）通过 id，先定位女（id 为"girl"），再定位男（id 为" boy "）。

实现代码如下：

```
from selenium import webdriver
from time import sleep

driver=webdriver.Firefox()
driver.get("file:///D:/Radio&Select&CheckBox.html")
driver.find_element_by_id("girl").click()
sleep(2)
driver.find_element_by_id("boy").click()
sleep(2)
driver.quit()
```

运行代码可以看到“女”单选按钮被选中，然后再选中“男”单选按钮。

2. 复选框：CheckBox

案例要求：

（1）选中单个复选框。

（2）选中全部复选框。

（3）将最后一个复选框再去掉。

选中单个复选框，实现代码如下：

```
from selenium import webdriver
from time import sleep

driver=webdriver.Firefox()
driver.get("file:///D:/Radio&Select&CheckBox.html")

# 通过 id 定位选中单个复选框
# driver.find_element_by_id("c1").click()          # 选中 Java
sleep(2)
driver.quit()
```

选中所有复选框，实现代码如下：

```
from selenium import webdriver
from time import sleep
```

```
driver=webdriver.Firefox()
driver.get("file:///D:/Radio&Select&CheckBox.html")

# 全部选中，通过调用 find_elements_by_xpath()方法选中 type 相同的 ID
checkboxs=driver.find_elements_by_xpath(".//*[@type='checkbox']")
for i in checkboxs:
    if i.get_attribute('type') == 'checkbox':
        i.click()
sleep(2)
driver.quit()
```

选中所有复选框，然后再将最后一个复选框去掉，实现代码如下：

```
from selenium import webdriver
from time import sleep

driver=webdriver.Firefox()
driver.get("file:///D:/Radio&Select&CheckBox.html")

# 全部选中，通过 find_elements_by_xpath()方法，选中属性不同但 type 相同的元素
checkboxs=driver.find_elements_by_xpath(".//*[@type='checkbox']")
for i in checkboxs:
    if i.get_attribute('type') == 'checkbox':
        i.click()

# sleep(2)
# 将最后选中的复选框再取消
driver.find_elements_by_xpath(".//*[@type='checkbox']").pop().cl
ick()
sleep(1)
driver.quit()
```

is_selected()方法在复选框操作中会常常用到，有时候复选框本身就是选中的状态，如果再次单击，就变为未被选中的状态了，这样就不是我们所期望的状态了。

那可不可以当复选框没选中的时候再去单击（click）一下；当它已经是选中状态就不再单击呢？is_selected()方法用来检查是否选中该元素，一般针对单选按钮、复选框，其返回的结果是 Bool 值。

通过 is_selected()方法先检查复选框是否被选中，如被选中则结束代码运行，如未被选中则执行选中操作，代码如下：

```
from selenium import webdriver
from time import sleep

driver=webdriver.Firefox()
driver.get("file:///D:/Radio&Select&CheckBox.html")

EleIsSelectedValue = driver.find_element_by_id('c1').is_selected()
if EleIsSelectedValue == True:
    print(EleIsSelectedValue)
else:
    driver.find_element_by_id('c1').click()
```

```
    NewEleIsSelectedValue = driver.find_element_by_id('c1').is_selected()
    print(NewEleIsSelectedValue)
    sleep(2)
driver.quit()
```

3. 下拉列表框：Select

案例要求：选中下拉列表框的第 2 个值“上海”。

根据前面所学的知识，可以通过直接定位进行元素选择，也可以通过层级进行选择，实现代码如下：

```
from selenium import webdriver
from time import sleep

driver=webdriver.Firefox()
driver.get("file:///D:/Radio&Select&CheckBox.html")

# 方式 1
SelectElement=driver.find_element_by_name("site")
SelectElement.find_element_by_xpath("//option[@value='1']").click()
sleep(2)
driver.quit()
```

除了上面的定位方式之外，WebDriver 还提供了 Select 模块来定位下拉列表框。

要使用 Select 模块，需要先导入该模块，代码如下：

```
from selenium.webdriver.support.select import Select
```

Select 提供了 3 种选择方法来定位下拉列表框。

- select_by_index(index)：通过选项的顺序来定位，第一个选项索引为 0；
- select_by_value(value)：通过 value 属性来定位。
- select_by_visible_text(text)：通过选项可见文本来定位。

首先通过 select_by_index(index)方法来定位下拉列表框，实现代码如下：

```
from selenium import webdriver
from time import sleep
from selenium.webdriver.support.select import Select

driver=webdriver.Firefox()
driver.get("file:///D:/Radio&Select&CheckBox.html")

# ====================================
# ======借助 Select 模块来选择下拉列表框======
# ====================================
# Select 方式 1：借助 Select 索引来选择
SelectElement=Select(driver.find_element_by_name("site"))
SelectElement.select_by_index(1)
sleep(2)
driver.quit()
```

接着通过 select_by_value(value)方法来定位下拉列表框，实现代码如下：

```
from selenium import webdriver
from time import sleep
from selenium.webdriver.support.select import Select
driver=webdriver.Firefox()
driver.get("file:///D:/Radio&Select&CheckBox.html")

# ===================================
# ======借助 Select 模块来选择下拉列表框======
# ===================================
# Select 方式 2：借助 Select value 属性来选择
SelectElement=Select(driver.find_element_by_name("site"))
SelectElement.select_by_value("1")
sleep(2)
driver.quit()
```

最后通过 select_by_visible_text(value)方法来定位下拉列表框，实现代码如下：

```
from selenium import webdriver
from time import sleep
from selenium.webdriver.support.select import Select

driver=webdriver.Firefox()
driver.get("file:///D:/Radio&Select&CheckBox.html")
# ===================================
# ======借助 Select 模块来选择下拉列表框======
# ===================================
# Select 方式 3：借助 Select text 属性来选择
SelectElement=Select(driver.find_element_by_name("site"))
SelectElement. ("上海")
sleep(2)
driver.quit()
```

Select 提供了 4 种方法取消选择。

- deselect_by_index(index)：取消对应的 index 选项；
- deselect_by_value(value)：取消对应的 value 选项；
- deselect_by_visible_text(text)：取消对应的文本选项；
- deselect_all()：取消所有选项。

Select 提供了 3 个属性方法。

- options：提供所有选项的列表，其中均为选项的 WebElement 元素；
- all_selected_options：提供所有被选中的选项列表，其中也均为选项的 WebElement 元素；
- first_selected_option：提供第一个被选中的选项，也是下拉列表框的默认值。

6.10 检查元素是否启用或显示

当判断元素在屏幕上是否可见的时候，可调用 is_displayed()方法来实现；当判断元素是否可编辑的时候，可调用 is_enabled()方法实现；is_selected()方法用于判断元素是否为选中状态。

is_displayed()方法的示例代码如下：

```
from selenium import webdriver
from time import sleep

driver = webdriver.Firefox()
driver.get("http://cn.bing.com/")

Objq = driver.find_element_by_xpath("//input[@id='sb_form_q']")
print(Objq.is_displayed())
sleep(2)
driver.quit()
```

运行上面的代码，结果为 True。

is_enabled()方法用于存储 input、select 等元素的可编辑状态，可以编辑返回 True，否则返回 False，代码如下：

```
from selenium import webdriver
from time import sleep

driver = webdriver.Firefox()
driver.get("http://cn.bing.com/")
Objq = driver.find_element_by_xpath("//input[@id='sb_form_q']")
print(Objq.is_enabled())
sleep(2)
driver.quit()
```

运行上面的代码，结果为 True。

is_enabled()方法可以判断按钮的单击状态，如有一个按钮在某种情况下置灰不可单击，可以用 is_enable()来判断。

6.11　文件上传与下载

6.11.1　文件上传

我们日常在访问页面时，也经常进行文件的上传与下载操作，因此在 Web 自动化测试中也会遇到文件上传的情况。针对上传功能，WebDriver 并没有提供对应的方法，可通过以下两种思路解决：

- 如果上传按钮是 input 标签，只要定位上传按钮，可优先尝试调用 send_keys()方法输入文件路径；
- 如果需要打开系统窗口，即 Window 窗口添加本地文件，则可尝试借助 AutoIt 实现。

1. send_keys()方式上传

设计 uploadfile.html 页面，代码如下：

```
<html>
    <body>
    <div >
    <form name="form1" action="fileUpload.PHP" method="post" enctype=
"multipart/form-data">
    <label for="file">File:</label>
        <input type="file" name="file" id="file" />
        <br />
        <input type="hidden" name="multi" value="false"/>
        <input type="submit" name="submit" value="Submit Single" />
    </form>
    </div>
    </body>
</html>
```

页面展现效果如图 6-16 所示。

笔者的 D 盘下存放有一个名为 Image.png 的图片，如果要在 uploadfile.html 页面上传该图片，则实现代码如下：

```
from selenium import webdriver
from time import sleep

driver = webdriver.Firefox()
driver.get("file:///D:/uploadfile.html")
driver.find_element_by_xpath("//input[@name='file']").send_keys("d:\\Im
age.png")
sleep(2)
driver.quit()
```

运行代码，可以看到 uploadfile.html 页面中上传了 Image.png 文件，如图 6-17 所示。

图 6-16　上传文件页面

图 6-17　上传图片后的页面

2. AutoIt方式上传

关于非 input 标签的文件上传，可借助 AutoIt。AutoIt 目前的版本是 v3.3.14.*。AutoIt 是一个使用类似 BASIC 脚本语言的免费软件，用于在 Windows GUI（图形用户界面）中进行自动化操作。它利用模拟键盘按键、鼠标移动和窗口/控件的组合来实现自动化任务。

首先需要下载 AutoIt，可进入 https://www.autoitscript.com/site/autoit/downloads 页面，在该页面中找到下载区域并单击下载按钮即可，如图 6-18 所示。

AutoIt 下载完毕后的文件为 autoit-v3-setup.exe，下载后即可进行安装。在 Windows 10 系统上运行安装文件时会给出提示信息，单击“运行”按钮安装即可，如图 6-19 所示。

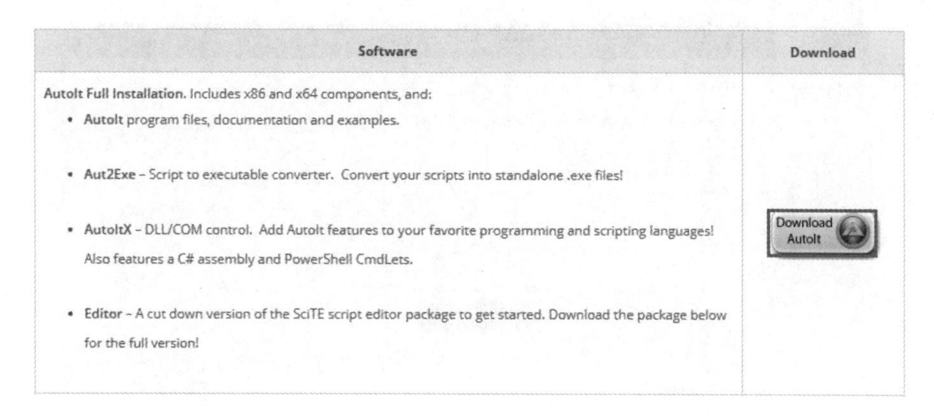

图 6-18　下载 AutoIt

安装过程中会检测到操作系统是 64 位，此时可以选中 Use native x64 tools by default 单选按钮，如图 6-20 所示。

图 6-19　AutoIt 运行时的提示信息

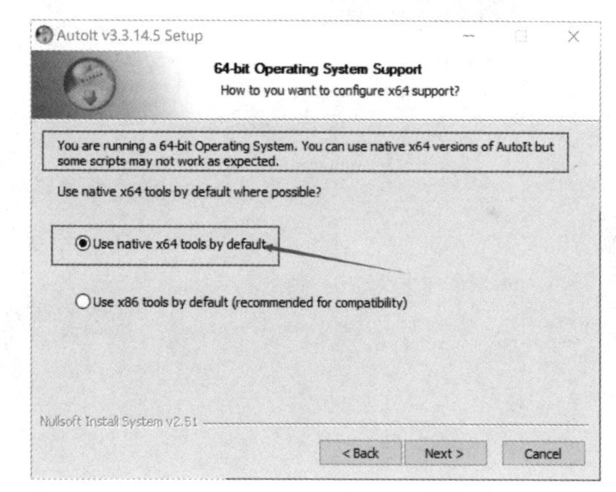

图 6-20　选中 Use native x64 tools by default 单选按钮

AutoIt 主要应用的功能有下面 3 个。

- Auto It Windows Info：元素定位器，用于帮助标识 Windows 控件信息；
- SciTE Script Editor：编辑器，用于编写 AutoIt 脚本；
- Compile Script to.exe 用于将 AutoIt 生成 exe 执行文件。

以本节提供的 AutoIt.html 页面为例，页面展现效果如图 6-21 和图 6-22 所示。

通过 AutoIt 实现上传文件的步骤如下：

（1）通过单击上传按钮弹出 Windows 选择文件对话框。

（2）将 AutoIt 的 Finder Tool 图标拖曳到“文件名”输入框。

首先打开 AutoIt Windows Info 工具，单击 Finder Tool，当光标变成一个小风扇形状的图标后，按住鼠标左键不要松开，拖动小风扇图标到需要识别的控件“文件名”输入框上，如图 6-23 所示。

图 6-21　Autoit.html 效果

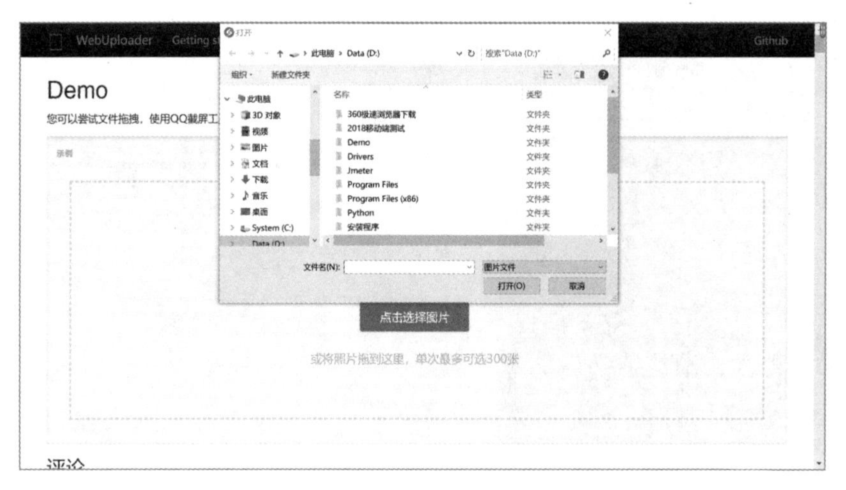

图 6-22　选择文件

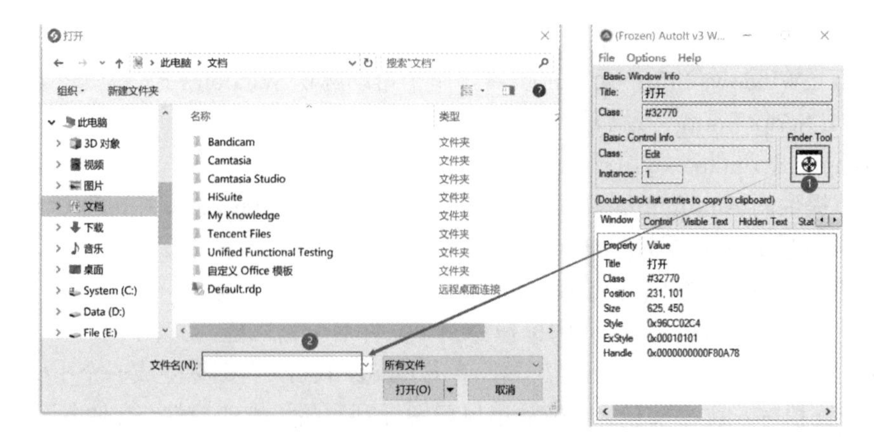

图 6-23　“文件名”控件信息

此时 AutoIt Windows Info 编辑框区域的信息如下：

```
Basic Window Info
Title: 打开
Class: #32770

Basic Control info
Class: Edit
  Instance: 1
```

单击 Finder Tool，拖动小风扇图标到“打开”按钮控件上，如图 6-24 所示。

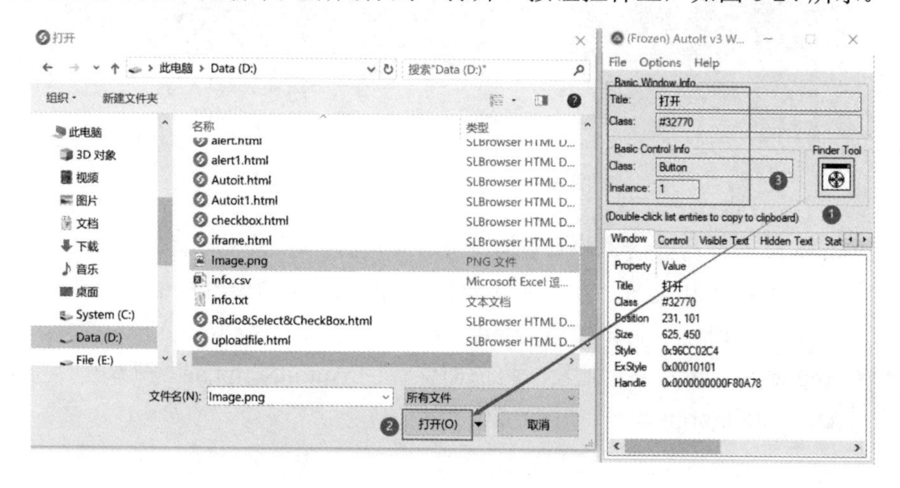

图 6-24 “打开”控件信息

此时 AutoIt Windows Info 编辑框区域的信息如下：

```
Basic Window Info
Title: 打开
Class: # 32770

Basic Control info
Class: Button
  Instance: 1
```

根据 AutoIt Windows Info 所识别到的控件信息打开 SciTE Script Editor，在其中编写脚本，如图 6-25 所示。

代码解释如下：

- WinActivate()：聚焦到活动窗口；
- ControlFocus()：用于识别 Windows 窗口；
- WinWait()：设置 10s 用于等待窗口的显示；
- ControlSetText()：用于向“文件名”输入框内输入本地文件的路径；
- Sleep()：Sleep(2000)表示固定休眠 2000ms，以 ms 为单位；
- ControlClick()：用于单击上传窗口中的“打开”按钮。

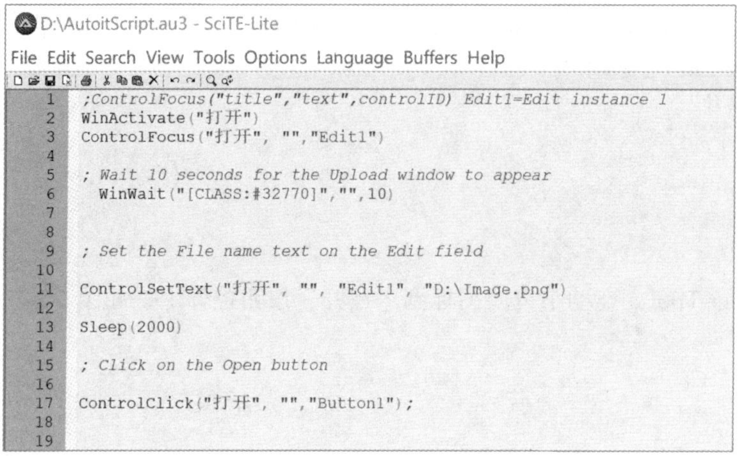

```
;ControlFocus("title","text",controlID) Edit1=Edit instance 1
WinActivate("打开")
ControlFocus("打开", "","Edit1")

; Wait 10 seconds for the Upload window to appear
  WinWait("[CLASS:#32770]","",10)


; Set the File name text on the Edit field

ControlSetText("打开", "", "Edit1", "D:\Image.png")

Sleep(2000)

; Click on the Open button

ControlClick("打开", "","Button1");
```

图 6-25　SciTE Script Editor

当 AutoIt 的脚本编写好后，将其保存为 D:\ AutoitScript.au3 下。

不要关闭 Autoit.html 页面，然后在 SciTE Script Editor 的菜单栏中选择 Tools|Go 命令来运行脚本，可以看到程序能够打开 Windows 窗口，然后加载 Image.png 图片。

打开 Compile Script to.exe 工具，将前面保存的 AutoitScript.au3 脚本文件生成为 exe 可执行文件 D:\ AutoitScript.exe，如图 6-26 所示。

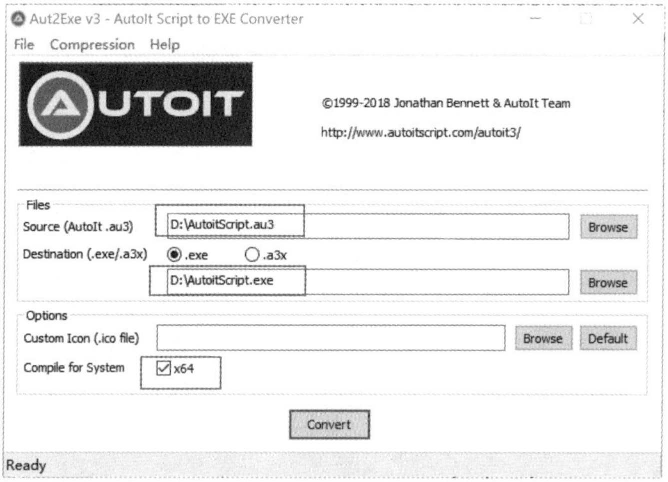

图 6-26　生成可执行文件

编写自动化脚本，调用 D:\ AutoitScript.exe 实现 AutoIt.html 文件上传，代码如下：

```
from selenium import webdriver
from time import sleep
from selenium.webdriver.common.keys import Keys
import os
```

```
driver = webdriver.Firefox()
driver.implicitly_wait(60)
# driver = webdriver.Firefox()
driver.get("file:///D:/AutoIt.html")
sleep(6)
driver.find_element_by_xpath("//*[@id='rt_rt_1e282o8sm1b521dccvg1m3o1mp
v1']/label").click()
os.system("D:\\AutoItScript.exe")
```

6.11.2　文件下载

Selenium 也提供了文件下载的方案，下面以下载最新版本的 Python 为例进行介绍，方法是单击 Download Python 3.8.2 按钮，下载最新版本的 Python，图 6-27 所示。

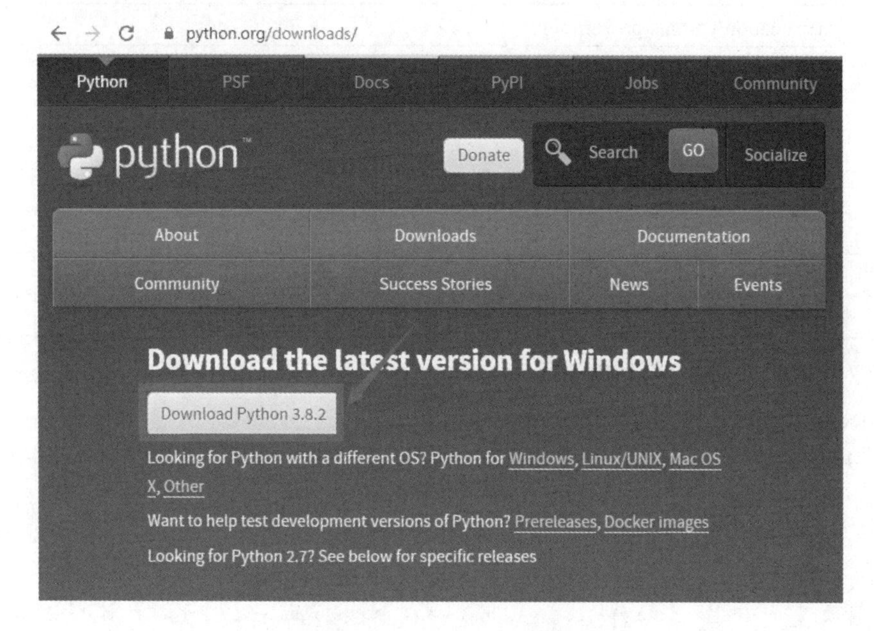

图 6-27　Python 下载页

1. Firefox浏览器

首先通过 Firefox 浏览器实现文件下载。

对于 Firefox，在下载之前需要设置其 Profile，具体如下。

- browser.download.dir：指定下载路径；
- browser.download.folderList：设置成 0 表示下载到桌面；设置成 1 表示下载到默认路径；设置成 2 表示自定义下载路径；
- browser.download.manager.showWhenStarting：在开始下载时是否显示下载管理器；
- browser.helperApps.neverAsk.saveToDisk：对所给出的文件类型不再弹出询问框进行

询问。

Firefox 需要针对每种文件类型进行设置，这里需要查询对应文件的 MIME 类型，由于下载的是 Python 的最新版本，下载的文件类型为 exe，因此类型为 application/octet-stream。

常见文件的 MIME 类型如表 6-4 所示。

表 6-4 MIME类型对照表

类型/子类型	扩 展 名
application/octet-stream	exe
application/msword	doc
application/vnd.ms-Excel	xls
application/vnd.ms-powerpoint	ppt
application/pdf	pdf
application/x-tar	tar
application/zip	zip
image/bmp	bmp
image/jpeg	jpe或jpeg或jpg
text/html	htm或html
text/plain	txt

更多对应文件的MIME类型，可以访问《MIME参考手册》，网址是 https://www.w3school.com.cn/media/media_mimeref.asp。

通过 Firefox 浏览器实现下载文件的代码如下：

```
from selenium import webdriver
from time import sleep

profile = webdriver.FirefoxProfile()
# 设置成 2 表示自定义下载路径；设置成 0 表示下载到桌面；设置成 1 表示下载到默认路径
profile.set_preference("browser.download.folderList", 2)
# 在开始下载时是否显示下载管理器
profile.set_preference("browser.download.manager.showWhenStarting", False)
# 设置默认的保存文件夹
profile.set_preference("browser.download.dir", r"D:\Demo")
# 设置自动保存的文件类型，如果 Firefox 不能自动保存，一定是文件类型不对
# 对所给出的文件类型不再弹出询问框进行询问
profile.set_preference("browser.helperApps.neverAsk.saveToDisk", 'application/
octet-stream')

driver = webdriver.Firefox(Firefox_profile=profile)
driver.implicitly_wait(10)
# 访问 Python 下载页，下载最新版本的 Python
driver.get('https://www.python.org/downloads/')
driver.maximize_window()
```

```
sleep(2)
# 单击 Download the latest version for Windows 按钮
driver.find_element_by_xpath('//*[@id="touchnav-wrapper"]/header/div/div
[2]/div/div[3]/p/a').click()
```

代码运行结束后，等待一段时间，可以在 D 盘 Demo 文件夹下看到下载的 Python3.8.exe 文件。

2. Chrome浏览器

通过 Chrome 浏览器实现文件下载时也需要做些设置，Options 设置如下。

- download.default_directory：设置下载路径；
- profile.default_content_settings.popups：设置为 0 表示禁止弹出窗口。

通过 Chrome 浏览器实现下载文件的代码如下：

```
from selenium import webdriver
from time import sleep

options = webdriver.ChromeOptions()
prefs = {
    "download.prompt_for_download": False,
    'download.default_directory': 'D:\\Demo',   # 设置下载路径
    "plugins.always_open_pdf_externally": True,
    'profile.default_content_settings.popups': 0, # 设置为 0，表示禁止弹出窗口
}
options.add_experimental_option('prefs', prefs)

driver = webdriver.Chrome(chrome_options=options)

driver.get('https://www.python.org/downloads/')
driver.maximize_window()
sleep(2)
# 单击 Download the latest version for Windows 按钮
driver.find_element_by_xpath('//*[@id="touchnav-wrapper"]/header/div/div
[2]/div/div[3]/p/a').click()
```

6.12　Cookie 的处理

实际工作中经常会接触到 Cookie 与 Session。其中 Cookie 存放在浏览器端（客户端），Session 存放在服务器端，每个客户在服务器端都有与其对应的 Session。

在网站中，HTTP 请求是无状态的。简单来说即第一次和服务器连接且登录成功后，第二次请求时服务器依然不知道当前请求是哪个用户。而 Cookie 的出现就是为了解决这个问题。用户第一次登录后服务器返回一些数据（Cookie）给浏览器，浏览器会将其保存在本地，当该用户发送第二次请求的时候，就会自动把上次请求存储的 Cookie 数据自动传递给服务器，服务器通过浏览器携带的数据就能判断当前用户是哪个用户了。

Cookie 存储的数据量有限，不同的浏览器存储容量也不同，一般不超过 4KB，因此 Cookie 只能存储一些少量的数据。

Cookie 可以保持用户的登录信息，待用户下次访问同一网站时，会发现不必输入用户名和密码就已经登录了。但有一些 Cookie 在用户退出会话的时候就被删除了（用户也可手工删除本地 Cookie），这样可以有效保护个人隐私。

Cookie 在生成时会被指定一个 Expire 值，这就是 Cookie 的生存周期，在这个周期内 Cookie 有效，超出周期 Cookie 就会被清除。有些页面将 Cookie 的生存周期设置为 0 或负值，这样在关闭浏览器时就马上清除 Cookie，不会记录用户信息，更加安全。

Cookie 所具有的属性一般包括以下几项。

- Domain：域，表示当前 Cookie 属于哪个域或子域。对于服务器返回的 Set-Cookie，如果没有指定 Domain 的值，那么其 Domain 的值默认为当前所提交的 HTTP 请求所对应的主域名。例如访问 http://www.example.com，返回一个 Cookie，如果没有指名 Domain 的值，那么其值为默认的 www.example.com。
- Path：表示 Cookie 的所属路径。
- Expire time/Max-age：Cookie 的有效期。Expire time 的值是一个时间，过了这个时间该 Cookie 就失效了；或者是用 Max-age 指定当前 Cookie 在多长时间之后失效。如果服务器返回的一个 Cookie 没有指定其 Expire time，那么表明此 Cookie 的有效期只是当前的 Session，即 Session Cookie，当前 Session 会话结束后就过期了。对应的，当关闭（浏览器中）该页面的时候，此 Cookie 就被浏览器删除了。
- secure：表示该 Cookie 只能用 HTTPS 传输。一般用于包含认证信息的 Cookie，要求传输此 Cookie 的时候必须用 HTTPS 传输。
- httponly：表示此 Cookie 必须用于 HTTP 或 HTTPS 传输。这意味着浏览器脚本（如 JavaScript 中）是不允许访问操作 Cookie 的。

对于一些需要输入验证码才能登录的网站，可以采用 Cookie 来解决问题。

- 获取 Cookies 的方法：get_cookies()；
- 获取指定 name 的 Cookie：driver.get_cookie(name)；
- 清除 Cookie：delete_cookie()。

6.12.1 获取 Cookie

1. 未登录网站

浏览器，不输入任何网址，先查看 Cookie，实现代码如下：

```
from selenium import webdriver
from time import sleep

# 仅仅启动浏览器后，观察 Cookies
```

```
driver = webdriver.Firefox()
print("仅仅启动浏览器后的 cookies == %s" % driver.get_cookies())
driver.quit()
```

结果如下：

```
仅仅启动浏览器后的 cookies == []
```

2．仅仅打开网站

启动浏览器，打开 51CTO 的登录页后再获得 Cookies，实现代码如下：

```
from selenium import webdriver
from time import sleep

# 启动浏览器后观察 Cookies
driver = webdriver.Firefox()
print("仅仅启动浏览器后的 cookies == %s" % driver.get_cookies())
sleep(2)
driver.get("https://home.51cto.com/index?reback=http://www.51cto.com/")
# 启动浏览器后打开 51CTO 网站，观察 Cookies
print("打开 51CTO 网站后的 Cookies == %s" % driver.get_cookies())
sleep(2)
driver.quit()
```

结果如下：

```
打开 51CTO 网站后的
cookies == [{'name': 'waf_cookie', 'value': '95e69c9e-fb7a-4f25c8a6a40e1e7
0de0d13a1aa4db5c91dac', 'path': '/', 'domain': 'home.51cto.com', 'secure':
False, 'httpOnly': True}, {'name': 'acw_tc', 'value': '2760826615830716737
054425e572528b6ee0a77b6c7f775925c4cc8da5e38', 'path': '/', 'domain': 'home.
51cto.com', 'secure': False, 'httpOnly': True, 'expiry': 1585750075},
{'name': 'PHPSESSID', 'value': 'g6pfj5a2fsk8mluifre3affm65', 'path': '/',
'domain': 'home.51cto.com', 'secure': False, 'httpOnly': True}, {'name':
'_csrf', 'value': 'eab71d25bbb517398da316a7767175c406ee473aa513645b039a9
d544c87b4b7a%3A2%3A%7Bi%3A0%3Bs%3A5%3A%22_csrf%22%3Bi%3A1%3Bs%3A32%3A%2
2BMUMbCHkLJaFBgJ7ZWq7RRCqqi1HhqH6%22%3B%7D', 'path': '/', 'domain': 'home.
51cto.com', 'secure': False, 'httpOnly': True}, {'name': '_ourplusFirstTime',
'value': '120-3-1-22-7-54', 'path': '/', 'domain': 'home.51cto.com', 'secure':
False, 'httpOnly': False, 'expiry': 1619071674}, {'name': '_ourplusReturnTime',
'value': '120-3-1-22-7-54', 'path': '/', 'domain': 'home.51cto.com',
'secure': False, 'httpOnly': False, 'expiry': 1619071674}, {'name':
'_ourplusReturnCount', 'value': '1', 'path': '/', 'domain': 'home.51cto.
com', 'secure': False, 'httpOnly': False, 'expiry': 1619071674}, {'name':
'www51cto', 'value': '50DD08DE4D45347E6D9C324988918495Xnbn', 'path': '/',
'domain': '.51cto.com', 'secure': False, 'httpOnly': False, 'expiry':
1898431674}, {'name': 'Hm_lvt_844390da7774b6a92b34d40f8e16f5ac', 'value':
'1583071675', 'path': '/', 'domain': '.home.51cto.com', 'secure': False,
'httpOnly': False, 'expiry': 1614607675}, {'name': 'Hm_lpvt_844390da7774b6
a92b34d40f8e16f5ac', 'value': '1583071675', 'path': '/', 'domain': '.home.
51cto.com', 'secure': False, 'httpOnly': False}]
```

3. 登录后

先登录 51CTO 网站，再获得 Cookies，运行代码，可以看到输出的 Cookies 有了变化。

```
from selenium import webdriver
from time import sleep

# 仅仅启动浏览器后，观察 Cookies
driver = webdriver.Firefox()
print("仅仅启动浏览器后的 Cookies == %s" % driver.get_cookies())
sleep(2)
driver.get("https://home.51cto.com/index?reback=http://www.51cto.com/")
# 启动浏览器后，打开 51CTO 网站，观察 Cookies
print("打开 51cto 网站后的 cookies == %s" % driver.get_cookies())
sleep(2)
driver.find_element_by_xpath("//*[@id='login-wechat']/div[3]/a").click()
driver.find_element_by_xpath("//*[@id='loginform-username']").send_keys
("hb****")
driver.find_element_by_xpath('//*[@id="loginform-password"]').send_keys
("87654321")
#定义密码，通过 ID 也可以
# driver.find_element_by_id("loginform-password").send_keys("87654321")
driver.find_element_by_xpath('//*[@id="login-form"]/div[4]/input[1]').c
lick()
sleep(2)
print("登录 51CTO 网站后的 cookies == %s" % driver.get_cookies())
sleep(2)
driver.quit()
```

结果如下：

```
登录 51CTO 网站后的
cookies == [{'name': 'www51cto', 'value': '50DD08DE4D45347E6D9C32498891849
5Xnbn', 'path': '/', 'domain': '.51cto.com', 'secure': False, 'httpOnly':
False, 'expiry': 1898431674}, {'name': 'pub_sauth1', 'value': 'CQZVHBVWBVM
6DQQJUA1fPQUGDFdWBQQHVVo', 'path': '/', 'domain': '.51cto.com', 'secure':
False, 'httpOnly': True, 'expiry': 1583935680}, {'name': 'pub_sauth2',
'value': '83976623bdbfba728859ba24480e9d78', 'path': '/', 'domain': '.51cto.
com', 'secure': False, 'httpOnly': True, 'expiry': 1583935680}, {'name': 'pub_
cookietime', 'value': '864000', 'path': '/', 'domain': '.51cto.com', 'secure':
False, 'httpOnly': True, 'expiry': 1583935680}, {'name': 'pub_wechatopen',
'value': 'aG0wVVBdBFIEBQQGWg', 'path': '/', 'domain': '.51cto.com', 'secure':
False, 'httpOnly': True, 'expiry': 1585663680}, {'name': 'pub_sauth3',
'value': 'UgQMAFQJVARRWgVWBAMEUwpVUFoAAlpWAlcAWlEHAwMAAl0OVggHVGxQBwFTB
VdQBgReDFdSBwEHUwYNAVVUU1FVXQZVWwEFV1sDV1EFUAdWPlcNW1JSAgBTAQA', 'path':
'/', 'domain': '.51cto.com', 'secure': False, 'httpOnly': True, 'expiry':
1583935680}, {'name': 'waf_cookie', 'value': 'b6ffca6f-f59f-40e7621bd3c84
2b5b5f0d84d41de6d6065d6', 'path': '/', 'domain': 'www.51cto.com', 'secure':
False, 'httpOnly': True}, {'name': 'acw_tc', 'value': '276082851583071679
8753340e43a84ecf598bb85eaeea74247db3f9f4488e', 'path': '/', 'domain':
'www.51cto.com', 'secure': False, 'httpOnly': True, 'expiry': 1585750081}]
```

6.12.2　获取指定的 Cookie

前面通过 get_cookies()获得的 Cookie 有多对，而通过 get_cookie(self,name)可获得指定的 Cookie。下面的案例通过 get_cookie(name = 'www51cto')来获得"www51cto"的 Cookie 值。

以下代码中，将实际用户名隐藏了，读者可以根据自己的真实情况来替换。

```
from selenium import webdriver
from time import sleep

# 仅仅启动浏览器后观察 Cookies
driver = webdriver.Firefox()
CtoUrl = 'https://home.51cto.com/index?reback=http://www.51cto.com/'
print("仅仅启动浏览器后的 Cookies == %s" % driver.get_cookies())
driver.get(CtoUrl)
driver.find_element_by_xpath("//*[@id='login-wechat']/div[3]/a").click()
driver.find_element_by_xpath("//*[@id='loginform-username']").send_keys
("hb****")
driver.find_element_by_xpath('//*[@id="loginform-password"]').send_keys
("87654321")
#定义密码，通过 ID 也可以
# driver.find_element_by_id("loginform-password").send_keys("87654321")
driver.find_element_by_xpath('//*[@id="login-form"]/div[4]/input[1]').c
lick()
sleep(2)
print("登录 51CTO 网站后的 Cookies == %s" % driver.get_cookies())
sleep(2)
print("获得 51CTO 登录后'www51cto'的值 == %s" % driver.get_cookie(name =
'www51cto'))
driver.quit()
```

代码运行后，可以看到获得了 name 为 www51cto 的 Cookie 值。

```
获得 51CTO 登录后'www51cto'的值 == {'name': 'www51cto', 'value': '25EE3E5D3A6
EA68032C90FBAF5EF65CEeefH', 'path': '/', 'domain': '.51cto.com', 'secure':
False, 'httpOnly': False, 'expiry': 1898432665}
```

6.12.3　添加 Cookie

添加 Cookie 调用的方法是 add_cookie(cookie_dict)，其中 cookie_dict 为字典对象，必须有 name 和 value 值，代码如下：

```
from selenium import webdriver
from time import sleep

# 仅仅启动浏览器后，观察 Cookies
driver = webdriver.Firefox()
CtoUrl = 'https://home.51cto.com/index?reback=http://www.51cto.com/'
print("仅仅启动浏览器后的 cookies == %s" % driver.get_cookies())
driver.get(CtoUrl)
```

```
for cookie in driver.get_cookies():
    print("%s/%s" % (cookie['name'],cookie['value']))

# 添加 Cookie
driver.add_cookie({ 'name':'Leo', 'value': 'Leo123'})
print("添加 name:Leo 后的内容")
for cookie in driver.get_cookies():
    print("%s/%s" % (cookie['name'],cookie['value']))
driver.quit()
```

代码运行后，可以看到添加 Cookie 后，输出的 Cookie 中包含了 name 为 Leo 的值。

```
仅仅启动浏览器后的 cookies == []
waf_cookie/5af89286-1436-47c567340fa8a0f3e3c6f0fa9aa8134ce440
acw_tc/2760826315835935954143177e9837affe0901f4fdf8dd2aef785c12c5f153
PHPSESSID/oc2pk3eh4uakhd8bq1fn2ri1g0
_csrf/c20d78e3f4186592d0df4e2143f5e4d7d4388977703cf6642745ea1fa0ed0c2fa
%3A2%3A%7Bi%3A0%3Bs%3A5%3A%22_csrf%22%3Bi%3A1%3Bs%3A32%3A%225ki9pwxKUA3
GOtUrKf46BsVgm3on0Skp%22%3B%7D
_ourplusFirstTime/120-3-7-23-6-37
_ourplusReturnTime/120-3-7-23-6-37
_ourplusReturnCount/1
www51cto/F0CBFC52A7FF8D5DA0C0C67C0B9C1FB4RvnL
Hm_lvt_844390da7774b6a92b34d40f8e16f5ac/1583593598
Hm_lpvt_844390da7774b6a92b34d40f8e16f5ac/1583593598
```

添加 name:Leo 后的内容如下：

```
waf_cookie/5af89286-1436-47c567340fa8a0f3e3c6f0fa9aa8134ce440
acw_tc/2760826315835935954143177e9837affe0901f4fdf8dd2aef785c12c5f153
PHPSESSID/oc2pk3eh4uakhd8bq1fn2ri1g0
_csrf/c20d78e3f4186592d0df4e2143f5e4d7d4388977703cf6642745ea1fa0ed0c2fa
%3A2%3A%7Bi%3A0%3Bs%3A5%3A%22_csrf%22%3Bi%3A1%3Bs%3A32%3A%225ki9pwxKUA3
GOtUrKf46BsVgm3on0Skp%22%3B%7D
_ourplusFirstTime/120-3-7-23-6-37
_ourplusReturnTime/120-3-7-23-6-37
_ourplusReturnCount/1
www51cto/F0CBFC52A7FF8D5DA0C0C67C0B9C1FB4RvnL
Hm_lvt_844390da7774b6a92b34d40f8e16f5ac/1583593598
Hm_lpvt_844390da7774b6a92b34d40f8e16f5ac/1583593598
Leo/Leo123
```

6.12.4 删除 Cookie

删除 Cookie 包含删除指定的 Cookie 与删除所有的 Cookie 两种方法。

- 删除指定的 Cookie：delete_cookie(name)
- 删除所有的 Cookie：delete_all_cookies()

1．删除指定的Cookie

删除指定的 Cookie，其实现代码如下：

```
from selenium import webdriver
from time import sleep

# 仅仅启动浏览器后观察 Cookies
driver = webdriver.Firefox()
CtoUrl = 'https://home.51cto.com/index?reback=http://www.51cto.com/'

print("仅仅启动浏览器后的 Cookies == %s" % driver.get_cookies())
driver.get(CtoUrl)
for cookie in driver.get_cookies():
    print("%s/%s" % (cookie['name'],cookie['value']))
# 添加 Cookie
driver.add_cookie({ 'name':'Leo', 'value': 'Leo123'})
print("添加 name:Leo 后的内容")
for cookie in driver.get_cookies():
    print("%s/%s" % (cookie['name'],cookie['value']))
# 删除指定的 Cookie
driver.delete_cookie("Leo")
# print("删除 cookie 后值 == %s" % driver.get_cookies())
print("删除 name:Leo 后的内容")
for cookie in driver.get_cookies():
    print("%s/%s" % (cookie['name'],cookie['value']))
driver.quit()
```

代码运行后，先是在 Cookie 中增加了 name 为 Leo 的值，执行 delete_cookie("Leo") 后，输出的 Cookie 中 Leo 被删除了。

```
仅仅启动浏览器后的 Cookies == []
waf_cookie/5af89286-1436-47c567340fa8a0f3e3c6f0fa9aa8134ce440
acw_tc/2760826315835935954143177e9837affe0901f4fdf8dd2aef785c12c5f153
PHPSESSID/oc2pk3eh4uakhd8bq1fn2ri1g0
_csrf/c20d78e3f4186592d0df4e2143f5e4d7d4388977703cf6642745ea1fa0ed0c2fa
%3A2%3A%7Bi%3A0%3Bs%3A5%3A%22_csrf%22%3Bi%3A1%3Bs%3A32%3A%225ki9pwxKUA3
GOtUrKf46BsVgm3on0Skp%22%3B%7D
_ourplusFirstTime/120-3-7-23-6-37
_ourplusReturnTime/120-3-7-23-6-37
_ourplusReturnCount/1
www51cto/F0CBFC52A7FF8D5DA0C0C67C0B9C1FB4RvnL
Hm_lvt_844390da7774b6a92b34d40f8e16f5ac/1583593598
Hm_lpvt_844390da7774b6a92b34d40f8e16f5ac/1583593598
添加 name:Leo 后的内容
waf_cookie/5af89286-1436-47c567340fa8a0f3e3c6f0fa9aa8134ce440
acw_tc/2760826315835935954143177e9837affe0901f4fdf8dd2aef785c12c5f153
PHPSESSID/oc2pk3eh4uakhd8bq1fn2ri1g0
_csrf/c20d78e3f4186592d0df4e2143f5e4d7d4388977703cf6642745ea1fa0ed0c2fa
%3A2%3A%7Bi%3A0%3Bs%3A5%3A%22_csrf%22%3Bi%3A1%3Bs%3A32%3A%225ki9pwxKUA3
GOtUrKf46BsVgm3on0Skp%22%3B%7D
_ourplusFirstTime/120-3-7-23-6-37
_ourplusReturnTime/120-3-7-23-6-37
_ourplusReturnCount/1
www51cto/F0CBFC52A7FF8D5DA0C0C67C0B9C1FB4RvnL
Hm_lvt_844390da7774b6a92b34d40f8e16f5ac/1583593598
Hm_lpvt_844390da7774b6a92b34d40f8e16f5ac/1583593598
Leo/Leo123
```

```
删除 name:Leo 后的内容
waf_cookie/5af89286-1436-47c567340fa8a0f3e3c6f0fa9aa8134ce440
acw_tc/2760826315835935954143177e9837affe0901f4fdf8dd2aef785c12c5f153
PHPSESSID/oc2pk3eh4uakhd8bq1fn2ri1g0
_csrf/c20d78e3f4186592d0df4e2143f5e4d7d4388977703cf6642745ea1fa0ed0c2fa
%3A2%3A%7Bi%3A0%3Bs%3A5%3A%22_csrf%22%3Bi%3A1%3Bs%3A32%3A%225ki9pwxKUA3
GOtUrKf46BsVgm3on0Skp%22%3B%7D
_ourplusFirstTime/120-3-7-23-6-37
_ourplusReturnTime/120-3-7-23-6-37
_ourplusReturnCount/1
www51cto/F0CBFC52A7FF8D5DA0C0C67C0B9C1FB4RvnL
Hm_lvt_844390da7774b6a92b34d40f8e16f5ac/1583593598
Hm_lpvt_844390da7774b6a92b34d40f8e16f5ac/1583593598
```

2．删除所有的Cookie

删除所有的 Cookie，使用 delete_all_cookies()方法，代码如下：

```
from selenium import webdriver
from time import sleep

# 仅仅启动浏览器后观察 Cookies
driver = webdriver.Firefox()
CtoUrl = 'https://home.51cto.com/index?reback=http://www.51cto.com/'

print("仅仅启动浏览器后的 Cookies == %s" % driver.get_cookies())
driver.get(CtoUrl)
for cookie in driver.get_cookies():
    print("%s/%s" % (cookie['name'],cookie['value']))
# 添加 Cookie
driver.add_cookie({ 'name':'Leo', 'value': 'Leo123'})
print("添加 name:Leo 后的内容")
for cookie in driver.get_cookies():
    print("%s/%s" % (cookie['name'],cookie['value']))
# 删除指定的 Cookie
driver.delete_cookie("Leo")
# print("删除 Cookie 后的值 == %s" % driver.get_cookies())
print("删除 name:Leo 后的内容")
for cookie in driver.get_cookies():
    print("%s/%s" % (cookie['name'],cookie['value']))
#删除全部的 Cookies
driver.delete_all_cookies()
print("删除全部 Cookies 后的值 == %s" % driver.get_cookies())
driver.quit()
```

代码运行后，可以看到执行 delete_all_cookies()方法后 Cookie 变为空。

```
仅仅启动浏览器后的 Cookies == []
waf_cookie/5af89286-1436-47c567340fa8a0f3e3c6f0fa9aa8134ce440
acw_tc/2760826315835935954143177e9837affe0901f4fdf8dd2aef785c12c5f153
PHPSESSID/oc2pk3eh4uakhd8bq1fn2ri1g0
_csrf/c20d78e3f4186592d0df4e2143f5e4d7d4388977703cf6642745ea1fa0ed0c2fa
%3A2%3A%7Bi%3A0%3Bs%3A5%3A%22_csrf%22%3Bi%3A1%3Bs%3A32%3A%225ki9pwxKUA3
GOtUrKf46BsVgm3on0Skp%22%3B%7D
```

```
_ourplusFirstTime/120-3-7-23-6-37
_ourplusReturnTime/120-3-7-23-6-37
_ourplusReturnCount/1
www51cto/F0CBFC52A7FF8D5DA0C0C67C0B9C1FB4RvnL
Hm_lvt_844390da7774b6a92b34d40f8e16f5ac/1583593598
Hm_lpvt_844390da7774b6a92b34d40f8e16f5ac/1583593598
添加 name:Leo 后的内容
waf_cookie/5af89286-1436-47c567340fa8a0f3e3c6f0fa9aa8134ce440
acw_tc/2760826315835935954143177e9837affe0901f4fdf8dd2aef785c12c5f153
PHPSESSID/oc2pk3eh4uakhd8bq1fn2ri1g0
_csrf/c20d78e3f4186592d0df4e2143f5e4d7d4388977703cf6642745ea1fa0ed0c2fa
%3A2%3A%7Bi%3A0%3Bs%3A5%3A%22_csrf%22%3Bi%3A1%3Bs%3A32%3A%225ki9pwxKUA3
GOtUrKf46BsVgm3on0Skp%22%3B%7D
_ourplusFirstTime/120-3-7-23-6-37
_ourplusReturnTime/120-3-7-23-6-37
_ourplusReturnCount/1
www51cto/F0CBFC52A7FF8D5DA0C0C67C0B9C1FB4RvnL
Hm_lvt_844390da7774b6a92b34d40f8e16f5ac/1583593598
Hm_lpvt_844390da7774b6a92b34d40f8e16f5ac/1583593598
Leo/Leo123
删除 name:Leo 后的内容
waf_cookie/5af89286-1436-47c567340fa8a0f3e3c6f0fa9aa8134ce440
acw_tc/2760826315835935954143177e9837affe0901f4fdf8dd2aef785c12c5f153
PHPSESSID/oc2pk3eh4uakhd8bq1fn2ri1g0
_csrf/c20d78e3f4186592d0df4e2143f5e4d7d4388977703cf6642745ea1fa0ed0c2fa
%3A2%3A%7Bi%3A0%3Bs%3A5%3A%22_csrf%22%3Bi%3A1%3Bs%3A32%3A%225ki9pwxKUA3
GOtUrKf46BsVgm3on0Skp%22%3B%7D
_ourplusFirstTime/120-3-7-23-6-37
_ourplusReturnTime/120-3-7-23-6-37
_ourplusReturnCount/1
www51cto/F0CBFC52A7FF8D5DA0C0C67C0B9C1FB4RvnL
Hm_lvt_844390da7774b6a92b34d40f8e16f5ac/1583593598
Hm_lpvt_844390da7774b6a92b34d40f8e16f5ac/1583593598
删除全部 Cookie 后的值 == []
```

6.12.5　接口测试中的 Cookie 操作

在接口测试中，也常常会操作 Cookie，其中常见的 Cookie 操作如下：

- 获取 Cookies（r.cookies）；
- Cookies 格式转换的方法（将 requestsCookieJar 转换为字典的方法 dict_from_cookiejar()、将字典转换为 CookieJar 的方法 cookiejar_from_dict()）；
- 发送 Cookies r= requests.get(url,cookies= cookies);

添加 Cookies，具体步骤如下：

- s.cookies.set(' ', ' ', ' ');
- add_dict_to_cookiejar;
- 保持会话。

接口要想操作 Cookie，需要安装 Requests 模块。

1. Request模块的安装

Request 模块的安装可以基于以下 3 种方式：

- 通过 pip 命令安装；
- 通过 PyCharm 安装；
- 通过安装包安装（进入解压包目录下，通过 setup.py 安装）。

通过 pip 安装：进入 cmd 命令窗口，输入 pip install requests 命令安装。

通过 PyCharm 安装：具体方法如图 6-28 所示。

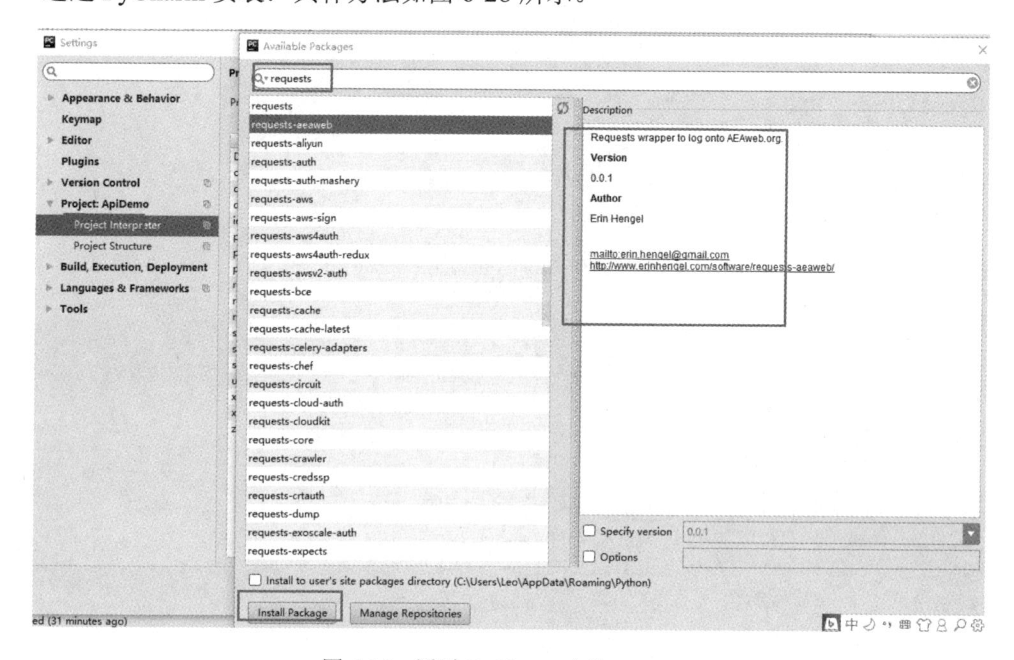

图 6-28　通过 PyCharm 安装 Request

通过安装包安装：安装包下载地址为 http://docs.python-requests.org/zh_CN/latest/user/install.html#install，下载后直接安装即可。

2. 通过Request模块操作Cookies

通过 Request 模块获取 Cookies 的代码如下：

```
import requests
url = "https://httpbin.org/cookies"
url1 = "https://cn.bing.com/"

# ##################################
# 1. 给服务器发送请求 httpbin
# ##################################
r  = requests.get(url)
print(r.cookies)                                    # 返回的是 jar 包，需要转换
```

```
print(r.headers)
r1 = requests.utils.dict_from_cookiejar(r.cookies) # 将jar包转换为字典
print(r1)
```

6.13 富　文　本

富文本编辑器（Rich Text Edito，RTE）提供类似于 Microsoft Word 的编辑功能，它的应用非常广泛，被很多开发者用来嵌入到网页中提供文本格式的编辑。

富文本常常被嵌入 IFrame 中，所以对于富文本的操作需要先切换到 IFrame 中，再进行操作。

下面以百度提供的 UEditor 为例进行介绍，如图 6-29 所示。其地址为 ueditor.baidu.com/website/onlinedemo.html。

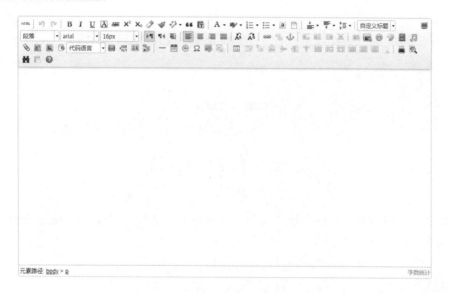

图 6-29　UEditor 界面

打开 Firefox 的开发者工具，定位到富文本编辑框内，在开发者工具查看器中可以观察到其所在的 IFrame 的 id 值是 ueditor_0，如图 6-30 所示。

操作富文本的代码如下：

```
from selenium import webdriver
driver=webdriver.Firefox()

driver.get("https://ueditor.baidu.com/website/onlinedemo.html")
# 切入进 frame 中
driver.switch_to.frame("ueditor_0")
driver.find_element_by_xpath("/html/body").send_keys("bella")
driver.quit()
```

代码执行后可以看到在富文本编辑框输入了字符串 bella。

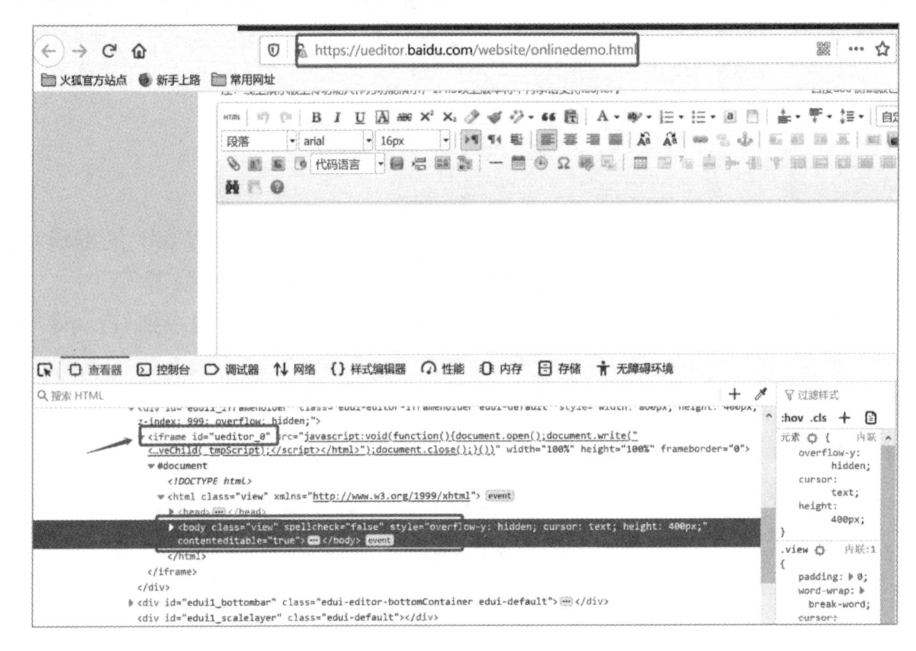

图 6-30　UEditor 定位

6.14　标签页切换

实际工作中有时会遇到多个标签页的切换问题，那么如何通过 Selenium 维护多标签页呢？实现代码如下：

```
from selenium import webdriver
from time import sleep
from selenium.webdriver.common.keys import Keys
from selenium.webdriver.common.action_chains import ActionChains

driver=webdriver.Firefox()
driver.get("http://cn.bing.com/")
# 获得当前窗口
handle=driver.current_window_handle
driver.find_element_by_xpath("//input[@name='q']").send_keys("bella")
driver.find_element_by_xpath("//input[@name='go']").click()
sleep(1)
# 通过 JS 打开新标签
js='window.open("https://www.baidu.com/");'
driver.execute_script(js)
# 获得所有窗口
handles=driver.window_handles
for newhandle in handles:
```

```
    if newhandle != handle:
        driver.switch_to.window(newhandle)
break
ActionChains(driver).key_down(Keys.CONTROL).send_keys("w").key_up(Keys.
CONTROL).perform()
sleep(2)
# 返回第一个标签
driver.switch_to.window(handles[0])
sleep(2)
driver.quit()
```

运行代码，可以看到如下回放动作：

（1）打开 Bing 页面。

（2）检索内容，单击搜索按钮。

（3）打开新标签 Baidu。

（4）再切回到 Bing 标签。

6.15　屏幕截图

在测试脚本执行过程中，当运行到某些步骤时存在运行失败的可能性。当脚本运行失败时，可以看脚本运行错误信息是常用的方法，如果可以把当前步骤所操作的场景通过图形展现出来（类似黑盒测试中提交 Bug 同时配图），就更容易让自动化测试工程师判别测试脚本执行失败的原因了。

WebDriver 提供的屏幕截图方法有下面 4 个。

1．save_screenshot()方法

save_screenshot()方法是保存一张后缀名为 png 的图片。save_screenshot()的参数是文件名称，截图会保存在当前代码的目录下。

仍以 Bing 搜索页为例，参考代码如下：

```
from selenium import webdriver
import time

# 以日期命名截图的名称
picture_time = time.strftime("%Y-%m-%d-%H_%M_%S", time.localtime(time.
time()))

driver = webdriver.Firefox()
driver.get("http://cn.bing.com/")
driver.find_element_by_xpath("//input[@name='q']").send_keys("bella")
driver.find_element_by_xpath("//input[@name='go']").click()
time.sleep(1)
driver.save_screenshot(picture_time + '.png')
time.sleep(1)
driver.quit()
```

2．get_screenshot_as_file(filename)方法

使用 get_screenshot_as_file(filename)方法也十分简单，通过 Driver 获取该方法，将截图保存到指定的路径（该路径为绝对路径）下。

仍以 Bing 搜索页为例，参考代码如下：

```
from selenium import webdriver
from time import  sleep

driver = webdriver.Firefox()
driver.get("http://cn.bing.com/")

driver.find_element_by_xpath("//input[@name='q']").send_keys("bella")
driver.find_element_by_xpath("//input[@name='go']").click()
sleep(4)
driver.get_screenshot_as_file("d:\\bing.png")
driver.quit()
```

代码执行后，通过 get_screenshot_as_file("d:\\bing.png")方法将图片保存在 D 盘下。

3．get_screenshot_as_png()方法

get_screenshot_as_png()方法是获取当前屏幕截图的二进制文件数据，代码如下：

```
from selenium import webdriver
import time

driver = webdriver.Firefox()
driver.get("http://cn.bing.com/")

driver.find_element_by_xpath("//input[@name='q']").send_keys("bella")
driver.find_element_by_xpath("//input[@name='go']").click()
time.sleep(1)
screenshot = driver.get_screenshot_as_png()
print(screenshot)
driver.quit()
```

输出内容如下：

```
c\xd5Z\x86\xbd\xa5\x05\xe6\xa6\xc6h\x8e\x1aA\xbf_:\xb0|\xf6DN\xeao……
```

4．get_screenshot_as_base64()方法

get_screenshot_as_base64()方法是获取当前屏幕截图的 Base64 编码字符串，便于 HTML 页面直接嵌入 Base64 编码图片，代码如下：

```
from selenium import webdriver
import time

driver = webdriver.Firefox()
driver.get("http://cn.bing.com/")

driver.find_element_by_xpath("//input[@name='q']").send_keys("bella")
```

```
driver.find_element_by_xpath("//input[@name='go']").click()
time.sleep(1)
screenshot = driver.get_screenshot_as_base64()
print(screenshot)
driver.quit()
```

截图的 Base64 编码字符串内容如下：


```
iVBORw0KGgoAAAANSUhEUgAACgAAAAUwCAYAAACPZgycAAAgAElEQVR4nO……
```


6.16　执行 JavaScript 脚本

页面上的操作有时通过 Selenium 是无法实现的，如滚动条、时间控件等，此时就需要借助 JavaScript 来完成。JavaScript（以后简称 JS）是一种脚本语言，它在客户端上运行，即在浏览器上运行。

WebDriver 提供了一个内置方法来操作 JavaScript，代码如下：

```
driver.execute_script(self,script,args)
```

可以通过两种方式在浏览器中执行 JavaScript。

1．在文档根级别执行JavaScript

在文档根级别下，使用 JavaScript 提供的方法捕获想要的元素，然后声明一些操作并使用 WebDriver 执行此 JavaScript。例如：

```
JSScript = "document.getElementsByName('input')[1].click();"
driver.execute_script(JSScript)
```

2．在元素级别执行JavaScript

在元素级别下，使用 WebDriver 捕获想要使用的元素，然后使用 JavaScript 声明一些操作，并通过将 Web 元素作为参数传递给 JavaScript 来使用 WebDriver 执行此 JavaScript。例如：

```
BtnName = driver.find_element_by_xpath("//input[@name=' go']")
driver.execute_script("arguments[0].click();", BtnName)
```

程序说明：

（1）通过 WebDriver 提供的 XPath 方法捕获元素，代码如下：

```
BtnName = driver.find_element_by_xpath("//input[@name=' go']")
```

（2）声明 JavaScript 并对元素执行单击操作，代码如下：

```
arguments[0].click()
```

（3）通过 execute_script() 使用的 JavaScript 语句作为字符串值调用方法，代码如下：

```
driver.execute_script("arguments[0].click();", BtnName)
```

当有多个 JS 操作时，可以书写如下代码：

```
from selenium import webdriver
from time import sleep

driver = webdriver.Firefox()
driver.get("http://cn.bing.com/")

SearchName = driver.find_element_by_xpath("//input[@name='q']")
BtnName = driver.find_element_by_xpath("//input[@name='go']")
driver.execute_script("arguments[0].value='bella';
arguments[1].click(); ",SearchName,BtnName)
sleep(3)
driver.quit()
```

注：在 JS 操作中，value='bella'是给元素赋值，click()是对元素进行单击。

下面来看下 JS 中的一些常见操作，如日期控件、滚动条等。

6.16.1 JavaScript 操作日期控件

日期控件在网站上经常遇到，如 12306 网站、旅游订票网站（如携程、去哪儿等）、租车网站（如神州租车）等。

1．常规日期控件的操作

下面以神州租车官网中的“上门取送”为例进行介绍，如图 6-31 所示。

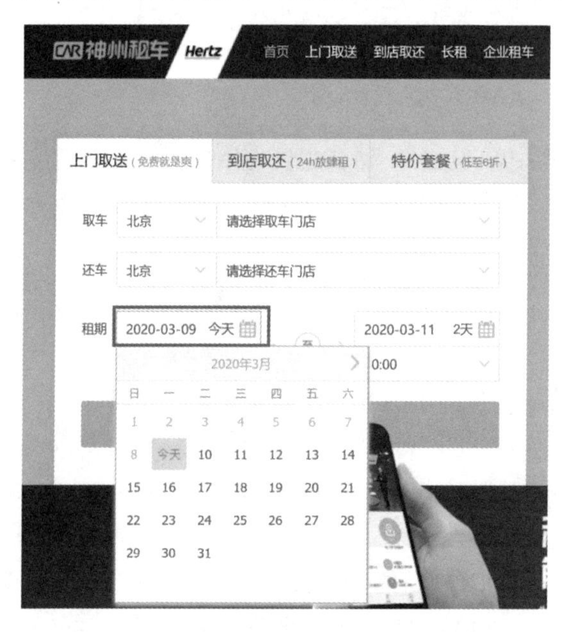

图 6-31　时间控件

当通过 send_keys 给时间控件赋值时，看到只是把时间控件打开了，并没有选择设定的日期。采用 JS 赋值，则可以完成对时间控件的操作，代码如下：

```
from selenium import webdriver

driver = webdriver.Firefox()
driver.get("https://www.zuche.com")

#通过 send_keys 无法操作时间控件
#
driver.find_element_by_xpath('//*[@id="fromDate"]').send_keys("2020-05-26")

# JS 可以实现对时间控件的操作
DateJS="document.getElementById('fromDate').value='2020-05-26'"
driver.execute_script(DateJS)
```

通过上面的代码可以看到，给日期控件赋值是通过 JS 方法改掉了输入框的 value 值。

2．readonly日期控件的操作

有些日期控件元素包含 readonly 属性，要想实现给 readonly 属性的日期控件赋值，需要先通过 JS 去掉 readonly 属性，然后再给日期控件赋值。

以 12306 官网为例，打开出发日期控件，设定出发日期，如图 6-32 所示。

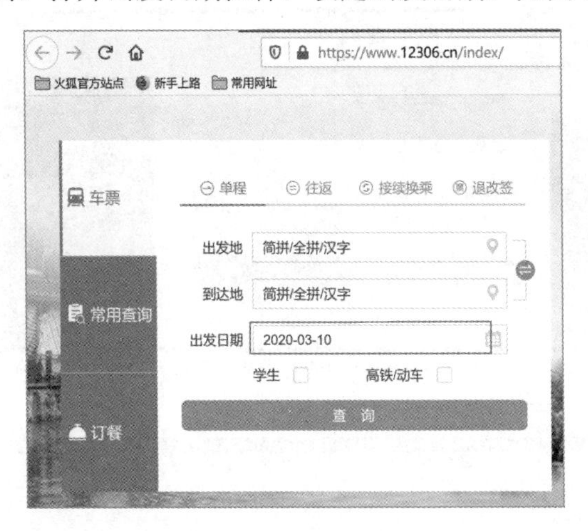

图 6-32　日期控件 1

先通过 WebDriver 提供的 send_keys()方法操作，代码如下：

```
from selenium import webdriver
from time import sleep

driver = webdriver.Firefox()
driver.get("https://www.12306.cn/index/")
sleep(5)

driver.find_element_by_xpath("//*[@id='train_date']").clear()
```

```
driver.find_element_by_xpath("//*[@id='train_date']").send_keys("2020-0
3-20")
```

代码运行后，可以看到运行失败，代码在运行 clear()方法时便出错，错误信息如下：

```
driver.find_element_by_xpath("//*[@id='train_date']").clear()
Selenium.common.exceptions.InvalidElementStateException: Message: Element
is read-only: <input id="train_date" class="input" type="text">
```

将代码优化为通过 JS 给时间控件元素赋值，代码如下：

```
from selenium import webdriver
from time import sleep

driver = webdriver.Firefox()
driver.get("https://www.12306.cn/index/")

sleep(5)
driver.find_element_by_xpath("//*[@id='train_date']").clear()
DateJS="document.getElementById(' train_date ').value='2020-05-26'"
driver.execute_script(DateJS)
```

代码运行后，可以看到同样是运行失败，报出与使用 send_keys()方法同样的错误。

通过 Firefox 的开发者工具可以看到，12306 日期控件的属性中包含 readonly 属性，如图 6-33 所示。

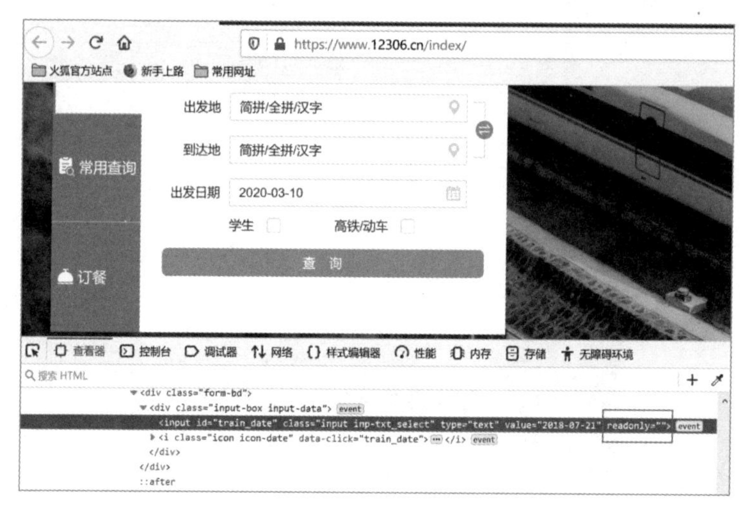

图 6-33　日期控件 2

日期控件标签代码如下：

```
<input type="text" class="input inp-txt_select" value="2018-07-21" id=
"train_date" readonly="">
```

通过查看代码，看到该元素包含 readonly 属性后，需要借助 JS 先去掉元素的 readonly 属性，然后再赋值，代码如下：

```
from selenium import webdriver
from time import sleep
```

```
driver = webdriver.Firefox()
driver.get("https://www.12306.cn/index/")
sleep(5)

# 去掉 readonly 属性
JS = 'document.getElementById("train_date").removeAttribute("readonly")'
driver.execute_script(JS)

# 去掉 readonly 属性，通过 clear()和 send_keys()方法可正确运行
driver.find_element_by_xpath("//*[@id='train_date']").clear()
driver.find_element_by_xpath("//*[@id='train_date']").send_keys("2020-0
3-20")
```

运行代码后可以看到，成功给日期控件赋值。

上面的代码也可通过JS方法改掉输入框的value值来给日期控件直接赋值，代码如下：

```
from selenium import webdriver
from time import sleep

driver = webdriver.Firefox()
driver.get("https://www.12306.cn/index/")
sleep(5)

# 去掉 readonly 属性
JS = 'document.getElementById("train_date").removeAttribute("readonly")'
driver.execute_script(JS)

# 去掉 readonly 属性，通过 send_keys()方法可正确运行
# driver.find_element_by_xpath("//*[@id='train_date']").clear()
#
driver.find_element_by_xpath("//*[@id='train_date']").send_keys("2020-0
3-20")
# 去掉 readonly 属性，借助 JS 赋值，可正确运行
driver.find_element_by_xpath("//*[@id='train_date']").clear()
DateJS="document.getElementById('train_date').value='2020-05-26'"
driver.execute_script(DateJS)
```

6.16.2　JavaScript 处理多窗口

当单击某链接时，单击的链接有时不是在原标签页上实现跳转，而是新打开一个标签页。那么如何实现在多个窗口间进行切换呢？

要解决该问题，可以修改 HTML 中元素的属性。前面的内容中我们了解到，JS 可以修改元素的 readonly 属性，因此通过 JS 修改元素属性可以实现多窗口之间的切换。

单击 Bing 首页底部的“帮助”链接，会打开“举报问题”新窗口，如图 6-34 所示。

对于多窗口的处理，只需要修改 target 属性即可。查看“帮助”链接，会发现其 target="_blank"，如图 6-35 所示。因为 target 的属性为"_blank"，所以打开链接的时候会重新打开一个新的标签页。

图 6-34 多窗口

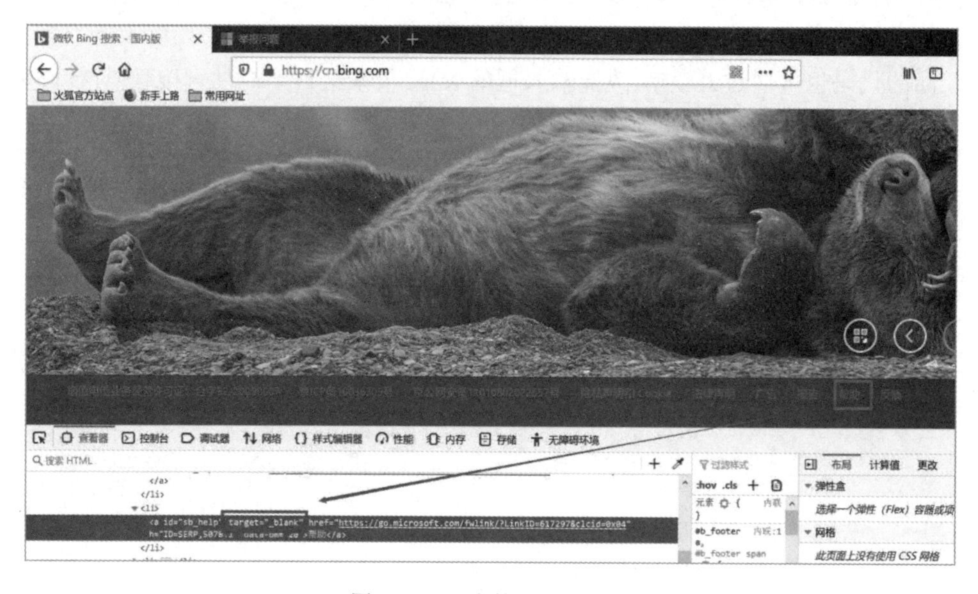

图 6-35 元素的 target 属性

只要去掉 target="_blank"属性，即可实现在原标签页打开链接，代码如下：

```
from selenium import webdriver
from time import sleep

driver = webdriver.Firefox()
driver.get("https://cn.bing.com/")

sleep(2)
JS = 'document.getElementById("sb_help").target=""'
driver.execute_script(JS)
driver.find_element_by_xpath('//*[@id="sb_help"]').click()
```

6.16.3 JavaScript 处理视频

现在很多的网站开发都是基于 HTML 5，canvas（画布）、video（视频）和 audio（音频）是 HTML 5 中常见的 3 个对象。如何昨用 Selenium 操作 HTML 5 中常见的对象呢？本节将以 HTML 5 中的 video（视频）为例具体介绍。

大多数浏览器是使用控件（如 Flash）来播放视频的，但是不同的浏览器需要使用不同的插件。HTML 5 定义了一个新的元素<video>，指定了一个标准的方式来嵌入电影片段，大部分浏览器都支持该元素。

1．videojs网站案例

以 videojs.com 为例，访问该网站的运行速度会慢些，代码如下：

```
from selenium import webdriver
from time import sleep
from selenium.webdriver.support.ui import WebDriverWait
from selenium.webdriver.support import expected_conditions as EC
from selenium.webdriver.common.by import By

driver = webdriver.Firefox()
driver.get("https://videojs.com")
# sleep(10)
# 通过播放器的位置
video = WebDriverWait(driver, 30, 0.5).until(
    EC.presence_of_element_located((By.XPATH,
'/html/body/div/div/main/div[1]/div/div/div[1]/div/video')))
# 返回播放文件地址
url1=driver.execute_script("return arguments[0].currentSrc;",video)
print(url1)

# 播放视频
print("=====播放视频 10s=====")
driver.execute_script("return arguments[0].play()",video)
# 播放 10s
sleep(10)

# 暂停视频
print("=====暂停视频 15s=====")
driver.execute_script("arguments[0].pause()",video)
sleep(10)

# 播放视频
print("=====播放视频 20s=====")
driver.execute_script("return arguments[0].play()",video)
sleep(20)

driver.quit()
```

2．斗鱼网站案例

这里以打开斗鱼直播首页为例，先定位到播放器的 ID，然后通过 JS 来控制播放或暂停。代码如下：

```
from selenium import webdriver
```

```
from time import sleep
profile = webdriver.ChromeOptions()
profile.add_argument(r"user-data-dir=C:\Users\Fourme\AppData\Local\Goog
le\Chrome\User Data")
driver=webdriver.Chrome("chromedriver",0,profile)
driver.get("https://www.douyu.com/")

# 定位播放的位置
video = driver.find_element_by_xpath("//video[@id='__video']")

# 返回文件
url= driver.execute_script("return arguments[0].currentSrc;",video)
# 播放视频
driver.execute_script("return arguments[0].play()",video)
# 播放 30s
sleep(30)    # 运行脚本时，等待时间需根据实际情况修订，有可能造成代码不能成功运行
# 播放视频

# 暂停视频
driver.execute_script("return arguments[0].pause()",video)
# 暂停 15s
sleep(15)    # 运行脚本时，等待时间需根据实际情况修订，有可能造成代码不能成功运行
# 播放视频
driver.execute_script("return arguments[0].play()",video)
# 播放 15s
sleep(15)    # 运行脚本时，等待时间需根据实际情况修订，有可能造成代码不能成功运行
# 播放视频

driver.quit()
```

6.16.4 JavaScript 控制浏览器滚动条

当访问页面上的展现结果超过一屏时，如果想浏览或操作屏幕下半部分的内容时，由于被屏幕遮挡，因此无法操作对应的元素。此时，就需要借助滚动条来拖动屏幕，实现浏览更多的内容或使被操作的元素展现在屏幕上。

滚动条是无法直接被定位到的，WebDriver 中也没有直接的方法控制滚动条。此时便需要借助 JavaScript 来操作滚动条。

1．控制纵向滚动条上下滑动

当访问页面时，页面上的展现结果超过一屏时就需要操作滚动条上下滑动。

滚动条回到顶部，代码如下：

```
js="var q=document.getElement.scrollTop=0"
driver.execute_script(js)
```

滚动条回到底部，代码如下：

```
js="var q=document.documentElement. scrollTop =10000"
```

```
driver.execute_script(js)
```

注：Windows 7 之后，JS 中可以修改 scrollTop 的值来定位浏览器右侧（竖）滚动条的位置（纵向），0 表示最上面，10 000 表示最底部，scrollTop 的值介于 0 ~ 10000。

2．控制横向滚动条左右滑动

有时也需要浏览器页面左右滚动来展现全部内容。通过 scrollTop(x,y)可以实现横向与纵向滚动条的移动，*x* 是横坐标，*y* 是纵向坐标。代码如下：

```
from selenium import webdriver
from time import sleep

driver = webdriver.Firefox()
driver.get("http://cn.bing.com/")

#设定浏览器尺寸为 800×600，以便横向与纵向滚动条均出现
driver.set_window_size(800,600)
driver.find_element_by_xpath("//input[@id='sb_form_q']").send_keys("bel
la")
driver.find_element_by_xpath("//input[@id='sb_form_go']").click()
sleep(4)
js = "window.scrollTo(100,500)"            #100、500 对应的是 x 轴和 y 轴
driver.execute_script(js)
sleep(3)
driver.quit()
```

运行代码后，呈现的效果如图 6-36 所示。

图 6-36　滚动条移动效果

3．scrollTo()函数

scrollTo()函数也可通过其他的方式实现滚动条的滚动。

- scrollHeight：获取对象（浏览器）的滚动高度；
- scrollWidth：获取对象（浏览器）的滚动宽度；
- scrollLeft：设置或获取左边界和窗口可见内容与最左端之间的距离；
- scrollTop：设置或获取最顶部和窗口可见内容与最顶端之间的距离。

案例代码如下：

```
from selenium import webdriver
from time import sleep

driver = webdriver.Firefox()
driver.get("http://cn.bing.com/")

#设定浏览器尺寸为 800×600，以便横向与纵向滚动条均出现
driver.set_window_size(800,600)
driver.find_element_by_xpath("//input[@id='sb_form_q']").send_keys("bel
la")
driver.find_element_by_xpath("//input[@id='sb_form_go']").click()
# 纵向滚动到底部
DownJs="window.scrollTo(0,document.body.scrollHeight)"
driver.execute_script(DownJs)
sleep(2)
# 滚动条回到初始位置
InitJs="window.scrollTo(0,0)"
driver.execute_script(InitJs)
sleep(2)
# 横向滚动到最左侧
LeftJs="window.scrollTo(document.body.scrollWidth,0)"
driver.execute_script(LeftJs)
sleep(2)
# 滚动条回到初始位置
driver.execute_script(InitJs)
sleep(2)
driver.quit()
```

注：

- document.body.scrollWidth：网页正文全文宽度，包括（存在滚动条）未见区域；
- document.body.scrollHeight：网页正文全文高度，包括（存在滚动条）未见区域；
- document.documentElement.clientWidth：可见区域宽度，不包含存在滚动条时的未见区域；
- document.documentElement.clientHeight：可见区域高度，不包含存在滚动条时的未见区域；
- document.documentElement.scrollTop=200：设置或返回匹配元素相对滚动条顶部的偏移；
- document.documentElement.scrollLeft=200：设置或返回匹配元素相对滚动条左侧的偏移；
- window.scrollTo(200,300)：设置滚动条的 left（横坐标）=200，top（纵坐标）=300。

6.16.5　JavaScript 的其他操作

1. 取消置灰

取消置灰的代码如下：

```
document.getElementByClassName(wd").disabled=false
```

2. 隐藏与可见

设置隐藏与可见的代码如下：

```
document.getElementById("Id").style.display="none"          // 隐藏
document.getElementById("Id ").style.display="block"        // 可见
```

例如：

```
js = " document.getElementById('fromDate').style.display = ' block ';"
# 执行 JS
driver.execute_script(js)
```

6.17　操作画布

Canvas 是 HTML 5 提供的一个新特性，它是一个矩形的画布，可以用 JavaScript 控制每一个像素在上面绘画。Canvas 拥有绘制路径、矩形、圆形、字符及添加图像的方法。

Canvas 有两个属性，一个是宽度（width），另一个是高度（height）。宽度和高度可以使用内联的属性，如图 6-37 所示。

以 Literally Canvas 网站（http://literallycanvas.com/）为例，其提供了线上的画布案例，如图 6-38 所示。

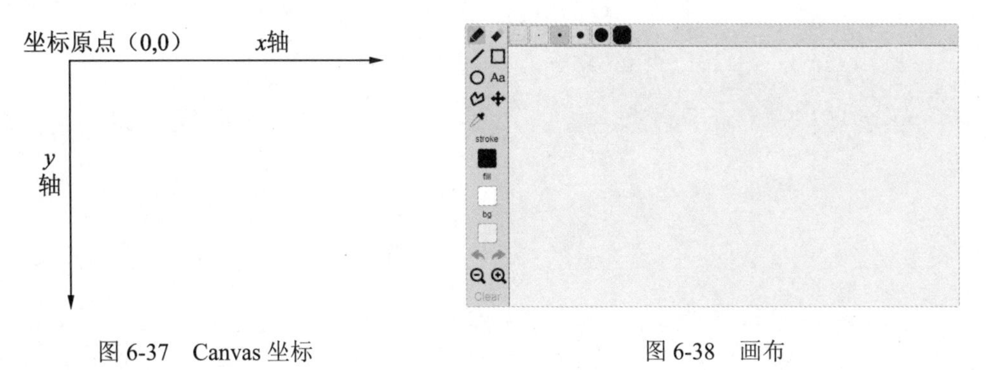

图 6-37　Canvas 坐标　　　　图 6-38　画布

操作画布，可以通过 Action 与 JS 来实现，下面分别展示这两种实现方式。

1. 使用Action操作画布

以 Literally Canvas 画布为例，在画布中通过画笔绘制一个不规则的闭合图形，代码如下：

```
from selenium import webdriver
from time import sleep
from selenium.webdriver.common.action_chains import ActionChains

driver=webdriver.Firefox()
driver.get("http://literallycanvas.com/")
driver.maximize_window()
driver.implicitly_wait(20)

canvas=driver.find_element_by_xpath("//*[@id='literally-canvas']/div[1]
/div[1]/canvas[2]")                    #画笔的属性可通过 Chrome 获得
drawing = ActionChains(driver).click_and_hold(canvas).move_by_offset(20,
50).move_by_offset(50,20).move_by_offset(-20,-50).move_by_offset(-50,-20).
release()
drawing.perform()
sleep(3)
driver.quit()
```

2. 使用JS操作画布

在 Literally Canvas 画布上绘制一个黄色的矩形框，代码如下：

```
from selenium import webdriver
from time import sleep

driver=webdriver.Firefox()
driver.get("http://literallycanvas.com/")
driver.maximize_window()
driver.implicitly_wait(20)

jSScript= 'var element_canvas = document.getElementsByTagName(\"canvas\")[0];'\
                    + 'var cxt=element_canvas.getContext(\"2d\");'\
                    +'cxt.fillStyle=\"#FFBB00\";'\
                    +'cxt.fillRect(50,50,170,70);'
driver.execute_script(jSScript)
sleep(3)
driver.quit()
```

第 7 章　单元测试框架

测试涉及软件开发过程的各个阶段。在软件项目的实施过程中，需要架构设计人员、开发人员和测试人员等角色共同努力来完成软件项目的研发。作为软件开发过程中的中坚力量，开发人员除了要编写代码外，往往还要承担单元测试这一任务。

基于 Python 语言实现的 Selenium 自动化脚本通常使用单元测试框架来运行，因此了解单元测试框架的使用方法对自动化工程师来说尤为重要。

本章将介绍与 Selenium 紧密结合的几个单元测试框架，主要内容有：

- 单元测试框架 UnitTest；
- 单元测试框架 Pytest。

7.1　单元测试简介

单元测试负责对最小的软件设计单元（模块）进行验证，它使用软件设计文档中对模块的描述作为指南，对重要的程序分支进行测试以发现模块中的错误。由于软件模块并不是一个单独的程序，为了进行单元测试还必须编写大量的额外代码，从而无形中增加了开发人员的工作量，目前解决这一问题比较好的方法是使用测试框架。测试框架在需要构造大量测试用例时尤为有效，因为如果完全依靠手工的方式来构造和执行这些测试，花费的成本是十分高的，而测试框架则可以很好地解决这些问题。

7.2　单元测试框架简介

单元测试是软件测试的一种类型，是对程序中最小单元进行的测试。程序的最小单元可以是一个函数、一个类，也可以是函数的组合或类的组合。

单元测试是软件测试中最低级别的测试活动，与之相对应的更高级别的测试有模块测试、集成系统和系统测试等。单元测试一般由软件开发者而不是独立的测试工程师完成。另外，单元测试有一个隐含的性质，那就是单元测试属于自动化测试。

软件测试分为手工测试和自动化测试。自动化测试中才有框架的概念。自动化测试框架需要提供自动化测试用例编写、自动化测试用例执行、自动化测试报告生成等基础功能。

有了测试框架，只需要完成和业务高度相关的测试用例设计和实现即可。另外，框架会处理好复杂度与扩展性的问题。目前较流行的 Python 单元测试框架是 UnitTest、Pytest 和 Nose。

7.3 UnitTest 框架

Python 语言中有很多单元测试框架，UnitTest 框架作为标准 Python 语言中的一个模块，是其他框架的基础。

7.3.1 UnitTest 简介

UnitTest 是 Python 标准库中自带的单元测试框架，它有时候也被称为 PyUnit。就像 JUnit 是 Java 语言的标准单元测试框架一样，UnitTest（PyUnit）则是 Python 语言的标准单元测试框架。UnitTest 可以组织执行测试用例，并且提供丰富的断言方法，可以判断测试用例是否通过，并最终生成测试结果。用 UnitTest 单元测试框架可以进行 Web 自动化测试。

由于 UnitTest 是 Python 标准库中自带的单元测试框架，因此安装完 Python 后就已存在，而无须再单独安装。

7.3.2 UnitTest 的核心要素

UnitTest 的核心要素有 TestCase、TestSuite、TextTestRunner、TextTestResult 和 Fixture，共 5 个。

1. TestCase

- 一个 TestCase（测试用例）就是一个测试用例。
- 一个测试用例就是一个完整的测试流程，包括测试前的环境准备（SetUp）、执行测试代码（run），以及测试后的环境还原（tearDown）。
- 一个测试用例就是一个完整的测试单元，通过运行这个测试单元，可以对某一个问题进行验证，用户定义测试用例需要继承 TestCase 类。

一个测试用例是在 UnitTest 中执行测试的最小单元。它通过 UnitTest 提供的 assert 方法，来验证一组特定的操作和输入所得到的具体响应。UnitTest 提供了一个名称为 TestCase 的基础类（unittest.TestCase），可以用来创建测试用例。

2. TestSuite

一个 TestSuite（测试套件）是多个测试用例的集合，是针对被测程序对应的功能和模块所创建的一组测试。一个测试套件内的所有测试用例将一起执行。

- TestSuite()是测试用例集合。
- 通过 addTest()方法可以手动把 TestCase 添加到 TestSuite 中，也可以通过 TestLoader 把 TestCase 自动加载到 TestSuite（TestCases 之间不存在先后顺序）中。

3．TextTestRunner

TextTestRunner（测试执行器）负责测试执行调度并且为用户生成测试结果。它是运行测试用例的驱动类，其中的 run 方法可以执行 TestCase 和 TestSuite。

4．TextTestResult

TextTestResult（测试报告）用来展示所有执行用例成功或者失败状态的汇总结果、执行失败的测试步骤的预期结果与实际结果，以及整体运行状况和运行时间的汇总结果。

5．Fixture

通过使用 Fixture（测试夹具），可以定义在单个或多个测试执行之前的准备工作，以及测试执行之后的清理工作。

- 一个测试用例环境的搭建和销毁就是一个 Fixture，通过覆盖 TestCase 的 setUp()和 tearDown()方法来实现。
- 如果在测试用例中需要访问数据库，那么就可以在 setUp()中建立数据库连接并进行初始化，测试用例执行后需要还原环境。tearDown()的过程很重要，要为以后的 TestCase 留下一个干净的环境，例如在 tearDown()中需要关闭数据库连接。

7.3.3　工作流程

UnitTest 的整个流程如下：

（1）编写 TestCase。

（2）把 TestCase 添加到 TestSuite 中。

（3）由 TextTestRunner 来执行 TestSuite。

（4）将运行的结果保存在 TextTestResult 中。

将整个过程集成在 unittest.main 模块中。

7.3.4　UnitTest 案例实战

1．UnitTest案例准备

通过 PyCharm 在工程目录下创建 UnitTestDemo 的 Python package，UnitTest 的案例均存放在 UnitTestDemo 下。

（1）创建基础待测方法。在 UnitTestDemo 下新建 mathfunc.py 文件，代码如下：

```
# 加法，返回 a+b 的值
def add(a,b):
    return a+b

# 减法，返回 a-b 的值
def minus(a,b):
    return a-b

# 乘法，返回 a*b 的值
def multi(a,b):
    return a*b

# 除法，返回 a/b 的值
def divide(a,b):
    return a/b
```

（2）设计测试用例。为前面的测试方法设计测试用例，在 UnitTestDemo 下创建 test_mathfunc.py 文件，代码如下：

```
import unittest
from UnitTestDemo.mathfunc import *

class TestMathFunc(unittest.TestCase):
    """测试 mathfunc.py"""

    def test_add(self):
        """测试加法 add"""
        self.assertEqual(3,add(1,2))
        self.assertNotEqual(3,add(2,2))

    def test_minus(self):
        """测试减法 minus"""
        self.assertEqual(1,minus(3,2))

    def test_multi(self):
        """测试乘法 multi"""
        self.assertEqual(6,multi(2,3))

    def test_divide(self):
        """测试除法 divide"""
        self.assertEqual(2,divide(6,3))
        self.assertEqual(2.5,divide(5,2))
```

2. 组织与设定测试用例的执行顺序

测试套件（TestSuite）是多个测试用例的集合，是针对被测程序的对应的功能和模块创建的一组测试。

通过 TestSuite()的 addTest()方法手动把 TestCase 添加到 TestSuite 中，或通过 TestLoader

把 TestCase 自动加载到 TestSuite 中。

首先创建测试套件。执行单条用例调用 addTest()方法，在 UnitTestDemo 下创建 test_suite.py 文件，代码如下：

```
import unittest
from UnitTestDemo.test_mathfunc import TestMathFunc

if __name__ == "__main__":
    suite = unittest.TestSuite()
    # addTest()添加单个 TestCase
    suite.addTest(TestMathFunc("test_multi"))
    runner = unittest.TextTestRunner()
    runner.run(suite)
```

然后执行多条测试用例 addTests()方法，test_suite.py 文件的代码如下：

```
import unittest
from UnitTestDemo.test_mathfunc import TestMathFunc

if __name__ == "__main__":
    suite = unittest.TestSuite()
    # addTest()添加单个 TestCase
    #suite.addTest(TestMathFunc("test_multi"))
    # addTests()执行加法、减法、除法
    tests = [TestMathFunc("test_add"),TestMathFunc("test_divide"),
TestMathFunc("test_minus")]
    suite.addTests(tests)
    runner = unittest.TextTestRunner()
    runner.run(suite)
```

3. 测试结果

TextTestRunner 测试执行器负责测试执行调度并且生成测试结果给用户。可以将测试结果直接在控制台中输出，也可以将测试结果输出到外部文件中。

有时候想要很清楚地看到每条用例执行的详细信息，可以通过设置 verbosity 参数来实现。verbosity 默认值为 1，可以设置为 0 和 2。

- 0（静默模式）：只能获得总的测试用例数和总的结果；
- 1（默认模式）：非常类似于静默模式，只是在每个成功的用例前面有个“.”，每个失败的用例前面有个“E”；
- 2（详细模式）：测试结果会显示每个测试用例的所有相关信息，并且在命令行里加入不同的参数可以起到一样的效果。

（1）将结果输出到 IDE 中。

verbosity=0，修改 test_suite.py 文件，代码如下：

```
import unittest
from UnitTestDemo.test_mathfunc import TestMathFunc
```

```
if __name__ == "__main__":
    suite = unittest.TestSuite()
    # 执行加法、减法、除法
    tests = [TestMathFunc("test_add"),TestMathFunc("test_divide"),
TestMathFunc("test_minus")]
    suite.addTests(tests)
    # addTest()添加单个 TestCase
    #suite.addTest(TestMathFunc("test_multi"))

    # ####################################
    # verbosity 默认为 1，可以设置为 0 和 2
    #
    # 0（静默模式）：你只能获得总的测试用例数和总的结果
    # 1（默认模式）：非常类似于静默模式，只是在每个成功的用例前面有个“.”每个失败的
      用例前面有个“E”
    # 2（详细模式）：测试结果会显示每个测试用例的所有相关信息，并且在命令行里加入不同
      的参数可以起到一样的效果
    # ####################################
    runner = unittest.TextTestRunner(verbosity=0)
    runner.run(suite)
```

运行 test_suite.py，结果如下：

```
----------------------------------------------------------------------
Ran 3 tests in 0.000s
OK
```

修改 test_suite.py 文件，设置 verbosity=1，运行代码，结果如下：

```
...
----------------------------------------------------------------------
Ran 3 tests in 0.000s

OK
```

修改 test_suite.py 文件，设置 verbosity=2，运行代码，结果如下：

```
test_add (UnitTestDemo.test_mathfunc.TestMathFunc)
测试加法 add ... ok
test_divide (UnitTestDemo.test_mathfunc.TestMathFunc)
测试除法 divide ... ok
test_minus (UnitTestDemo.test_mathfunc.TestMathFunc)
测试减法 minus ... ok
----------------------------------------------------------------------
Ran 3 tests in 0.000s
OK
```

（2）将结果输出到外部文件中。

优化 test_suite.py 文件，通过 stream 参数将结果输出到外部文件中，优化 test_suite.py 后的代码如下：

```
import unittest
from UnitTestDemo.test_mathfunc import TestMathFunc
```

```
if __name__ == "__main__":
    suite = unittest.TestSuite()
    # 执行加法、减法、除法
    tests = [TestMathFunc("test_add"),TestMathFunc("test_divide"),
TestMathFunc("test_minus")]
    suite.addTests(tests)
    # addTest()添加单个 TestCase
    #suite.addTest(TestMathFunc("test_multi"))
    # #####################################
    # verbosity 默认为 1，可以设置为 0 和 2
    # 0（静默模式）：只能获得总的测试用例数和总的结果。
    # 1（默认模式）：非常类似于静默模式，只是在每个成功的用例前面有个“.”每个失败的
      用例前面有个“E”
    # 2（详细模式）：测试结果会显示每个测试用例的所有相关信息，并且在命令行里加入不同
      的参数可以起到一样的效果
    # #####################################
    # # ========================
    # # 结果输出位置 1：将结果输出到控制台中
    # # ========================
    # runner = unittest.TextTestRunner()
    # runner.run(suite)
    # ========================
    # 结果输出位置 2：将结果输出到外部文件中
    # ========================
    with open("d:\\result.txt", "a") as f:
        runner = unittest.TextTestRunner(stream=f, verbosity=2)
        runner.run(suite)
```

运行 test_suite.py，可以看到在 D 盘下多了一个 result.txt 文件。result.txt 文件的内容如图 7-1 所示。

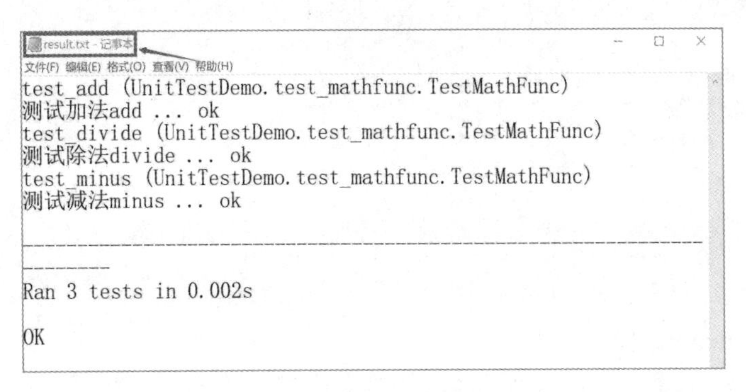

图 7-1　result.txt 文件的内容

4．测试初始化与还原

通过使用 Fixture，可以定义测试执行之前的准备工作和测试执行之后的清理工作。

- setUp()：执行用例的前置条件，如建立数据库连接；
- tearDown()：执行完用例后，为了不影响下一次用例的执行，一般有一个数据还原

的过程，tearDown()是执行用例的后置条件，如关闭数据库连接。

下面结合案例，分别针对初始化与还原的几种方式进行详细介绍。

方式 1：setUp()与 tearDown()方法。

- setUp()：每个测试 case 运行之前执行；
- tearDown()：每个测试 case 运行完之后执行。

修改 UnitTestDemo 创建的 test_mathfunc.py 文件，增加 setUp()与 tearDown()方法，代码如下：

```
import unittest
from UnitTestDemo.mathfunc import *

class TestMathFunc(unittest.TestCase):
    """测试 mathfunc.py"""
    # 在每条测试用例执行之前准备好测试环境
    def setUp(self):
        print("do something before test!")

    def test_add(self):
        """测试加法 add"""
        self.assertEqual(3,add(1,2))
        self.assertNotEqual(3,add(2,2))

    def test_minus(self):
        """测试减法 minus"""
        self.assertEqual(1,minus(3,2))

    def test_multi(self):
        """测试乘法 multi"""
        self.assertEqual(6,multi(2,3))

    def test_divide(self):
        """测试除法 divide"""
        self.assertEqual(2,divide(6,3))
        self.assertEqual(2,divide(5,2))

    # 在每条测试用例执行结束之后清理测试环境，还原到初始状态
    def tearDown(self):
        print("do something after test!")
```

运行 test_suite.py，代码如下：

```
import unittest
from UnitTestDemo.test_mathfunc import TestMathFunc

if __name__ == "__main__":
    suite = unittest.TestSuite()
    # 执行加法、减法、除法
    tests = [TestMathFunc("test_add"),TestMathFunc("test_divide"),
TestMathFunc("test_minus")]
    suite.addTests(tests)
```

```
# ########################################
# verbosity 默认为 1，可以设置为 0 和 2
# 0（静默模式）：你只能获得总的测试用例数和总的结果
# 1（默认模式）：非常类似于静默模式，只是在每个成功的用例前面有个“.”每个失败的
  用例前面有个“E”
# 2（详细模式）：测试结果会显示每个测试用例的所有相关信息，并且你在命令行里加入不
  同的参数可以起到一样的效果
# ########################################

# # ================================
# # 结果输出位置 1：将结果输出到控制台中
# # ================================
runner = unittest.TextTestRunner(verbosity=2)
runner.run(suite)
```

运行 test_suite.py，结果如下：

```
do something before test!
test_add (UnitTestDemo.test_mathfunc.TestMathFunc)
do something after test!
do something before test!
测试加法 add ... ok
do something after test!
test_divide (UnitTestDemo.test_mathfunc.TestMathFunc)
do something before test!
测试除法 divide ... FAIL
do something after test!
test_minus (UnitTestDemo.test_mathfunc.TestMathFunc)
测试减法 minus ... ok
======================================================================
FAIL: test_divide (UnitTestDemo.test_mathfunc.TestMathFunc)
测试除法 divide
----------------------------------------------------------------------
Traceback (most recent call last):
File "*****\UnitTestDemo\test_mathfunc.py", line 60, in test_divide
self.assertEqual(2,divide(5,2))
AssertionError: 2 != 2.5
----------------------------------------------------------------------
Ran 3 tests in 0.001s
FAILED (failures=1)
```

方式 2：setUpClass ()与 tearDownClass ()方法。

- setUpClass()：必须使用@classmethod 装饰器，初始化操作在所有 case 运行前只运行一次；
- tearDownClass()：必须使用@classmethod 装饰器，还原操作在所有 case 运行后只运行一次。

修改 UnitTestDemo 创建的 test_mathfunc.py 文件，在其中增加 setUpClass()与 tearDownClass ()方法，代码如下：

```
import unittest
from UnitTestDemo.mathfunc import *
```

```
class TestMathFunc(unittest.TestCase):
    """测试 mathfunc.py"""
    @classmethod
    def setUpClass(cls):
        print("do something before testClass,only run once!")

    def test_add(self):
        """测试加法 add"""
        self.assertEqual(3,add(1,2))
        self.assertNotEqual(3,add(2,2))

    def test_minus(self):
        """测试减法 minus"""
        self.assertEqual(1,minus(3,2))

    def test_multi(self):
        """测试乘法 multi"""
        self.assertEqual(6,multi(2,3))

    def test_divide(self):
        """测试除法 divide"""
        self.assertEqual(2,divide(6,3))
        self.assertEqual(2,divide(5,2))

    @classmethod
    def tearDownClass(cls):
        print("do something after testClass,only run once!")
```

test_suite.py 文件内容不变，运行 test_suite.py 文件，结果如下：

```
do something before testClass,only run once!
test_add (UnitTestDemo.test_mathfunc.TestMathFunc)
do something after testClass,only run once!
测试加法 add ... ok
test_divide (UnitTestDemo.test_mathfunc.TestMathFunc)
测试除法 divide ... FAIL
test_minus (UnitTestDemo.test_mathfunc.TestMathFunc)
测试减法 minus ... ok
======================================================================
FAIL: test_divide (UnitTestDemo.test_mathfunc.TestMathFunc)
测试除法 divide
----------------------------------------------------------------------
Traceback (most recent call last):
 File "***\Book\UnitTestDemo\test_mathfunc.py", line 97, in test_divide
   self.assertEqual(2,divide(5,2))
AssertionError: 2 != 2.5
----------------------------------------------------------------------
Ran 3 tests in 0.001s
FAILED (failures=1)
```

5．测试用例跳过（skip）

在执行测试用例时，有时候有些用例是不需要执行的，UnitTest 提供了跳过用例的方法。

- @unittest.skip(reason)：强制跳过，不需要判断条件。reason 参数是跳过原因的描述，必须填写。
- @unittest.skipIf(condition, reason)：condition 为 True 时将跳过用例。
- @unittest.skipUnless(condition, reason)：当 condition 为 False 时将跳过用例。
- @unittest.expectedFailure：如果 test 失败了，这个 test 不计入失败的 case 数目。

下面以@unittest.skipUnless 为例，通过@unittest.skipUnless 来跳过执行某条测试用例。修改 test_mathfunc.py 文件，修改后的代码如下：

```
import unittest
from UnitTestDemo.mathfunc import *

class TestMathFunc(unittest.TestCase):
    """测试 mathfunc.py"""
     # @unittest.skip("don't run this case!")
     # @unittest.skipIf(3<2,"don't run this case!")
    @unittest.skipUnless(1>2,"don't run this case!")
    def test_add(self):
        """测试加法 add"""
        self.assertEqual(3,add(1,2))
        self.assertNotEqual(3,add(2,2))

    def test_minus(self):
        """测试减法 minus"""
        self.assertEqual(1,minus(3,2))

    def test_multi(self):
        """测试乘法 multi"""
        self.assertEqual(6,multi(2,3))

    def test_divide(self):
        """测试除法 divide"""
        self.assertEqual(2,divide(6,3))
        self.assertEqual(2.5,divide(5,2))
```

未给 test_mathfunc.py 添加@unittest.skipUnless 前，运行 test_suite.py 的结果如下：

```
test_add (UnitTestDemo.test_mathfunc.TestMathFunc)
测试加法 add ... ok
test_divide (UnitTestDemo.test_mathfunc.TestMathFunc)
测试除法 divide ... ok
test_minus (UnitTestDemo.test_mathfunc.TestMathFunc)
测试减法 minus ... ok
----------------------------------------------------------------------
Ran 3 tests in 0.000s
OK
```

修改 test_mathfunc.py 文件的代码，在其中添加@unittest.skipUnless 后，运行 test_suite.py 的结果如下：

```
test_add (UnitTestDemo.test_mathfunc.TestMathFunc)
测试加法 add ... skipped "don't run this case!"
```

```
test_divide (UnitTestDemo.test_mathfunc.TestMathFunc)
测试除法 divide ... ok
test_minus (UnitTestDemo.test_mathfunc.TestMathFunc)
测试减法 minus ... ok
----------------------------------------------------------------------
Ran 3 tests in 0.000s
OK (skipped=1)
```

可以看到 test_add()用例未被执行，被跳过了。这是由于@unittest.skipUnless(condition, reason)：当 condition 为 False（@unittest.skipUnless(1>2,"don't run this case!")）时跳过了用例。

7.4 Pytest 框架

UnitTest 是 Python 语言自带的测试框架，Pytest 是 Python 语言的第三方测试框架，是基于 UnitTest 的扩展框架，Pytest 比 UnitTest 更简洁、高效。

7.4.1 Pytest 简介

Pytest 是主流的测试框架，推荐读者使用该框架。对比 UnitTest 框架来说，Pytest 框架不需要像 UnitTest 那样单独创建类继承 unittest.TestCase。它使用起来非常简单，只需要创建测试类或者测试文件，然后以 test 开头即可。Pytest 测试框架运行时，可以根据 test 找到测试用例并执行。

Pytest 测试框架主要有以下几个特点：

- 简单灵活，容易上手，文档丰富；
- 支持用简单的 assert 语句实现丰富的断言，无须复杂的 self.assert*函数；
- 支持参数化；
- 兼容 UnitTest 和 nose 测试集；
- 能够支持简单的单元测试和复杂的功能测试，还可应用到接口自动化测试（Pytest+Requests）中；
- 丰富的插件生态，具有很多第三方插件，并且可以自定义扩展，如 pytest-Selenium（集成 Selenium）等；
- 支持重复执行失败的 case 等；
- 方便和持续集成工具 Jenkins 集成。

7.4.2 安装 Pytest

Pytest 不是 Python 默认的包，需要手动安装。其同时可以在 Windows、UNIX 系统上安装。最新的 Pytest 版本为 5.4.1，Pytest 5.4.1 支持 Python 3.5、3.6 和 3.7 版本。本书采用的 Python 版本为 Python 3.7，因此可以与 Pytest 结合使用。

打开 Windows 系统的 cmd 命令窗口，在命令行中运行以下命令：

```
pip install -U pytest
```

注：通过 cmd 命令方式安装 Pytest 时，可能下载过程较长或安装过程中报错、中断，多尝试几次即可。

安装进度如图 7-2 所示。

```
C:\Windows\system32>pip install -U pytest
Collecting pytest
  Downloading https://files.pythonhosted.org/packages/c7/e2/c19c667f42f72716a7d03e8dd4d6f63f47d39feadd44cc1ee7ca3089862c
/pytest-5.4.1-py3-none-any.whl (246kB)
    |████████                    | 40kB 6.7kB/s eta 0:00:31
```

图 7-2　Pytest 安装进度

如果仍然安装不成功，可以指定国内镜像，如清华大学开源软件镜像站，地址是 https://mirrors.tuna.tsinghua.edu.cn/，命令如下：

```
pip install --index https://mirrors.ustc.edu.cn/pypi/web/simple/ pytest
```

安装进度如下：

```
C:\Windows\system32>pip install --index https://mirrors.ustc.edu.cn/pypi/
web/simple/ pytest
Looking in indexes: https://mirrors.ustc.edu.cn/pypi/web/simple/
Collecting pytest
  Downloading
https://mirrors.tuna.tsinghua.edu.cn/pypi/web/packages/c7/e2/c19c667f42
f72716a7d03e8dd4d6f63f47d39feadd44cc1ee7ca3089862c/pytest-5.4.1-py3-non
e-any.whl (246kB)
     |████████████████████████████████| 256KB 1.7MB/s
Collecting pluggy<1.0,>=0.12 (from pytest)
  Downloading https://mirrors.tuna.tsinghua.edu.cn/pypi/web/packages/a0/
28/85c7aa31b80d150b772fbe4a229487bc6644da9ccb7e427dd8cc60cb8a62/pluggy-
0.13.1-py2.py3-none-any.whl
Collecting colorama; sys_platform == "win32" (from pytest)
  Downloading https://mirrors.tuna.tsinghua.edu.cn/pypi/web/packages/c9/
dc/45cdef1b4d119eb96316b3117e6d5708a08029992b2fee2c143c7a0a5cc5/coloram
a-0.4.3-py2.py3-none-any.whl
Collecting py>=1.5.0 (from pytest)
  Downloading https://mirrors.tuna.tsinghua.edu.cn/pypi/web/packages/99/
8d/21e1767c009211a62a8e3067280bfce76e89c9f876180308515942304d2d/py-1.8.
1-py2.py3-none-any.whl (83kB)
     |████████████████████████████████| 92KB 2.0MB/s
Collecting more-itertools>=4.0.0 (from pytest)
  Downloading https://mirrors.tuna.tsinghua.edu.cn/pypi/web/packages/72/
96/4297306cc270eef1e3461da034a3bebe7c84eff052326b130824e98fc3fb/more_it
ertools-8.2.0-py3-none-any.whl (43kB)
     |████████████████████████████████| 51KB 3.4MB/s
Collecting packaging (from pytest)
```

```
  Downloading https://mirrors.tuna.tsinghua.edu.cn/pypi/web/packages/62/
0a/34641d2bf5c917c96db0ded85ae4da25b6cd922d6b794648d4e7e07c88e5/packagi
ng-20.3-py2.py3-none-any.whl
Collecting attrs>=17.4.0 (from pytest)
  Downloading https://mirrors.tuna.tsinghua.edu.cn/pypi/web/packages/a2/
db/4313ab3be961f7a763066401fb77f7748373b6094076ae2bda2806988af6/attrs-1
9.3.0-py2.py3-none-any.whl
Collecting atomicwrites>=1.0; sys_platform == "win32" (from pytest)
  Downloading https://mirrors.tuna.tsinghua.edu.cn/pypi/web/packages/52/
90/6155aa926f43f2b2a22b01be7241be3bfd1ceaf7d0b3267213e8127d41f4/atomicw
rites-1.3.0-py2.py3-none-any.whl
Collecting importlib-metadata>=0.12; Python_version < "3.8" (from pytest)
  Downloading https://mirrors.tuna.tsinghua.edu.cn/pypi/web/packages/8b/
03/a00d504808808912751e64ccf414be53c29cad620e3de2421135fcae3025/importl
ib_metadata-1.5.0-py2.py3-none-any.whl
Collecting wcwidth (from pytest)
  Downloading https://mirrors.tuna.tsinghua.edu.cn/pypi/web/packages/58/
b4/4850a0ccc6f567cc0ebe7060d20ffd4258b8210efadc259da62dc6ed9c65/wcwidth
-0.1.8-py2.py3-none-any.whl
Collecting six (from packaging->pytest)
  Downloading https://mirrors.tuna.tsinghua.edu.cn/pypi/web/packages/65/
eb/1f97cb97bfc2390a276969c6fae16075da282f5058082d4cb10c6c5c1dba/six-1.1
4.0-py2.py3-none-any.whl
Collecting pyparsing>=2.0.2 (from packaging->pytest)
  Downloading https://mirrors.tuna.tsinghua.edu.cn/pypi/web/packages/5d/
bc/1e58593167fade7b544bfe9502a26dc860940a79ab306e651e7f13be68c2/pyparsi
ng-2.4.6-py2.py3-none-any.whl (67kB)
    |████████████████████████████████| 71KB 4.8MB/s
Collecting zipp>=0.5 (from importlib-metadata>=0.12; Python_version <
"3.8"->pytest)
  Downloading https://mirrors.tuna.tsinghua.edu.cn/pypi/web/packages/b2/
34/bfcb43cc0ba81f527bc4f40ef41ba2ff4080e047acb0586b56b3d017ace4/zipp-3.
1.0-py3-none-any.whl
Installing collected packages: zipp, importlib-metadata, pluggy, colorama,
py, more-itertools, six, pyparsing, packaging, attrs, atomicwrites,
wcwidth, pytest
Successfully installed atomicwrites-1.3.0 attrs-19.3.0 colorama-0.4.3
importlib-metadata-1.5.0 more-itertools-8.2.0 packaging-20.3 pluggy-
0.13.1 py-1.8.1 pyparsing-2.4.6 pytest-5.4.1 six-1.14.0 wcwidth-0.1.8
zipp-3.1.0
WARNING: You are using pip version 19.2.3, however version 20.0.2 is
available.
You should consider upgrading via the 'Python -m pip install --upgrade pip'
command.
```

检查是否安装了正确的版本，命令如下：

```
pytest --version
```

执行结果如下：

```
C:\Windows\system32>pytest --version
This is pytest version 5.4.1, imported from d:\program files\python37\lib\
site-packages\pytest\__init__.py
```

Pytest 帮助命令如下：

```
pytest  --help 或 pytest  -h
```

执行结果如下：

```
E:\pytestDemo>pytest --help
usage: pytest [options] [file_or_dir] [file_or_dir] [...]

positional arguments:
  file_or_dir

general:
  -k EXPRESSION          only run tests which match the given substring
expression. An expression is a Python evaluatable
                     expression where all names are substring-matched
against test names and their parent classes.
                     Example: -k 'test_method or test_other' matches all
test functions and classes whose name
                     contains 'test_method' or 'test_other', while -k 'not
test_method' matches those that don't
                     contain 'test_method' in their names. -k 'not test_
method and not test_other' will eliminate the
                     matches. Additionally keywords are matched to classes
and functions containing extra names in
                     their 'extra_keyword_matches' set, as well as functions
which have names assigned directly to
                     them. The matching is case-insensitive.
  -m MARKEXPR            only run tests matching given mark expression.
example: -m 'mark1 and not mark2'.
  --markers            show markers (builtin, plugin and per-project ones).
  -x, --exitfirst       exit instantly on first error or failed test.
  --maxfail=num        exit after first num failures or errors.
```

7.4.3　Pytest 案例实战

1．Pytest基础案例

通过 PyCharm 在工程目录下创建 pytestDemo 的 Python package，Pytest 的案例均存放在 pytestDemo 下。

Pytest 测试用例编写非常简单，Pytest 可以在不同的函数、包中编写用例，但 Pytest 有如下约束：

- 文件名以 test_（如 test_*.py）开头或以_test（如* _test.py）结尾的 py 文件；
- 以 test_开头的函数或 test_开头的方法；
- 以 Test 开头的类，并且不能带有 init 方法；
- 要注意的是所有的包必须要有 init.py 文件（在 PyCharm 中会自动生成）。

（1）创建基础待测方法。在 pytestDemo 下新建 test_demo.py 文件，代码如下：

```
def add(a,b):
   return  a + b
```

```
def test_add():
    assert add(2,3) == 5
```

（2）运行测试方法。通过 cmd 进入 test_demo.py 所在的文件夹下，然后执行 pytest 命令，结果如下：

```
E:\>cd pytestDemo
E:\pytestDemo>pytest
======================== test session starts ==========================
platform win32 -- Python 3.7.5, pytest-5.4.1, py-1.8.1, pluggy-0.13.1
rootdir: E:\pytestDemo
collected 1 item

test_demo.py .
[100%]
========================= 1 passed in 0.02s ===========================
```

对 test_demo.py 文件代码进行改动，将实际值与期望值改成不一致，代码如下：

```
def add(a,b):
    return  a + b

def test_add():
    assert add(2,3) == 6
```

通过 cmd 命令进入 test_demo.py 所在的文件夹下，然后执行 pytest 命令，结果如下：

```
E:\pytestDemo>pytest
======================== test session starts =========================
platform win32 -- Python 3.7.5, pytest-5.4.1, py-1.8.1, pluggy-0.13.1
rootdir: E:\pytestDemo
collected 1 item
test_demo.py F
[100%]
=============================== FAILURES ===============================
_______________________________ test_add _______________________________
    def test_add():
>       assert add(2,3) == 6
E       assert 5 == 6
E        +  where 5 = add(2, 3)
test_demo.py:5: AssertionError
======================== short test summary info =======================
FAILED test_demo.py::test_add - assert 5 == 6
========================= 1 failed in 0.06s ===========================
```

2. 测试用例存放在类中

可将测试用例放在测试类中，通过执行测试类执行类中的测试用例。

（1）优化测试代码。将 test_demo.py 代码进行优化，代码如下：

```
def add(a, b):
    return a + b

def minus(a, b):
    return a - b
```

```
class TestClass:
    def test_add(self):
        assert add(2, 3) == 5

    def test_minus(self):
        assert minus(3, 2) == 2
```

（2）运行优化后的测试方法。

通过 cmd 命令进入 test_demo.py 所在的文件夹下，然后执行 pytest 命令，结果如下：

```
E:\pytestDemo>pytest
========================= test session starts ==========================
platform win32 -- Python 3.7.5, pytest-5.4.1, py-1.8.1, pluggy-0.13.1
rootdir: E:\pytestDemo
collected 2 items
test_demo.py .F
[100%]
================================ FAILURES ================================
______________________________ TestClass.test_minus ______________________________
self = <pytestDemo.test_demo.TestClass object at 0x0000023E3C369FC8>
    def test_minus(self):
>       assert minus(3, 2) == 2
E       assert 1 == 2
E        +  where 1 = minus(3, 2)

test_demo.py:27: AssertionError
======================= short test summary info ========================
FAILED test_demo.py::TestClass::test_minus - assert 1 == 2
===================== 1 failed, 1 passed in 0.06s ======================
```

7.4.4　测试用例的运行控制

Pytest 提供了以下 3 种运行方式执行测试用例：

- pytest（一般采用该种方式）；
- pytest　*_test.py 或 pytest　test_*.py；
- python –m　pytest。

在 pytestDemo 目录下，新创建一个 Demo_test.py 文件，代码如下：

```
# 乘法，返回 a*b 的值
def multi(a,b):
    return a*b

# 除法，返回 a/b 的值
def divide(a,b):
    return a/b

class TestClass:
    def test_multi(self):
        assert multi(3, 3) == 6
```

```
    def test_divide(self):
        assert divide(3, 2) == 4
```

1．方式1：pytest

命令格式为“pytest 文件名/”或进入 pytestDemo 目录下，运行 Pytest，执行某个目录下所有的用例，结果如下。可以看到，Demo_test.py 与 test_demo.py 两个测试文件均被运行。

```
E:\pytestDemo>pytest
========================== test session starts ===========================
platform win32 -- Python 3.7.5, pytest-5.4.1, py-1.8.1, pluggy-0.13.1
rootdir: E:\pytestDemo
collected 4 items

Demo_test.py FF
 [ 50%]
test_demo.py ..
[100%]

================================ FAILURES ================================
___________________________ TestClass.test_multi ___________________________

self = <pytestDemo.Demo_test.TestClass object at 0x00000190540EAA48>

    def test_multi(self):
>       assert multi(3, 3) == 6
E       assert 9 == 6
E        +  where 9 = multi(3, 3)

Demo_test.py:25: AssertionError
__________________________ TestClass.test_divide __________________________

self = <pytestDemo.Demo_test.TestClass object at 0x00000190540DF208>

    def test_divide(self):
>       assert divide(3, 2) == 4
E       assert 1.5 == 4
E        +  where 1.5 = divide(3, 2)

Demo_test.py:28: AssertionError
======================== short test summary info =========================
FAILED Demo_test.py::TestClass::test_multi - assert 9 == 6
FAILED Demo_test.py::TestClass::test_divide - assert 1.5 == 4
====================== 2 failed, 2 passed in 0.07s ======================
```

2．方式2：pytest test_*.py

执行某个.py 文件下的测试用例，命令格式为“pytest 脚本名称.py”。通过 cmd 命令进入 Demo_test.py 所在的文件夹下，操作步骤及运行结果如下。可以看到，程序仅仅运行了 Demo_test.py 文件，而 test_demo.py 文件并未运行。

```
E:\pytestDemo>pytest Demo_test.py
========================== test session starts ===========================
```

```
platform win32 -- Python 3.7.5, pytest-5.4.1, py-1.8.1, pluggy-0.13.1
rootdir: E:\pytestDemo
collected 2 items
Demo_test.py FF
[100%]

=============================== FAILURES ================================
------------------------------ TestClass.test_multi ------------------------------
self = <pytestDemo.Demo_test.TestClass object at 0x000001B64767ED48>
    def test_multi(self):
>       assert multi(3, 3) == 6
E       assert 9 == 6
E        +  where 9 = multi(3, 3)

Demo_test.py:25: AssertionError
------------------------------ TestClass.test_divide ------------------------------
self = <pytestDemo.Demo_test.TestClass object at 0x000001B64767EF48>
    def test_divide(self):
>       assert divide(3, 2) == 4
E       assert 1.5 == 4
E        +  where 1.5 = divide(3, 2)

Demo_test.py:28: AssertionError
========================= short test summary info ==========================
FAILED Demo_test.py::TestClass::test_multi - assert 9 == 6
FAILED Demo_test.py::TestClass::test_divide - assert 1.5 == 4
============================ 2 failed in 0.10s ============================
```

3．方式3：python -m pytest

通过 python -m pytest 运行当前目录下的所有测试用例文件。

```
E:\pytestDemo>python -m pytest
========================= test session starts ==========================
platform win32 -- Python 3.7.5, pytest-5.4.1, py-1.8.1, pluggy-0.13.1
rootdir: E:\pytestDemo
collected 4 items
Demo_test.py FF
 [ 50%]
test_demo.py ..
[100%]
=============================== FAILURES ================================
------------------------------ TestClass.test_multi ------------------------------
self = <pytestDemo.Demo_test.TestClass object at 0x0000019554B8AE48>
    def test_multi(self):
>       assert multi(3, 3) == 6
E       assert 9 == 6
E        +  where 9 = multi(3, 3)

Demo_test.py:25: AssertionError
------------------------------ TestClass.test_divide ------------------------------

self = <pytestDemo.Demo_test.TestClass object at 0x0000019554B4A708>
    def test_divide(self):
>       assert divide(3, 2) == 4
```

```
E       assert 1.5 == 4
E        +  where 1.5 = divide(3, 2)
Demo_test.py:28: AssertionError
======================= short test summary info ========================
FAILED Demo_test.py::TestClass::test_multi - assert 9 == 6
FAILED Demo_test.py::TestClass::test_divide - assert 1.5 == 4
===================== 2 failed, 2 passed in 0.14s =====================
```

4．节点运行

通过节点运行方式可运行某个.py 文件（模块）里的某个函数或方法，如仅仅运行 Demo_test.py 文件中的 test_multi 方法，且不运行 Demo_test.py 中的 test_divide 方法。

命令 pytest Demo_test.py::TestClass::test_multi 运行后，在结果中可以看到仅仅运行了 test_multi 方法。

```
E:\pytestDemo>pytest Demo_test.py::TestClass::test_multi
======================== test session starts ==========================
platform win32 -- Python 3.7.5, pytest-5.4.1, py-1.8.1, pluggy-0.13.1
rootdir: E:\pytestDemo
collected 1 item

Demo_test.py F
[100%]

============================== FAILURES ===============================
________________________ TestClass.test_multi _________________________
self = <pytestDemo.Demo_test.TestClass object at 0x0000015DDF3E64C8>
    def test_multi(self):
>       assert multi(3, 3) == 6
E       assert 9 == 6
E        +  where 9 = multi(3, 3)

Demo_test.py:25: AssertionError
======================= short test summary info ========================
FAILED Demo_test.py::TestClass::test_multi - assert 9 == 6
=========================== 1 failed in 0.05s ==========================
```

5．遇到错误停止测试

当 Demo_test.py 文件运行时，Demo_test.py 文件中的 test_multi 与 test_divide 两个方法运行断言均会执行失败。通过命令 pytest -x Demo_test.py 执行时，当遇到第一个方法或函数执行无法通过（test_multi 运行后即停止运行），后面的方法或函数（test_divide）将不被执行。示例如下：

```
E:\pytestDemo>pytest -x Demo_test.py
========================= test session starts ==========================
platform win32 -- Python 3.7.5, pytest-5.4.1, py-1.8.1, pluggy-0.13.1
rootdir: E:\pytestDemo
collected 2 items
Demo_test.py F
============================== FAILURES ===============================
________________________ TestClass.test_multi _________________________
```

```
self = <pytestDemo.Demo_test.TestClass object at 0x00000208030AFD48>
    def test_multi(self):
>       assert multi(3, 3) == 6
E       assert 9 == 6
E        +  where 9 = multi(3, 3)

Demo_test.py:25: AssertionError
======================== short test summary info =========================
FAILED Demo_test.py::TestClass::test_multi - assert 9 == 6
!!!!!!!!!!!!!!!!!!!!!!!!!!!!!!!!!!!!!!!!!!!!!!!!!!!!!!!!!!!! stopping after
1 failures !!!!!!!!!!!!!!!!!!!!!!!!!!!!!!!!!!!!!!!!!!!!!!!!!!!!!!!!!!!!!
========================== 1 failed in 0.06s ============================
```

7.4.5　在编译器中配置 Pytest

Python 默认自带的单元测试框架是 UnitTest，因此在 PyCharm 编译器中默认的单元测试框架一般是 UnitTest。如果想修改当前工程的单元测试框架，可通过修改 PyCharm 默认的 test runner 来指定单元测试框架。

在 PyCharm 中依次选择 File | Settings | Tools | Python Integrated Tools | Default test runner | pytest 命令，将单元测试框架指定为 Pytest，如图 7-3 所示。

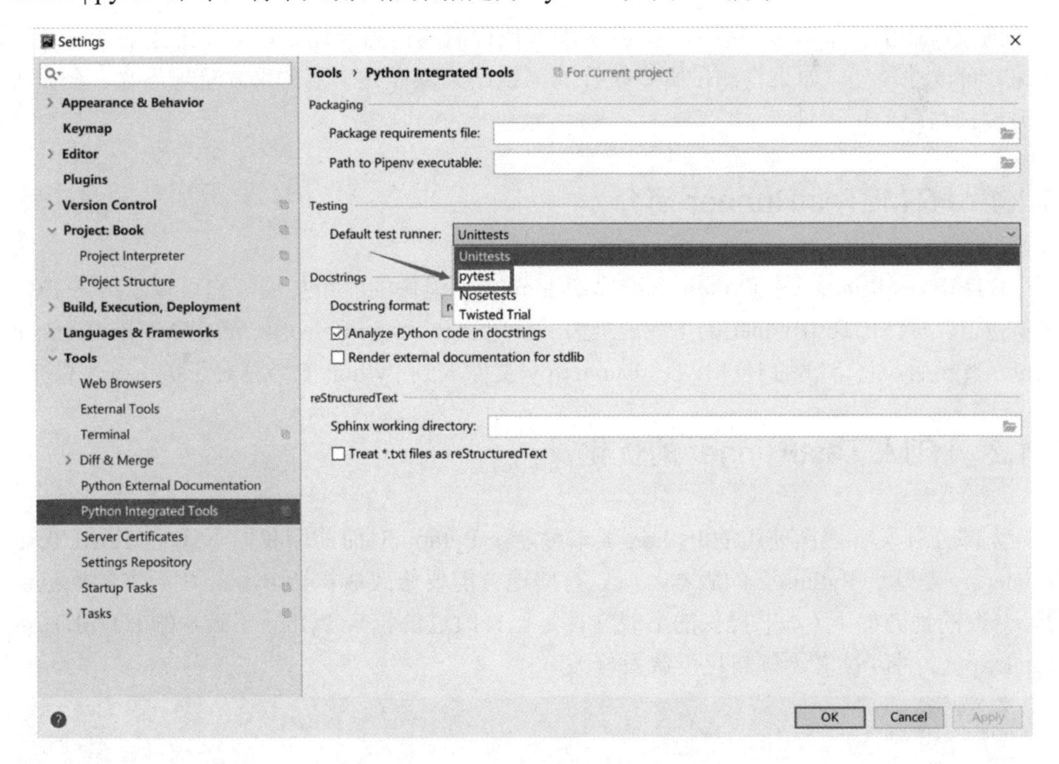

图 7-3　Pytest 的设定

第 8 章　自动化测试高级应用

在测试过程中，当测试脚本运行完毕后，直接将运行完毕后的测试结果发给项目组成员并不是最优的选择。如何让测试结果变得易读和美观，也是需要考虑的问题。

本章讲解的主要内容有：

- 测试报告的生成；
- 测试邮件的发送。

8.1　HTML 测试报告

通过前面的章节大家可以看到，测试脚本执行后测试结果均是以命令结果的形式展现出来，可读性较差。如果将测试脚本执行的测试结果以样式丰富的形式呈现出来，会大大提升测试结果的可读性。

8.1.1　HTMLTestRunner 简介

HTMLTestRunner 是 Python 标准库中 UnitTest 模块的一个扩展，它可以生成 HTML 测试报告。HTMLTestRunner 的下载地址为 http://tungwaiyip.info/software/HTMLTestRunner.html。下载后，将下载的 HTMLTestRunner.py 文件放到 Python 安装路径下的 Lib 文件中。

8.1.2　HTMLTestRunner 的优化

大部分开发者现在使用的 Python 版本可能是 Python 3，而前面我们下载的 HTMLTestRunner.py 是基于 Python 2 的版本，所以有些地方需要修改成符合 Python 3 版本的规范要求。修改的地方如下（本书提供的下载文件是已修改过的符合 Python 3 版本的 HTMLTestRunner.py 文件，读者无须自己下载及修改）：

```
第 94 行：
import StringIO 改为 import io
第 539 行：
self.outBuffer=StringIO.String()改为 self.outBuffer=io.StingIO()
第 631 行：
```

```
print>>sys.stderr."\nTime Elapsed:%s'%(self.stopTime-self.startTime)改为
print (sys.stderr. "\nTime Elapsed:%s'%(self.stopTime-self.startTime))
第 642 行:
if not map.has_key(cls)改为 if not cls in map
第 766 行:
uo=o.decode("latin-1")改为 uo=e
第 772 行:
ue=e.decode("latin-1")改为 ue=e
```

8.1.3　测试报告的生成

本节以第 7 章中的 test_mathfunc.py 为例进行测试并生成测试报告。test_mathfunc.py 文件的内容如下:

```
import unittest
from UnitTestDemo.mathfunc import *

class TestMathFunc(unittest.TestCase):
    """测试 mathfunc.py"""

    # @unittest.skip("don't run this case!")
    # @unittest.skipIf(3<2,"don't run this case!")
    #@unittest.skipUnless(1>2,"don't run this case!")
    def test_add(self):
        """测试加法 add"""
        self.assertEqual(3,add(1,2))
        self.assertNotEqual(3,add(2,2))

    def test_minus(self):
        """测试减法 minus"""
        self.assertEqual(1,minus(3,2))

    def test_multi(self):
        """测试乘法 multi"""
        self.assertEqual(6,multi(2,3))

    def test_divide(self):
        """测试除法 divide"""
        self.assertEqual(2,divide(6,3))
        self.assertEqual(2.5,divide(5,2))
```

在工程的根目录下新建 HtmlReport.py 文件，代码如下:

```
import unittest
from HTMLTestRunner import HTMLTestRunner
from UnitTestDemo.test_mathfunc import TestMathFunc

if __name__ == "__main__":
    suite = unittest.TestSuite()
```

```
    # 执行加法、减法、除法
    tests = [TestMathFunc("test_add"),TestMathFunc("test_divide"),
TestMathFunc("test_minus")]
    suite.addTests(tests)
    # addTest，添加单个 TestCase
    # suite.addTest(TestMathFunc("test_multi"))
    f = open("d:\\reporter.html","wb")
    runner = HTMLTestRunner(stream=f,
                            title="测试报告",
                            description="测试用例执行情况")
    runner.run(suite)
```

运行 HtmlReport.py 文件，可以看到在 D 盘下增加了一个 HTML 文件 reporter.html。打开该文件，展现的结果如图 8-1 所示。可以通过该页面直观地看到 test_mathfunc.py 中测试用例的执行情况，即通过 HTML 测试报告，让测试结果变得更加直观、易读。

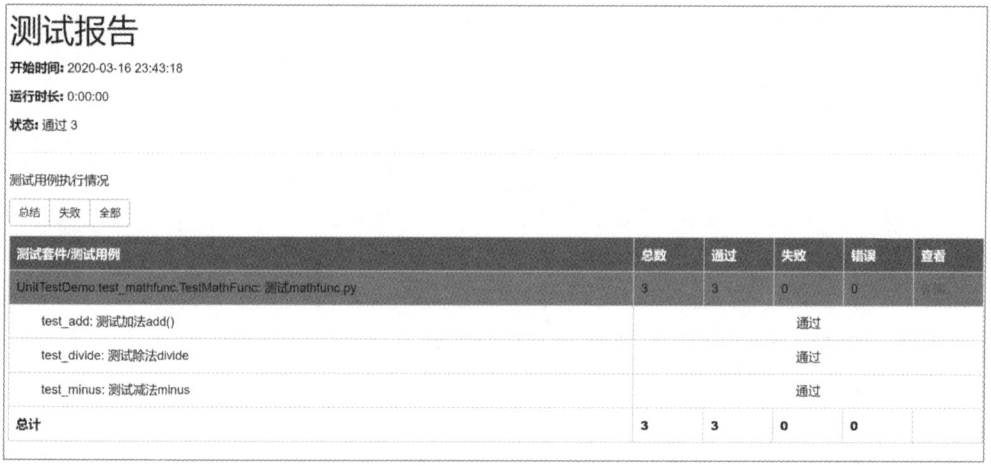

测试报告

开始时间: 2020-03-16 23:43:18

运行时长: 0:00:00

状态: 通过 3

测试用例执行情况

总结 失败 全部

测试套件/测试用例	总数	通过	失败	错误	查看
UnitTestDemo.test_mathfunc.TestMathFunc: 测试mathfunc.py	3	3	0	0	详细
test_add: 测试加法add()	通过				
test_divide: 测试除法divide	通过				
test_minus: 测试减法minus	通过				
总计	3	3	0	0	

图 8-1　HTML 测试报告

8.2　通过邮件发送测试报告

自动化测试脚本运行完毕后应以邮件的形式将测试报告发送给项目组成员，便于他们及时阅读测试结果，修复测试出现的问题。

8.2.1　邮件发送基础

通过 HTMLTestRunner 可以生成 HTML 格式的报告，如果将 HTML 测试报告通过邮件发送给项目组成员，可使他们更加详尽地了解测试的执行情况。本节我们一起来看一下如何将自动化测试执行过程中生成的测试报告通过邮件发送出去。

发送邮件需要借助 SMTP（Simple Mail Transfer Protocol，简单邮件传输协议），它是一组由源地址到目的地址传送邮件的规则，由它来控制信件的中转方式。

smtplib 模块实现邮件的发送功能，它对 SMTP 进行了简单的封装，模拟一个 STMP 客户端，通过与 SMTP 服务器交互来实现邮件发送的功能，可以理解成 Foxmail 的发送邮件功能。在使用之前我们需要准备 SMTP 服务器主机地址、邮箱账号及密码信息。Python 3 自带 smtplib 模块，无须额外安装。

使用 Python 创建 SMTP 对象的语法如下：

```
import smtplib
smtpObj = smtplib.SMTP( [host [, port [, local_hostname]]] )
```

参数说明如下：

- host：SMTP 服务器主机，可以指定主机的 IP 地址或者域名，如 runoob.com，这个是可选参数。
- port：如果提供了 host 参数，则需要指定 SMTP 服务使用的端口号。一般情况下 SMTP 端口号为 25。
- local_hostname：如果 SMTP 在本机上，则只需要指定服务器地址为 localhost 即可。

Python SMTP 对象使用 sendmail()方法发送邮件，语法如下：

```
SMTP.sendmail(from_addr, to_addrs, msg[, mail_options, rcpt_options])
```

参数说明如下：

- from_addr：邮件发送者地址。
- to_addrs：字符串列表，邮件发送地址。
- msg：发送消息。

这里要注意第 3 个参数，msg 是字符串，表示邮件。我们知道，邮件一般由标题、发信人、收件人、邮件内容和附件等构成，发送邮件的时候，要注意 msg 的格式，这个格式就是 SMTP 中定义的格式。

邮件的格式对所有不同的 E-mail 协议来说都非常重要。邮件发送有两种形式：简单文本信息与多用途 Internet 邮件扩展形式 MIME（Mutlipurpose InternetMail Extensions）。

通过邮件传输简单的文本常常无法满足我们的需求，因此在邮件主体中通常会包含 HTML、图像、声音及附件格式等，MIME 作为一种新的扩展邮件格式很好地补充了这一点。

MIMEText 可以创建包含文本数据的邮件体，语法如下：

```
MIMEText (_text[, _subtype[, _charset]]):
```

参数说明如下：

- _text 是包含消息负载的字符串。
- _subtype 指定文本类型，支持 plain（默认值）或 HTML 类型的字符串。

- _charset 设置字符集，参数接收一个 charset 实例。

Python 中常用的 MIME 实现类有多个，下面选择几个具体介绍。

MIMEBase 类的实现方式如下：

```
MIMEBase(_maintype, _subtype, *, policy = compat32, ** _ params )
```

MIMEBase 是所有 MIME 特定类的基类，其参数说明如下：

- _maintpe 是 Content-Type 的主要类型（text or image）。
- _subtype 是 Content-Type 的次要类型（plain or gif）。
- _params 是一个键值字典参数，直接传递给 Message.add_header。

MIMEMultipart 类的实现方式如下：

```
MIMEMultipart(_subtype='mixed', boundary= None, _subparts = None, *, policy
= compat32, ** _ params ):
```

MIMEMultipart 的作用是生成包含多个部分的邮件体的 MIME 对象，其参数说明如下：

- _subtype 指定要添加到"Content-type:multipart/subtype"报头的可选 3 种子类型，分别为 mixed、related 和 alternative，默认值为 mixed。定义 mixed 实现构建一个带附件的邮件体；定义 related 实现构建内嵌资源的邮件体；定义 alternative 实现构建纯文本与超文本共存的邮件体。
- _subparts 是类初始部分，可以使用 attach()方法将子部件附加到消息中。

MIMEApplication 类的实现方式如下：

```
MIMEApplication(_data, _subtype='octet-stream', _encoder=email.encoders
.encode_base64, *, policy=compat32, **_params):
```

MIMEApplication 被用来表示主要类型的 MIME 消息对象应用，其参数说明如下：

- _data 是一个包含原始字节数据的字符串。
- _subtype 指定 MIME 子类型默认为 8 位字节流。
- _encoder 是一个可调用的函数，它执行传输数据的实际编码，使用 set_payload()方法将有效载荷改为编码形式，默认编码为 Base64，可使用 email.encoders 模块查看内置编码表。

MIMEImage 类的实现方式如下：

```
MIMEImage(_imagedata[, _subtype[, _encoder[, **_params]]]):
```

MIMEImage 用于创建包含图片数据的邮件体，其参数说明如下：

- _imagedata 是包含原始图片数据的字节字符串。
- _sutype 用于指定图像子类型。
- _encoder 用于指定一个函数内部编码，默认为 email.encoders.encode_base64，即 Base64 编码。

8.2.2　通过邮件发送测试报告实例

1．发送文本邮件

现在个人 PC 上很少安装配置 SMTP 服务了，可以借助邮件服务商（如腾讯）的 SMTP 服务实现。本节就以腾讯的 QQ 邮箱为例讲解邮件的发送。

（1）进入自己的 QQ 邮箱，单击“设置”链接，如图 8-2 所示。

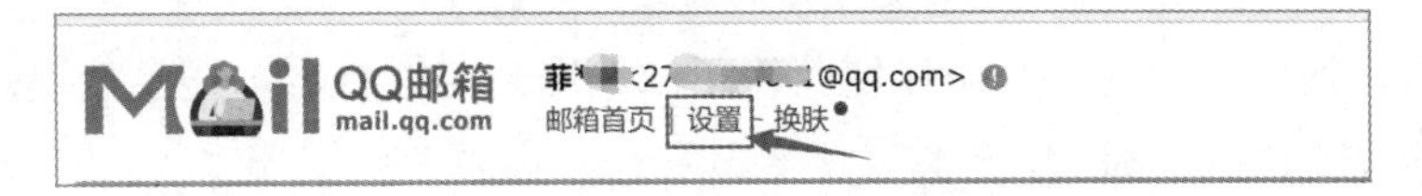

图 8-2　QQ 邮箱首页

（2）在邮箱设置中选择“账户”选项卡，如图 8-3 所示。

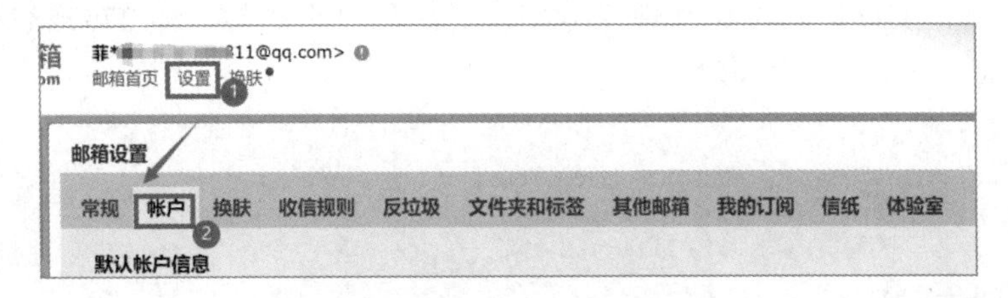

图 8-3　设置 QQ 邮箱账户

（3）在“账户”选项卡下，“POP3/SMTP 服务”默认是关闭的，需要开启，如图 8-4 所示。

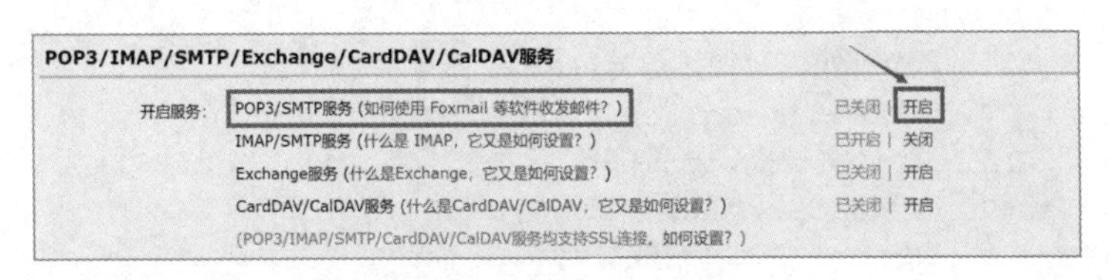

图 8-4　POP3/SMTP 服务

（4）POP3/SMTP 服务开启时需要进行手机验证，如果 QQ 邮箱已经绑定了手机，通过手机按照提示编辑短信发送到固定号码即可，如图 8-5 所示。发送完短信后，单击“我已发送”按钮。

（5）如果腾讯平台收到短信，会给出授权码（通过 QQ 邮箱发送邮件是借助授权码，而不是自己的 QQ 账户密码），如图 8-6 所示。这里一定要把自己的授权码保存好，后续会用到。

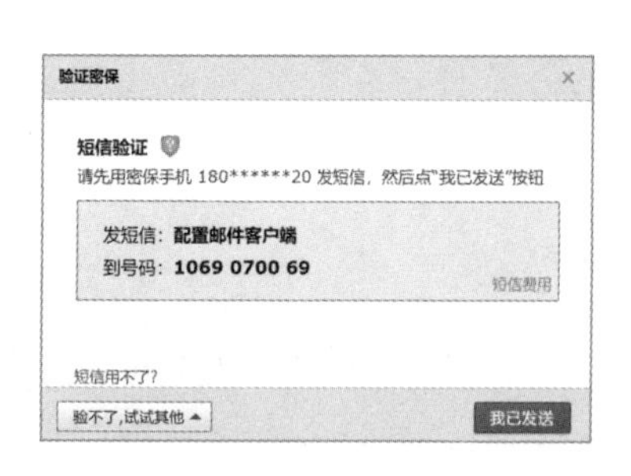

图 8-5　短信验证

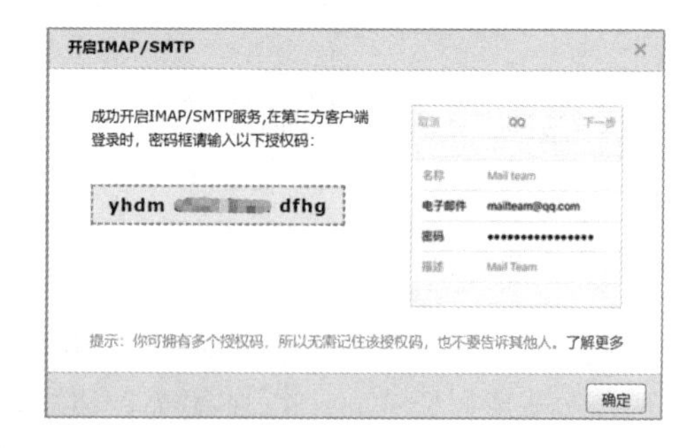

图 8-6　授权码

（6）此时，通过前面的一些操作便获得了邮箱账户与授权码，信息如下：

```
邮箱账户：27572848**@qq.com
授权码：yhdmchsrlnan***
```

注意：*号是笔者了隐藏了个人的账户及授权码信息。

下面以笔者的 QQ 邮箱发送邮件（分别发送给项目组成员，如 27572848**@qq.com 和 11900**@qq.com），代码如下：

```
import smtplib
from email.mime.text import MIMEText
from email.header import Header

# 第三方 SMTP 服务
# 如果使用 QQ 邮箱，运行代码前请将 mail_user 与 mail_pwd 替换为自己的邮箱
mail_host = "smtp.qq.com"                # 设置 SMTP 服务器
mail_user = "27572848**@qq.com"          # 账户
mail_pwd = "yhdmchsrlnan***"             # QQ 邮箱的授权码，不是邮箱密码
sender = '27572848**@qq.com'
# 接收邮件的邮箱，多个邮箱账户通过逗号分隔
receivers = ['27572848**@qq.com','11900**@qq.com']
message = MIMEText('测试报告测试邮件...', 'plain', 'utf-8')
message['From'] = Header("自动测试组", 'utf-8')
message['To'] = Header("项目组成员", 'utf-8')
subject = '测试报告邮件'
message['Subject'] = Header(subject, 'utf-8')

try:
    smtpObj = smtplib.SMTP()
    smtpObj.connect(mail_host, 25)       # 25 为 SMTP 端口号
    smtpObj.login(mail_user, mail_pwd)
    smtpObj.sendmail(sender, receivers, message.as_string())
    print("邮件发送成功")
except smtplib.SMTPException:
    print("Error: 无法发送邮件")
```

标准邮件需要 3 个头部信息：From、To 和 Subject，每个信息直接使用空行分割。

代码运行后，便可以在 QQ 邮箱中收到一封邮件，如图 8-7 所示。

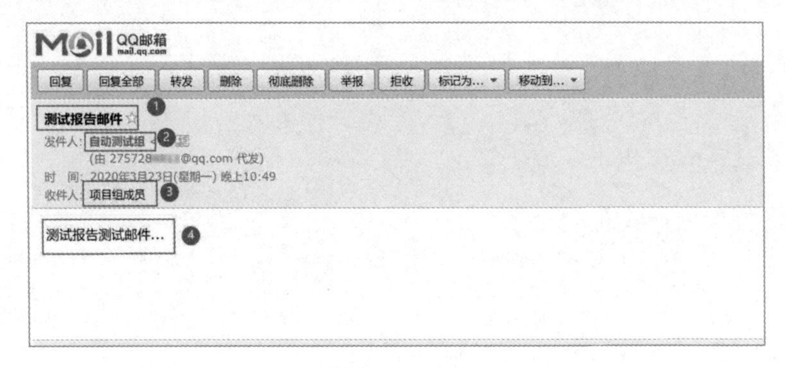

图 8-7　测试邮件

2．发送HTML格式的邮件

发送文本邮件，信息内容较为单一。在前面所学的知识点中，知道通过 HTMLTestRunner 可以生成 HTML 测试报告，如果将 HTMLTestRunner 生成的 HTML 测试报告作为邮件发送给项目组的成员，将大大提升测试结果的展现形式，便于项目组成员更全面地阅读测试执行结果。

下面以前面生成的 HTML 测试报告（reporter.html）作为发送的 HTML 格式邮件，其中 reporter.html 页面内容如图 8-8 所示。

测试报告

开始时间: 2020-03-16 23:43:18

运行时长: 0:00:00

状态: 通过 3

测试用例执行情况

总结　失败　全部

测试套件/测试用例	总数	通过	失败	错误	查看
UnitTestDemo.test_mathfunc.TestMathFunc: 测试mathfunc.py	3	3	0	0	
test_add: 测试加法add()	通过				
test_divide: 测试除法divide	通过				
test_minus: 测试减法minus	通过				
总计	**3**	**3**	**0**	**0**	

图 8-8　HTML 测试报告

发送 HTML 格式的邮件时，需要将 MIMEText 中的_subtype 设置为 HTML，具体代码如下：

```
import smtplib
from email.mime.text import MIMEText
from email.header import Header
import os

def sendReport(file_new):
    with open(file_new,"rb") as f:
        mail_body = f.read()

    # 第三方 SMTP 服务
    mail_host = "smtp.qq.com"            # 设置 SMTP 服务器
    mail_user = "27572848**@qq.com"      # 账户
    mail_pwd = "yhdmchsrlnan**"          # QQ 邮箱的授权码，不是邮箱密码
    sender = '27572848**@qq.com'
    # 接收邮件的邮箱，多个邮箱账户通过逗号分隔
    receivers = ['27572848**@qq.com', '119006**@qq.com']
    message = MIMEText(mail_body,"html","utf-8")    # 这里是 HTML 格式
    message['From'] = Header("自动测试组", 'utf-8')  # 发送地址
    # 收件人地址，如果是多个的话，以分号隔开
    message['To'] = Header("项目组成员", 'utf-8')
    subject = '测试报告邮件'
    message['Subject'] = Header(subject, 'utf-8')

    try:
        smtpObj = smtplib.SMTP()
        smtpObj.connect(mail_host, 25)  # 25 为 SMTP 端口号
        smtpObj.login(mail_user, mail_pwd)
        smtpObj.sendmail(sender, receivers, message.as_string())
        print("邮件发送成功")
    except smtplib.SMTPException:
        print("Error: 无法发送邮件")

def newReport(testReport):
    lists = os.listdir(testReport)          # 返回测试报告所在目录下的所有文件夹
    lists2 = sorted(lists)                  # 获得升序排列后的测试报告列表
    # 获得最新一条测试报告的地址
    file_new = os.path.join(testReport,lists2[-1])
    print(file_new)
    return file_new

if __name__ == '__main__':
    test_report = "D:\\result"              # 测试报告所在目录
    new_report = newReport(test_report) # 获取最新的测试报告
    print(new_report)
    sendReport(new_report)                  # 发送测试报告邮件
```

代码说明如下：

- newReport()：该函数的作用是对本地的 HTML 测试报告进行排序，从而将日期最新的 HTML 测试报告作为邮件发送出去。
- sendReport()：该函数的作用是读取 HTML 测试报告的正文，并发送邮件。
- test_report：“D:\\result”是笔者本地存放 HTML 测试报告的目录。

运行代码后的执行结果如图 8-9 所示。可以看到与本地 HTML 测试报告的内容一样，只不过界面样式不太美观罢了。

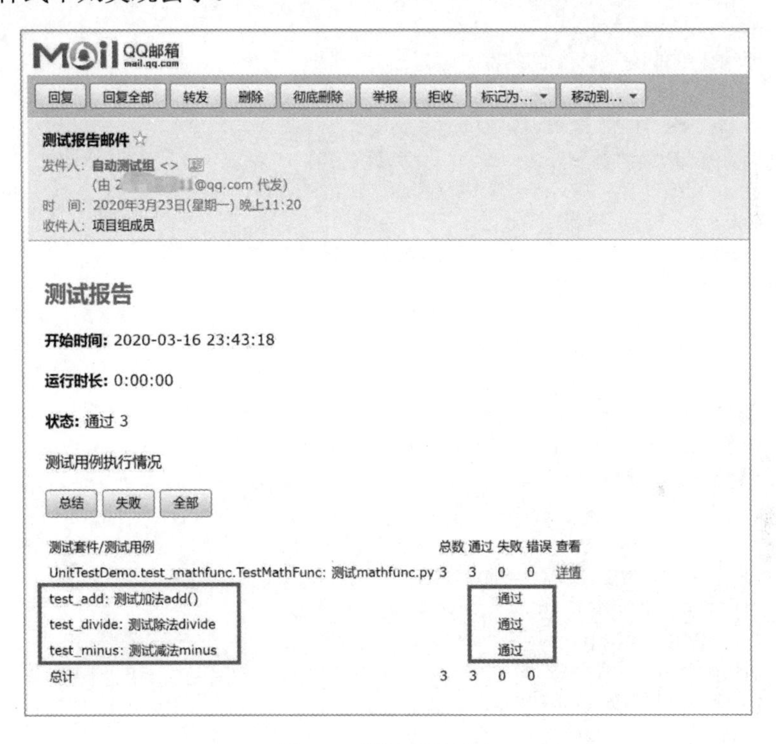

图 8-9　测试邮件正文

3．发送带附件的邮件

将 HTML 测试报告以 HTML 格式嵌入邮件正文中发送出去，虽然能够将测试结果展现给项目组成员，但是效果并不美观，可以考虑将 HTML 测试报告作为邮件附件发送给项目组成员。

下面将前面生成的 HTML 测试报告（reporter.html）作为邮件附件发送出去，代码如下：

```
import smtplib
from email.mime.text import MIMEText
from email.mime.multipart import MIMEMultipart
from email.header import Header
import os
```

```
'''发送带附件的邮件'''
def sendReport(file_path):
    sendfile = open(file_path,"rb").read()
    # 第三方 SMTP 服务
    mail_host = "smtp.qq.com"              # 设置 SMTP 服务器
    mail_user = "27572848**@qq.com"        # 账户
    mail_pwd = "yhdmchsrlnan****"          # QQ 邮箱的授权码，不是邮箱密码
    sender = '2757284****@qq.com'
    # 接收邮件的邮箱，多个邮箱账户通过逗号分隔
    receivers = ['2757284****@qq.com', '11900****@qq.com']
    message = MIMEMultipart()
    message['From'] = Header("自动测试组", 'utf-8')  # 发送地址
    message['To'] = Header("项目组成员", 'utf-8')
    subject = '测试报告邮件'
    message['Subject'] = Header(subject, 'utf-8')
    # 邮件正文内容
    message.attach(MIMEText('自动化测试报告邮件发送测试……', 'plain', 'utf-8'))
    att1 = MIMEText(sendfile,"base64","utf-8")
    att1["Content-Type"] = 'application/octet-stream'
    # 这里的 filename 可以任意写，写什么名字，邮件中就显示什么名字
    att1["Content-Disposition"] = 'attachment; filename="report.html"'
    message.attach(att1)

    try:
        smtpObj = smtplib.SMTP()
        smtpObj.connect(mail_host, 25)                 # 25 为 SMTP 端口号
        smtpObj.login(mail_user, mail_pwd)
        smtpObj.sendmail(sender, receivers, message.as_string())
        print("邮件发送成功")
    except smtplib.SMTPException:
        print("Error: 无法发送邮件")

def newReport(testReport):
    lists = os.listdir(testReport)        # 返回测试报告所在目录下的所有文件夹
    lists2 = sorted(lists)                # 获得升序排列后的测试报告列表
    # 获得最新一条测试报告的地址
    file_new = os.path.join(testReport,lists2[-1])
    print(file_new)
    return file_new

if __name__ == '__main__':
    test_report = "D:\\result"            # 测试报告所在目录
    new_report = newReport(test_report) # 获取最新的测试报告
    print(new_report)
    sendReport(new_report)                # 发送测试报告邮件 report.html
```

运行以上代码后，项目组成员可在邮箱中接收到一份带附件的测试报告邮件，如图 8-10 所示。

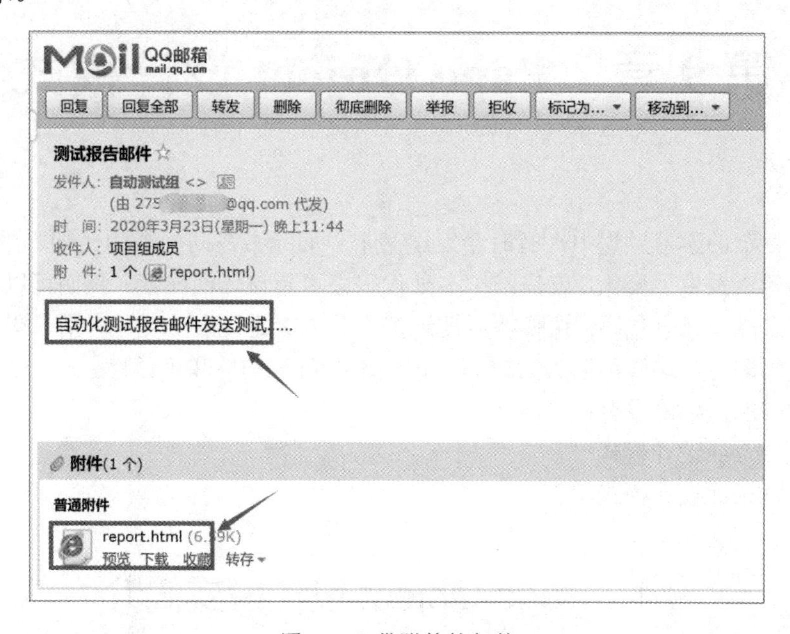

图 8-10　带附件的邮件

第 9 章　Page Object 设计模式

在前面章节的学习过程中，有时会发现某个界面元素在同一个测试脚本中出现多次，假如该界面元素发生了变化，就需维护多处代码去更新该界面元素。我们可以通过对界面元素的封装来减少冗余代码，这样在后期维护中若元素定位发生变化，则只需调整页面元素封装的代码即可，这样可以大大提高测试脚本的可维护性和可读性。

本章讲解的主要内容有：

- Page Object 设计模式；
- Page Object 设计模式案例。

9.1　Page Object 设计模式简介

Page Object 设计模式是 Selenium 自动化测试领域公认的一种较好的设计模式，它在设计测试时，把属性（元素）和方法从页面中抽象出来分离成一定的对象，然后再进行组织，这样可以使测试用例更关注业务逻辑，可以大大提高测试用例的易读性。

传统设计方式存在以下弊端：

- 测试代码易读性差；
- 测试代码复用性差；
- 可维护性差；
- 扩展性差。

在自动化测试实施过程中，如果直接在测试代码中操作 HTML 元素，那么编写的测试代码是极其脆弱的，当遇到 UI 界面元素经常变动的时候，将会使自动化测试工作变得异常艰难。此时可将 Page 对象封装成一个 HTML 页面，通过提供的 API 来操作页面元素，即采用 Page Object 设计模式，如图 9-1 所示。

Page Object 设计模式示意图说明如下：

- 在 Page Object 设计模式中将抽象封装成一个 BasePage 类（作为基类），该基类拥有实现 WebDriver 实例的属性；
- 每个 Page 都继承自 BasePage 基类，通过 Driver 来管理本 Page 中的元素，将 Page 中的操作封装成一个方法；
- TestCase 继承 unittest.Testcase 类（或 Pytest），并且依赖 Page 类，从而实现相应的

测试用例。

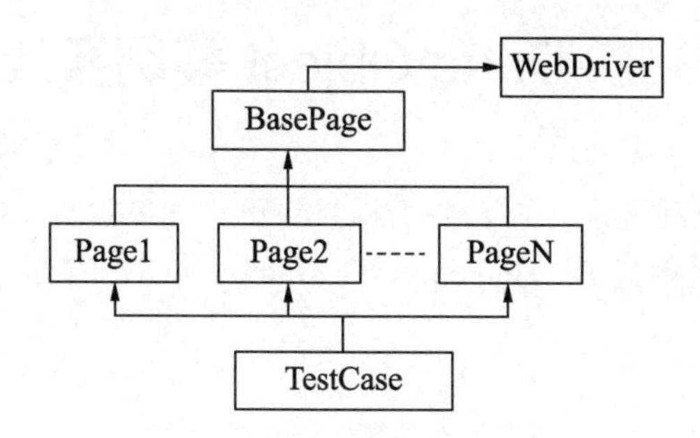

图 9-1　Page Object 设计模式

Page Objects 设计模式是指 UI 界面上用于与用户进行交互的对象，它可以指整个页面，也可以指 Page 上的某个区域。Page Object 设计模式主要是将每个页面看作一个 Class，Class 的内容包含属性和方法等，属性就是页面中的元素（文本框、按钮等），方法是指该页面可以提供的具体功能。

通过 Page Object 设计模式将界面元素与操作进行拆分并封装，将元素的定位及元素的操作分开。测试对象层完成对页面元素的封装，测试操作层实现对元素操作的封装。当某元素发生变化时，只需修改测试对象层中的元素即可，测试操作层不受影响。

采取 Page Object 设计模式不仅降低了代码的重复性，同时也提高了测试代码的可读性和可维护性。非 Page Object 模式与 Page Object 模式的对比如图 9-2 所示。

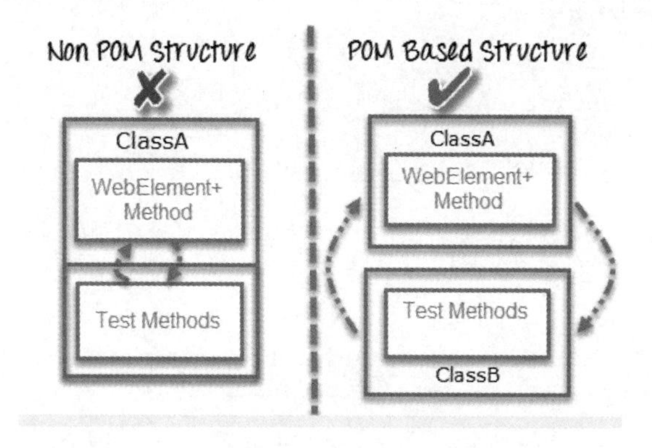

图 9-2　Page Object 与非 Page Object 模式对比

Page Object 设计模式的优点如下：

- 对象库与用例分离，可以更好地复用对象，从而减少代码的重复性；
- 提供了一种 UI 层操作、业务流程与验证分离的模式，使测试代码变得更加清晰，提高了测试代码的易读性；
- 提高了测试代码的可维护性，让自动化测试项目变得更易维护，特别是针对 UI 频繁变化的项目。

9.2 Page Object 案例实战

下面以 Bing 网站为例进行介绍。在工程目录下创建 POM 目录（Python package），然后在 POM 目录下依次创建 BasePage.py、Search.py 和 TestCase.py 3 个 py 文件。

9.2.1 基类的维护

创建 BasePage 基类（BasePage.py），代码如下：

```
from selenium.webdriver.support.wait import WebDriverWait
from selenium import webdriver
from selenium. webdriver.support import expected_conditions as EC

class BasePage(object):
    # 实例化 BasePage 类时，最先执行的就是__init__()方法，该方法的入参其实就是 BasePage
      类的入参
    def __init__(self):
        try:
            self.driver = webdriver.Firefox()
        except Exception:
            raise NameError("Not Firefox")

    def open(self,url):
        if url != "":
            self.driver.get(url)
            self.driver.maximize_window()
        else:
            raise  ValueError("Please input a url!")

    def find_element(self, *loc):   # *loc 任意数量的位置参数（带单个星号参数）
        # return self.driver.find_element(*loc)
        try:
            WebDriverWait(self.driver,
10).until(EC.visibility_of_element_located(loc))
            return self.driver.find_element(*loc)
        except:
            print("%s 页面未能找到 %s 元素" % (self, loc))

    def script(self, src):
        self.driver.execute_script(src)

    def send_keys(self, loc, vaule, clear_first=True, click_first=True):
        try:
            loc = getattr(self, "_%s" % loc) # getattr 相当于实现 self.loc
            if click_first:
                self.find_element(*loc).click()
            if clear_first:
                self.find_element(*loc).clear()
```

```
            self.find_element(*loc).send_keys(vaule)
        except AttributeError:
            print("%s 页面中未能找到 %s 元素" % (self, loc))

    def quit(self):
        self.driver.quit()
```

下面对代码中的方法进行解释。

- __init__()：初始化方法，以 Firefox 浏览器作为驱动，如果不是 Firefox 则抛出异常；
- open(self,url)：浏览器打开 URL 地址，并将浏览器最大化；
- find_element(self, *loc)：封装 WebDriver 本身定位元素的方法，操作元素前，先判断元素是否可见；
- send_keys()：输入文本前先清除文本；
- quit(self)：退出浏览器。

9.2.2　测试页面设计

首先创建 Search.py，用于实现 Page 页面。在 Search.py 中先实现基于对 Bing 网站完成搜索的页面操作，代码如下：

```
from selenium import  webdriver
from time import sleep

driver = webdriver.Firefox()
driver.get("http://cn.bing.com/")

driver.find_element_by_xpath("//*[@id='sb_form_q']").send_keys("bella")
driver.find_element_by_xpath("//*[@id='sb_form_go']").click()
sleep(3)
driver.quit()
```

参照 Page Object 设计模式优化 Search.py，使其继承于 BasePage.py 中的 BasePage 类。优化后的 Search.py 代码如下：

```
from selenium.webdriver.common.by import By
from POM.BasePage import BasePage

class SearchPage(BasePage):

    # 定位元素
    search_loc = (By.ID,"sb_form_q")
    btn_loc = (By.ID,"sb_form_go")

    def search_content(self,content):
        BaiduContent = self.find_element(*self.search_loc)
        BaiduContent.send_keys(content)

    def btn_click(self):
        BaiduBtn = self.find_element(*self.btn_loc)
        BaiduBtn.click()
```

```
# 测试代码，正式运行时需注释掉
if __name__ == '__main__':
    BingSearch = SearchPage()
    # 调用 BasePage 基类的 open(url)方法
    BingSearch.open("http://cn.bing.com/")
    BingSearch.search_content("bella")
    BingSearch.btn_click()
    BingSearch.quit()                          # 调用 BasePage 基类的 quit()方法
```

9.2.3 测试用例的设计

创建 TestCase.py，实现测试用例的组织，其代码如下：

```
import unittest
from POM.Search import SearchPage
from time import sleep

class TestRun(unittest.TestCase):

    def setUp(self):
        self.url = "http://cn.bing.com/"
        sleep(2)
        self.content = "Bela"
        self.BingSearch = SearchPage()

    def test_search(self):
        # 调用 BasePage 基类的 open(url)方法
        self.BingSearch.open("http://cn.bing.com/")
        self.BingSearch.search_content("bella")
        self.BingSearch.btn_click()
        self.BingSearch.quit()

    def tearDown(self):
        self.BingSearch.quit()

if __name__ == "__main__":
    unittest.main()
```

下面对代码中的方法进行解释。

- setUp(self)：单元测试框架中的初始化方法，初始化 URL 地址、检索内容（content），浏览器驱动；
- test_search(self)：测试用例，执行测试步骤；
- tearDown(self)：测试用例执行完毕后执行还原操作，关闭浏览器。

9.3 定 时 运 行

设计好的自动化测试脚本如果想被计算机定时执行（如晚上 11 点），即让自动化测试脚本能够在空余时间实现无人值守的运行，则在 Linux 上可以通过 Crontab 计划任务实现；在 Windows 上可通过定时任务实现。

下面以 9.2 节中的 POM 案例为基础，在 Windows 操作系统中完成定时执行自动化测试脚本的任务。

首先设计 Run.bat，内容如下：

```
E:
cd E:\Book\POM
python TestCase.py
```

然后在 Windows 操作系统中进行以下操作。

（1）在 Windows 10 系统中打开“控制面板”窗口，“控制面板”的查看方式选择“大图标”，如图 9-3 所示。

图 9-3 “控制面板”窗口

（2）在“控制面板”|“所有控制面板项”下找到“管理工具”选项并单击，如图 9-4 所示。

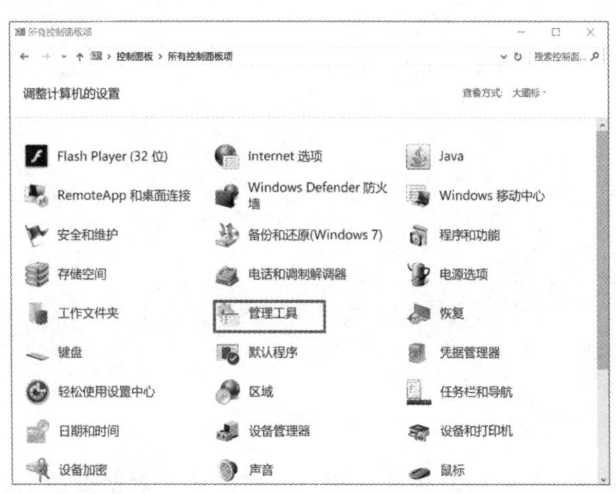

图 9-4 “管理工具”选项

（3）在打开的“管理工具”窗口中，找到“任务计划程序”选项并单击，如图 9-5 所示。

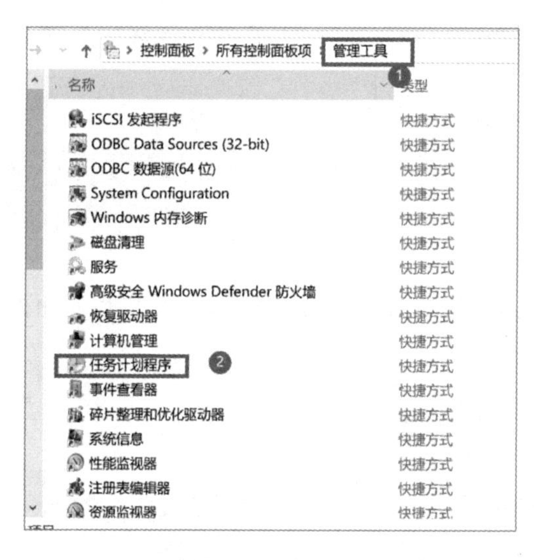

图 9-5　任务计划

（4）在打开的创建任务窗口中，根据自身的需要创建任务即可，如图 9-6 所示。

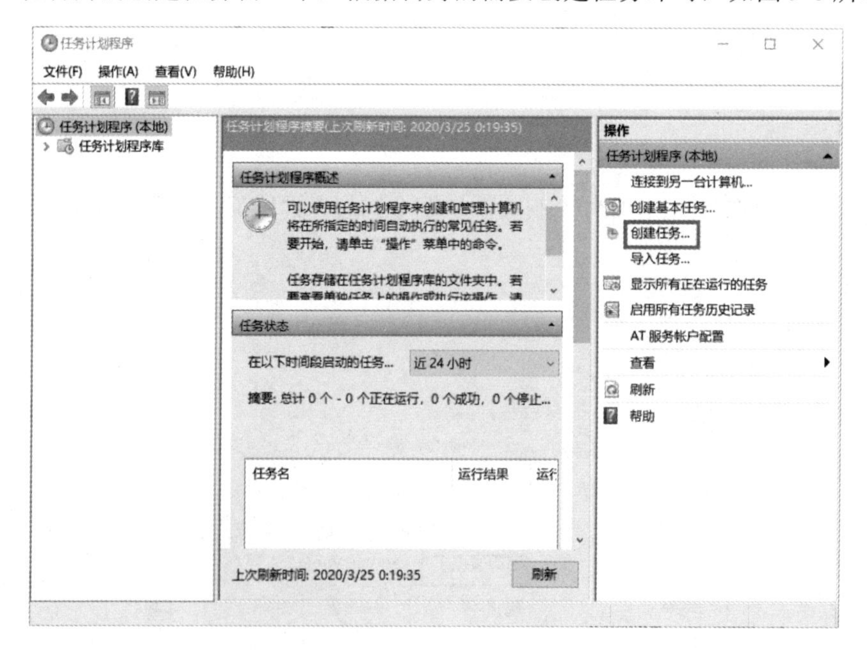

图 9-6　创建任务

（5）单击“创建任务”链接，在打开的“创建任务”对话框中选择“常规”选项卡，在其中可设定任务名称（如 RunTest），如图 9-7 所示。

（6）选择“触发器”选项卡，新建触发器，如图 9-8 所示。

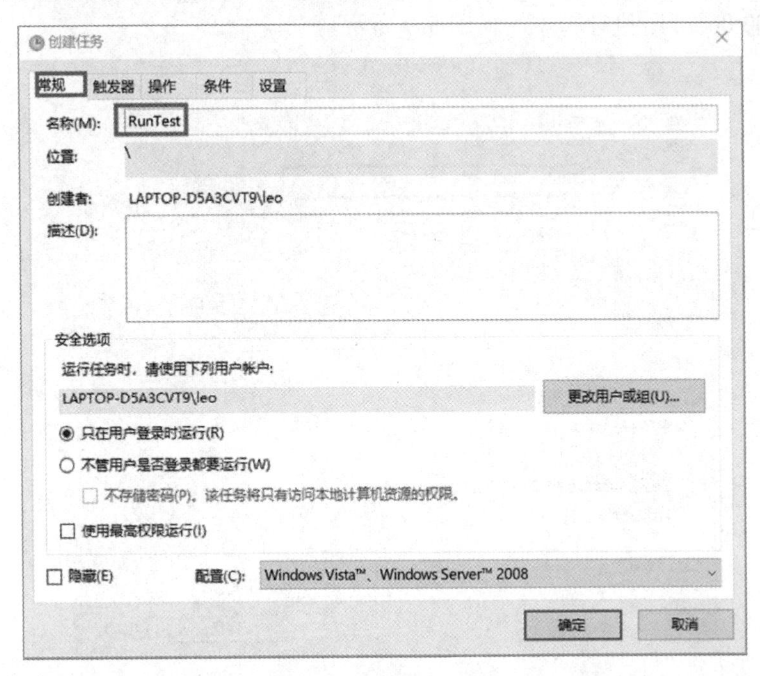

图 9-7　设定任务名称

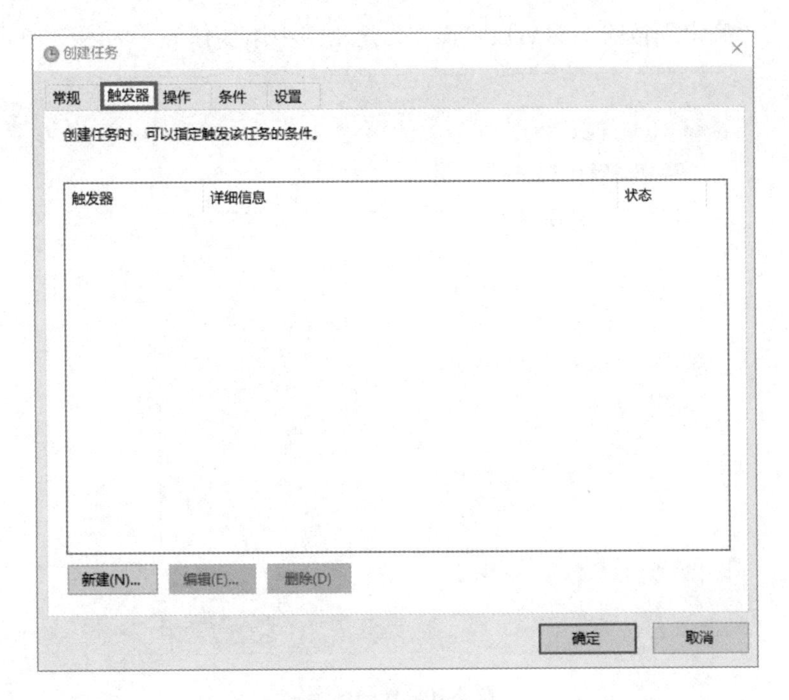

图 9-8　新建触发器

（7）单击“新建”按钮，在弹出的“新建触发器”对话框中可设置脚本的执行时间，如设定每天 00:00:00 时执行脚本，如图 9-9 所示。

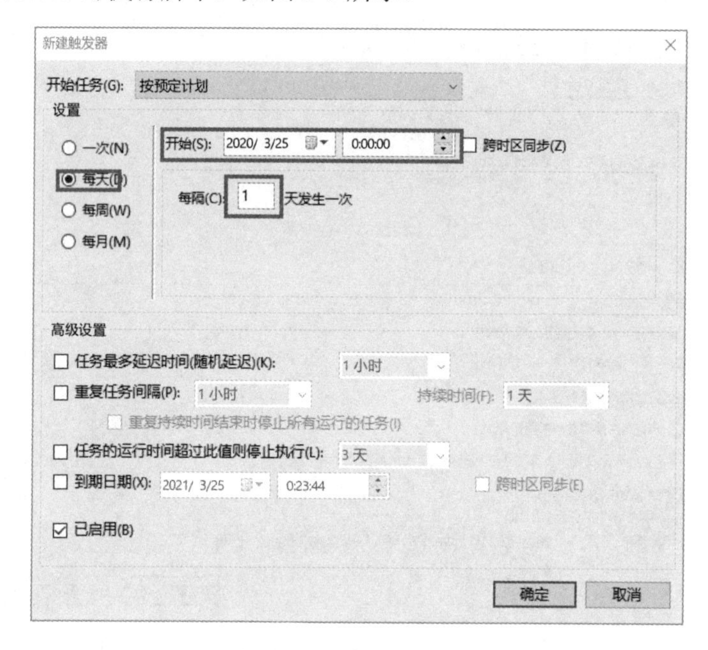

图 9-9　新建触发器

（8）单击“确定”按钮，然后在“操作”选项卡中添加任务，如图 9-10 所示。

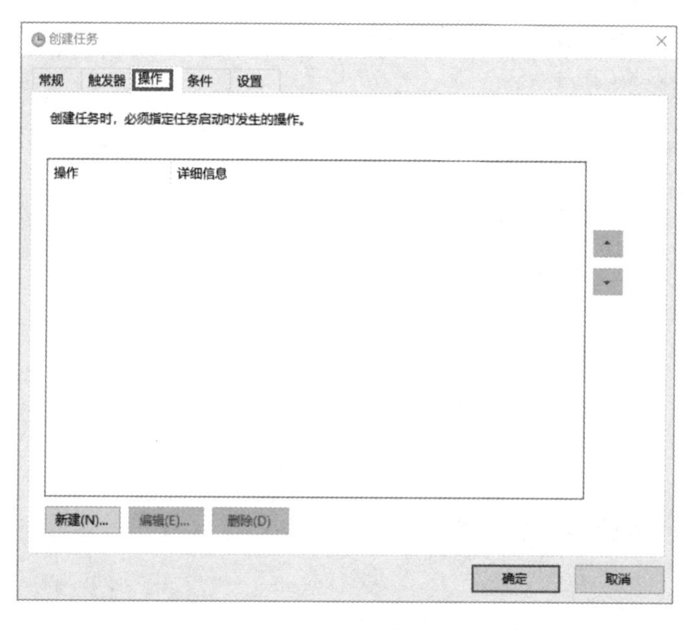

图 9-10　任务操作

（9）单击“新建”按钮，在弹出的“新建操作”对话框中可设置程序或脚本，这里单击“浏览”按钮，加载创建的 Run.bat 文件即可，如图 9-11 所示。

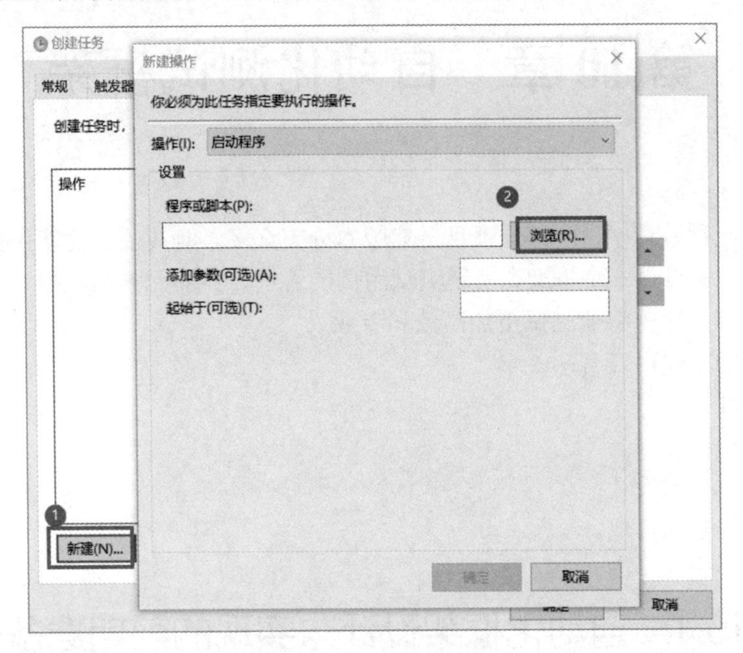

图 9-11　添加程序或脚本

第 10 章　自动化测试框架

在日常的测试过程中，大部分项目虽然版本分支众多，但其核心功能往往不会有太大的变化。如果能够设计一个框架，实现测试用例的管理、界面元素的维护、日志管理和测试报告的生成等，这样将使测试更加高效和专业。

本章讲解的主要内容有：

- 配置文件；
- 日志管理；
- 自动化框架的设计；
- 自动化框架的实现。

10.1　自动化框架设计与实现的前期准备

要实现自动化测试框架，还需要储备一些其他知识，如数据驱动、日志、配置文件等。因此在正式设计实现框架时，需要掌握 INI 配置文件的读写、数据驱动 Excel 文件的读写、日志的管理等内容。本节介绍这些自动化框架所用到的知识。

10.1.1　INI 配置文件

.ini 文件是 Initialization File 的缩写，即初始化文件，原本是 Windows 的系统配置文件所采用的存储格式，统管 Windows 的各项配置。而这里我们所讨论的 INI 是项目中的配置文件，是整个项目共用的，其后缀是.ini，如 config.ini。

在程序中使用配置文件来灵活地配置一些参数是一件很常见的事情，配置文件的解析并不复杂。INI 配置文件采用 key/value 的键值对配置，其格式十分简单，最基本的 3 个要素是节（sections）、参数（parameters）和注释（comments）。

1. 节

所有的节名称都独占一行，并且都被方括号包围（[and])。在节声明后的所有参数都属于该节。如果一个节没有明显的结束标志符，那么一个节的开始就是上一个节的结束。格式如下：

```
[section]
```

2. 参数

所有的参数都是以节为单位结合在一起的。INI 所包含的最基本的“元素”就是参数；每一个参数都有一个 key（name）和一个 value，key 和 value 由等号“=”隔开。key 在等号的左边（键=值），其中 key 不可重复。例如：

```
name = value
```

3. 注释

在 INI 文件中，注释语句是以分号“;”开始的，所有的注释语句不管多长都是独占一行直到结束。在分号和行结束符之间的所有内容都是被忽略的。注释示例如下：

```
;comments text
```

INI 格式如下：

```
[section1]
Name1 = value

[section2]
Name2 = value
```

一个简单的 INI 示例如下：

```
[port]
portname =com4
port = 22
```

10.1.2　INI 配置文件的读取

Python 中提供了 Configparser 标准库处理 INI 格式的配置文件。Configparser 使用起来简单且非常方便，借助 Configparser 库可以实现对 INI 文件的读取与写入操作。

下面列举一些通过 Configparser 库对 INI 格式配置文件的读写操作方法。

读取 INI 配置文件的方法如下：

- read(filename)：读取 INI 文件的内容；
- sections()：获取配置文件中的所有 section，并以列表的形式返回；
- options(section)：获取当前参数 section 下的所有 option；
- items(section)：获取当前参数 section 的所有键值对；
- get(section,option)：获取参数 section 中 option 的值，返回为 string 类型；
- getint(section,option)：获取参数 section 中 option 的值，返回为 int 类型。

写入 INI 配置文件的方法如下：

- add_section(section)：新增一个 section；
- set(section, option, value)：对 section 中的 option 进行设置。

下面介绍一个实际案例。

在工程目录下创建 INI 的 Python package，在 INI package 下创建 config.ini 文件（存放配置文件）与 DoIni.py 文件（读取配置文件 config.ini），目录结构如下：

```
INI
   config.ini
   DoIni.py
```

设计配置文件 config.ini，内容如下：

```
[url]
baidu = http://www.baidu.com

[value]
send_value = 百度

[server]
ip = 220.181.111.188
```

设计配置文件 DoIni.py，内容如下：

```
import configparser

# ###########
# 读取配置文件
# ###########
cf = configparser.ConfigParser()

# 读取 config.ini 文件
cf.read("config.ini")
# value = cf.get("url","baidu")
# print(value)

def getConfigValue(section,name):
    value = cf.get(section,name)
    print(value)
    return value

BaiduUrl = getConfigValue("url","baidu")
print("通过函数 getConfigValue 获得的值:",BaiduUrl)
```

运行 DoIni.py 文件，结果如下：

```
http://www.baidu.com
通过函数 getConfigValue 获得的值: http://www.baidu.com
```

可以看到能够返回 config.ini 配置文件中 baidu 的 URL 地址。

10.1.3 读取 INI 配置文件的封装

上一节中已经实现了 INI 配置文件（config.ini）的读取，但是 DoIni.py 的复用性较差，还有很大的优化空间，本节就将 DoIni.py 进行优化，将对 INI 读取的操作封装到类中，便于其他代码调用，从而提高代码的复用性。

优化后的 DoIni.py 内容如下：

```
# **************************
# 优化之后：将读取配置文件的操作封装在类中
# **************************
import configparser

class ReadConfigIni():

    def __init__(self,filename):
        self.cf = configparser.ConfigParser()
        self.cf.read(filename)

    def getConfigValue(self,section,name):
        value = self.cf.get(section,name)
        # print(value)
        return value

DoConfigIni = ReadConfigIni("config.ini")
BaiUrl = DoConfigIni.getConfigValue("url","baidu")
print("通过函数 getConfigValue 获得的值:",BaiUrl)
```

运行优化后的 DoIni.py 文件，结果如下：

```
通过函数 getConfigValue 获得的值: http://www.baidu.com
```

10.1.4　数据驱动操作

在前面所展现的案例中，测试脚本与测试数据杂糅在一起，相同的测试脚本使用不同的测试数据来执行，还需要在代码中修改数据，测试效率低下。如果在原有的测试脚本中将测试数据和测试操作分离，测试脚本只有一份，其中需要输入数据的地方用变量代替，然后把测试输入数据单独放在某个地方（如 CSV、数据库等），让测试数据独立于测试脚本单独存在，解除脚本与数据之间的强耦合。测试脚本不再负责管理测试数据，而测试数据在数据驱动测试中会以文件（或者数据库）的形式存在。脚本每次执行会机械地从数据文件（或者数据库）中读入测试数据，根据测试数据的不同执行不同的测试路径。在整个测试中，测试脚本是一成不变的，通过不同的数据控制测试脚本中代码的执行，这就是数据驱动。使用数据驱动应注意如下几点：

- 数据驱动支持的数据源种类较多，如 CSV、xls、JSON、数据库中的表等；
- 数据驱动测试的数据不仅包含测试输入数据，还包含验证结果数据和测试逻辑分支等；
- 数据驱动测试不仅适用 UI 测试，还适用于 API 测试、接口测试和单元测试等。

本节将测试数据存放在外部的 Excel 表格中，借助 Excel 表格实现简单的数据驱动。Python 操作 Excel 主要用到 xlrd 和 xlwt 这两个库。

- xlrd：读取 Excel 表中的数据；

- xlwt：创建一个全新的 Excel 文件，然后对这个文件写入内容并保存。

1．安装xlrd

```
C:\Users\86180>pip install xlrd
Collecting xlrd
  Using cached https://files.Pythonhosted.org/packages/b0/16/63576a1a001
752e34bf8ea62e367997530dc553b689356b9879339cf45a4/xlrd-1.2.0-py2.py3-no
ne-any.whl
Installing collected packages: xlrd
Successfully installed xlrd-1.2.0
WARNING: You are using pip version 19.2.3, however version 20.0.2 is
available.
You should consider upgrading via the 'Python -m pip install --upgrade pip'
command.
```

2．安装xlwt

```
C:\Users\86180>pip install xlwt
Collecting xlwt
  Downloading https://files.Pythonhosted.org/packages/44/48/def306413b25
c3d01753603b1a222a011b8621aed27cd7f89cbc27e6b0f4/xlwt-1.3.0-py2.py3-non
e-any.whl (99kB)
    |████████████████████████████████| 102kB 8.2kB/s
Installing collected packages: xlwt
Successfully installed xlwt-1.3.0
WARNING: You are using pip version 19.2.3, however version 20.0.2 is
available.
You should consider upgrading via the 'Python -m pip install --upgrade pip'
command.
```

10.1.5　获取测试数据

在工程目录下创建 DoExcel 的 Python package，在 DoExcel 下创建 Demo.xls 文件（存放测试数据）与 ReadExcel.py 文件（获取 Excel 中的测试数据），目录结构如下：

```
DoExcel
   Demo.xls
   ReadExcel.py
```

新建测试 Excel Demo.xls，其内容如图 10-1 所示。

1．读取单个值

设计 ReadExcel.py，代码内容如下：

```
import xlrd

# *************************
# 读取 Excel
# *************************
```

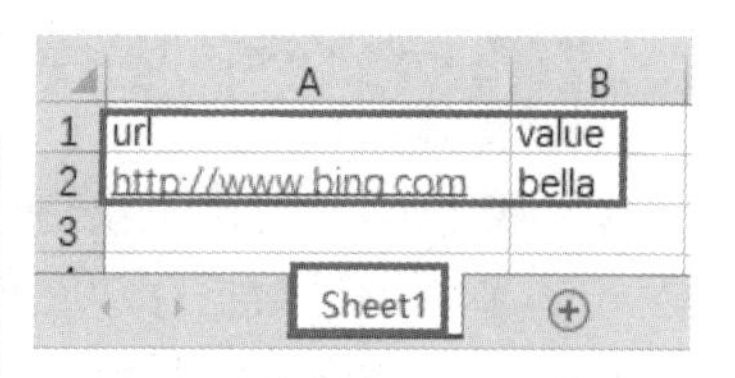

图 10-1　测试数据

```
workbook = xlrd.open_workbook("Data.xlsx")
print(workbook.nsheets)
table = workbook.sheet_by_index(0)
rows_count = table.nrows                        #获取行数
print(rows_count)
cols_count = table.ncols                        #获取列数
print(cols_count)
# 获取某个单元格的内容（方式 1）
cell_value = table.cell(1,0).value
print(cell_value)

# 获取某个单元格的内容（方式 2）
row_data = table.row_values(1)
cell_data = row_data[1]
print(cell_data)
```

其中方式 1 读取具体的某一个单元格；方式 2 先获得一行，再通过索引获取该行中的某一个值。

2. 读取所有值

如果想获取数据文件中的所有值，在 DoExcel 目录下创建 ReadAllData.py，其代码如下：

```
import xlrd

# *************************
# 读取 Excel
# *************************
workbook = xlrd.open_workbook("Data.xlsx")
#print(workbook.nsheets)
table = workbook.sheet_by_index(0)
rows_count = table.nrows                        # 获取行数
# print(rows_count)
cols_count = table.ncols                        # 获取列数
# print(cols_count)

for rownumber in range(0,rows_count,1):
    for colnumber in range(0,cols_count,1):
        cell_value = table.cell(rownumber,colnumber)
        print(cell_value.value)
```

其中，range 函数的格式为 range(start、end、step)，start 表示起始、end 表示结束、step 表示步长。

运行代码，结果如下：

```
url
value
http://www.bing.com
Bella
```

10.1.6 对数据驱动操作进行封装

前面已经实现了外部测试数据文件 Excel 的读取，但是 ReadExcel.py 的复用性较差，还有很大的优化空间，本节将对 ReadExcel.py 进行优化，将对测试数据的读取操作封装到类中，便于其他代码调用，从而提高代码的复用性。

优化后的 ReadExcel.py 代码如下：

```
import xlrd
class ReadExcel():
    """读取 Excel"""

    def __init__(self,fileName,sheetName):
        self.workbook = xlrd.open_workbook(fileName)
        self.sheetName = self.workbook.sheet_by_name(sheetName)

    def read_excel(self,rowNum,colNum):
        value = self.sheetName.cell(rowNum,colNum).value
        return value

Data = ReadExcel("Data.xlsx","Sheet1").read_excel(1,1)
print(Data)
```

以上案例只是以 Demo 形式实现了从 Excel 中读取测试数据，简单地演示了数据驱动的实现方式。实际过程中还需要结合实际项目不断地优化与深挖，把数据驱动与实际项目很好地结合起来。

10.1.7 日志

日志文件为服务器、工作站和应用软件等 IT 资源相关活动记录必要的、有价值的信息，这对软件监控、系统监控、查询和安全审计是十分重要的。日志文件中的记录可提供的用途有软件运行情况、监控系统资源、审计用户行为、对可疑行为进行警告、确定入侵行为的范围、为恢复系统提供帮助、生成调查报告等。日志在软件研发过程中，被开发工程师广泛使用。

通过 log 的分析，可以方便用户了解系统或软件、应用的运行情况；如果 log 足够丰富，也可以分析以往用户的操作行为、类型喜好或其他更多信息；如果一个应用的 log 同时分了多个级别，那么可以很轻易地通过分析得到该应用软件的健康状况，及时发现问题并快速定位、解决问题，补救损失。

简单来讲，通过记录和分析日志可以了解一个系统或软件程序的运行情况是否正常，也可以在应用程序出现故障时快速定位问题。例如开发工程师，当软件运行出现问题时，进行问题排查时通常都会先看各种日志，大部分问题都可以在日志中找到答案。同时，可以通过 IDE 控制台上输出的各种日志进行程序调试。

在软件开发阶段或部署开发环境时，为了尽可能详细地查看应用程序的运行状态，保证上线后的稳定性，我们可能需要把该应用程序所有的运行日志全部记录下来进行分析，当然这是非常消耗性能的，因此需要通过增加日志开关，在生产环境中可以关掉某些日志的记录。

在软件项目研发阶段，日志的作用可以简单总结为以下几点：

- 程序调试；
- 查看程序的运行情况是否正常；
- 应用软件的运行故障分析与问题定位。

开发语言都会内置日志相关功能，或者会有比较优秀的第三方库来提供日志操作功能，例如 log4j 等，它们功能强大、使用简单。Python 自身也提供了一个用于记录日志的标准库模块 logging。

1．logging模块

logging 模块定义的函数和类为应用程序和库的开发实现了一个灵活的事件日志系统。logging 模块是 Python 的一个标准库模块，由标准库模块提供日志记录 API 的关键好处是所有 Python 模块都可以使用这个日志记录功能。所以，你的应用日志可以将自己的日志信息与来自第三方模块的信息整合起来。

2．logging模块的日志级别

logging 模块默认定义了以下几个日志等级，它允许开发人员自定义其他日志级别（并不推荐如此）。

- DEBUG：最详细的日志信息，典型的应用场景是问题诊断；
- INFO：信息详细程度仅次于 DEBUG，通常只记录关键节点信息，用于确认一切都是按照预期进行工作；
- WARNING：当某些不期望的事情发生时记录的信息（如磁盘可用空间较低），但是此时应用程序还是正常运行的；
- ERROR：由于一个更严重的问题导致某些功能不能正常运行时记录的信息；
- CRITICAL：当发生严重错误，导致应用程序不能继续运行时记录的信息。

其中日志级别的优先级为：DEBUG<INFO<WARNING<ERROR<CRITICAL（低→高）。

说明： 在软件开发、部署调试和自动化测试脚本调试过程中，应使用 DEBUG 或 INFO 级别的日志获取尽可能详细的日志信息来帮助定位问题及分析问题。生产环境中建议使用 WARNING、ERROR 或 CRITICAL 级别的日志即可。

3．日志格式

一条日志信息对应的是一个事件的发生，而一个事件通常需要包括以下几项内容：

- 事件发生的具体时间；
- 事件发生的位置；
- 事件的严重程度——日志级别；
- 事件的具体内容。

日志格式就是用来定义一条日志记录中包含哪些字段，并且日志格式也是可以自定义的。

4．logging模块的组件

logging 模块提供了四大组件实现日志的处理，以下是 logging 模块的四大组件。

- Loggers（日志器）：提供应用程序代码直接使用的接口；
- handlers（处理器）：用于将日志记录发送到指定的目的位置；
- filters（过滤器）：提供更细粒度的日志过滤功能，用于决定哪些日志记录将会被输出（其他的日志记录将会被忽略）；
- formatters（格式器）：用于控制日志信息的最终输出格式。

下面是一个日志的简单使用示例，代码如下：

```
import logging

logging.debug("debug message!")
logging.info("info message!")
logging.warning("warning message!")
logging.error("error message!")
logging.critical("critical message!")
```

运行代码，输出结果如下：

```
WARNING:root:warning message!
ERROR:root:error message!
CRITICAL:root:critical message!
```

默认情况下，logging 模块将日志输出在屏幕上，日志级别为 WARNING（即只有日志级别等于或高于 WARNING 的日志信息才会输出到屏幕上）

将日志输出到文件中，代码如下：

```
# 将日志输出到文件中
import logging

logging.basicConfig(filename='log.log',level=logging.INFO)

logging.debug("debug message!")
logging.info("info message!")
logging.warning("warning message!")
logging.error("error message!")
logging.critical("critical message!")
```

运行代码，会看到在与代码的同级目录下新增了一个 log.log 文件，其内容如下：

```
WARNING:root:warning message!
ERROR:root:error message!
CRITICAL:root:critical message!
```

10.1.8　日志综合案例

案例需求描述：创建 logger、创建 handler、创建 fomatter、配置 logger。

在工程目录下创建 log 的 Python package，在 log 下创建 log.py 文件，代码如下：

```
import logging

# 创建 logger
logger = logging.getLogger('fox')
Log_file = "test.log"

# 设置默认的 log 的级别
logger.setLevel(logging.DEBUG)

# 借助 Handler 将日志输出到日志文件中
fh = logging.FileHandler(Log_file)
fh.setLevel(logging.ERROR)

# 创建一个 Handler，将日志输出到控制台上
ch = logging.StreamHandler()
ch.setLevel(logging.INFO)

# 定义输出 Handler 的格式
fmt = logging.Formatter('%(asctime)s - %(name)s - %(levelname)s - %(message)s')

# 配置 logger
fh.setFormatter(fmt)
ch.setFormatter(fmt)

# 给 logger 添加 Handler
logger.addHandler(fh)
logger.addHandler(ch)

# 应用日志
logger.debug("debug message!")
logger.info("info message!")
logger.warning("warning message!")
logger.error("error message!")
logger.critical("critical message!")
```

将代码中的 setLevel 的级别设置为 INFO，代码是 setLevel(logging.INFO)。然后再运行 log.py，可以看到在 PyCharm 输出控制台结果如下，日志是从 INFO 开始输出的。

```
2020-03-28 12:02:22,273 - fox - INFO - info message!
2020-03-28 12:02:22,273 - fox - WARNING - warning message!
```

```
2020-03-28 12:02:22,273 - fox - ERROR - error message!
2020-03-28 12:02:22,273 - fox - CRITICAL - critical message!
```

同时可以看到，运行 log.py 后，在 log.py 同目录下新增了一个 test.log 文件。由于文件输出的日志级别是 setLevel(logging.ERROR)，可以看到 test.log 的日志内容如下：

```
2020-03-28 12:02:22,273 - fox - ERROR - error message!
2020-03-28 12:02:22,273 - fox - CRITICAL - critical message!
```

上面完成的 log.py 文件由于没有通过类或函数进行封装，无法供自动化场景中的测试脚本所调用。对 log.py 进行优化，将对日志的操作封装到类中，便于其他代码调用，从而提高代码的复用性。优化后的 log.py 代码如下：

```
import logging
import os

class Logger():

    def __init__(self,LogFile,CmdLevel,FileLevel):
        self.logger = logging.getLogger(LogFile)
        self.logger.setLevel(logging.DEBUG)
        fmt = logging.Formatter('%(asctime)s - %(name)s - %(levelname)s -
%(message)s')

        # 设置控制台日志
        sh = logging.StreamHandler()
        sh.setFormatter(fmt)
        sh.setLevel(CmdLevel)

        # 设置文件日志
        fh = logging.FileHandler(LogFile)
        fh.setFormatter(fmt)
        fh.setLevel(FileLevel)

        # 给 logger 添加 Handler
        self.logger.addHandler(fh)
        self.logger.addHandler(sh)

    def debug(self,message):
        self.logger.debug(message)

    def info(self,message):
        self.logger.info(message)

    def warn(self,message):
        self.logger.warning(message)

    def error(self,message):
        self.logger.error(message)

    def cri(self,message):
        self.logger.critical(message)

if __name__ == "__main__":
```

```
    logger = Logger('logging.log',CmdLevel=logging.DEBUG,FileLevel=
logging.ERROR)
    logger.debug("debug message!")
    logger.info("info message!")
    logger.warn("warning message!")
    logger.error("error message!")
    logger.cri("critical message!")
```

代码中控制台日志的级别定义为 DEBUG，外部文件的日志级别定义为 ERROR。运行 log.py，可以看到在 PyCharm 输出的控制台结果如下：

```
2020-03-28 12:12:46,230 - logging.log - DEBUG - debug message!
2020-03-28 12:12:46,230 - logging.log - INFO - info message!
2020-03-28 12:12:46,230 - logging.log - WARNING - warning message!
2020-03-28 12:12:46,230 - logging.log - ERROR - error message!
2020-03-28 12:12:46,230 - logging.log - CRITICAL - critical message!
```

日志文件 logging.log 的内容如下：

```
2020-03-28 12:12:46,230 - logging.log - ERROR - error message!
2020-03-28 12:12:46,230 - logging.log - CRITICAL - critical message!
```

10.2　自动化框架的设计与实现

在掌握了单元测试框架知识（UnitTest 或 Pytest）后，同时储备了数据驱动、日志等知识后，即可利用这些知识实现一套 UI 自动化框架，通过该框架可以实现测试用例的管理、日志记录、测试页面管理、读取数据文件等功能。

自动化测试框架一般包括用例管理模块、自动化执行控制器、报表生成模块和日志模块、测试数据管理、测试信息等，这些模块之间不是相互孤立的，而是相辅相成的。

10.2.1　自动化框架的设计

前面介绍了实现自动化测试框架过程中用到的一些知识点，本节就与大家一起来完成自动化测试框架的实现。我们将自动化框架命名为 AutoUiTestFrame（新建工程以 AutoTest-Frame 命名，工程不要放在带中文的路径下），下面首先梳理下自动化框架可能用到的模块或功能。

- 配置文件：存放配置信息，如工程地址、B/S 访问地址（如开发环境与生产环境）等；
- 数据文件：存放测试数据，实现测试数据与测试脚本的分离；
- 数据驱动：将测试数据与测试脚本分离；
- 日志：日志的管理；
- 测试报告：HTML 测试报告存放目录；
- 测试用例：集中管理 TestCase；

- 测试页面：测试页面实现业务逻辑，测试元素从逻辑中剥离出来；
- POM：通过 PO 模式让测试代码更易于维护，提高测试脚本的复用性；
- 测试邮件：发送测试邮件给项目组成员；
- 执行入口：框架的执行入口，组织测试用例的运行。

基于自动化框架可能用到的模块考虑，将 AutoUiTestFrame 自动化框架的目录结构进行初步规划，目录结构如图 10-2 所示。

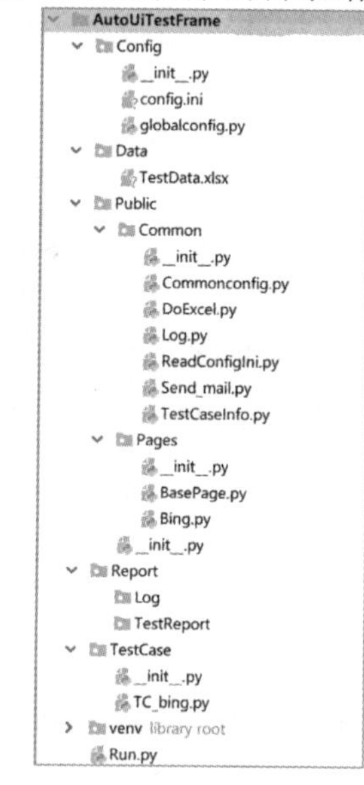

图 10-2　UI 自动化框架目录结构

（1）Config 配置文件的目录如下：

- config.ini：配置文件；
- globalconfig.py：获得日志路径、测试用例路径、测试报告路径和测试数据路径。

（2）Data 为测试数据。其下的 TestData.xlsx 文件用于存放测试数据。

（3）Public 为公共文件库。包括：

- Common：封装的工程中公用的类或方法。包括：
  - DoExcel.py：操作 Excel 中的数据；
  - Send_mail.py：发送邮件（HTML）；
  - ReadConfigIni.py：读取 ini 格式的配置文件；
  - TestCaseInfo.py：测试用例信息；
  - Log.py：日志类。设置日志类，其他模块或文件需要日志类时调用该文件。
- Pages 为使用 Page Object 模式设计的测试页面。包括：
  - BasePage.py：基类，对一些测试页面公共方法、属性的封装及 WebDrive 一些方法的二次封装；
  - Bing.py：测试页面。

（4）Report 为测试报告。包括

- Log：存放日志的目录，如*****log 日志，具体某一个日志。
- TestReport：存放测试报告的目录，如***html 测试报告，具体某一个测试报告。

（5）TestCase 为测试用例，如 TC_bing.py。

（6）Run.py 用于控制测试用例的运行。

10.2.2　自动化框架的实现

本节依据 UI 自动化框架 AutoUiTestFrame 的目录结构，分别实现其中的各个部分。

1．公共文件库：ReadConfigIni.py

ReadConfigIni.py 文件用于设置读取 INI 配置文件的信息，文件代码如下：

```
import configparser
import codecs
import os

class ReadConfigIni():
    """
    实例化 configparser
    """

    def __init__(self,filename):
        self.cf = configparser.ConfigParser()
        self.cf.read(filename)

    # 读操作
    def getConfigValue(self,config,name):
        value = self.cf.get(config,name)
        return value
```

在 ReadConfigIni.py 所在目录下新建一个 INI 配置文件 config.ini，用于验证 ReadConfigIni.py 的正确性。config.ini 文件的内容如下：

```
[url]
BingUrl = http://www.bing.com

[value]
send_value = bing 搜索

[server]
ip = 202.89.233.100
```

优化 ReadConfigIni.py，添加验证 ReadConfigIni()类正确性的代码，优化后的代码如下：

```
import configparser
import codecs
import os

class ReadConfigIni():
    """
    实例化 configparser
    """

    def __init__(self,filename):
        self.cf = configparser.ConfigParser()
        self.cf.read(filename)

    # 读操作
    def getConfigValue(self,config,name):
        value = self.cf.get(config,name)
        return value

# ****************************
# 验证 ReadConfigIni()类的正确性，该部分为测试代码，实际框架运行时需注释掉
# ****************************
file_path = os.path.split(os.path.realpath(__file__))[0]
```

```
print(file_path)
read_config = ReadConfigIni(os.path.join(file_path,"config.ini"))
print(read_config)
value = read_config.getConfigValue("url","BingUrl")
print(value)
```

运行 ReadConfigIni.py，结果如下：

```
E:\教材目录\AutoUiTestFrame\Public\Common
<__main__.ReadConfigIni object at 0x000001D6A8928548>
http://www.bing.com
```

从结果中可以看到，可以从 INI 配置文件 config.ini 中读取 Bing 搜索引擎的地址，并且能通过 os.path.split(os.path.realpath(__file__))获取 ReadConfigIni.py 文件所在的目录路径。

2. 公共文件库：DoExcel.py

DoExcel.py 用于读取测试数据文件（Excel），达到实现数据驱动测试的目的，其代码如下：

```
import xlrd
import os

# ****************
# 读取 Excel 封装到一个类中
# 实现数据驱动测试
# ****************
class ReadExcel():
    """
    打开 Excel，读取测试数据
    """
    # 打开 Excel
    def __init__(self,filename,sheetname):
        self.workbook = xlrd.open_workbook(filename)
        self.sheetName = self.workbook.sheet_by_name(sheetname)

    # 获取某个单元格的数据
    def read_excel(self,rownum,colnum):
        value = self.sheetName.cell(rownum,colnum).value
        return value
```

在 DoExcel.py 同目录下创建存放测试数据的 Excel 文件 Data.xlsx，用于验证 DoExcel.p 的正确性，Data.xlsx 测试数据文件的填充内容如图 10-3 所示。

优化 DoExcel.py，添加验证 ReadExcel()类正确性的代码，优化后的代码如下：

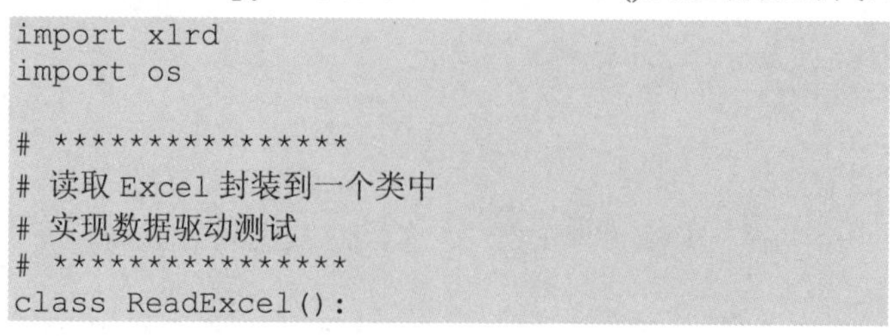

```
import xlrd
import os

# ****************
# 读取 Excel 封装到一个类中
# 实现数据驱动测试
# ****************
class ReadExcel():
```

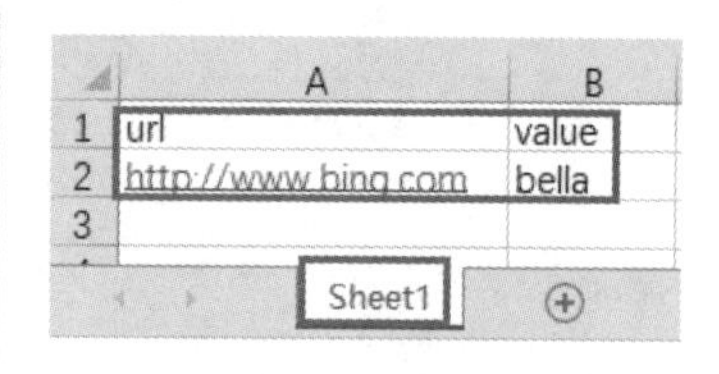

图 10-3 测试数据

```
    """
    打开 Excel，读取测试数据
    """
    # 打开 Excel
    def __init__(self,filename,sheetname):
        self.workbook = xlrd.open_workbook(filename)
        self.sheetName = self.workbook.sheet_by_name(sheetname)

    # 获取某个单元格的数据
    def read_excel(self,rownum,colnum):
        value = self.sheetName.cell(rownum,colnum).value
        return value

#************************
# 验证 ReadExcel 类的正确性，该部分为测试代码，实际框架运行时需注释掉
#************************
cellValue = ReadExcel("Data.xlsx","Sheet1").read_excel(1,0)
print(cellValue)
```

运行 DoExcel.py，结果如下：

```
http://www.bing.com
```

从结果中可以看到，成功从测试数据文件 Data.xlsx 中获取到了测试数据。

3．公共文件库：测试用例信息

在测试用例执行过程中，当某条测试用例运行失败时，如果能够获得是哪位测试工程师编写的、什么时间执行的等信息，将对排查问题提供非常有用的帮助。测试用例信息存放在 TestCaseInfo.py 中，内容如下：

```
class TestCaseInfo():
    """
    测试用例的信息
    """
    def __init__(self,id="",name="",owner="",result="",starttime="",
endtime="",
secondsDuration="",erroinfo=""):
        self.id = id
        self.name = name
        self.owner = owner
        self.result = result
        self.starttime = starttime
        self.endtime = endtime
        self.secondsDuration = secondsDuration
        self.erroinfo = erroinfo
```

4．公共文件库：邮件的发送

当自动化测试用例执行完毕后，会生成 HTML 测试报告，如果将测试报告通过邮件的形式发送给项目组成员，项目组成员就可通过邮件随时随地知道测试的执行情况。send_mail.py 使用于实现邮件的发送，其代码如下：

```
import smtplib
from email.mime.text import MIMEText
from email.mime.multipart import MIMEMultipart
from email.header import Header
import os

'''发送带附件的邮件'''
def sendReport(file_path):
    sendfile = open(file_path,"rb").read()
    # 第三方 SMTP 服务
    mail_host = "smtp.qq.com"                    # 设置 SMTP 服务器
    mail_user = "2757284***@qq.com"              # 账户
    mail_pwd = "yhdmchsrl***dfhg"                # QQ 邮箱的授权码，不是邮箱密码
    sender = '2757284***@qq.com'
    # 接收邮件，多个邮箱地址通过逗号分隔
    receivers = ['2757284***@qq.com', '119006***@qq.com']
    message = MIMEMultipart()
    message['From'] = Header("自动测试组", 'utf-8')  #发送地址
    message['To'] = Header("项目组成员", 'utf-8')
    subject = '测试报告邮件'
    message['Subject'] = Header(subject, 'utf-8')
    # 邮件正文内容
    message.attach(MIMEText('自动化测试报告邮件发送测试......', 'plain', 'utf-8'))
    att1 = MIMEText(sendfile,"base64","utf-8")
    att1["Content-Type"] = 'application/octet-stream'
    # 这里的 filename 可以任意写，写什么名字，邮件中显示什么名字
    att1["Content-Disposition"] = 'attachment; filename="report.html"'
    message.attach(att1)

    try:
        smtpObj = smtplib.SMTP()
        smtpObj.connect(mail_host, 25)      # 25 为 SMTP 端口号
        smtpObj.login(mail_user, mail_pwd)
        smtpObj.sendmail(sender, receivers, message.as_string())
        print("邮件发送成功")
    except smtplib.SMTPException:
        print("Error: 无法发送邮件")

def newReport(testReport):
    lists = os.listdir(testReport)               # 返回测试报告所在目录下的所有文件夹
    lists2 = sorted(lists)                       # 获得升序排列后端测试报告列表
    #获得最新一条测试报告的地址
    file_new = os.path.join(testReport,lists2[-1])
    print(file_new)
    return file_new
# ********************************
# 以下部分为测试代码，框架设计完毕真正运行时需注释掉
# ********************************
if __name__ == '__main__':
    test_report = "D:\\result"                   #测试报告所在目录
```

```
    new_report = newReport(test_report)        #获取最新的测试报告
    print(new_report)
    sendReport(new_report)                     #发送测试报告邮件 report.html
```

可以将第 8 章模块中生成的 HTML 格式的测试报告复制一份，存放在 D:\\result 下作为临时测试报告，验证 send_mail.py 文件中代码的正确性。可以看到，测试报告被成功发送给项目组成员。

5. 日志类的实现

实现日志类，能够在自动化脚本执行过程中帮助定位问题和分析问题，在测试开发阶段是十分有必要的。将日志类定义在 Log.py 中，代码如下：

```
import logging
import os
import time

class Logger():
    def __init__(self,logger,CmdLevel,FileLevel):
        self.logger = logging.getLogger(logger)
        self.logger.setLevel(logging.DEBUG)
        fmt = logging.Formatter('%(asctime)s - %(name)s - %(levelname)s -
%(message)s')
        # 设定日志文件的名称
        self.LogFileName = os.path.join("{0}.log".format(time.strftime
("%Y-%m-%d")))

        # 设置控制台日志
        sh = logging.StreamHandler()
        sh.setFormatter(fmt)
        sh.setLevel(CmdLevel)

        # 设置文件日志
        fh = logging.FileHandler(self.LogFileName)
        fh.setFormatter(fmt)
        fh.setLevel(FileLevel)

        # 给 logger 添加 Handler
        self.logger.addHandler(fh)
        self.logger.addHandler(sh)

    def debug(self,message):
        self.logger.debug(message)

    def info(self,message):
        self.logger.info(message)

    def warn(self,message):
        self.logger.warning(message)

    def error(self,message):
        self.logger.error(message)
```

```
    def cri(self,message):
        self.logger.critical(message)

if __name__ == "__main__":
    logger = Logger('logging.log',CmdLevel=logging.DEBUG,FileLevel=
logging.ERROR)
    logger.debug("debug message!")
    logger.info("info message!")
    logger.warn("warning message!")
    logger.error("error message!")
    logger.cri("critical message!")
```

运行 Log.py 文件 ，由于 CmdLevel=logging.DEBUG，因此可在 PyCharm 控制台中看到输出内容如下：

```
2020-03-28 17:43:20,914 - logging.log - DEBUG - debug message!
2020-03-28 17:43:20,914 - logging.log - INFO - info message!
2020-03-28 17:43:20,914 - logging.log - WARNING - warning message!
2020-03-28 17:43:20,914 - logging.log - ERROR - error message!
2020-03-28 17:43:20,914 - logging.log - CRITICAL - critical message!
```

同时可以发现，在 Log.py 文件同目录下新增了一个 2020-03-28.log 文件（根据日期生成的.log 文件），由于 CmdLevel=logging. ERROR，因此 2020-03-28.log 的内容如下：

```
2020-03-28 17:43:20,914 - logging.log - ERROR - error message!
2020-03-28 17:43:20,914 - logging.log - CRITICAL - critical message!
```

6．全局配置文件

通过设置 INI 配置文件，实现管理工程路径，然后通过配置文件再实现对日志路径、TestCase 路径、测试报告路径进行管理。

Config 目录如下：

```
Config
 --config.ini
 --globalconfig.py
```

config.ini 配置文件的内容如下：

```
[project]
project_path = E:\ AutoUiTestFrame
```

在 globalconfig.py 文件中实现读取日志路径、TestCase 路径、测试报告路径等功能，代码如下：

```
import os
from Public.Common.ReadConfigIni import ReadConfigIni

# 读取配置文件
# 获取 config.in 的路径
file_path = os.path.split(os.path.realpath(__file__))[0]
print(file_path)

# 读取配置文件
```

```
read_config = ReadConfigIni(os.path.join(file_path,"config.ini"))
print(read_config)

# 借助 config.ini 获取项目的参数
project_path = read_config.getConfigValue("project","project_path")
print(project_path)

# 日志路径
log_path = os.path.join(project_path,"Report","Log")
print(log_path)

# 测试用例路径
TestCase_path = os.path.join(project_path,"TestCase")
print(TestCase_path)

# 测试报告路径
report_path = os.path.join(project_path,"Report","TestReport")
print(report_path)

# 测试数据的路径
data_path = os.path.join(project_path,"Data")
print(data_path)
```

运行 globalconfig.py 文件前，需要把 Common 下的 ReadConfigIni.py 中的测试代码部分注释掉，具体如下：

```
# # ****************************
# # # 验证 ReadConfigIni 是否可以读取 INI 文件，该部分为测试代码，实际框架运行时需注
    释掉
# # # ****************************
# # file_path = os.path.split(os.path.realpath(__file__))[0]
# # print(file_path)
# #
# # read_config = ReadConfigIni(os.path.join(file_path,"config.ini"))
# # print(read_config)
# #
# # value = read_config.getConfigValue("url","BingUrl")
# # print(value)
```

运行 globalconfig.py 文件，结果如下：

```
E:\AutoUiTestFrame\Config
<Public.Common.ReadConfigIni.ReadConfigIni object at 0x000002A13D56DAC8>
E:\AutoUiTestFrame
E:\AutoUiTestFrame\Report\Log
E:\AutoUiTestFrame\TestCase
E:\AutoUiTestFrame\Report\TestReport
E:\AutoUiTestFrame\Data
```

从结果中可以看到成功获得了日志路径、TestCase 路径和测试报告路径等。

7．测试数据的管理及数据驱动的优化

将 Common 目录下的 data.xlsx 测试数据文件移动到 Data 目录下，同时重命名为 Test-

Data.xlsx（使用固定目录来管理测试数据）。

优化数据驱动（DoExcel.py），使其能够从固定目录下读取测试数据。优化后的 DoExcel.py 代码如下：

```
import xlrd
import os
from Config import globalconfig
data_path = globalconfig.data_path

# ****************
# 读取 Excel 封装到一个类中
# 实现数据驱动测试
# ****************
class ReadExcel():
    """
    打开 Excel，读取测试数据
    """

    # 打开 Excel
    # 以下是读取当前目录下的 Excle 文件
    # def __init__(self,filename,sheetname):
    #     self.workbook = xlrd.open_workbook(filename)
    #     self.sheetName = self.workbook.sheet_by_name(sheetname)

    # 读取其他目录下的 Excel 文件
    def __init__(self, filename, sheetname):
        datapath = os.path.join(data_path, filename)
        self.workbook = xlrd.open_workbook(datapath)
        self.sheetName = self.workbook.sheet_by_name(sheetname)

    # 获取某个单元格的数据
    def read_excel(self, rownum, colnum):
        value = self.sheetName.cell(rownum, colnum).value
        return value
#************************
# 验证 ReadExcel 类的正确性，该部分为测试代码，实际框架运行时需注释掉
#************************
cellValue = ReadExcel("TestData.xlsx","Sheet1").read_excel(1,0)
print(cellValue)
```

代码解释：

- data_path：data_path 变量获得测试数据的路径为 E:\AutoUiTestFrame\Data；
- __init__()：初始化方法，指定测试数据文件名与 Excel 的 Sheet。

运行 DoExcel.py 文件，结果如下：

```
E:\AutoUiTestFrame\Config
<Public.Common.ReadConfigIni.ReadConfigIni object at 0x0000029CEAC12C88>
E:\AutoUiTestFrame
E:\AutoUiTestFrame\Report\Log
E:\AutoUiTestFrame\TestCase
E:\AutoUiTestFrame\Report\TestReport
```

```
E:\AutoUiTestFrame\Data
http://www.bing.com
```

从结果中可以看到，测试网址 http://www.bing.com 已从测试数据文件 TestData.xlsx 中被读取出来。

注：由于 globalconfig.py 文件中调试用的 print()语句前面并未注释掉，因此运行 DoExcel.py 也输出了日志路径、项目路径等信息。当确认 globalconfig.py 文件中的各个路径没问题后，在正式环境中可以注释掉 globalconfig.py 文件中的 print()调试语句。

8．公共函数的定义

下面实现 Common 目录下的 CommonConfig.py。在 CommonConfig.py 中定义一些公共函数，如获取当前的日期等，其代码如下：

```
from datetime import datetime

def getCurrentTime():
    format = "%a %b %d %H:%M:%S %Y"
    return datetime.now().strftime(format)
```

9．测试页面

本案例是基于 Bing 搜索引擎设计的场景，实现测试用例前需要先实现测试页面的业务流程。基础测试场景流程为：

（1）打开 Bing 搜索引擎（https://cn.bing.com/）。

（2）输入检索的内容 bella。

（3）单击搜索按钮，并提交单击事件。

Pages 目录下的 Bing.py 文件实现了基础测试场景，代码如下：

```
# # # ########################
# # # Bing 搜索基础场景
# # # ########################
from selenium import webdriver
from time import sleep

driver = webdriver.Firefox()
driver.get("https://cn.bing.com/")

# 利用元素属性定位--name
driver.find_element_by_xpath("//input[@name='q']").send_keys("bella")
driver.find_element_by_xpath("//input[@name='go']").click()
sleep(3)
driver.quit()
```

10. Page Object模式：基类

通过 Page Object 设计模式对界面交互部分的封装，使测试在更上层使用页面对象，底层的属性或者操作的更改不会中断测试，减少了代码的重复性，提高了测试代码的可读性和可维护性。Pages 目录下的 BasePage.py 文件完成了基类的实现，代码如下：

```
from selenium import webdriver
from selenium.webdriver.common.keys import Keys

class BasePage():
    """
    BasePage 封装所有页面的公共方法
    """
    def __init__(self):
        try:
            self.driver = webdriver.Firefox()
        except Exception:
            raise NameError("Not Firefox")

    def open(self,url):
        if url != "":
            self.driver.get(url)
self.driver.maximize_window()
        else:
            raise  ValueError("Please input a url!")

    def findElement(self,element):
        try:
            type = element[0]
            value = element[1]
            if type == "id" or type == "ID" or type == "Id":
                elem = self.driver.find_element_by_id(value)
            elif type == "name" or type == "NAME" or type == "Name":
                elem = self.driver.find_element_by_name(value)
            elif type == "class" or type == "CLASS" or type == "Class":
                elem = self.driver.find_element_by_class_name(value)
            elif type == "link_text" or type == "LINK_TEXT" or type ==
"link_text":
                elem = self.driver.find_element_by_link_text(value)
            elif type == "xpath" or type == "Xpath" or type == "Xpath":
                elem = self.driver.find_element_by_xpath(value)
            elif type == "css" or type == "CSS" or type == "Css":
                elem = self.driver.find_element_by_css_selector(value)
            else:
                raise  NameError("Please input correct the type parameter!")
        except Exception:
            raise  NameError("This element not found!" + str(element))
        return elem

    def findElements(self,element):
        try:
            type = element[0]
            value = element[1]
```

```
            if type == "id" or type == "ID" or type == "Id":
                elem = self.driver.find_elements_by_id(value)
            elif type == "name" or type == "NAME" or type == "Name":
                elem = self.driver.find_elements_by_name(value)
            elif type == "class" or type == "CLASS" or type == "Class":
                elem = self.driver.find_elements_by_class_name(value)
            elif type == "link_text" or type == "LINK_TEXT" or type ==
"link_text":
                elem = self.driver.find_elements_by_link_text(value)
            elif type == "xpath" or type == "Xpath" or type == "Xpath":
                elem = self.driver.find_elements_by_xpath(value)
            elif type == "css" or type == "CSS" or type == "Css":
                elem = self.driver.find_elements_by_css_selector(value)
            else:
                raise  NameError("Please input correct the type parameter!")
        except Exception:
            raise  NameError("This element not found!" + str(element))
        return elem

    def type(self,element,text):
        element.send_keys(text)

    def click(self,element):
        element.click()

    def enter(self,element):
        element.send_keys(Keys.RETURN)

    def quit(self):
        self.driver.quit()

    def getAttribute(self, element,attribute):
        return  element.get_attribute(attribute)

    def display(self,id):
        self.driver = webdriver.Firefox()
        js = 'document.getElementById(list[id]).style.display="block"'
        self.driver.execute_script(js)
```

代码解释：

- __init__()：初始化方法，以 Firefox 浏览器作为驱动，如果不是 Firefox 则抛出异常；
- Open(self,url)：打开浏览器 URL 地址，并将浏览器最大化；
- findElement(self, element)：封装 WebDriver 本身定位元素的方法，简化 WebDriver 自身定位元素的方法；
- findElements(self, element)：定位一组方法；
- display()：JS 操作 display 的值；
- quit(self)：浏览器的退出；
- getAttribute(self, element,attribute)：获取指定元素的属性。

11．测试页面的优化

BasePage.py 基于 Page Object 模式的设计思路实现了基类的设计，Bing.py 文件需要结合基类进行优化。优化后的 Bing.py 文件内容如下：

```
# ########################
# # 结合 Page Object 模式，优化搜索基础场景
# # ########################
from Public.Pages.BasePage import BasePage
from time import sleep

class Search(BasePage):
    SearchId = ("xpath","//input[@name='q']")
    SearchBtn = ("xpath","//input[@name='go']")

    def Search_Value(self,SearchValue):
        # 给输入框进行赋值操作
        searchValue = self.findElement(self.SearchId)
        self.type(searchValue,SearchValue)
        # 单击 Baidu 按钮
        sleep(1)
        # self.enter(searchValue)
        searchBtn = self.findElement(self.SearchBtn)
        self.click(searchBtn)
        sleep(1)
        # 退出浏览器
        self.quit()
#*****************
# 验证 Search()类的正确性，该部分为测试代码，实际框架运行时需注释掉
# ****************
search = Search()
search.open("https://cn.bing.com/")
search.Search_Value("Bela")
```

Bing.py 文件与基类结合进行了优化。同时，前面基于数据驱动的设计思路是实现读取外部测试数据的代码。因此，Bing.py 还可进一步优化，将测试数据从测试脚本中剥离出来，从外部测试文件中读取测试数据。优化后的 Bing.py 文件内容如下：

```
# # # #######################
# # # # 结合 Page Object 模式+数据驱动，优化搜索基础场景
# # # # #######################
from Public.Pages.BasePage import BasePage
from time import sleep
from Public.Common.DoExcel import ReadExcel

class Search(BasePage):
    SearchId = ("xpath","//input[@name='q']")
    SearchBtn = ("xpath","//input[@name='go']")

    def Search_Value(self,SearchValue):
```

```
        # 给输入框进行赋值操作
        searchValue = self.findElement(self.SearchId)
        self.type(searchValue,SearchValue)
        # 单击 Baidu 按钮
        sleep(1)
        # self.enter(searchValue)
        searchBtn = self.findElement(self.SearchBtn)
        self.click(searchBtn)
        sleep(1)
        # 退出浏览器
        self.quit()
#*****************
# 验证 Search()类的正确性，该部分为测试代码，实际框架运行时需注释掉
# ****************
search = Search()
url = ReadExcel("TestData.xlsx","Sheet1").read_excel(1,0)
baidu_value = ReadExcel("TestData.xlsx","Sheet1").read_excel(1,1)
search.open(url)
search.Search_Value(baidu_value)
```

可以看到，运行 Bing.py 从 TestData.xlsx 读取了被测地址与测试数据，完成了测试场景的实现。此时 Bing.py 文件实现了测试数据与测试代码的剥离、测试元素从业务场景中的剥离，从而大大提升了测试脚本的维护性与复用性。

12. 测试用例的设计与实现

下面实现 TestCase 目录下的 TestCase，即 TC_bing.py 文件，其代码如下：

```
import unittest
import logging
from time import sleep
from Public.Common import Log
from Public.Common import TestCaseInfo,DoExcel,CommonConfig as cc
from Public.Pages import Bing

#从测试数据 Excel 中读取测试数据
bing_search_value = DoExcel.ReadExcel("TestData.xlsx","Sheet1").read_
excel(1,1)
url_value = DoExcel.ReadExcel("TestData.xlsx","Sheet1").read_excel(1,0)

class Test_Baidu_Search(unittest.TestCase):
    def setUp(self):
        self.base_url = url_value
        self.testcaseInfo = TestCaseInfo.TestCaseInfo(id=1,name="bing search",
owner="leo")

    def test_searchBaidu(self):
        try:
            self.testcaseInfo.starttime = cc.getCurrentTime()

            # 实例化 Baidu 文件中的 Search 类
            self.baiduSearch = Bing.Search()
```

```
            self.baiduSearch.open(self.base_url)
            sleep(3)

            self.baiduSearch.Search_Value(bing_search_value)
            sleep(3)

            # 调用日志
            logger = Log.Logger("FOX",CmdLevel=logging.INFO,FileLevel=
logging. INFO)
            logger.info("This is a successful info msg!")
            logger.debug("This is a successful info msg!")
            self.testcaseInfo.result = "successful!"
        except Exception as err:
            self.testcaseInfo.erroinfo = str(err)
            logger = Log.Logger("FOX", CmdLevel=logging.DEBUG, FileLevel=
logging. INFO)
            logger.info("This is a fail info msg!")
            logger.debug("This is a fail info msg!")
            self.testcaseInfo.result = "fail!"

    def tearDown(self):
        pass
# #*****************
# # 验证测试用例的正确性，该部分为测试代码，实际框架运行时需注释掉
# # ****************
if __name__ == "__main__":
    unittest.main()
```

运行 TC_bing.py 前需要优化一下 Log.py 文件，让生成的日志存放在指定路径下（..\Report\Log 中），即在 Log.py 中增加如下代码：

```
from Config import globalconfig
log_path = globalconfig.log_path
self.LogFileName = os.path.join(log_path, "{0}.log".format(time.strftime
("%Y-%m-%d")))
```

在 Log.py 文件中注释掉如下代码：

```
# self.LogFileName = os.path.join("{0}.log".format(time.strftime("%Y-%m-
%d")))
```

优化后的 Log.py 文件代码如下：

```
import logging
import os
import time
from Config import globalconfig
log_path = globalconfig.log_path

class Logger():

    def __init__(self,logger,CmdLevel,FileLevel):
        self.logger = logging.getLogger(logger)
        self.logger.setLevel(logging.DEBUG)
        fmt = logging.Formatter('%(asctime)s - %(name)s - %(levelname)s -
%(message)s')
```

```
        # 设定日志文件的名称
        # self.LogFileName = os.path.join("{0}.log".format(time.strftime
("%Y-%m-%d")))
        self.LogFileName = os.path.join(log_path, "{0}.log".format(time.
strftime("%Y-%m-%d")))

        # 设置控制台日志
        sh = logging.StreamHandler()
        sh.setFormatter(fmt)
        sh.setLevel(CmdLevel)

        # 设置文件日志
        fh = logging.FileHandler(self.LogFileName)
        fh.setFormatter(fmt)
        fh.setLevel(FileLevel)

        # 给 logger 添加 Handler
        self.logger.addHandler(fh)
        self.logger.addHandler(sh)

    def debug(self,message):
        self.logger.debug(message)

    def info(self,message):
        self.logger.info(message)

    def warn(self,message):
        self.logger.warning(message)

    def error(self,message):
        self.logger.error(message)

    def cri(self,message):
        self.logger.critical(message)

# if __name__ == "__main__":
#     logger = Logger('logging.log',CmdLevel=logging.DEBUG,FileLevel=
logging.ERROR)
#
#     logger.debug("debug message!")
#     logger.info("info message!")
#     logger.warn("warning message!")
#     logger.error("error message!")
#     logger.cri("critical message!")
```

运行 TC_bing.py 前，需要注释掉 Pages 目录下页面逻辑 Bing.py 文件中的测试代码。修订后的 Bing.py 代码如下：

```
# # # ########################
# # # # 结合 Page Object 模式+数据驱动，优化搜索基础场景
# # # # ########################
from Public.Pages.BasePage import BasePage
from time import sleep
```

```
from Public.Common.DoExcel import ReadExcel

class Search(BasePage):
    SearchId = ("xpath","//input[@name='q']")
    SearchBtn = ("xpath","//input[@name='go']")

    def Search_Value(self,SearchValue):
        # 给输入框进行赋值操作
        searchValue = self.findElement(self.SearchId)
        self.type(searchValue,SearchValue)
        # 单击 Baidu 按钮
        sleep(1)
        # self.enter(searchValue)
        searchBtn = self.findElement(self.SearchBtn)
        self.click(searchBtn)
        sleep(1)
        # 退出浏览器
        self.quit()
# #****************
# # 验证 Search()类的正确性，该部分为测试代码，实际框架运行时需注释掉
# # ****************
# search = Search()
#
# url = ReadExcel("Data.xlsx","Sheet1").read_excel(1,0)
# baidu_value = ReadExcel("Data.xlsx","Sheet1").read_excel(1,1)
#
# search.open(url)
# search.Search_Value(baidu_value)
```

在 TC_bing.py 文件中，右击 Run Unittests for TC_bing.py 运行 TC_bing.py，可以看到 TC_bing.py 文件被 UnitTest 框架调用运行，执行结果如图 10-4 所示。

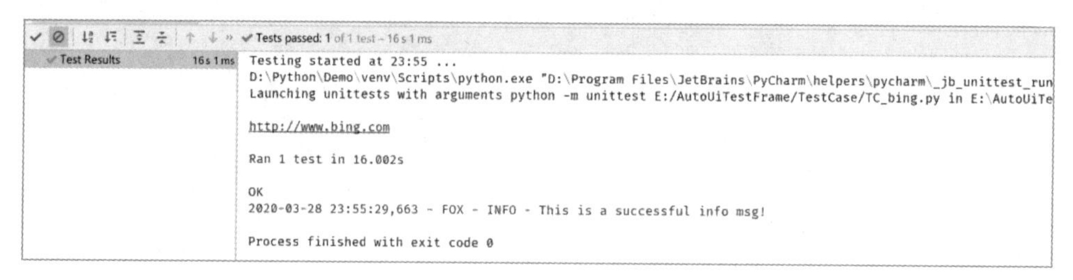

图 10-4　测试执行结果

13．测试执行入口

Run.py 作为整个测试框架执行的入口，最后再实现。Run.py 中实现 HTML 测试报告的生成、测试用例的调用等，其代码如下：

```
from HTMLTestRunner import HTMLTestRunner
import unittest
import time
from Config import globalconfig
from Public.Common import Send_mail as cc

# 测试报告所在路径
report_path = globalconfig.report_path
# 测试用例路径
TestCase_path = globalconfig.TestCase_path

def AutoRun(TesctCaseName):
    """
    :param TesctCaseName: 测试用例的名称
    :return:
    """
    discover = unittest.defaultTestLoader.discover(TestCase_path,pattern=
TesctCaseName)
    now = time.strftime('%Y-%m-%d %H_%M_%S')    # 获取当前系统时间
    # 拼接出测试报告的名称
    filename = report_path + '\\' + now + 'result.html'
    fp = open(filename,'wb')
    runner = HTMLTestRunner(stream=fp,title='测试报告',description='用例执
行情况！')
    runner.run(discover)
    fp.close()
    # 在测试报告目录下获取最新的测试报告
    new_report = cc.newReport(report_path)
    cc.sendReport(new_report)                    # 以邮件的形式发送测试报告

if __name__ == "__main__":
    AutoRun("TC_Bing.py")
```

在运行 Run.py 前，把前面各个文件中的测试代码全部注释掉。

运行 Run.py，可以看到浏览器打开了 Bing 搜索引擎，完成测试场景的业务逻辑。同时，在 Report→TestReport 下生成了***resut.html 测试报告。HTML 测试报告列表如图 10-5 所示，可以看到其都是以日期命名的。

运行 Run.py，可以看到..\Report\Log 下新增了一个日志文件***.log，如图 10-6 所示。

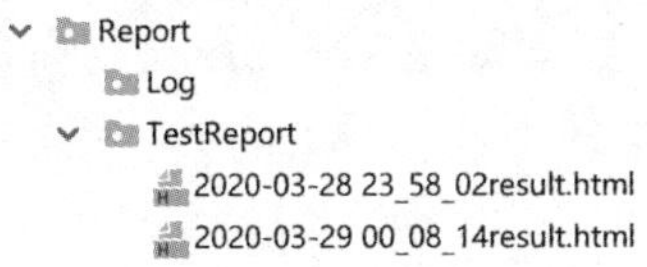

Report
Log
TestReport
2020-03-28 23_58_02result.html
2020-03-29 00_08_14result.html

图 10-5　测试报告列表

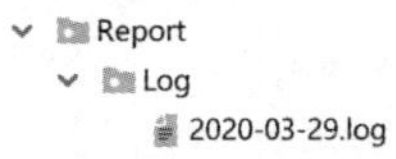

Report
Log
2020-03-29.log

图 10-6　日志文件

打开 Report→TestReport 下的最新测试报告，如图 10-7 所示。

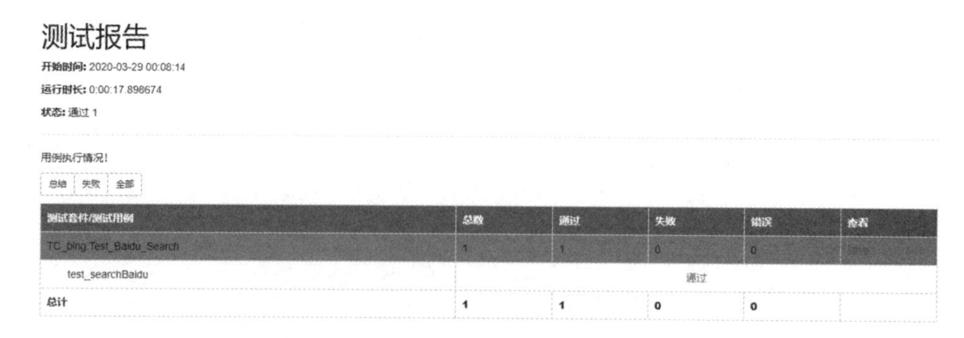

图 10-7　最新测试报告

在运行 Run.py 文件的过程中，同时向项目组成员发送了邮件，测试邮件正文如图 10-8 所示。

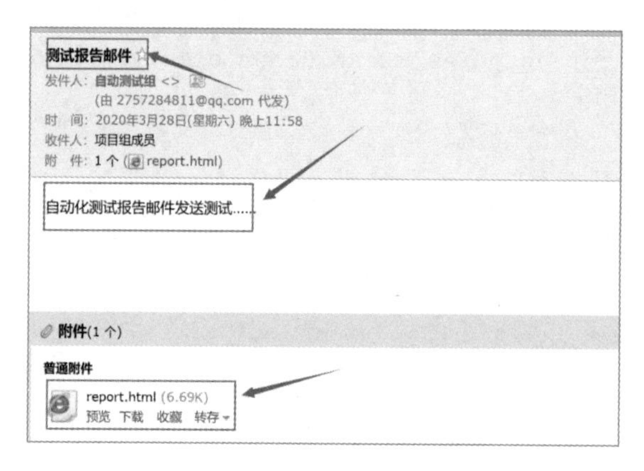

图 10-8　测试邮件正文

下载 report.html 测试报告，测试附件内容如图 10-9 所示。

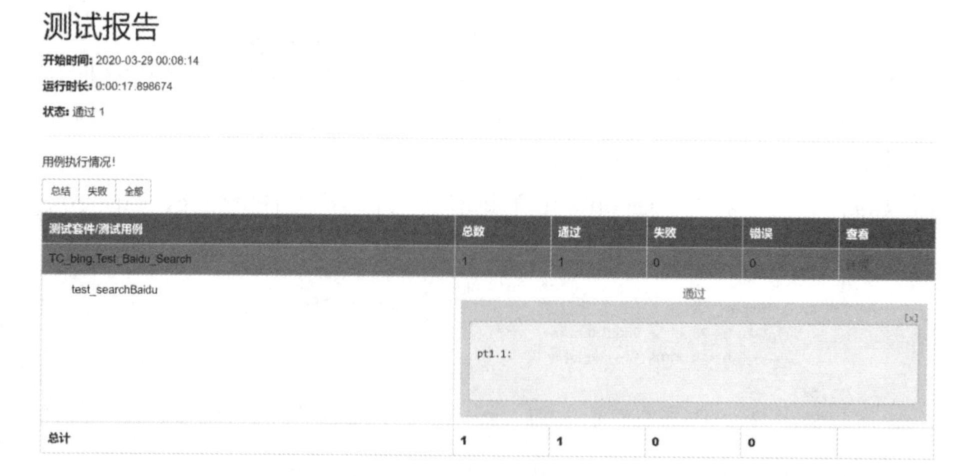

图 10-9　测试附件内容

对比邮件附件中的 report.html 测试报告与 Report→TestReport 下最新的 HTML 测试报告内容，可以发现两者的生成时间完全相同，由此可以得出结论，发给项目组成员的 HTML 测试报告即是 Report→TestReport 下最新的测试报告。这样可以保证项目组成员都能够及时地获得最新的测试用例情况，从而及时地做出响应。

14. 在cmd窗口中执行.py文件

打开 Windows 的 cmd 窗口，进入 AutoUiTestFrame 工程目录下，通过 python Run.py 命令执行 UI 自动化测试框架，可以看到 AutoUiTestFrame 被调用，完成了对 Bing 搜索页的操作。cmd 窗口的命令如下：

```
C:\Users\86180>e:
E:\>cd AutoUiTestFrame
E:\AutoUiTestFrame>python Run.py
E:\AutoUiTestFrame\Report\Log
<_io.TextIOWrapper name='<stderr>' mode='w' encoding='utf-8'>
Time Elapsed: 0:00:16.246610
E:\AutoUiTestFrame\Report\TestReport\2020-03-30 11_56_12result.html
邮件发送成功
```

15. 自动化框架的总结

通过前面一步一步的规划及实现，一个 UI 自动化框架（AutoUiTestFrame）的雏形就形成了，其设计思路覆盖了如下几点。

- 配置文件：存放配置信息，如工程地址、B/S 访问地址（如开发环境与生产环境）等；
- 数据文件：存放测试数据，实现测试数据与测试脚本的分离；
- 数据驱动：将测试数据与测试脚本分离；
- 日志：日志的管理；
- 测试报告：HTML 测试报告存放目录；
- 测试用例：集中管理 TestCase；
- 测试页面：测试页面实现业务逻辑，测试元素从逻辑中剥离出来；
- POM：通过 Page Object 模式让测试代码更易于维护，提高测试脚本的复用性；
- 测试邮件：发送测试邮件给项目组成员；
- 执行入口：框架的执行入口，组织测试用例的运行。

AutoUiTestFrame 框架还有很多不足，例如 AutoUiTestFrame 框架中的数据驱动是否可以通过 XML 测试数据的管理实现呢？当然是可以的。大家在实际过程中还需要结合实际项目需要，不断在该框架的基础上去完善，通过完善 AutoUiTestFrame 框架，让其更贴合自己项目的要求。

第 11 章　持 续 集 成

持续集成（Continuous Integration，CI）的目的是为了让项目（产品）可以快速迭代，同时还能够使项目保持高质量。要想实现快速迭代，自动化测试的介入不容忽视，即通过自动化测试完成测试用例的快速执行并生成测试报告，因此自动化测试是持续集成中不可或缺的一环。

本章讲解的主要内容有：

- 持续集成简介；
- Jenkins 的部署；
- Jenkins 与自动化的结合。

11.1　持续集成简介

1．什么是持续集成

持续集成已经在软件开发领域持续了多年，它是一种软件开发实践，团队开发成员经常集成他们的工作，通常每个成员每天至少集成一次，也就意味着每天可能会发生多次集成。每次集成都通过自动化的构建（包括编译、发布和自动化测试）来验证，从而尽早地发现集成错误。

大家所熟知的 DevOps 体系包括敏捷管理、持续交付、IT 服务管理、精益管理及其实践。在 DevOps 的落地过程中，最关键的（也是最大的）挑战是构建自动化持续交付流水线，这也体现了持续集成在 DevOps 中的重要性。

持续集成与自动化的结合，通过软件替代人工持续不间断地集成代码，让产品可以快速迭代，同时还能保证代码质量。

通过持续集成可以完成代码的自动拉取、编译和部署，最后通过自动化测试工具完成测试用例，并生成相应的测试报表。这样，整个测试流程需要人工来做的只有人工代码的 Review 部分，其他部分全部通过自动化来实现，甚至可在凌晨对程序进行展开测试。

2．持续集成的价值

持续集成的价值如下：

- 减小风险。由于持续集成在不断构建、编译和测试，可以较早发现问题，所以修复的代价就少。
- 减少重复过程。持续集成可以减少开发与测试工程师原有的手工重复性工作。
- 增强项目的可见性。
- 增强开发产品的信心。

3. 持续集成的目的

持续集成的目的是让产品可以快速迭代，同时还能保持高质量。它的核心措施是代码集成到主干之前，必须通过自动化测试。

4. 持续集成的流程

持续集成的关键是自动化，其流程一般可概括如下：

（1）自动化构建和打包。

（2）自动化持续集成。

（3）自动化测试。

（4）自动化部署。

（5）自动化生产部署。

持续集成示意如图 11-1 所示。

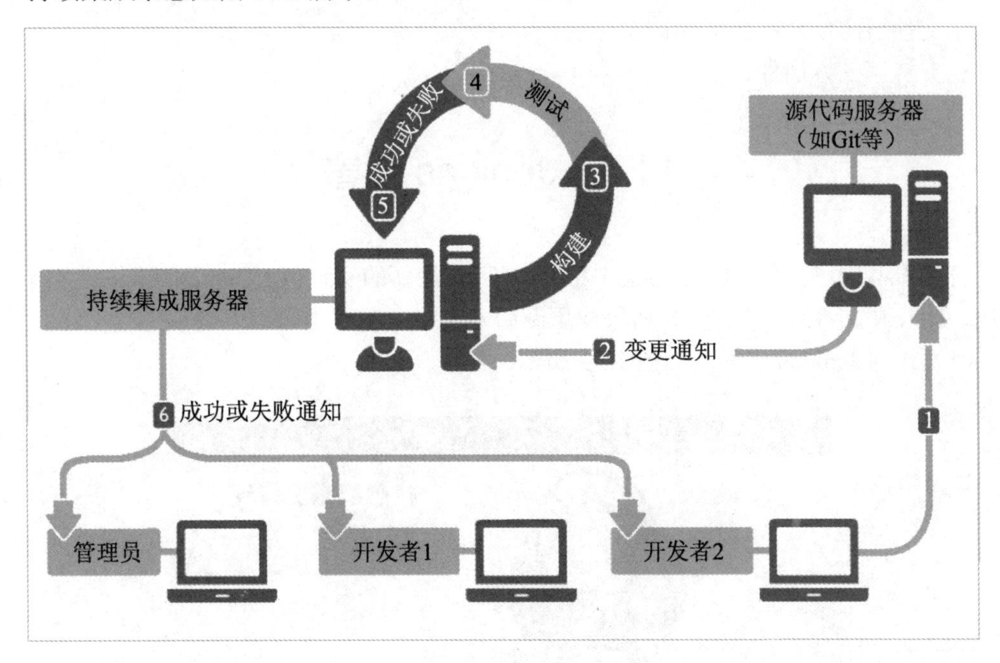

图 11-1　持续集成示意

5．持续集成的工具链

持续集成的工具链一般包括版本控制工具（Git 和 SVN）、持续集成工具（Jenkins）、编译构建工具（Maven、Gradle 和 NPM）及自动化测试工具（Junit、Pytest、UnitTest、Selenium 和 Appium 等）。

这里就以持续集成工具 Jenkins 为例，来看一下其与自动化测试工具 Selenium 如何结合使用。

Jenkins 是一款开源的 CI 和 CD 软件，用于自动化构建、测试和部署软件。它支持各种运行方式，可通过系统包、Docker 或者一个独立的 Java 程序运行。

Jenkins 的特点如下：

- 易安装：仅有一个 war 包，从官网下载该文件后直接运行即可，无须安装数据库；
- 易配置：提供友好的 GUI 配置界面；
- 变更支持：能从代码仓库（git/Subversion/CVS）中获取代码并输出到编译输出信息中；
- 支持永久链接：通过 Web 来访问 Jenkins；
- 集成 E-mail/RSS/IM：当完成一次集成时，可通过这些工具实时反馈结果；
- JUnit/TestNG 测试报告：以图表等形式提供详细的测试报表；
- 支持分布式构建：可以把集成构建等工作分发到多台计算机中完成；
- 文件日志信息：会保存构建记录；
- 支持第三方插件。

11.2　Jenkins 部署

访问 Jenkins 官网（https://jenkins.io/），下载最新的 war 包。Jenkins 项目产生两个发行线，即长期支持版本（LTS）和每周更新版本。出于稳定性考虑，建议选择 LTS 版本。

（1）访问 Jenkins 官网，如图 11-2 所示。

图 11-2　Jenkins 官网首页

（2）单击“下载”按钮，进入下载页面，在 LTS 版本中选择 war 包，如图 11-3 所示。笔者写作本书时的版本为 Jenkins 2.222.1，下载的是 Jenkins.war 包（可在本书提供的配书资料中找到）。

图 11-3　Jenkins 下载页面

（3）Jenkins 是基于 Java 编写的，因此需安装 JDK，可在 Oracle 官网可下载 JDK，地址为 https://www.oracle.com/Java/technologies/Javase-downloads.html，下载页面如图 11-4 所示。最新的 JDK 版本是 JDK 14，读者使用 JDK 8 即可（在本书提供的配书资料中可找到 JDK 8）。

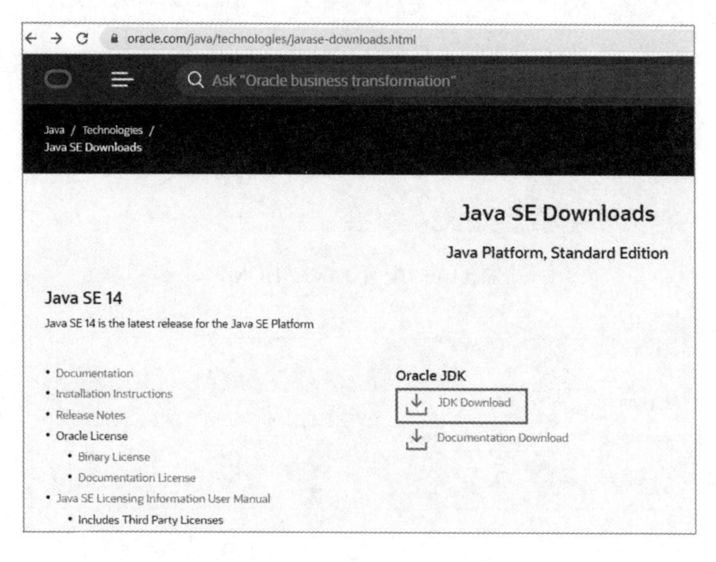

图 11-4　JDK 下载页面

注：Java 环境分为 JDK 和 JRE 两种。JDK 的全称为 Java Development Kit，是面向开发人员使用的 SDK，它提供了 Java 开发环境和运行环境；JRE 的全称为 Java Runtime Environment，是 Java 的运行环境，主要面向 Java 程序的使用者而不是开发者。

（4）右击 JDK 8 安装文件，以管理员身份运行即可，如图 11-5 所示。

（5）安装过程中会提示安装 JRE，此时无须改变安装目录，继续安装 JRE 即可。

（6）JDK 安装完毕后，需配置环境变量。配置环境变量的方法是：右击"我的电脑"图标，选择"属性"命令，在弹出的对话框中选择"高级配置"选项卡，然后单击"环境变量"按钮，在弹出的"系统环境变量"对话框中添加环境变量 JAVA_HOME，变量值指向自己安装 JDK 的路径（笔者的 JDK 路径为 C:\Program Files\Java\jdk1.8），如图 11-6 与图 11-7 所示。

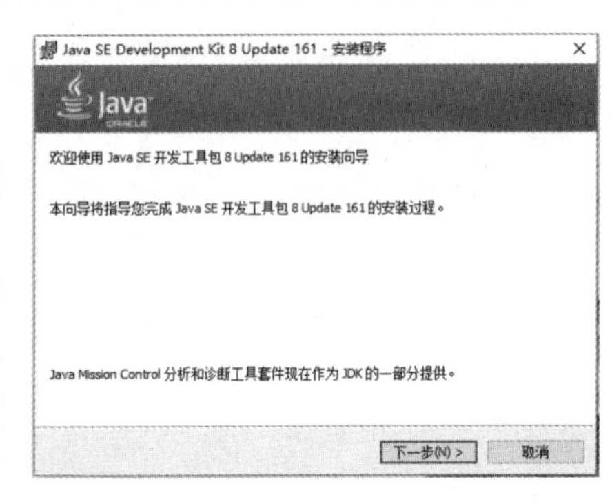

图 11-5　安装 JDK 1.8

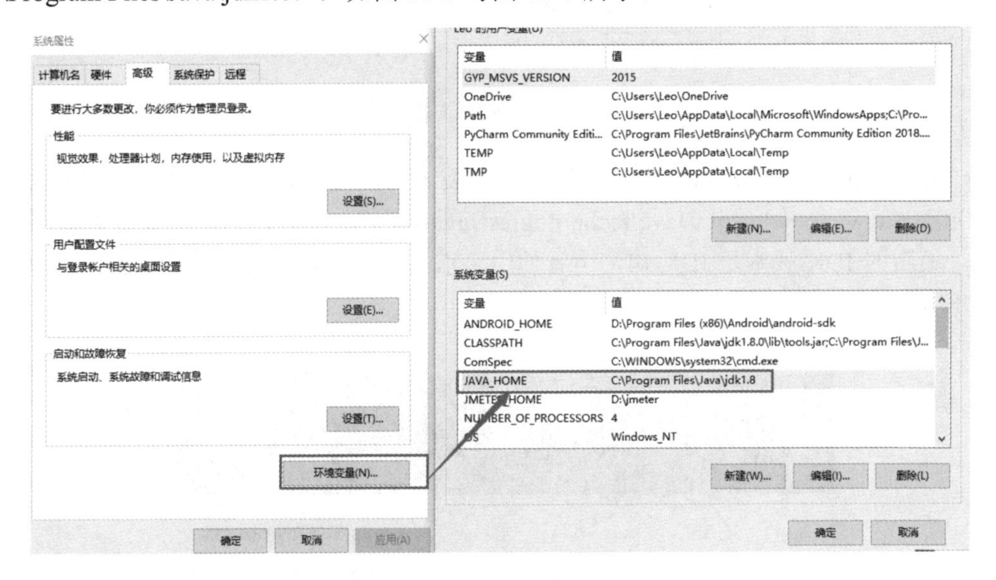

图 11-6　配置 JAVA_HOME

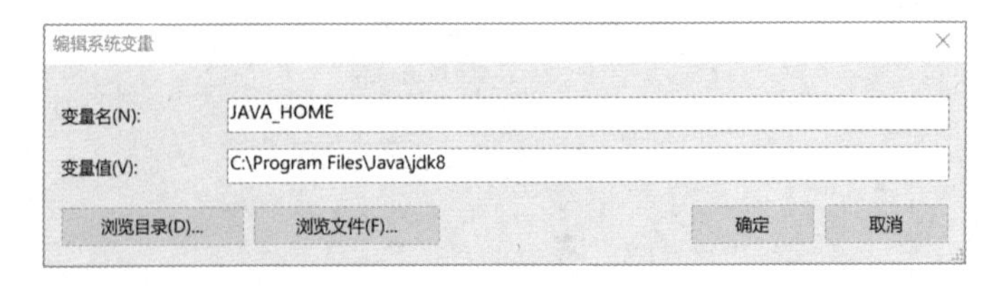

图 11-7　添加 JAVA_HOME

（7）在 Path 环境变量中添加如图 11-8 所示的环境变量。注意，这里的路径要根据自己的 JDK 及 JRE 的实际路径进行配置。

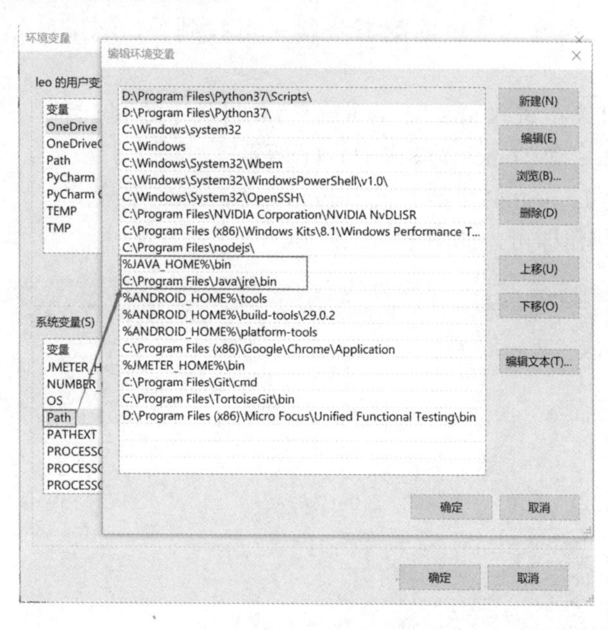

图 11-8　环境变量的配置

（8）JDK 安装完成并且环境变量配置完毕后，需验证 JDK 是否安装成功。在 cmd 命令窗口中输入 Java –version 或 Javac 命令进行验证，如果出现如图 11-9 所示的信息，则证明 JDK 安装成功。

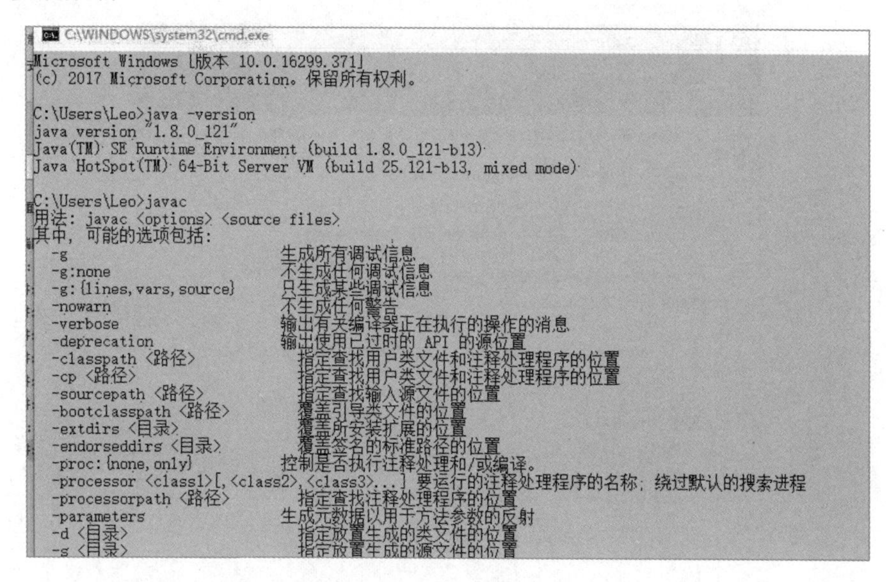

图 11-9　JDK 安装验证

（9）安装 Tomcat。Tomcat 是一个免费、开放源代码的 Web 应用服务器，属于轻量级应用服务器。将 apache-tomcat-9.0.0.M4-windows-x64 解压（在本书提供的配书资料中可找到），结果如图 11-10 所示。

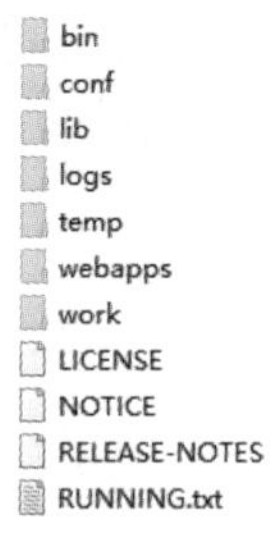

图 11-10　tomcat 目录

（10）通过 cmd 命令进入 apache-tomcat-9.0.0 目录中的 bin 目录，输入 startup.bat 启动 Tomcat，如图 11-11 所示。

（11）首次启动 Tomcat 时可能会被 Windows Defender 拦截，单击“允许访问”按钮即可，如图 11-12 所示。

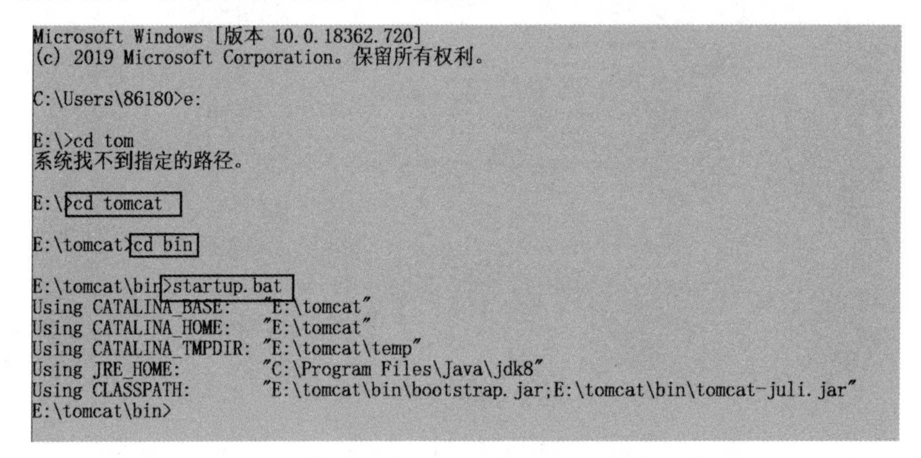

图 11-11　启动 Tomcat

图 11-12　允许通过防火墙

（12）不要关闭启动 Tomcat 后的命令信息窗口，保持打开状态，如图 11-13 所示。

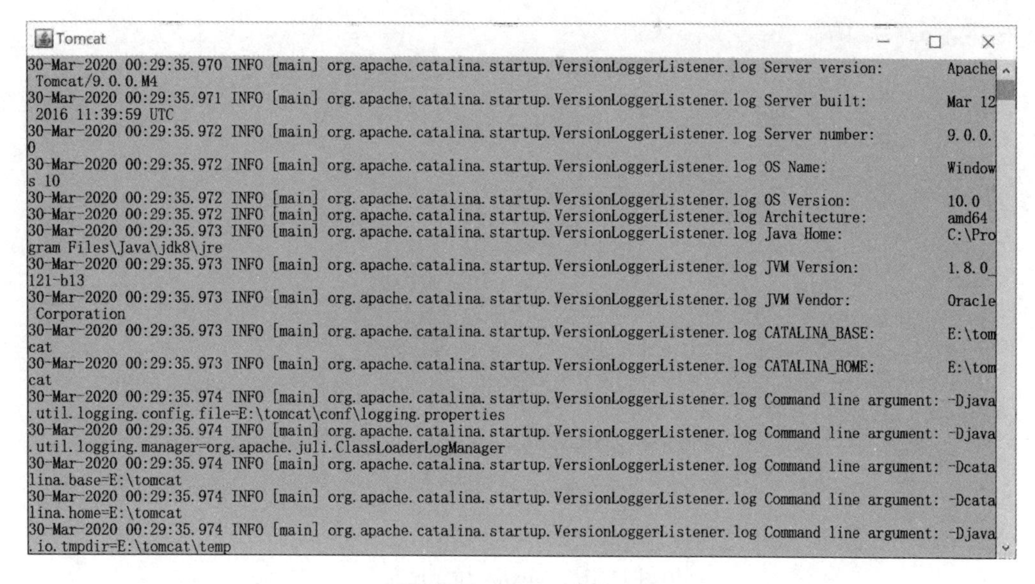

图 11-13　Tomcat 启动窗口

（13）打开浏览器，输入 http://localhost:8080/网址，访问 Tomcat 首页，如果出现如图 11-14 所示的效果，证明 Tomcat 搭建成功。

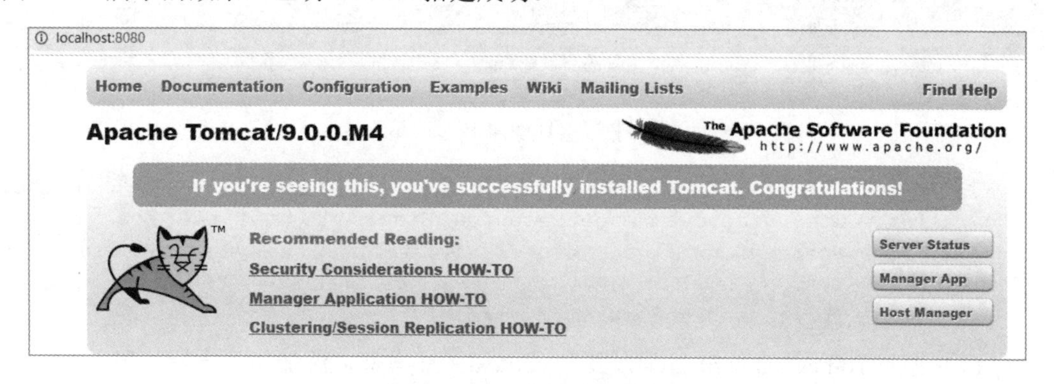

图 11-14　Tomcat 启动窗口

（14）将下载好的 jenkins.war 包复制到 Tomcat 的工程目录 webapps 中，如图 11-15 所示。

（15）在浏览器中输入 http://localhost:8080/jenkins 网址后回车，进入开始加载 Jenkins 页面，此页面需要一些时间加载，慢慢等待即可，如图 11-16 所示。

（16）Jenkin 加载页如果很长时间一直在加载，此时要看一下 Tomcat 的启动窗口。如果出现如图 11-17 所示的日志信息，则需要增加 Tomcat 的 resource。

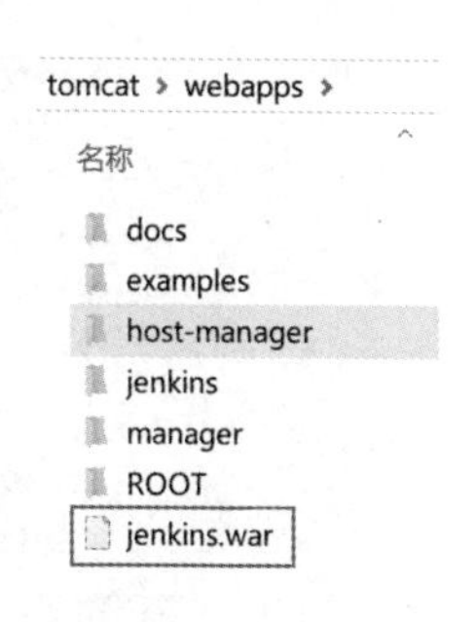

图 11-15　Jenkins 路径

ⓘ localhost:8080/jenkins/login?from=%2Fjenkins%2F

Please wait while Jenkins is getting ready to work ...

Your browser will reload automatically when Jenkins is ready.

图 11-16　Jenkins 加载页面

```
30-Mar-2020 00:38:19.528 WARNING [Handling GET /jenkins/login from 0:0:0:0:0:0:0:1 : http-nio-8080-exec-2] org.apache.ca
talina.webresources.Cache.getResource Unable to add the resource at [/WEB-INF/classes/hudson/util/HudsonIsLoading/login.
default.jelly] to the cache because there was insufficient free space available after evicting expired cache entries - c
onsider increasing the maximum size of the cache
30-Mar-2020 00:38:19.811 WARNING [Handling GET /jenkins/static/1c13ac84/css/simple-page.css from 0:0:0:0:0:0:0:1 : http-
nio-8080-exec-3] org.apache.catalina.webresources.Cache.getResources Unable to add the resource at [/WEB-INF/classes/MET
A-INF/services/org.kohsuke.stapler.LocaleDrivenResourceProvider] to the cache because there was insufficient free space
available after evicting expired cache entries - consider increasing the maximum size of the cache
```

图 11-17　Tomcat 日志信息

```
30-Mar-2020 00:38:19.240 WARNING [http-nio-8080-exec-10] org.apache.
catalina.webresources.Cache.getResource Unable to add the resource at
[/help/project-config/triggerRemotely_fr.html] to the cache because there
was insufficient free space available after evicting expired cache entries
- consider increasing the maximum size of the cache
```

（17）进入 Tomcat 的 conf 目录，找到 context.xml 文件，添加如下一行代码：

```
<Resources cachingAllowed="true" cacheMaxSize="100000" />
```

增加后的 context.xml 文件如下：

```
<?xml version='1.0' encoding='utf-8'?>
<!--
  Licensed to the Apache Software Foundation (ASF) under one or more
  contributor license agreements.  See the NOTICE file distributed with
  this work for additional information regarding copyright ownership.
  The ASF licenses this file to You under the Apache License, Version 2.0
  (the "License"); you may not use this file except in compliance with
  the License.  You may obtain a copy of the License at

      http://www.apache.org/licenses/LICENSE-2.0
```

```
  Unless required by applicable law or agreed to in writing, software
  distributed under the License is distributed on an "AS IS" BASIS,
  WITHOUT WARRANTIES OR CONDITIONS OF ANY KIND, either express or implied.
  See the License for the specific language governing permissions and
  limitations under the License.
-->
<!-- The contents of this file will be loaded for each web application -->
<Context>

    <!-- Default set of monitored resources. If one of these changes, the    -->
    <!-- web application will be reloaded.                                   -->
    <WatchedResource>WEB-INF/web.xml</WatchedResource>
    <WatchedResource>${catalina.base}/conf/web.xml</WatchedResource>
    <Resources cachingAllowed="true" cacheMaxSize="100000" />

    <!-- Uncomment this to disable session persistence across Tomcat restarts
-->
    <!--
    <Manager pathname="" />
    -->
</Context>
```

（18）返回浏览器刷新页面（http://localhost:8080/jenkins 网址不变），可以看到，Tomcat 日志出现如下信息，此时将日志打印的 amin 密码复制下来（最好保存到一个文档中）。

```
*************************************************************
*************************************************************
*************************************************************

Jenkins initial setup is required. An admin user has been created and a
password generated.
Please use the following password to proceed to installation:

57c53d1b1d04459ea7d62f688ecd4a9b

This may also be found at: C:\Users\86180\.jenkins\secrets\initialAdmin
Password

*************************************************************
*************************************************************
*************************************************************
```

（19）经过几分钟后，页面跳转到“解锁 Jenkins”页面，将前面复制的管理员密码粘贴过来，然后单击“继续”按钮，如图 11-18 所示。

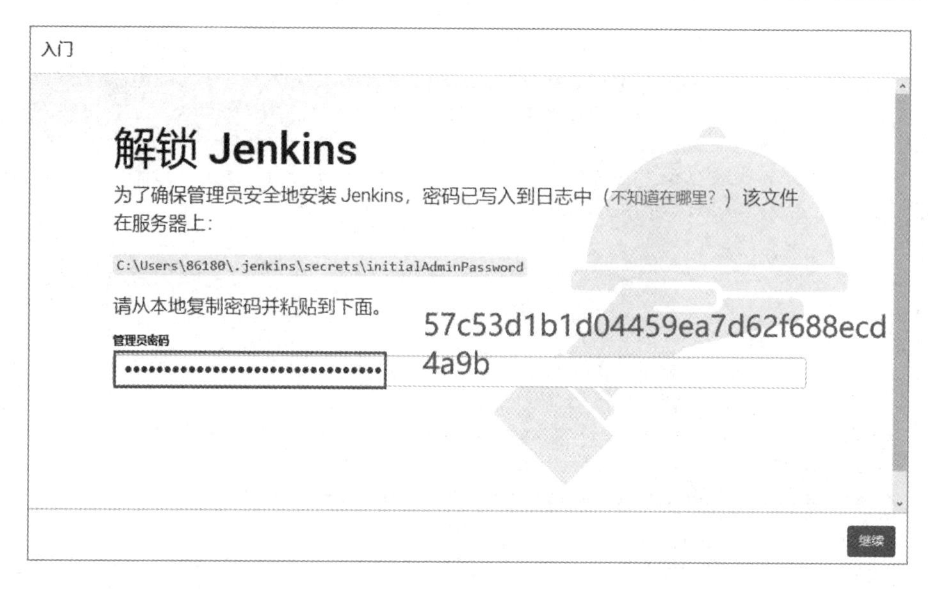

图 11-18　解锁 Jenkins

（20）进入自定义 Jenkins 页，如图 11-19 所示。在该页面中可以选择“安装推荐的插件”，也可选择“选择插件来安装”。如果不清楚要安装哪些插件，可以选择“选择插件来安装”，然后单击“保持默认即可”。

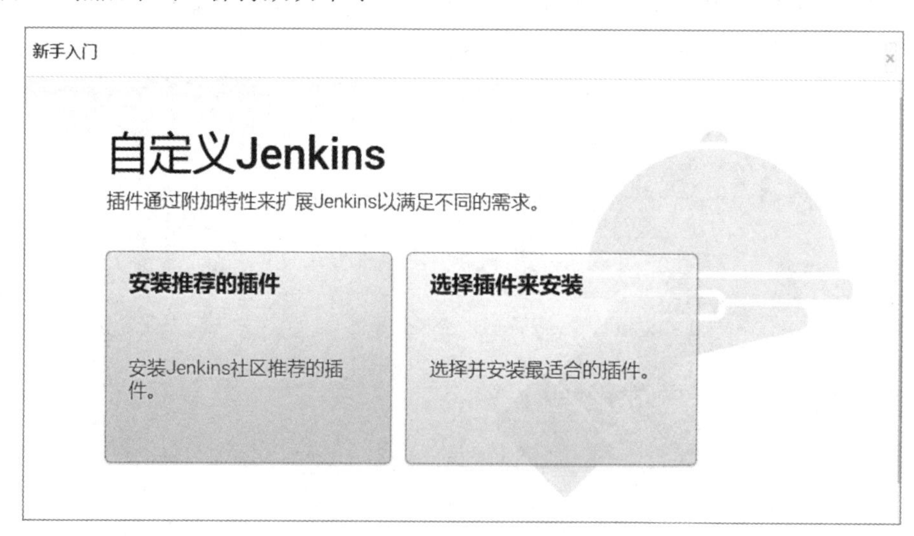

图 11-19　自定义 Jenkins

（21）如选择了“安装推荐的插件”，则安装的插件较多，比较耗时。推荐安装的插件包括 Git 和 LDAP 等，如图 11-20 所示。

（22）插件安装完毕后出现创建管理员用户的界面，此界面不是创建 admin（admin 前面已创建），而是新建其他管理员用户，如图 11-21 所示。笔者创建的账户为 bella/123456，邮箱为 bella@126.com（邮箱是随意填写的，实际过程中应该填写自己的企业邮箱）。

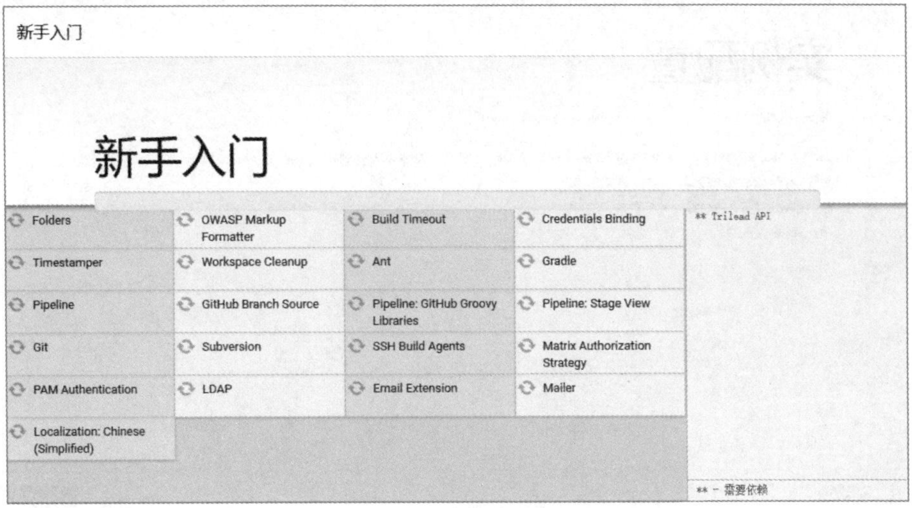

新手入门
新手入门
Folders
OWASP Markup Formatter
Build Timeout
Credentials Binding
Timestamper
Workspace Cleanup
Ant
Gradle
Pipeline
GitHub Branch Source
Pipeline: GitHub Groovy Libraries
Pipeline: Stage View
Git
Subversion
SSH Build Agents
Matrix Authorization Strategy
PAM Authentication
LDAP
Email Extension
Mailer
Localization: Chinese (Simplified)
** Trilead API
** - 需要依赖

图 11-20　推荐安装的插件

填写新建管理员用户信息后，单击“保存并完成”按钮，如图 11-21 所示。

新手入门
创建第一个管理员用户
用户名:
密码:
确认密码:
全名:
电子邮件地址:
Jenkins 2.222.1
使用admin账户继续
保存并完成

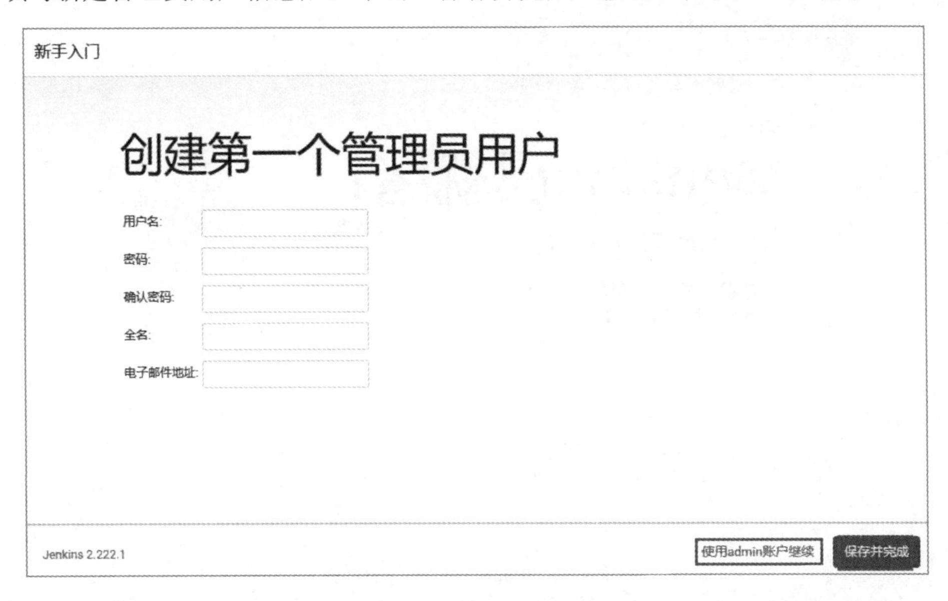

图 11-21　创建其他管理员账户

（23）进入实例配置界面，该界面会展现 Jenkins 的 URL，该 URL 是访问 Jenkins 的入口，单击“保存并完成”按钮，如图 11-22 所示。

（24）至此，Jenkins 配置完毕，单击“开始使用 Jenkins”按钮，如图 11-23 所示，可以进入 Jenkins 管理界面。

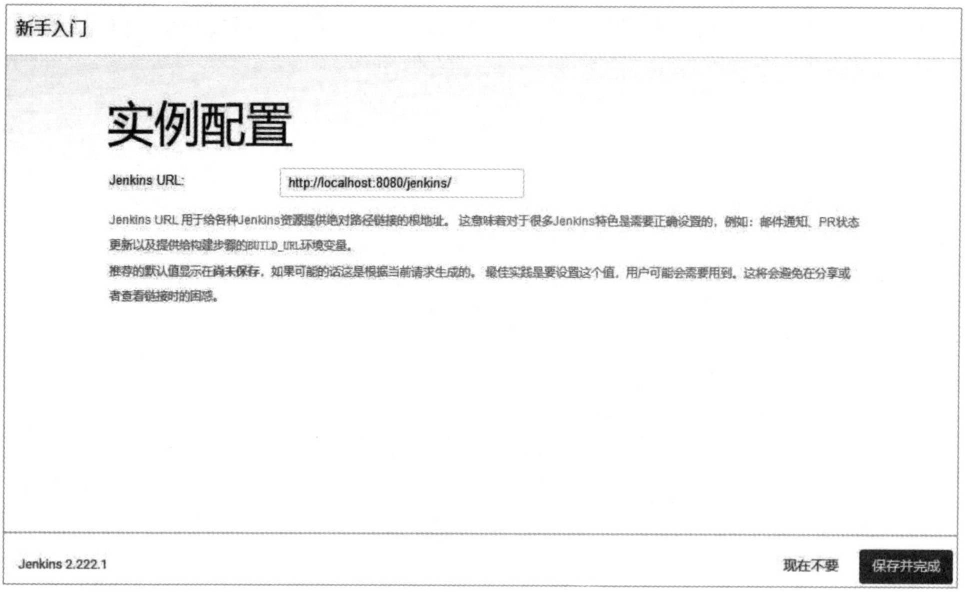

新手入门

实例配置

Jenkins URL: http://localhost:8080/jenkins/

Jenkins URL 用于给各种Jenkins资源提供绝对路径链接的根地址。这意味着对于很多Jenkins特色是需要正确设置的，例如：邮件通知、PR状态更新以及提供给构建步骤的BUILD_URL环境变量。

推荐的默认值显示在尚未保存，如果可能的话这是根据当前请求生成的。最佳实践是要设置这个值，用户可能会需要用到。这将会避免在分享或者查看链接时的困惑。

Jenkins 2.222.1　　现在不要　　保存并完成

图 11-22　实例配置

图 11-23　Jenkins 安装完毕界面

11.3　Jenkins 与自动化

当 Jenkins 成功部署完毕后，即可借助持续集成工具 Jenkins 实现启动自动化测试脚本的任务。

1. 执行自动化测试脚本

（1）在 Jenkins 管理首页单击“开始创建一个新任务”链接，或在左侧选择“新建 item”选项，如图 11-24 所示。

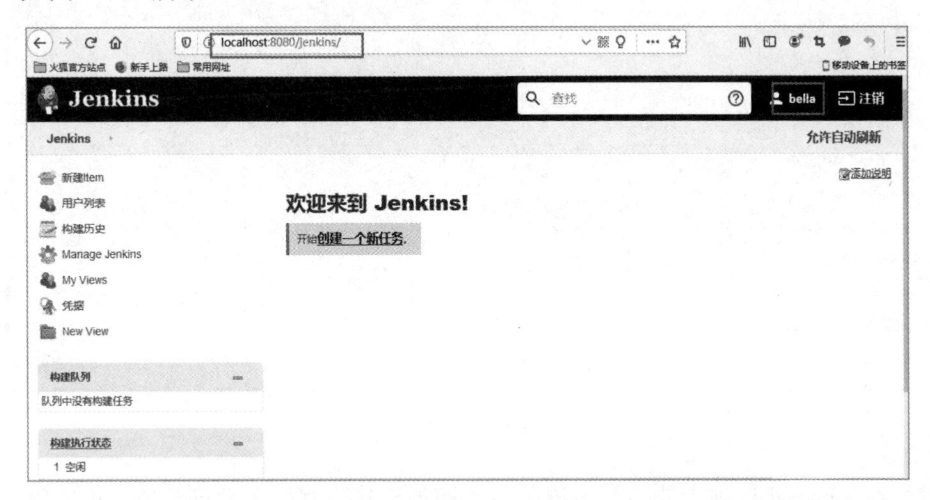

图 11-24　Jenkins 首页

（2）在任务页面输入任务名称，如 AutoTestRun，选择 Freestyle project 选项，单击“确定”按钮，如图 11-25 所示。

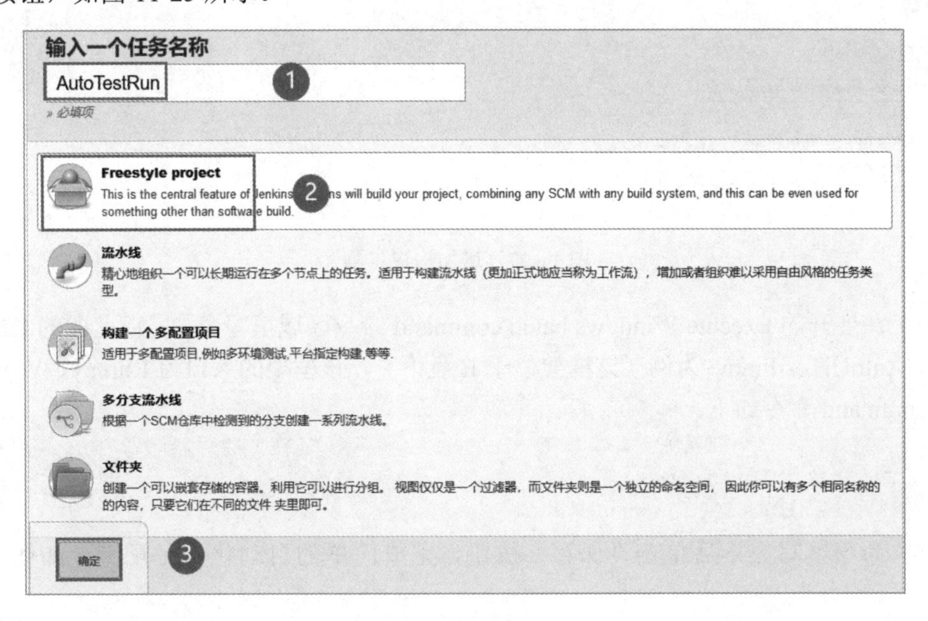

图 11-25　创建任务

（3）当任务名称页面配置完毕后，进入任务配置信息页面。在 General 选项卡中，可以对创建的任务进行描述，以便当任务过多时可以清晰地了解任务的内容，如图 11-26 所示。

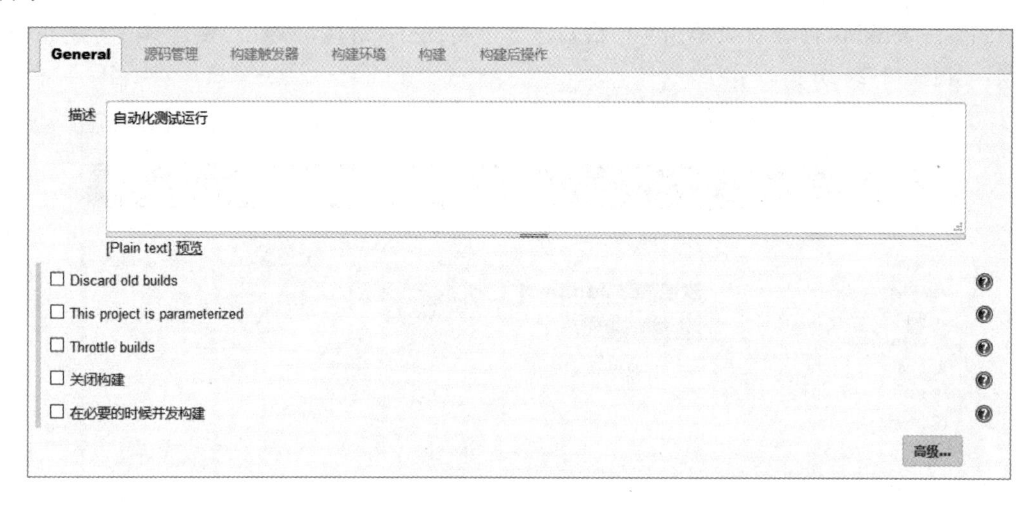

图 11-26 任务配置

（4）在 General 选项卡的构建区域单击“增加构建步骤”下拉列表框，由于笔者的操作系统为 Windows，因此选择 Execute Windows batch command 选项，此时会展开 Execute Windows batch command 的命令区域，如图 11-27 所示。

图 11-27 增加构建步骤

（5）在展开的 Execute Windows batch command 命令区域填写命令。以前面的 UI 自动化框架 AutoUiTestFrame 为例（该框架位于 E 盘下），该框架的入口为 Run.py，Windows batch command 命令如下：

```
E:
cd E:\AutoUiTestFrame
python Run.py
```

（6）命令填写完毕后单击“保存”按钮，完成简单的自动化任务配置，如图 11-28 所示。

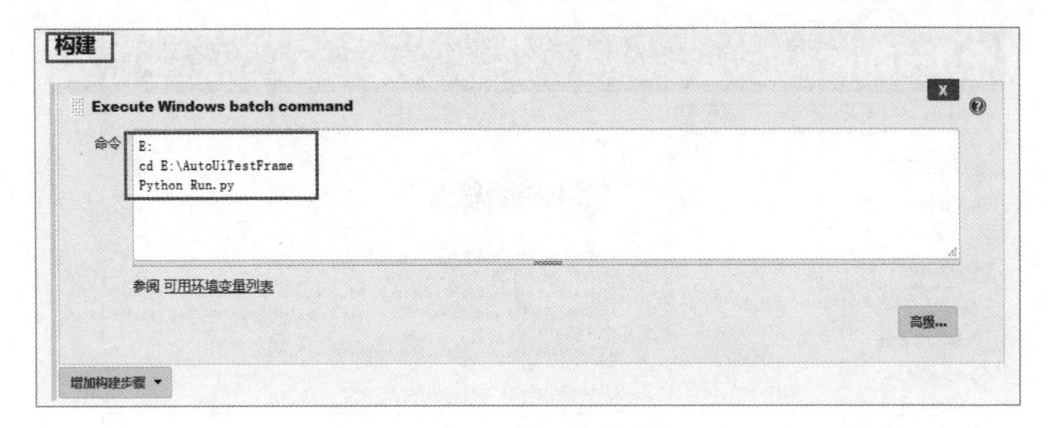

图 11-28　Windows 构建命令

（7）返回 Jenkins 新建任务 AutoTestRun 页面，选择左侧的 Bulid Now 选项，执行自动化任务。可以看到，AutoUiTestFrame 已被调用，对 Bing 搜索页执行了测试任务，成功执行了任务#7（新建的任务应该为#1），如图 11-29 所示。

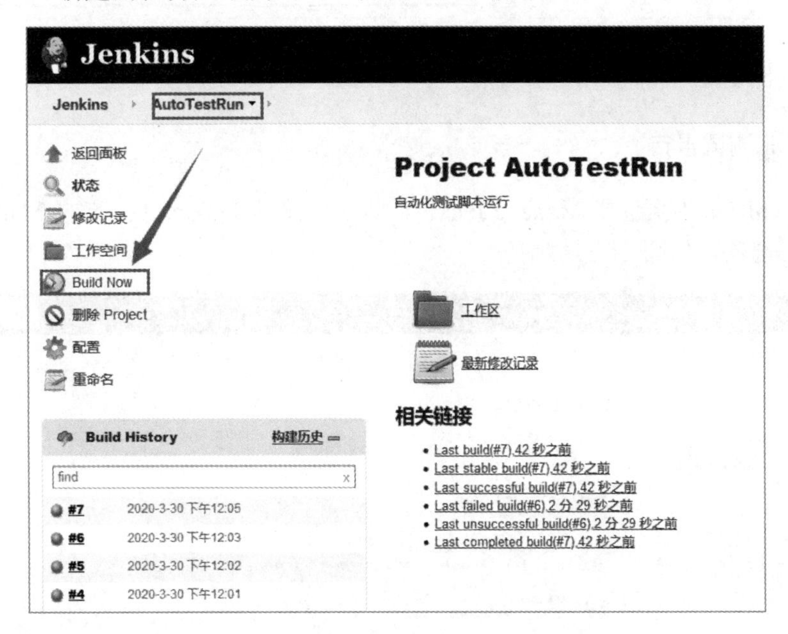

图 11-29　执行任务

（8）在 Build History 列表中单击执行完毕的#7，进入该次执行任务的历史页面，然后单击左侧的“控制台输出”。可以看到，控制台输出的信息与在 Windows 的 cmd 窗口中调用执行 Run.py 是完全相同的，如图 11-30 所示。其实这本身就是通过前面配置的 Execute Windows batch command 命令调用 Windows 命令，因此与 cmd 中调用执行 Run.py 的效果相同。

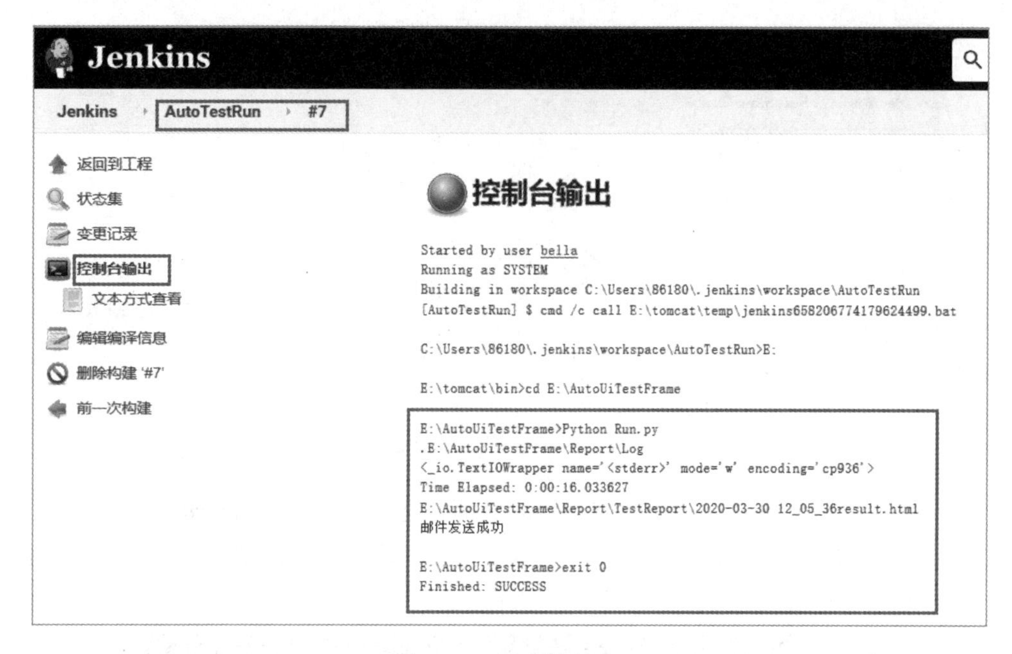

图 11-30　控制台输出

2．HTML测试报告

（1）在 JenKins 主页选中 Manage Jenkins，将显示管理 Jenkins 页，选择 Manage Plugins（管理插件）选项，如图 11-31 所示。

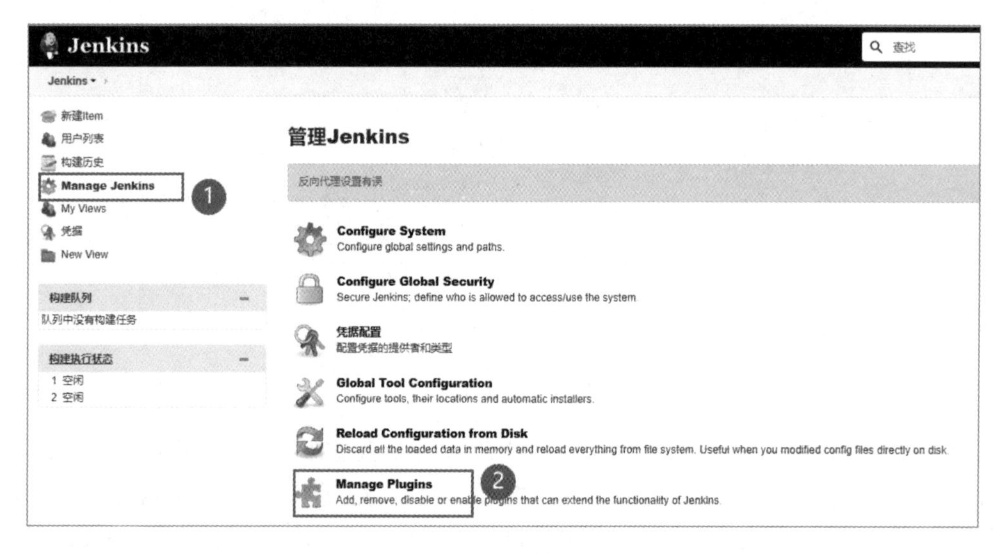

图 11-31　插件管理

（2）在插件管理页面中选择“可选插件”选项卡，如图 11-32 所示。

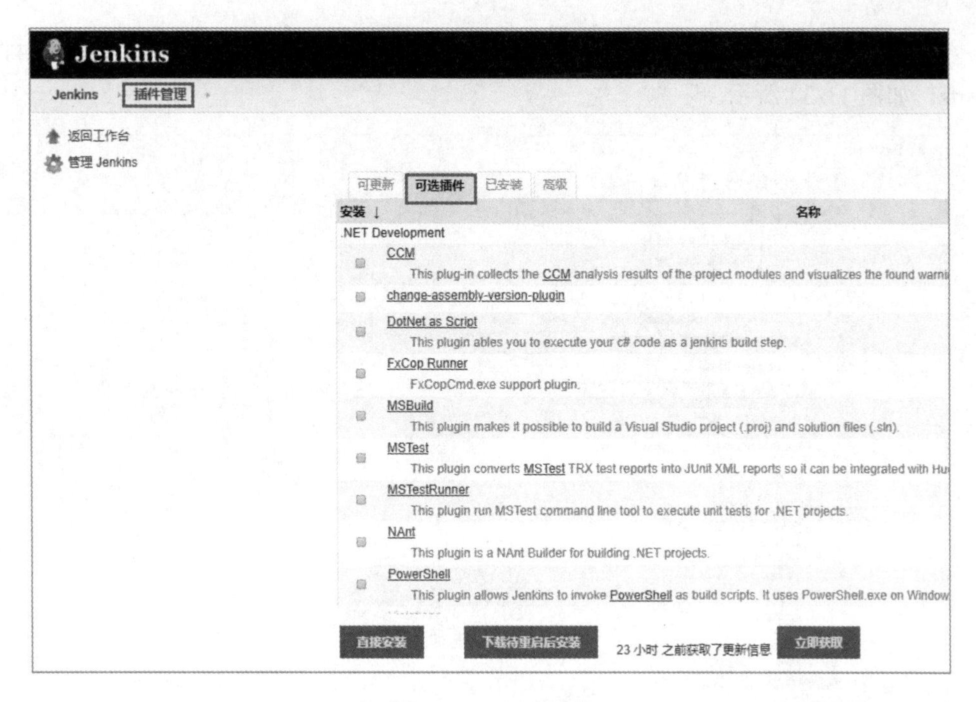

图 11-32　可选插件

（3）在“可选插件”选项卡中搜索到 HTML Publisher，然后安装 HTML Publisher 插件，如图 11-33 所示。安装完毕后重新启动 Jenkins。

图 11-33　HTML Publisher 插件

（4）进入任务 AutoTestRun 配置页面，在“构建后操作步骤”中添加 Publish HTML reports，如图 11-34 所示。

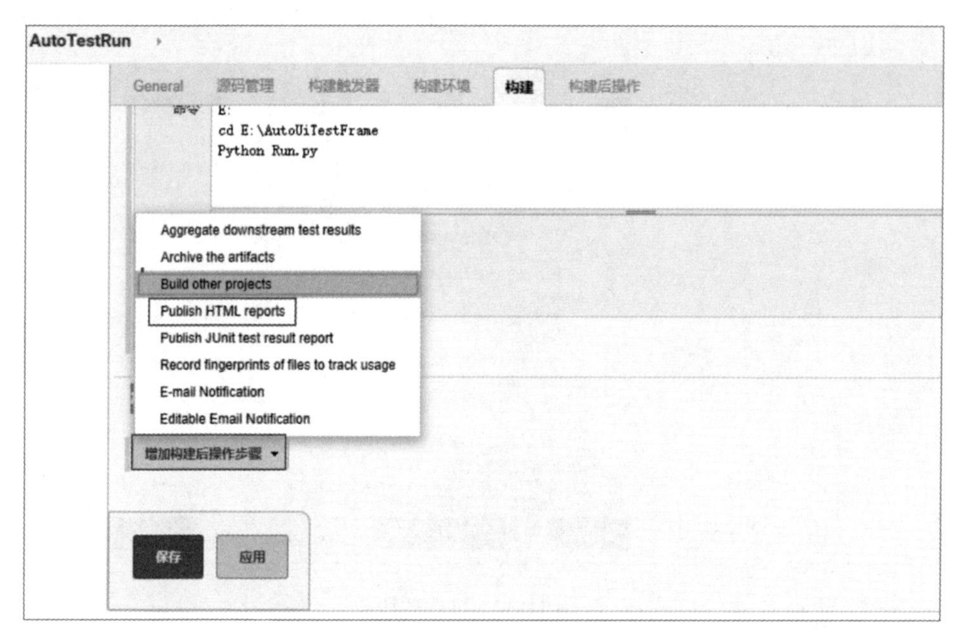

图 11-34　添加 Publish HTML reports 插件

（5）添加 Publish HTML reports 后，单击“新增”按钮，可以将默认的 index page 由 index.html 修改为 Result.html（index page 是生成的测试报告），如图 11-35 所示。

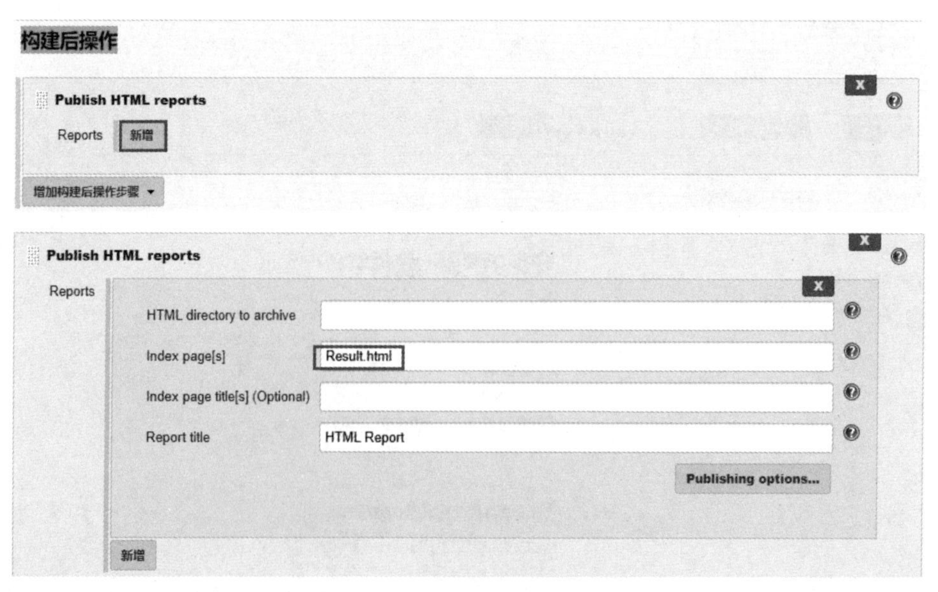

图 11-35　修改 Index page

注：Jenkins 能够发送 HTML 测试报告，需要对 AutoUiTestFrame 框架中生成测试报告的代码进行修改，测试报告不能以时间戳来命名，生成的测试报告需要以固定名称来命名，如 result.html。

（6）将 HTML directory to archive 的路径指向 AutoTestRun 框架的测试报告路径为 E:\AutoUiTestFrame\Report\TestReport，如图 11-36 所示。

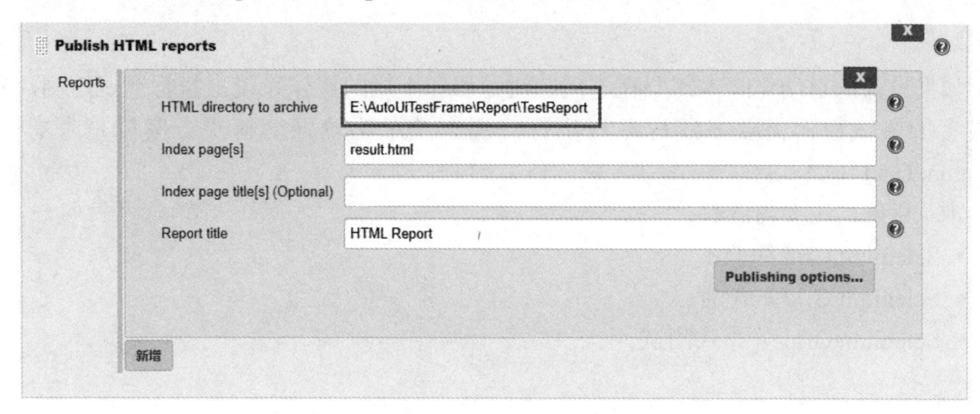

图 11-36　设置 HTML directory to archive 的路径

（7）返回 AutoTestRun 任务主页，单击 Bulid Now 执行构建任务。执行完毕后，将会看到左侧出现了 HTML Report，如图 11-37 所示。

图 11-37　HTML Report

（8）单击 HTML Report，可查看生成的 HTML 测试报告。

本章仅基于 Jenkins 展现了自动化测试与持续集成的结合，Jenkins 还可以做很多事情，例如 Daily Build、定时执行任务、生成测试报告和发送测试邮件等，读者可以自行尝试进行操作。

第 12 章　Selenium Grid 分布式测试

如果设计的自动化脚本需要在不同的浏览器和不同的操作系统上执行测试用例，或者有较多的测试用例需要多线程远程执行，那么一个比较好的解决方案就是考虑使用 Selenium Grid 工具。

本章讲解的主要内容有：

- Selenium Grid 简介；
- Selenium Grid 的配置；
- Selenium Grid 分布式测试。

12.1　Selenium Grid 简介

Selenium 有三大组件，Selenium Grid 就是其中之一。Selenium Grid 是用于分布式执行测试用例的工具。通过 Selenium Grid 可以控制多台主机的多个浏览器执行测试用例。分布式执行的环境在 Selenium Grid 中称为节点。分布式结构由一个 Hub 主节点和若干个代理节点组成。Hub 用来管理各个代理节点的注册信息和状态信息，并且接受远程客户端代码的请求调用，然后把请求的命令转发给代理节点来执行。

注：Hub 为主节点，可看作“北京总部”。Node 为分支节点，可看作“上海分公司”“湖北分公司”“阿联酋分公司”等。Selenium Grid 中只能有一个主 Hub，但可以建立多个分支 Node，所有分支上的测试脚本指向主 Hub，由主 Hub 分配给本地/远程 Node 运行测试用例。

Selenium Grid 1 版已经很老，这里不再过多介绍。Selenium Grid 2 同时支持 Selenium 1 和 Selenium 2，并且在一些小的功能和易用性方面进行了优化，如指定测试平台的方式等。Selenium Grid 2 与 Selenium Grid 3 不再提供单独的 jar 包，其功能已经集成到了 Selenium Server 中。因此，想要使用 Selenium Grid 2，就需要下载并运行 Selenium Server。

12.2　Selenium Server 配置

Selenium 3（或 Selenium 2）在本地运行测试时默认是不需要 Selenium Server 的，我

们只是使用其中的 Selenium Grid。

1. 下载Selenium Server

Selenium Server 的下载网址为 https://www.selenium.dev/downloads/，进入页面后单击版本号 3.141.59 即可进行下载，如图 12-1 所示。

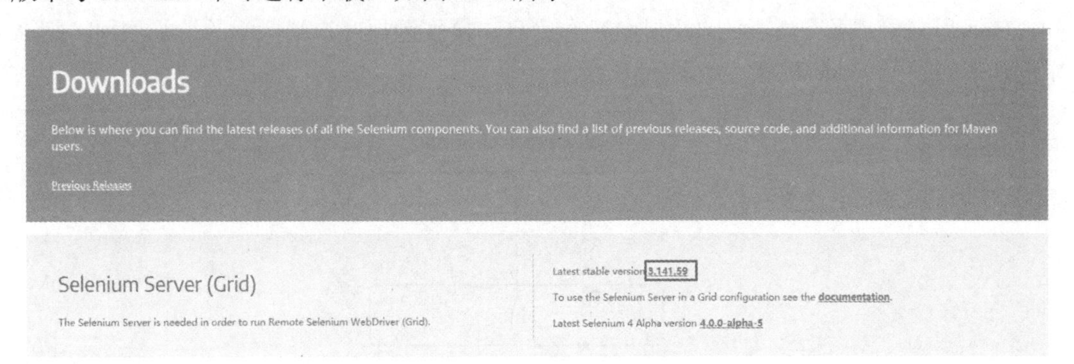

图 12-1　Selenium Server 下载页面

Selenium Grid 3 下载后是 jar 包，因此需要 Java 环境才能运行。前面我们部署 Jenkins 时已经部署过 JDK，这里就不再赘述。

2. 启动Selenium Server

打开 Windows 系统的 cmd 窗口，切换到 Selenium Server 所在目录并启动 Selenium Server，启动命令如下：

```
java -jar selenium-server-standalone-3.141.59.jar
```

启动结果如图 12-2 所示。

```
E:\>java -jar selenium-server-standalone-3.141.59.jar
22:44:00.680 INFO [GridLauncherV3.parse] - Selenium server version: 3.141.59, revision: e82be7d358
22:44:00.771 INFO [GridLauncherV3.lambda$buildLaunchers$3] - Launching a standalone Selenium Server on port 4444
2020-03-30 22:44:00.828:INFO::main: Logging initialized @465ms to org.seleniumhq.jetty9.util.log.StdErrLog
22:44:01.061 INFO [WebDriverServlet.<init>] - Initialising WebDriverServlet
22:44:01.482 INFO [SeleniumServer.boot] - Selenium Server is up and running on port 4444
```

图 12-2　启动 Selenium Server

可以看到，Selenium Server 的端口是 4444（Hub 的端口是 4444）。

12.3　Selenium Server 工作原理

在自动化测试过程中当测试用例需要验证的环境比较多时，可以通过 Selenium Grid 控制测试用例在不同的环境下运行。Selenium Grid 主节点可以根据测试用例中指定的平台配置信息把测试用例转发给符合条件的代理节点。例如，测试用例中指定了要在 Windows 上用 Firefox 版本进行测试，那么 Selenium Grid 会自动匹配注册信息为 Windows 且安装了 Firefox 的代理节点。如果匹配成功，则转发测试请求；如果匹配失败，则拒绝请求。

Selenium Grid 分布式结构是由一个 Hub（主节点）和若干个 Node（代理节点）组成的。Hub 用来管理各个 Node 的注册和状态信息，接收远程客户端代码的请求调用，把请求的命令转发给 Node 执行，如图 12-3 所示。

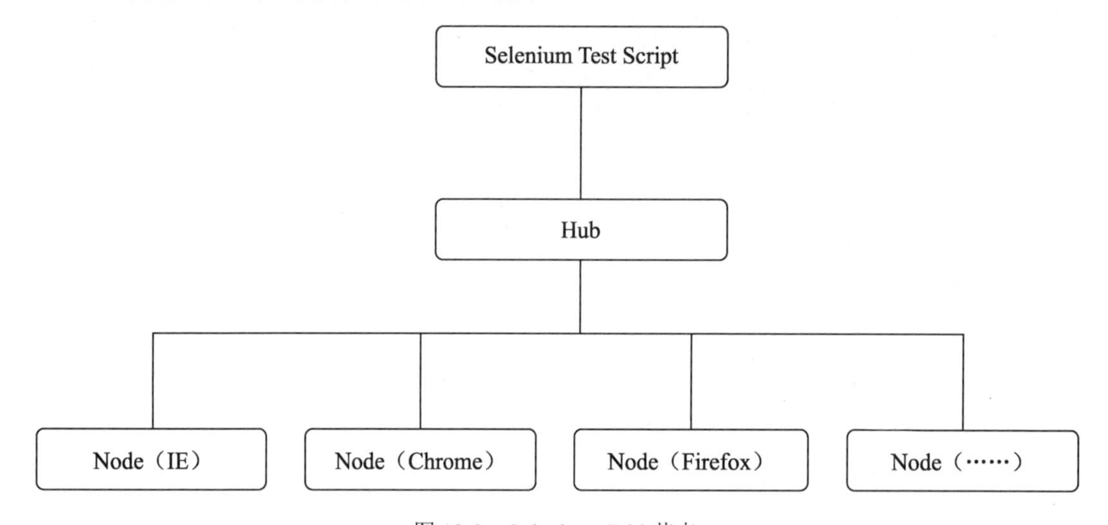

图 12-3　Selenium Grid 节点

使用 Grid 远程执行测试代码与直接运行 Selenium 是一样的，只是环境启动的方式不一样，需要同时启动一个 Hub 和至少一个 Node，启动命令如下：

```
java -jar selenium-server-standalone-3.141.59.jar -role hub
java -jar selenium-server-standalone-3.141.59.jar -role node
```

打开 Windows 的一个 cmd 窗口，切换到 Selenium Server 所在目录并启动 Hub，命令如下：

```
java -jar selenium-server-standalone-3.141.59.jar -role hub
```

启动效果如图 12-4 所示。

```
E:\>java -jar selenium-server-standalone-3.141.59.jar -role hub
22:59:12.188 INFO [GridLauncherV3.parse] - Selenium server version: 3.141.59, revision: e82be7d358
22:59:12.258 INFO [GridLauncherV3.lambda$buildLaunchers$5] - Launching Selenium Grid hub on port 4444
2020-03-30 22:59:12.650:INFO::main: Logging initialized @715ms to org.seleniumhq.jetty9.util.log.StdErrLog
22:59:13.239 INFO [Hub.start] - Selenium Grid hub is up and running
22:59:13.240 INFO [Hub.start] - Nodes should register to http://192.168.40.1:4444/grid/register/
22:59:13.240 INFO [Hub.start] - Clients should connect to http://192.168.40.1:4444/wd/hub
```

图 12-4　启动 Hub

再打开 Windows 的一个 cmd 窗口，切换到 Selenium Server 所在目录并启动 Node，命令如下：

```
java -jar selenium-server-standalone-3.141.59.jar -role node
```

启动效果如图 12-5 所示。

```
C:\Users\86180>e:

E:\>java -jar selenium-server-standalone-3.141.59.jar -role node
23:19:10.120 INFO [GridLauncherV3.parse] - Selenium server version: 3.141.59, revision: e82be7d358
23:19:10.203 INFO [GridLauncherV3.lambda$buildLaunchers$7] - Launching a Selenium Grid node on port 35242
2020-03-30 23:19:10.945:INFO::main: Logging initialized @1108ms to org.seleniumhq.jetty9.util.log.StdErrLog
23:19:11.086 INFO [WebDriverServlet.<init>] - Initialising WebDriverServlet
23:19:11.142 INFO [SeleniumServer.boot] - Selenium Server is up and running on port 35242
23:19:11.142 INFO [GridLauncherV3.lambda$buildLaunchers$7] - Selenium Grid node is up and ready to register to the hub
23:19:11.382 INFO [SelfRegisteringRemote$1.run] - Starting auto registration thread. Will try to register every 5000 ms.

23:19:11.857 INFO [SelfRegisteringRemote.registerToHub] - Registering the node to the hub: http://localhost:4444/grid/re
gister
23:19:12.105 INFO [SelfRegisteringRemote.registerToHub] - The node is registered to the hub and ready to use
```

图 12-5　启动 Node

同时，在启动 Hub 的 cmd 窗口中可以看到注册的 Node 信息，如图 12-6 所示。

```
C:\Users\86180>e:

E:\>java -jar selenium-server-standalone-3.141.59.jar -role hub
23:18:51.409 INFO [GridLauncherV3.parse] - Selenium server version: 3.141.59, revision: e82be7d358
23:18:51.479 INFO [GridLauncherV3.lambda$buildLaunchers$5] - Launching Selenium Grid hub on port 4444
2020-03-30 23:18:51.912:INFO::main: Logging initialized @736ms to org.seleniumhq.jetty9.util.log.StdErrLog
23:18:52.496 INFO [Hub.start] - Selenium Grid hub is up and running
23:18:52.496 INFO [Hub.start] - Nodes should register to http://192.168.40.1:4444/grid/register/
23:18:52.497 INFO [Hub.start] - Clients should connect to http://192.168.40.1:4444/wd/hub
23:19:12.104 INFO [DefaultGridRegistry.add] - Registered a node http://192.168.40.1:35242
```

图 12-6　Hub 日志

上面的代码分别启动了一个 Hub 和一个 Node，Hub 的默认端口号为 4444，Node 分配的端口为 35242。如果想在同一台主机上启动多个 Node，则需要注意指定不同 Node 的端口号，可以通过下面的方式来启动多个 Node：

```
java -jar selenium-server-standalone-3.141.59.jar -role Node -port 5556
java -jar selenium-server-standalone-3.141.59.jar -role Node -port 5557
```

关闭上面启动 Node 的 cmd 窗口（前面默认端口为 35242 的 Node），重新打开 Windows 的两个 cmd 窗口，分别通过指定端口来启动 Node，然后按指定端口 5556 与 5557 启动两个 Node。同时看到，Hub 端注销了 35242 端口并且新注册了 5556 与 5557 两个 Node，如图 12-7、图 12-8 和图 12-9 所示。

```
E:\>java -jar selenium-server-standalone-3.141.59.jar -role node -port 5556
23:25:00.148 INFO [GridLauncherV3.parse] - Selenium server version: 3.141.59, revision: e82be7d358
23:25:00.219 INFO [GridLauncherV3.lambda$buildLaunchers$7] - Launching a Selenium Grid node on port 5556
2020-03-30 23:25:00.979:INFO::main: Logging initialized @1113ms to org.seleniumhq.jetty9.util.log.StdErrLog
23:25:01.123 INFO [WebDriverServlet.<init>] - Initialising WebDriverServlet
23:25:01.189 INFO [SeleniumServer.boot] - Selenium Server is up and running on port 5556
23:25:01.189 INFO [GridLauncherV3.lambda$buildLaunchers$7] - Selenium Grid node is up and ready to register to the hub
23:25:01.432 INFO [SelfRegisteringRemote$1.run] - Starting auto registration thread. Will try to register every 5000 ms.

23:25:01.849 INFO [SelfRegisteringRemote.registerToHub] - Registering the node to the hub: http://localhost:4444/grid/re
gister
23:25:02.080 INFO [SelfRegisteringRemote.registerToHub] - The node is registered to the hub and ready to use
```

图 12-7　Node 5556

```
E:\>java -jar selenium-server-standalone-3.141.59.jar -role node -port 5557
23:25:11.951 INFO [GridLauncherV3.parse] - Selenium server version: 3.141.59, revision: e82be7d358
23:25:12.021 INFO [GridLauncherV3.lambda$buildLaunchers$7] - Launching a Selenium Grid node on port 5557
2020-03-30 23:25:12.773:INFO::main: Logging initialized @1057ms to org.seleniumhq.jetty9.util.log.StdErrLog
23:25:12.928 INFO [WebDriverServlet.<init>] - Initialising WebDriverServlet
23:25:12.989 INFO [SeleniumServer.boot] - Selenium Server is up and running on port 5557
23:25:12.990 INFO [GridLauncherV3.lambda$buildLaunchers$7] - Selenium Grid node is up and ready to register to the hub
23:25:13.235 INFO [SelfRegisteringRemote$1.run] - Starting auto registration thread. Will try to register every 5000 ms.

23:25:13.654 INFO [SelfRegisteringRemote.registerToHub] - Registering the node to the hub: http://localhost:4444/grid/re
gister
23:25:13.889 INFO [SelfRegisteringRemote.registerToHub] - The node is registered to the hub and ready to use
```

图 12-8　Node 5557

```
E:\>java -jar selenium-server-standalone-3.141.59.jar -role hub
23:18:51.409 INFO [GridLauncherV3.parse] - Selenium server version: 3.141.59, revision: e82be7d358
23:18:51.479 INFO [GridLauncherV3.lambda$buildLaunchers$5] - Launching Selenium Grid hub on port 4444
2020-03-30 23:18:51.912:INFO::main: Logging initialized @736ms to org.seleniumhq.jetty9.util.log.StdErrLog
23:18:52.496 INFO [Hub.start] - Selenium Grid hub is up and running
23:18:52.496 INFO [Hub.start] - Nodes should register to http://192.168.40.1:4444/grid/register/
23:18:52.497 INFO [Hub.start] - Clients should connect to http://192.168.40.1:4444/wd/hub
23:19:12.104 INFO [DefaultGridRegistry.add] - Registered a node http://192.168.40.1:35242
23:24:57.295 INFO [DefaultRemoteProxy.onEvent] - Marking the node http://192.168.40.1:35242 as down: cannot reach the no
de for 2 tries
23:25:02.079 INFO [DefaultGridRegistry.add] - Registered a node http://192.168.40.1:5556
23:25:13.889 INFO [DefaultGridRegistry.add] - Registered a node http://192.168.40.1:5557
23:26:00.454 INFO [DefaultRemoteProxy.onEvent] - Unregistering the node http://192.168.40.1:35242 because it's been down
 for 63159 milliseconds
23:26:00.455 WARN [DefaultGridRegistry.removeIfPresent] - Cleaning up stale test sessions on the unregistered node http:
//192.168.40.1:35242
```

图 12-9　Hub 日志

通过浏览器访问 Grid 的控制台，地址为 http://127.0.0.1:4444/grid/console，在控制台可以查看启动的节点信息，如图 12-10 所示。

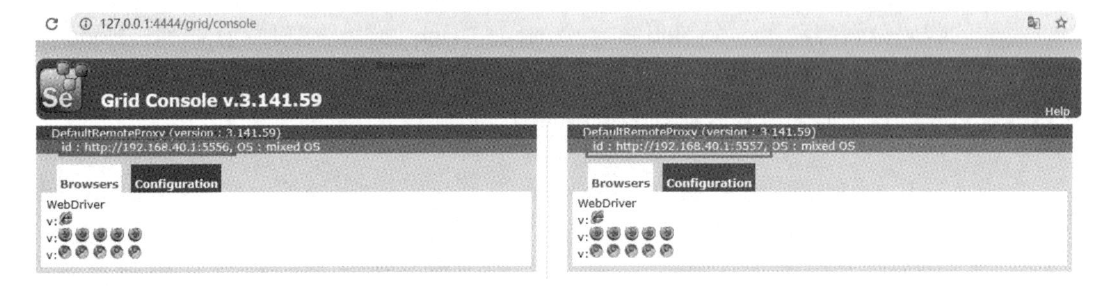

图 12-10　console 信息

在图 12-10 中，选择 Configuration 选项卡可查看对应端口节点的信息。其中的一个节点信息为“id : http://192.168.40.1:5556”，该节点的更多页面信息如下：

```
browserTimeout: 0
debug: false
host: 192.168.40.1
port: 5556
role: Node
timeout: 1800
cleanUpCycle: 5000
maxSession: 5
```

```
capabilities: Capabilities {browserName: Firefox, marionette: true, maxInstances: 5, platform: WIN10, platformName: WIN10, SeleniumProtocol: WebDriver, server:CONFIG_UUID: 16def971-1c58-480c-83a0-4d3...}
capabilities: Capabilities {browserName: chrome, maxInstances: 5, platform: WIN10, platformName: WIN10, SeleniumProtocol: WebDriver, server:CONFIG_UUID: 080f496c-d1db-417d-bd05-c2c...}
capabilities: Capabilities {browserName: internet explorer, maxInstances: 1, platform: WINDOWS, platformName: WINDOWS, SeleniumProtocol: WebDriver, server:CONFIG_UUID: f33fb9df-f664-41d6-9ff3-afa...}
downPollingLimit: 2
Hub: http://localhost:4444
id: http://192.168.40.1:5556
NodePolling: 5000
NodeStatusCheckTimeout: 5000
proxy: org.openqa.grid.Selenium.proxy.DefaultRemoteProxy
register: true
registerCycle: 5000
remoteHost: http://192.168.40.1:5556
unregisterIfStillDownAfter: 60000
```

另一个节点的信息为“id : http://192.168.40.1:5557”，该节点的更多页面信息如下：

```
browserTimeout: 0
debug: false
host: 192.168.40.1
port: 5557
role: Node
timeout: 1800
cleanUpCycle: 5000
maxSession: 5
capabilities: Capabilities {browserName: Firefox, marionette: true, maxInstances: 5, platform: WIN10, platformName: WIN10, SeleniumProtocol: WebDriver, server:CONFIG_UUID: 3bf4cf4d-1a30-48b7-8b57-2b0...}
capabilities: Capabilities {browserName: chrome, maxInstances: 5, platform: WIN10, platformName: WIN10, SeleniumProtocol: WebDriver, server:CONFIG_UUID: 8d35fda2-eed9-4d32-b0d3-f67...}
capabilities: Capabilities {browserName: internet explorer, maxInstances: 1, platform: WINDOWS, platformName: WINDOWS, SeleniumProtocol: WebDriver, server:CONFIG_UUID: 76287949-65ad-4eb0-b868-7de...}
downPollingLimit: 2
Hub: http://localhost:4444
id: http://192.168.40.1:5557
NodePolling: 5000
NodeStatusCheckTimeout: 5000
proxy: org.openqa.grid.Selenium.proxy.DefaultRemoteProxy
register: true
registerCycle: 5000
remoteHost: http://192.168.40.1:5557
unregisterIfStillDownAfter: 60000
```

12.4　Selenium Grid 分布式测试案例实践

1．单台主机的分布式测试案例

我们以 Python 多线程为基础，看下 Selenium Grid 的分布式测试案例。

（1）打开 Windows 操作系统的 cmd 窗口，进入 Selenium Server 所在目录并启动 Hub（笔者的是在 E 盘下），通过指定端口的方式启动 Hub，如图 12-11 所示。

```
java -jar Selenium-server-standalone-3.141.59.jar -role Hub -port 4444
```

```
E:\>java -jar selenium-server-standalone-3.141.59.jar -role hub -port 4444
13:42:36.326 INFO [GridLauncherV3.parse] - Selenium server version: 3.141.59, revision: e82be7d358
13:42:36.393 INFO [GridLauncherV3.lambda$buildLaunchers$5] - Launching Selenium Grid hub on port 4444
2020-04-01 13:42:36.780:INFO::main: Logging initialized @669ms to org.seleniumhq.jetty9.util.log.StdErrLog
13:42:37.342 INFO [Hub.start] - Selenium Grid hub is up and running
13:42:37.343 INFO [Hub.start] - Nodes should register to http://192.168.40.1:4444/grid/register/
13:42:37.343 INFO [Hub.start] - Clients should connect to http://192.168.40.1:4444/wd/hub
```

图 12-11　指定 Hub 端口

（2）再打开一个新的 cmd 窗口，进入 Selenium Server 所在目录并启动 Node，通过指定端口的方式启动 Node，如图 12-12 所示。

```
java -jar Selenium-server-standalone-3.141.59.jar -role Node -port 5556
```

```
E:\>java -jar selenium-server-standalone-3.141.59.jar -role node -port 5556
13:27:22.689 INFO [GridLauncherV3.parse] - Selenium server version: 3.141.59, revision: e82be7d358
13:27:22.761 INFO [GridLauncherV3.lambda$buildLaunchers$7] - Launching a Selenium Grid node on port 5556
2020-04-01 13:27:23.513:INFO::main: Logging initialized @1044ms to org.seleniumhq.jetty9.util.log.StdErrLog
13:27:23.701 INFO [WebDriverServlet.<init>] - Initialising WebDriverServlet
13:27:23.767 INFO [SeleniumServer.boot] - Selenium Server is up and running on port 5556
13:27:23.767 INFO [GridLauncherV3.lambda$buildLaunchers$7] - Selenium Grid node is up and ready to register to the hub
13:27:24.014 INFO [SelfRegisteringRemote$1.run] - Starting auto registration thread. Will try to register every 5000 ms.

13:27:24.511 INFO [SelfRegisteringRemote.registerToHub] - Registering the node to the hub: http://localhost:4444/grid/re
gister
13:27:24.759 INFO [SelfRegisteringRemote.registerToHub] - The node is registered to the hub and ready to use
```

图 12-12　指定 Node 端口

（3）激活 Hub 所在的 cmd 窗口，可以看到 Node（5556）已经注册，如图 12-13 所示。

```
E:\>java -jar selenium-server-standalone-3.141.59.jar -role hub -port 4444
13:27:03.777 INFO [GridLauncherV3.parse] - Selenium server version: 3.141.59, revision: e82be7d358
13:27:03.873 INFO [GridLauncherV3.lambda$buildLaunchers$5] - Launching Selenium Grid hub on port 4444
2020-04-01 13:27:04.287:INFO::main: Logging initialized @787ms to org.seleniumhq.jetty9.util.log.StdErrLog
13:27:04.925 INFO [Hub.start] - Selenium Grid hub is up and running
13:27:04.925 INFO [Hub.start] - Nodes should register to http://192.168.40.1:4444/grid/register/
13:27:04.925 INFO [Hub.start] - Clients should connect to http://192.168.40.1:4444/wd/hub
13:27:24.759 INFO [DefaultGridRegistry.add] - Registered a node http://192.168.40.1:5556
```

图 12-13　Hub 端日志

（4）在 Hub 端日志中能够看到 Hub 与 Node 的地址，具体如下：

```
13:27:04.925 INFO [Hub.start] - Clients should connect to http://192.168.
40.1:4444/wd/Hub
```

```
13:27:24.759 INFO [DefaultGridRegistry.add] - Registered a Node http://192.
168.40.1:5556
```

（5）在同一台计算机上，基于多线程验证 Selenium Grid 的分布式测试，以调用 Firefox 与 Chrome 来进行展示。这里需要对 webdriver.Remote()中的参数进行优化，因此需对 Remote()初始化的参数有所了解，代码如下：

```
class WebDriver(object):
    """
    Controls a browser by sending commands to a remote server.
    This server is expected to be running the WebDriver wire protocol
    as defined at
    https://gitHub.com/SeleniumHQ/Selenium/wiki/JsonWireProtocol

    :Attributes:
     - session_id - String ID of the browser session started and controlled
by this WebDriver.
     - capabilities - Dictionaty of effective capabilities of this browser
session as returned
         by the remote server. See https://gitHub.com/SeleniumHQ/Selenium/
wiki/DesiredCapabilities
     - command_executor - remote_connection.RemoteConnection object used to
execute commands.
     - error_handler - errorhandler.ErrorHandler object used to handle
errors.
    """

    _web_element_cls = WebElement

    def __init__(self, command_executor='http://127.0.0.1:4444/wd/Hub',
                 desired_capabilities=None, browser_profile=None, proxy=None,
                 keep_alive=False, file_detector=None, options=None):
```

通过__init__()初始化方法可以看到，command_executor 指向了本地 Hub。

（6）多线程需要用到 threading 模块，再结合 Selenium Grid 分布式 Hub 与 Node，设计代码如下：

```
from threading import Thread
from selenium import webdriver
from time import ctime

#测试用例
def BingSearch(Host, Browser):
    print('Script-Start-Time: %s' %ctime())
    print(Host, Browser)
    dc = {'browserName': Browser}
    driver = webdriver.Remote(command_executor=Host, desired_capabilities=dc)
    driver.get('http://cn.bing.com/')
    driver.find_element_by_id('sb_form_q').send_keys("bella")
    driver.find_element_by_id('sb_form_go').click()
    driver.close()
```

```
def test_Nodes(lists):
    threads = []
    files = range(len(lists))

    for Host, Browser in lists.items():
        T = Thread(target=BingSearch, args=(Host, Browser))
        threads.append(T)
    for i in files:
        threads[i].start()
    for j in files:
        threads[j].join()

    print('Script-End-Time: %s:' % ctime())

if __name__ == '__main__':
    # 参数列表（指定运行主机与期望的浏览器）
    lists = {'http://192.168.40.1:4444/wd/Hub': 'chrome',
            'http://192.168.40.1:5556/wd/Hub': 'Firefox',
            }
    test_Nodes(lists)
```

（7）运行代码可以看到，程序分别调用了 Chrome 与 Firefox 浏览器完成了对 Bing 搜索引擎的操作。

2. 多台主机的分布式测试案例

为了模拟多台主机，我们借助 VMware 来搭建另一台主机（命名为 client）。

如果启动的 Hub 与 Node 不在同一台主机上，则在其他主机上启动 Node 时必须满足以下要求：

- Hub 所在主机与远程 Node 所在主机之间的网络相同；
- Node 主机上也需要运行 Selenium Grid，因此远程主机必须安装 Java 环境并下载与 Hub 主机版本相同的 Selenium Server；
- 远程主机必须配置好浏览器及驱动文件（如 Chrome），并且保证能正常被调用。

案例 1：控制远程 Node 运行。

（1）安装 VMware Workstation，双击 VMware-workstation-full-9.0.0-812388.exe 进行安装，如图 12-14 与图 12-15 所示。

（2）VMware 安装完毕后，选择菜单栏的 File | New Virtual Machine 命令创建虚拟机作为 Node，弹出的对话框如图 12-16 所示，指向安装的镜像（如 Windows 10），如图 12-17 所示。

（3）单击 Next 按钮，在进入的对话框中，操作系统类型选择 Windows，如图 12-18 所示，虚拟机的位置可以根据实际情况选择一个空间大的磁盘（如 E:\VM\Win10），如图 12-19 所示。单击 Next 按钮，进入下一步。

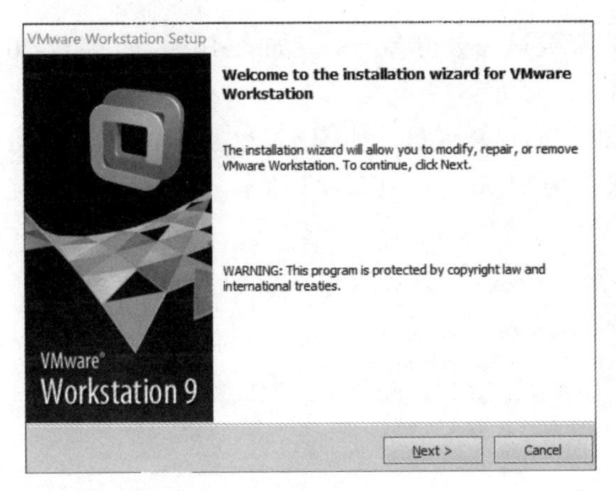

图 12-14　VMware 安装 1

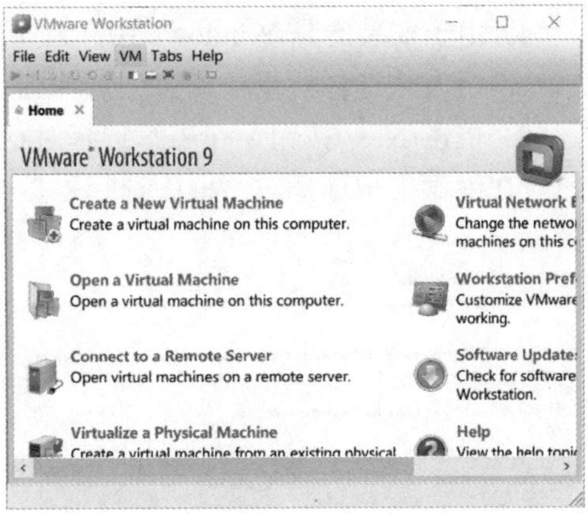

图 12-15　VMware 安装 2

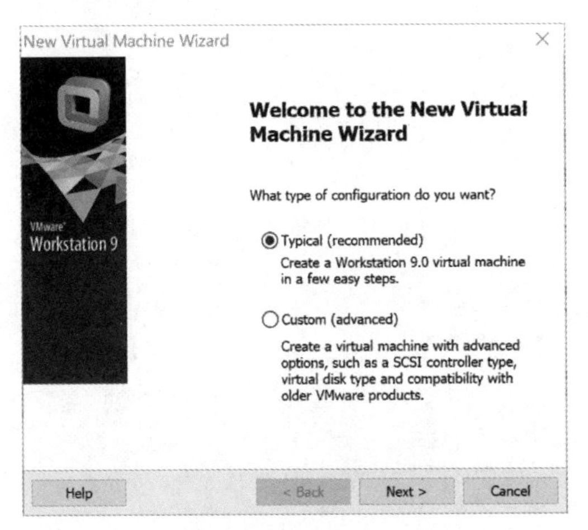

图 12-16　创建虚拟机

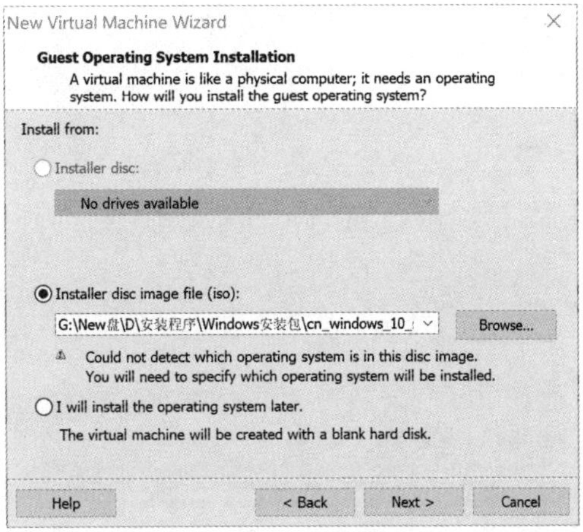

图 12-17　指定镜像

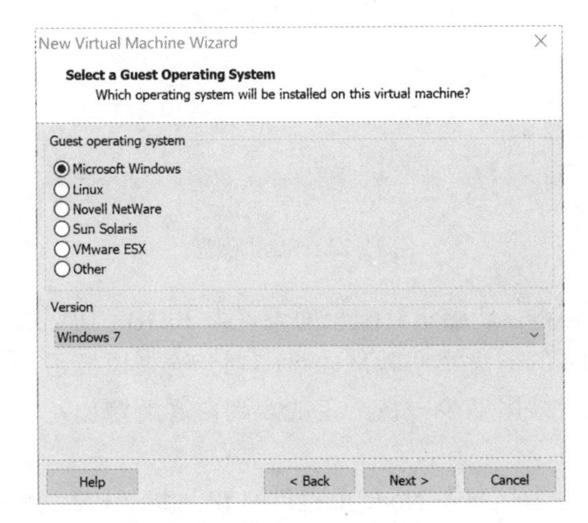

图 12-18　选择操作系统

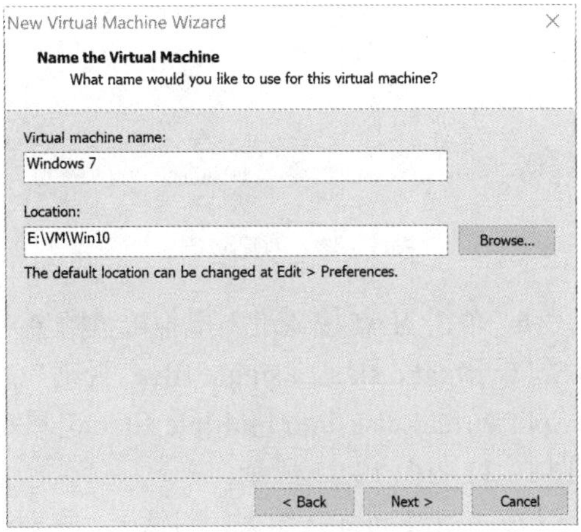

图 12-19　选择虚拟机位置

（4）由于安装的是 Windows 10，因此内存要适当分得多一些（如 4GB），如图 12-20 所示。网络方式选择桥接（NAT），如图 12-21 所示。

（5）单击 Next 按钮，在磁盘选择对话框中创建新磁盘，如图 12-22 所示，单击 Next 按钮，在磁盘类型选择对话框中选择磁盘类型为 SCSI，如图 12-23 所示。

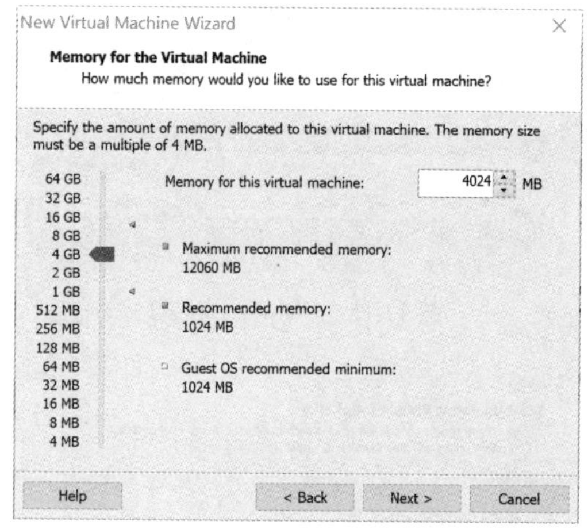

图 12-20　内存大小配置

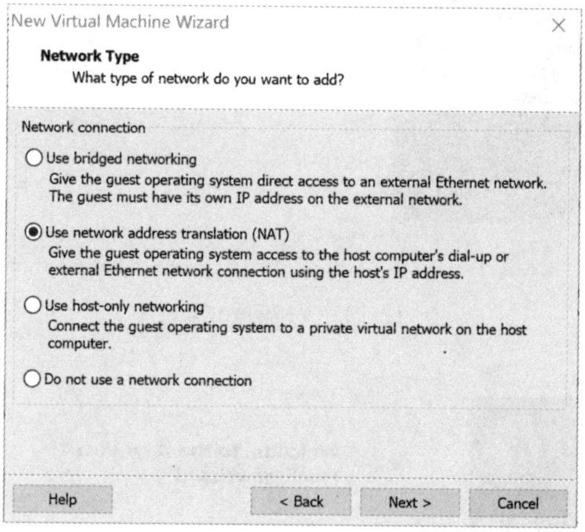

图 12-21　选择网络连接方式

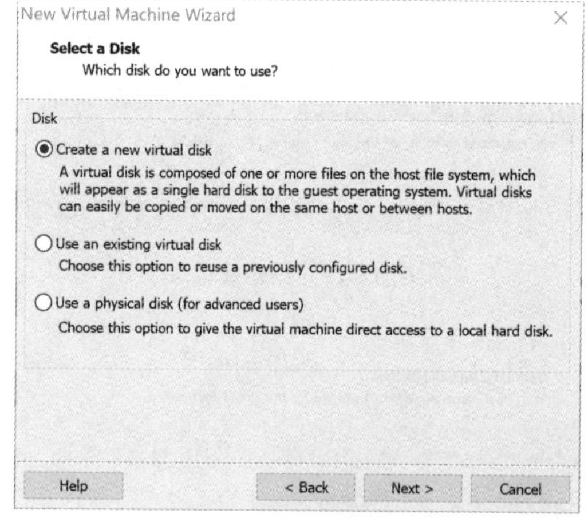

图 12-22　创建磁盘

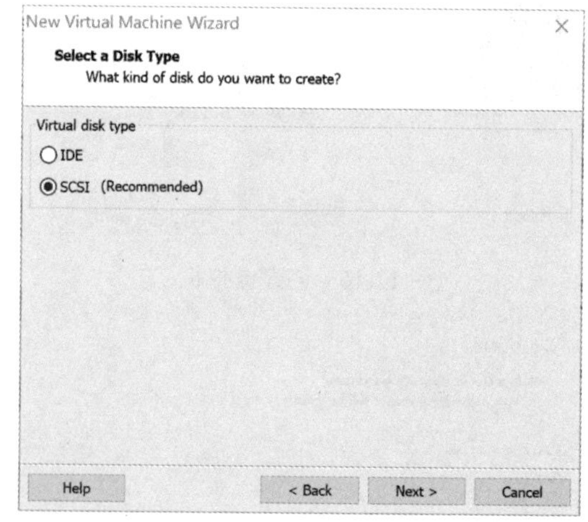

图 12-23　SCSI 磁盘

（6）单击 Next 按钮进入虚拟磁盘配置对话框。新磁盘分配空间设置为 30GB（切记选择 Split virtual disk as a single file，否则 30GB 的磁盘空间就从磁盘中划分给虚拟机了，而 Split virtual disk into multiple files 选项是后续用多少，按一定的规则再逐渐增加），如图 12-24 与图 12-25 所示。

（7）单击 Finish 按钮关闭对话框。在命令行窗口查看 Node 虚拟机的 IP 地址（192.168.238.128）及 Hub 物理机的 IP 地址（192.168.238.1），如图 12-26 与图 12-27 所示。

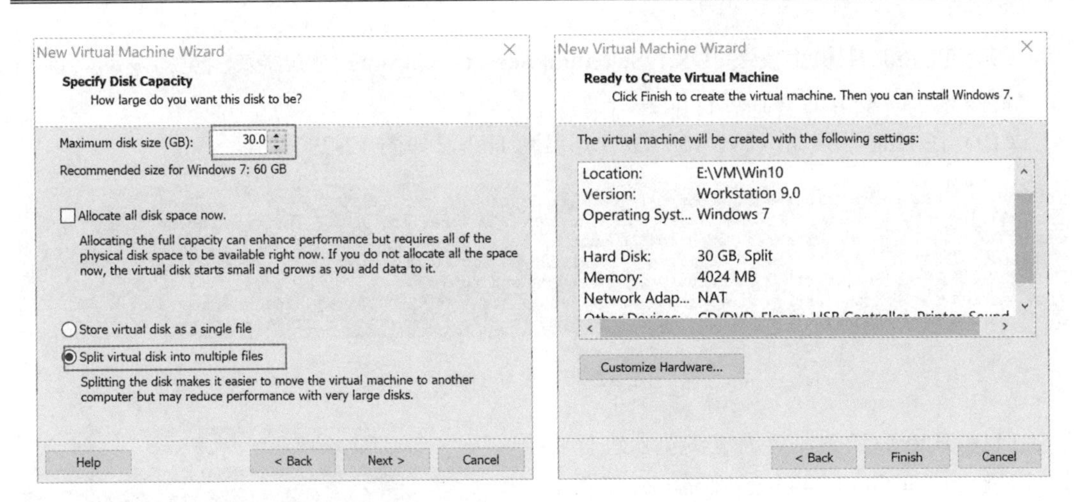

图 12-24　虚拟磁盘配置　　　　图 12-25　虚拟机信息页

```
以太网适配器 以太网:

   连接特定的 DNS 后缀 . . . . . . . : localdomain
   本地链接 IPv6 地址. . . . . . . . : fe80::f450:7ff7:74ec:ea9%2
   IPv4 地址 . . . . . . . . . . . . : 192.168.238.128
   子网掩码  . . . . . . . . . . . . : 255.255.255.0
   默认网关. . . . . . . . . . . . . : 192.168.238.2
```

图 12-26　Node 地址

```
以太网适配器 以太网 4:

   连接特定的 DNS 后缀 . . . . . . . :
   本地链接 IPv6 地址. . . . . . . . : fe80::4d35:b7bc:183:300f%6
   IPv4 地址 . . . . . . . . . . . . : 192.168.238.1
   子网掩码  . . . . . . . . . . . . : 255.255.255.0
   默认网关. . . . . . . . . . . . . :
```

图 12-27　Hub 地址

（8）Hub 主机通过 ping 命令验证是否可以与 Node 主机相同，如图 12-28 所示。

```
Microsoft Windows [版本 10.0.18362.720]
(c) 2019 Microsoft Corporation。保留所有权利。

C:\Users\86180>ping 192.168.238.128

正在 Ping 192.168.238.128 具有 32 字节的数据:
来自 192.168.238.128 的回复: 字节=32 时间<1ms TTL=128
来自 192.168.238.128 的回复: 字节=32 时间<1ms TTL=128
来自 192.168.238.128 的回复: 字节=32 时间<1ms TTL=128
来自 192.168.238.128 的回复: 字节=32 时间<1ms TTL=128

192.168.238.128 的 Ping 统计信息:
    数据包: 已发送 = 4, 已接收 = 4, 丢失 = 0 (0% 丢失),
往返行程的估计时间(以毫秒为单位):
    最短 = 0ms, 最长 = 0ms, 平均 = 0ms

C:\Users\86180>
```

图 12-28　网络互通检查

（9）在 Node 主机上安装 JDK、Selenium Server、Chrome 浏览器及浏览器驱动（该操作，请参照前面章节的内容进行部署）等。

（10）在 Hub 节点上（192.168.238.1）启动 Hub，如图 12-29 所示。

```
E:\>java -jar selenium-server-standalone-3.141.59.jar -role hub -port 4444
21:43:37.087 INFO [GridLauncherV3.parse] - Selenium server version: 3.141.59, revision: e82be7d358
21:43:37.158 INFO [GridLauncherV3.lambda$buildLaunchers$5] - Launching Selenium Grid hub on port 4444
2020-04-01 21:43:37.495:INFO::main: Logging initialized @602ms to org.seleniumhq.jetty9.util.log.StdErrLog
21:43:38.104 INFO [Hub.start] - Selenium Grid hub is up and running
21:43:38.105 INFO [Hub.start] - Nodes should register to http://192.168.238.1:4444/grid/register/
21:43:38.105 INFO [Hub.start] - Clients should connect to http://192.168.238.1:4444/wd/hub
```

图 12-29　启动 Hub

（11）Hub 启动后，可通过浏览器进行验证，地址是 http://localhost:4444/grid/console，如图 12-30 所示。

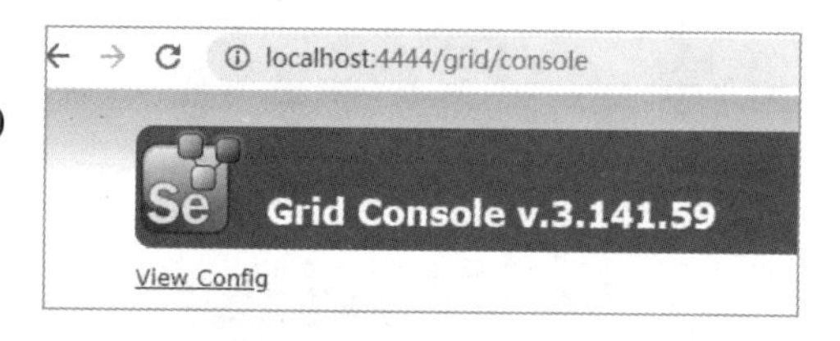

图 12-30　Console 信息页

（12）在 Node 上（192.168.238.128）启动 Hub，启动命令如下，效果如图 12-31 所示。

```
java -jar Selenium-server-standalone-
3.141.59.jar -role Node -Hub http:// 192.168.238.1:4444/grid/register/
-port 5556
```

```
C:\>java -jar selenium-server-standalone-3.141.59.jar -role node -hub http://192.168.238.1:4444/grid/register/ -port 555
6
21:32:18.210 INFO [GridLauncherV3.parse] - Selenium server version: 3.141.59, revision: e82be7d358
21:32:18.397 INFO [GridLauncherV3.lambda$buildLaunchers$7] - Launching a Selenium Grid node on port 5556
2020-04-01 21:32:18.601:INFO::main: Logging initialized @768ms to org.seleniumhq.jetty9.util.log.StdErrLog
21:32:18.909 INFO [WebDriverServlet.<init>] - Initialising WebDriverServlet
21:32:19.019 INFO [SeleniumServer.boot] - Selenium Server is up and running on port 5556
21:32:19.021 INFO [GridLauncherV3.lambda$buildLaunchers$7] - Selenium Grid node is up and ready to register to the hub
21:32:19.119 INFO [SelfRegisteringRemote$1.run] - Starting auto registration thread. Will try to register every 5000 ms.

21:32:19.571 INFO [SelfRegisteringRemote.registerToHub] - Registering the node to the hub: http://192.168.238.1:4444/gri
d/register
21:32:19.863 INFO [SelfRegisteringRemote.registerToHub] - The node is registered to the hub and ready to use
```

图 12-31　启动 Hub

（13）Node 启动后，可通过浏览器再次进行验证，地址为 http://localhost:4444/grid/console，此时可以看到 Node 被展现出来，如图 12-32 所示。

（14）在 Hub 主机上设计验证代码，远程驱动 Node 运行，代码如下：

```
from selenium import webdriver
from time import ctime

# 操作系统平台，可以是 Windows、Linux 等
chrome_capabilities  = {'platform': 'ANY',
                   'browserName': "chrome",          # 浏览器名称
                   'version': '',                    # 操作系统版本
                   'JavascriptEnabled': True,        # 是否启用 JS
                   'WebDriver.chrome.driver': "chrome_driver"
```

```
                    }
driver = webdriver.Remote('http://192.168.238.128:5556/wd/Hub', desired_
capabilities=chrome_capabilities)
driver.get("http://cn.bing.com/")
driver.find_element_by_xpath("//*[@id='sb_form_q']").send_keys("bella")
driver.find_element_by_xpath("//*[@id='sb_form_go']").click()
print(ctime())
driver.quit()
```

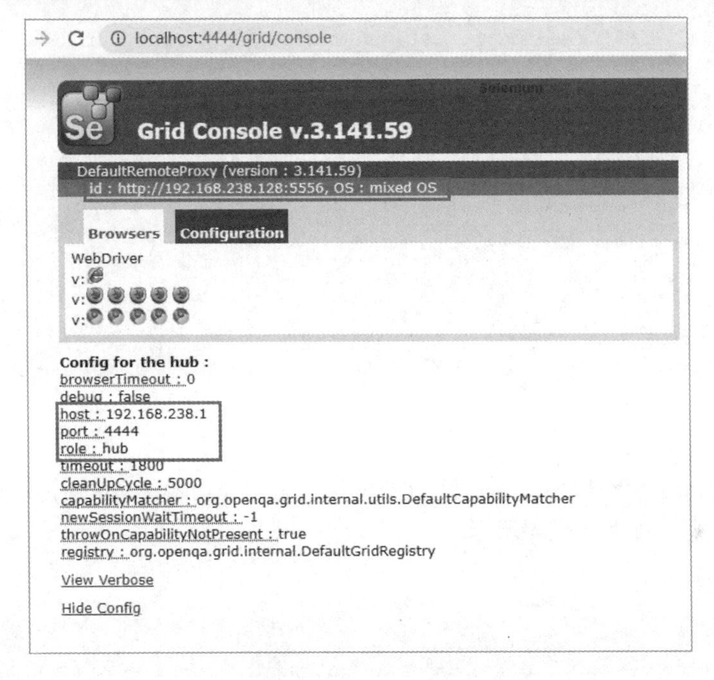

图 12-32　节点信息

（15）运行代码，可以看到在 Node（虚拟机）中，打开 Chrome 浏览器完成了对 Bing 搜索的操作。

案例 2：多个节点同时运行。

案例场景：

- Hub 主机：IP 地址为 192.168.238.1，端口为 4444；
- Hub 主机 Node：IP 地址为 192.168.238.1，端口为 5557；
- 远端 Node：虚拟机 IP 地址为 192.168.238.1，端口为 5556。

（1）在 Hub 所在主机上也启动一个 Node，分配端口为 5557，启动命令如下，效果如图 12-33 所示。

```
E:\>java -jar Selenium-server-standalone-3.141.59.jar -role Node -port 5557
23:08:53.099  INFO  [GridLauncherV3.parse]  -  Selenium  server  version:
3.141.59, revision: e82be7d358
23:08:53.173 INFO [GridLauncherV3.lambda$buildLaunchers$7] - Launching a
Selenium Grid Node on port 5557
2020-04-01 23:08:53.956:INFO::main: Logging initialized @1059ms to org.
```

```
Seleniumhq.jetty9.util.log.StdErrLog
23:08:54.114 INFO [WebDriverServlet.<init>] - Initialising WebDriver
Servlet
23:08:54.177 INFO [SeleniumServer.boot] - Selenium Server is up and running
on port 5557
23:08:54.178 INFO [GridLauncherV3.lambda$buildLaunchers$7] - Selenium Grid
Node is up and ready to register to the Hub
23:08:54.437 INFO [SelfRegisteringRemote$1.run] - Starting auto registration
thread. Will try to register every 5000 ms.
23:08:54.870 INFO [SelfRegisteringRemote.registerToHub] - Registering the
Node to the Hub: http://localhost:4444/grid/register
23:08:55.108 INFO [SelfRegisteringRemote.registerToHub] - The Node is
registered to the Hub and ready to use
```

```
E:\>java -jar selenium-server-standalone-3.141.59.jar -role node -port 5557
23:08:53.099 INFO [GridLauncherV3.parse] - Selenium server version: 3.141.59, revision: e82be7d358
23:08:53.173 INFO [GridLauncherV3.lambda$buildLaunchers$7] - Launching a Selenium Grid node on port 5557
2020-04-01 23:08:53.956:INFO::main: Logging initialized @1059ms to org.seleniumhq.jetty9.util.log.StdErrLog
23:08:54.114 INFO [WebDriverServlet.<init>] - Initialising WebDriverServlet
23:08:54.177 INFO [SeleniumServer.boot] - Selenium Server is up and running on port 5557
23:08:54.178 INFO [GridLauncherV3.lambda$buildLaunchers$7] - Selenium Grid node is up and ready to register to the hub
23:08:54.437 INFO [SelfRegisteringRemote$1.run] - Starting auto registration thread. Will try to register every 5000 ms.

23:08:54.870 INFO [SelfRegisteringRemote.registerToHub] - Registering the node to the hub: http://localhost:4444/grid/re
gister
23:08:55.108 INFO [SelfRegisteringRemote.registerToHub] - The node is registered to the hub and ready to use
```

图 12-33　启动 Node

（2）新的 Node 启动后，可通过浏览器地址 http://localhost:4444/grid/console 看到两个 Node 及 Hub 信息，如图 12-34 所示。

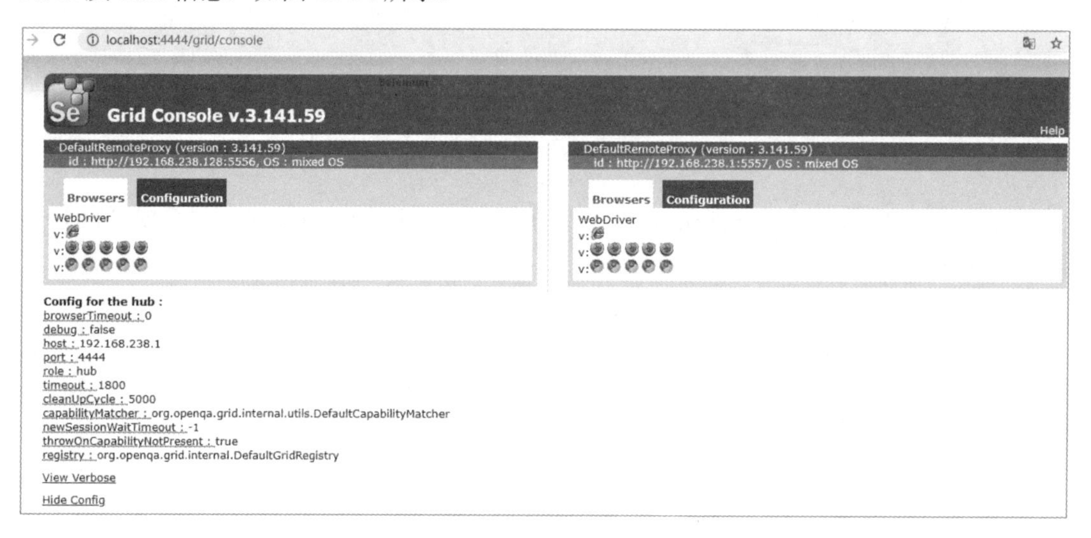

图 12-34　Console 信息

（3）设计多节点运行测试用例，代码如下：

```
from threading import Thread
from selenium import webdriver
from time import ctime
```

```
#测试用例
def BingSearch(Host, Browser):
    print('Script-Start-Time: %s' %ctime())
    print(Host, Browser)
    dc = {'browserName': Browser}
    driver = webdriver.Remote(command_executor=Host, desired_capabilities=dc)
    driver.get('http://cn.bing.com/')
    driver.find_element_by_id('sb_form_q').send_keys("bella")
    driver.find_element_by_id('sb_form_go').click()
    driver.close()

def test_Nodes(lists):
    threads = []
    files = range(len(lists))

    for Host, Browser in lists.items():
        T = Thread(target=BingSearch, args=(Host, Browser))
        threads.append(T)
    for i in files:
        threads[i].start()
    for j in files:
        threads[j].join()
    print('Script-End-Time: %s:' % ctime())

if __name__ == '__main__':
     # 参数列表（指定运行主机与期望的浏览器）
     lists = {'http://192.168.238.1:5557/wd/Hub': 'Firefox',
            'http://192.168.238.128:5556/wd/Hub': 'chrome',
            }
     test_Nodes(lists)
```

（4）运行代码，可以看到程序分别在本地 Node（192.168.238.1）上打开了 Firefox 浏览器，在远端 Node（192.168.238.128）上打开了 Chrome 浏览器，完成了对 Bing 搜索的操作。

第 13 章　Selenium 与虚拟化

我们已经知道，通过 Selenium Grid 可以结合多台主机（或虚拟机）实现分布式测试。

Docker 启动快，资源占用小，资源利用率高，创建分布式应用程序时能快速交付和部署，能够更轻松地迁移和扩展。因此，Selenium Grid 与 Docker 可以结合在一起完美地实现分布式测试。

本章讲解的主要内容有：

- Docker 简介；
- Docker 的部署；
- Docker 与分布式测试。

13.1　Docker 简介

Docker 是一个开源的应用容器引擎，它基于 Go 语言开发并遵从 Apache 2.0 协议开源。Docker 可以让开发者打包他们的应用及依赖包到一个轻量级、可移植的容器中，然后发布到任何流行的 Linux 系统上，也可以实现虚拟化。容器完全使用沙箱机制，相互之间不会有任何接口（类似于 iPhone 的 App），更重要的是容器性能开销极低。

目前，Docker 版本分为 CE（Community Edition，社区版）和 EE（Enterprise Edition，企业版），我们使用社区版就可以了。

13.1.1　Docker 架构

Docker 包括 3 个基本概念，具体如下：

- 镜像（Image）：相当于一个 root 文件系统，例如官方镜像 Ubuntu 16.04 就包含了一套完整的 Ubuntu 16.04 最小系统的 root 文件系统。
- 容器（Container）：镜像和容器的关系就像是面向对象程序设计中的类和实例一样，镜像是静态的定义，容器是镜像运行时的实体，容器可以被创建、启动、停止、删除和暂停运行等。
- 仓库（Repository）：可看作一个代码控制中心，用来保存镜像。

Docker 使用客户端-服务器（C/S）架构模式，使用远程 API 来管理和创建 Docker 容器。Docker 容器通过 Docker 镜像来创建。

Docker 的架构如图 13-1 所示。

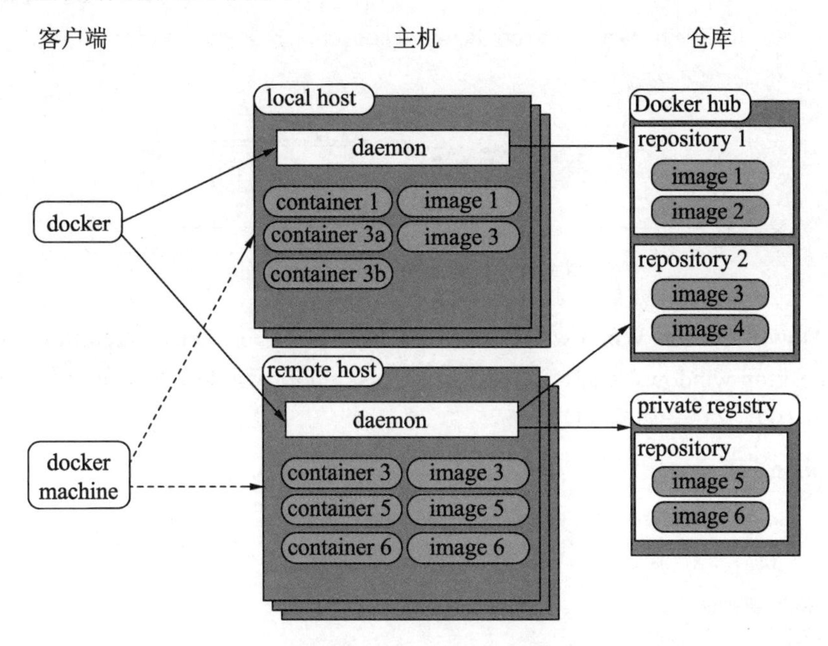

图 13-1　Docker 的架构图

- Docker 镜像（Image）：用于创建 Docker 容器的模板，如 Ubuntu 系统。
- Docker 容器（Container）：独立运行的一个或一组应用，是镜像运行时的实体。
- Docker 客户端（Client）：通过命令行或者其他工具使用 Docker SDK（https://docs.docker.com/develop/sdk/）与 Docker 的守护进程通信。
- Docker 主机（Host）：一个物理或者虚拟的机器，用于执行 Docker 守护进程和容器。
- Docker Registry：Docker 仓库用来保存镜像，可以理解为代码控制中的代码仓库；Docker Hub（https://hub.docker.com）提供了庞大的镜像集合供用户使用；一个 Docker Registry 中可以包含多个仓库（Repository），每个仓库可以包含多个标签（Tag），每个标签对应一个镜像。
- Docker Machine：一个简化 Docker 安装的命令行工具，通过一个简单的命令行即可在相应的平台上安装 Docker，如 VirtualBox、Digital Ocean 或 Microsoft Azure。

13.1.2　下载 Docker

官网下载的 Docker 版本只支持 Windows 10 企业版与 Windows 10 专业版。官网下载地址为 https://www.docker.com/products/docker-desktop，下载页面如图 13-2 所示。

图 13-2　Docker Desktop 下载页面

单击 Download for Windows 按钮，打开 https://Hub.docker.com/editions/community/docker-ce-desktop-windows 页面，下载 Docker Desktop for windows（选择下载 Stable 版本，最新版本为 19.03.8），如图 13-3 所示。

Docker Desktop for Windows

Docker Desktop for Windows is Docker designed to run on Windows 10. It is a native Windows application that provides an easy-to-use development environment for building, shipping, and running dockerized apps. Docker Desktop for Windows uses Windows-native Hyper-V virtualization and networking and is the fastest and most reliable way to develop Docker apps on Windows. Docker Desktop for Windows supports running both Linux and Windows Docker containers.

Get Docker Desktop for Windows

Stable channel	Edge channel
Stable is the best channel to use if you want a reliable platform to work with. Stable releases track the Docker platform stable releases.	Use the Edge channel if you want to get experimental features faster, and can weather some instability and bugs.
You can select whether to send usage statistics and other data.	We collect usage data on Edge releases.
Stable releases happen once per quarter.	Edge builds are released once per month.
Get Docker Desktop for Windows (stable)	Get Docker Desktop for Windows (Edge)

图 13-3　下载 Docker Desktop for Windows

注：Docker Desktop 是学习和使用 Docker 的一个桌面应用环境，其提供了 Windows 版和 Mac 版，这里我们主要介绍 Windows 版本的安装方法。

13.2　安装 Docker

可能大部分个人计算机上安装的都是 Windows 10 家庭版，家庭版不支持 Hyper-V，因此 Docker Desktop 是无法直接安装的，可参照如下两种方式安装 Docker。

1．方式1：利用Docker Desktop安装Docker

要想通过 Docker Desktop 安装 Docker，就需要解决 Windows 10 家庭版不支持 Hyper-V 的问题。

（1）添加 Hyper-V。通过额外配置为 Windows 10 家庭版开启 Hyper-V。将以下脚本代码复制到.txt 记事本中，并将文件名修改为 Hyper.cmd。

```
pushd "%~dp0"

dir /b %SystemRoot%\servicing\Packages\*Hyper-V*.mum >hyper-v.txt

for /f %%i in ('findstr /i . hyper-v.txt 2^>nul') do dism /online /norestart
/add-package:"%SystemRoot%\servicing\Packages\%%i"

del hyper-v.txt

Dism /online /enable-feature /featurename:Microsoft-Hyper-V-All /LimitAccess /
ALL
```

（2）右击 Hyper.cmd 文件并以管理员身份运行 Hyper.cmd 文件。运行完毕后会提示重启系统，根据提示重启系统即可，如图 13-4 所示。

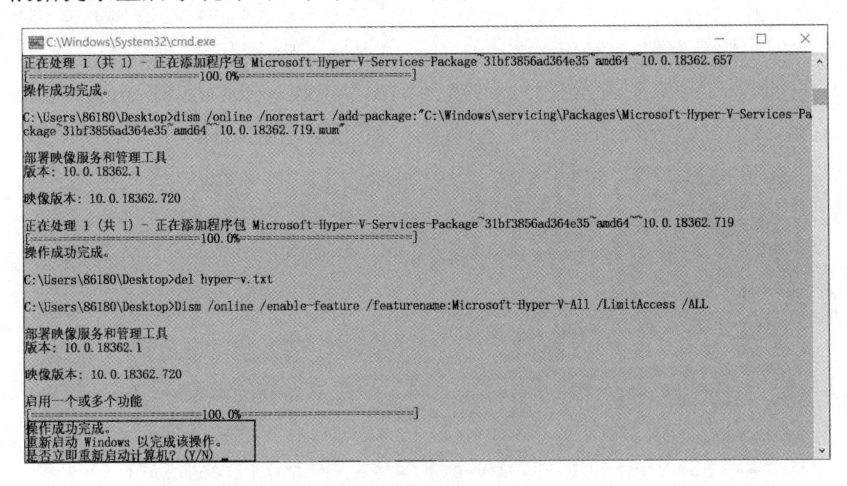

图 13-4　Hyper 配置

（3）重启系统后，在 Windows 10 家庭版的“程序和功能”|“启用或关闭 Windows 功能”对话框中，可以看到打开了 Hyper-V 功能，如图 13-5 所示。

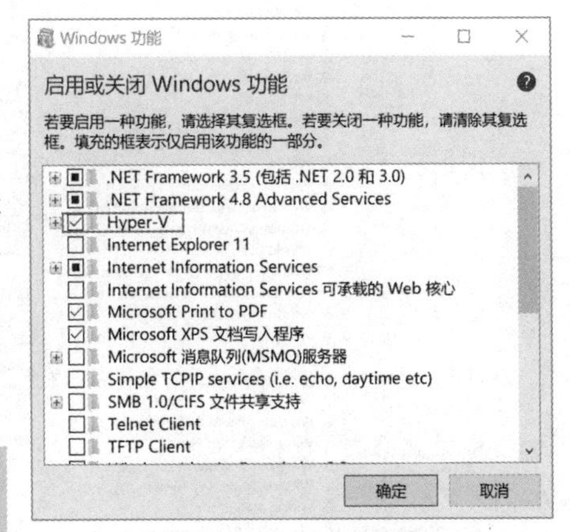

图 13-5　打开 Hyper-V 功能

（4）安装 Container 服务。复制如下脚本代码至.txt 记事本中，将文件名修改为 container.bat，然后右击 container.bat 文件以管理员身份运行 container.bat 文件。运行完毕后会提示重启系统，根据提示重启系统即可。

```
pushd "%~dp0"
dir /b %SystemRoot%\servicing\Packages\
*containers*.mum >containers.txt
for /f %%i in ('findstr /i . containers.txt
2^>nul') do dism /online /norestart /add-
```

```
package:"%SystemRoot%\servicing\Packages\%%i"
del containers.txt
Dism /online /enable-feature /featurename:Containers -All /LimitAccess
/ALL
pause
```

系统运行结果如图 13-6 所示。

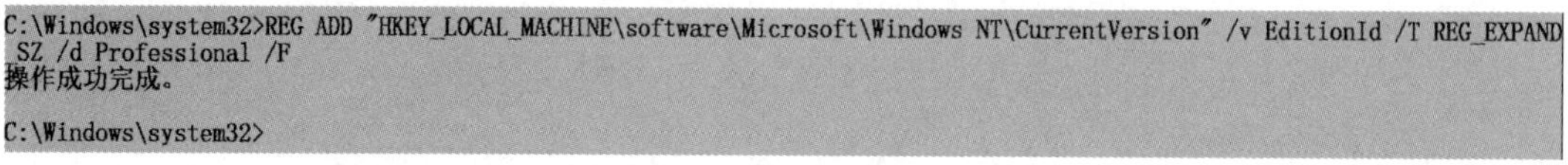

```
C:\Windows\system32>REG ADD "HKEY_LOCAL_MACHINE\software\Microsoft\Windows NT\CurrentVersion" /v EditionId /T REG_EXPAND
_SZ /d Professional /F
操作成功完成。

C:\Windows\system32>
```

图 13-6　修改注册表

（5）修改注册表，使 Docker Desktop 安装校验时可通过验证。以管理员身份打开 Windows 系统的 cmd 窗口，执行如下命令：

```
REG ADD "HKEY_LOCAL_MACHINE\software\Microsoft\Windows NT\CurrentVersion"
/v EditionId /T REG_EXPAND_SZ /d Professional /F
```

或打开注册表，定位到 HKEY_LOCAL_MACHINE\software\Microsoft\Windows NT\CurrentVersion，单击 Current Version，在右侧找到 EditionID 并右击，选择“修改”命令，在弹出的对话框中将第二项“数值数据”的内容改为 Professional，然后单击“确定”按钮，修改结果如图 13-7 所示。

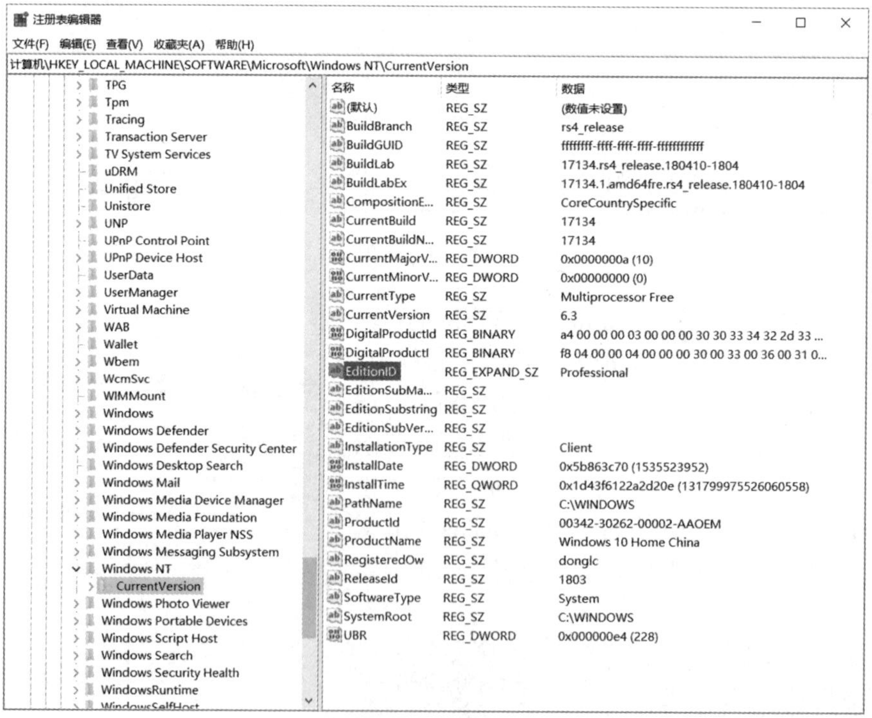

注册表编辑器

文件(F)　编辑(E)　查看(V)　收藏夹(A)　帮助(H)

计算机\HKEY_LOCAL_MACHINE\SOFTWARE\Microsoft\Windows NT\CurrentVersion

TPG
Tpm
Tracing
Transaction Server
TV System Services
uDRM
Unified Store
Unistore
UNP
UPnP Control Point
UPnP Device Host
UserData
UserManager
Virtual Machine
WAB
Wallet
Wbem
WcmSvc
WIMMount
Windows
Windows Defender
Windows Defender Security Center
Windows Desktop Search
Windows Mail
Windows Media Device Manager
Windows Media Foundation
Windows Media Player NSS
Windows Messaging Subsystem
Windows NT
CurrentVersion
Windows Photo Viewer
Windows Portable Devices
Windows Script Host
Windows Search
Windows Security Health
WindowsRuntime

名称	类型	数据
(默认)	REG_SZ	(数值未设置)
BuildBranch	REG_SZ	rs4_release
BuildGUID	REG_SZ	ffffffff-ffff-ffff-ffff-ffffffffffff
BuildLab	REG_SZ	17134.rs4_release.180410-1804
BuildLabEx	REG_SZ	17134.1.amd64fre.rs4_release.180410-1804
CompositionE...	REG_SZ	CoreCountrySpecific
CurrentBuild	REG_SZ	17134
CurrentBuildN...	REG_SZ	17134
CurrentMajorV...	REG_DWORD	0x0000000a (10)
CurrentMinorV...	REG_DWORD	0x00000000 (0)
CurrentType	REG_SZ	Multiprocessor Free
CurrentVersion	REG_SZ	6.3
DigitalProductId	REG_BINARY	a4 00 00 00 03 00 00 00 30 30 33 34 32 2d 33 ...
DigitalProductI	REG_BINARY	f8 04 00 00 04 00 00 00 30 00 33 00 36 00 31 0...
EditionID	REG_EXPAND_SZ	Professional
EditionSubMa...	REG_SZ	
EditionSubstring	REG_SZ	
EditionSubVer...	REG_SZ	
InstallationType	REG_SZ	Client
InstallDate	REG_DWORD	0x5b863c70 (1535523952)
InstallTime	REG_QWORD	0x1d43f6122a2d20e (131799975526060558)
PathName	REG_SZ	C:\WINDOWS
ProductId	REG_SZ	00342-30262-00002-AAOEM
ProductName	REG_SZ	Windows 10 Home China
RegisteredOw	REG_SZ	donglc
ReleaseId	REG_SZ	1803
SoftwareType	REG_SZ	System
SystemRoot	REG_SZ	C:\WINDOWS
UBR	REG_DWORD	0x000000e4 (228)

图 13-7　注册表修改

（6）右击 Docker Desktop Installer.exe 文件，以管理员身份运行已下载的 Docker Desktop 可执行文件（Docker Desktop Installer.exe 在本书配套资料中已提供），会看到 Docker Desktop 会检测系统版本，通过前面步骤的配置，会顺利通过系统版本检测，检测完毕后，弹出 Docker Desktop 安装窗口，如图 13-8 所示。

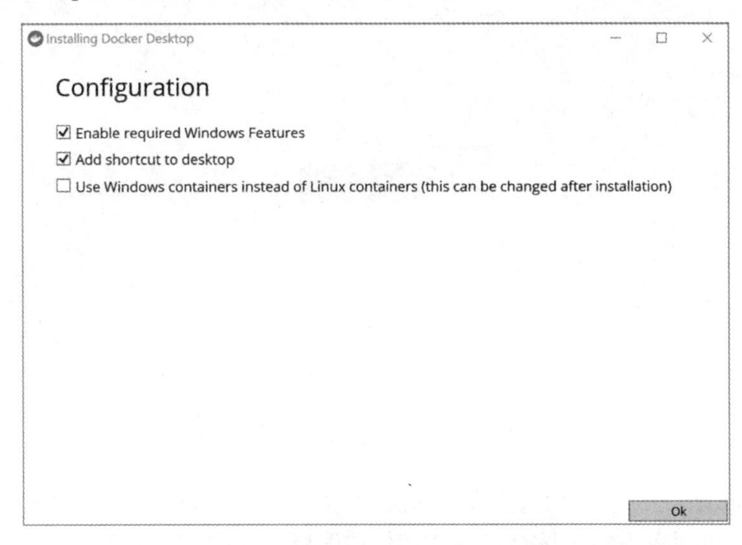

图 13-8　Docker Desktop 安装窗口

注：Docker Desktop 的 Configuration 窗口中的 Use Windows…复选框无须勾选，采取默认方式即可。

（7）单击 Ok 按钮后，开始 Docker Desktop 的正式安装，如图 13-9 所示。

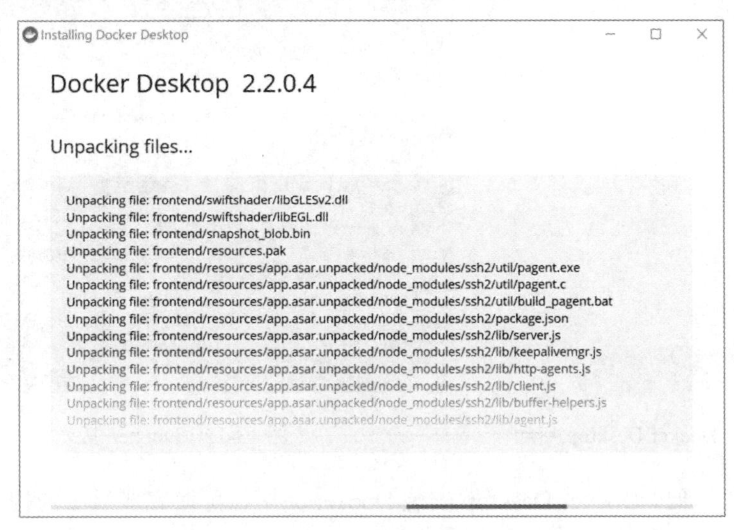

图 13-9　Docker Desktop 安装进度图

（8）Docker Desktop 成功安装后，出现安装成功界面，如图 13-10 所示。

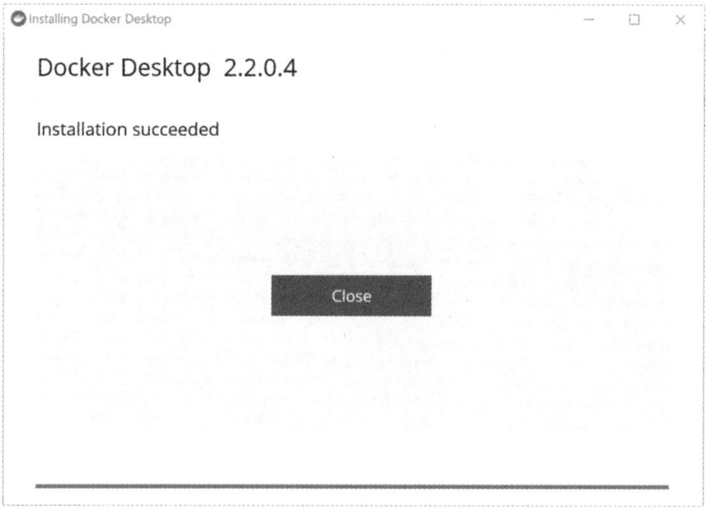

图 13-10　Docker Desktop 安装成功

（9）Docker Desktop 成功安装后，在桌面上会新增 Docker Desktop 图标。双击 Docker Desktop 图标，桌面右下角区域会出现小鲸鱼的图标，如图 13-11 所示。将鼠标光标放至该图标上后会显示 Docker is running，表示启动成功。

（10）打开 Windows 系统的 cmd 窗口，在 cmd 窗口中运行 docker 命令检测 Docker 版本，如图 13-12 所示。

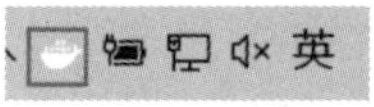

图 13-11　Docker Desktop 启动

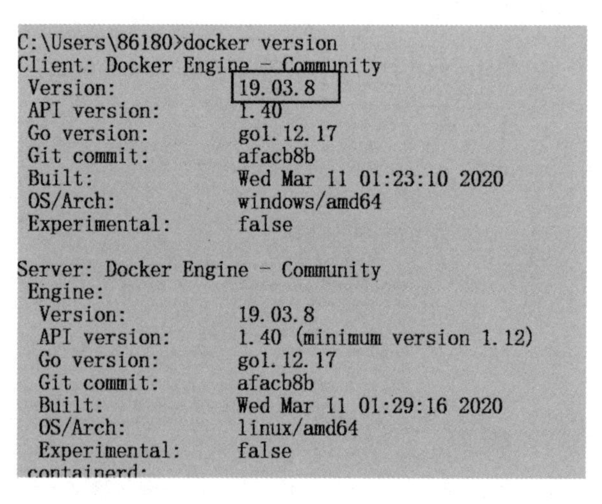

图 13-12　Docker 版本

（11）至此，通过 Docker Desktop 安装 Docker 完毕，可以完成后续的搜索镜像、拉取镜像等 Docker 相关操作。

2．方式2：利用Docker Toolbox安装Docker

在 Windows10 家庭版中也可利用 Docker Toolbox 来安装 Docker，国内可以使用阿里云的镜像来下载（目前的最新版本是 DockerToolbox-18.03.0-ce.exe），下载地址为 http://mirrors.aliyun.com/docker-toolbox/windows/docker-toolbox/（本书的配套资料中已提供，读者无须自己再下载）。

（1）阿里云镜像目前有两个版本：-ce 和无-ce 版本。前者是社区版（免费），我们选择 DockerToolbox-18.03.0-ce.exe 文件下载，如图 13-13 所示。

不安全 | mirrors.aliyun.com/docker-toolbox/windows/docker-tool...

DockerToolbox-1.11.0.exe	06-Jan-2018 13:03	210744584
DockerToolbox-1.11.1.exe	06-Jan-2018 13:02	211066432
DockerToolbox-1.11.2.exe	06-Jan-2018 13:01	206448376
DockerToolbox-1.12.0.exe	06-Jan-2018 13:01	207889296
DockerToolbox-1.12.1.exe	06-Jan-2018 13:02	213280664
DockerToolbox-1.12.2.exe	06-Jan-2018 13:01	213090944
DockerToolbox-1.12.3.exe	06-Jan-2018 13:03	213166912
DockerToolbox-1.12.4.exe	06-Jan-2018 13:02	213774960
DockerToolbox-1.12.5.exe	06-Jan-2018 13:02	213760072
DockerToolbox-1.12.6.exe	06-Jan-2018 13:02	213893648
DockerToolbox-1.13.0.exe	06-Jan-2018 13:01	214649392
DockerToolbox-1.13.1.exe	06-Jan-2018 13:02	214686128
DockerToolbox-1.8.3.exe	06-Jan-2018 13:03	191841248
DockerToolbox-1.9.0.exe	06-Jan-2018 13:02	211892648
DockerToolbox-1.9.1.exe	06-Jan-2018 13:02	212434344
DockerToolbox-17.03.0-ce.exe	06-Jan-2018 13:03	214698696
DockerToolbox-17.04.0-ce.exe	06-Jan-2018 13:03	213457328
DockerToolbox-17.05.0-ce.exe	06-Jan-2018 13:01	215769088
DockerToolbox-17.06.0-ce.exe	06-Jan-2018 13:01	216833200
DockerToolbox-17.06.2-ce.exe	06-Jan-2018 13:01	217463520
DockerToolbox-17.07.0-ce.exe	06-Jan-2018 13:03	217909960
DockerToolbox-17.10.0-ce.exe	06-Jan-2018 13:03	213524624
DockerToolbox-17.12.0-ce.exe	13-Jun-2018 03:01	215187136
DockerToolbox-18.01.0-ce.exe	13-Jun-2018 03:05	220124536
DockerToolbox-18.02.0-ce.exe	13-Jun-2018 03:09	220280032
DockerToolbox-18.03.0-ce.exe	13-Jun-2018 03:13	221771936

图 13-13　DockerToolbox 镜像下载版本

（2）右击 docker toolbox.exe 文件，以管理员身份安装 Docker Toolbox，如图 13-14 与图 13-15 所示。

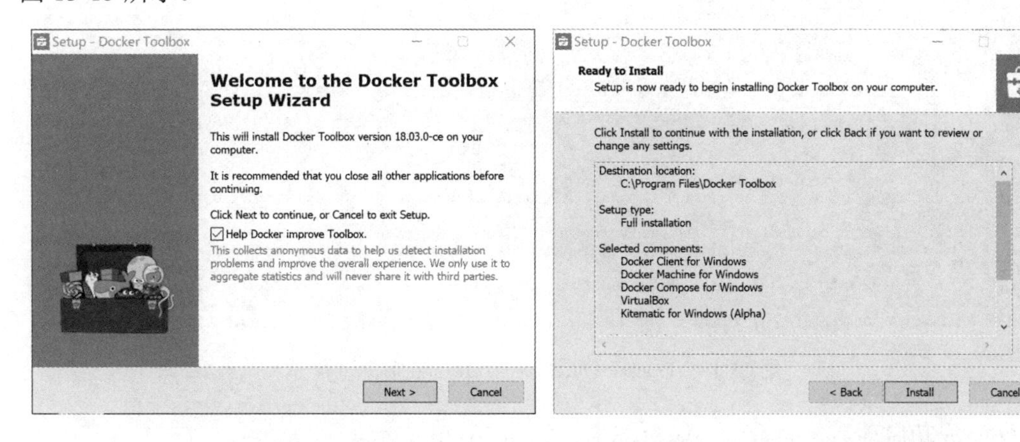

图 13-14　Docker Toolbox 安装界面　　　　图 13-15　Docker Toolbox 安装进度

（3）安装过程中，会提示是否安装 Oracle Corporation 等软件，根据提示单击“安装”按钮即可，直至 Docker Toolbox 安装完毕，如图 13-16 与图 13-17 所示。

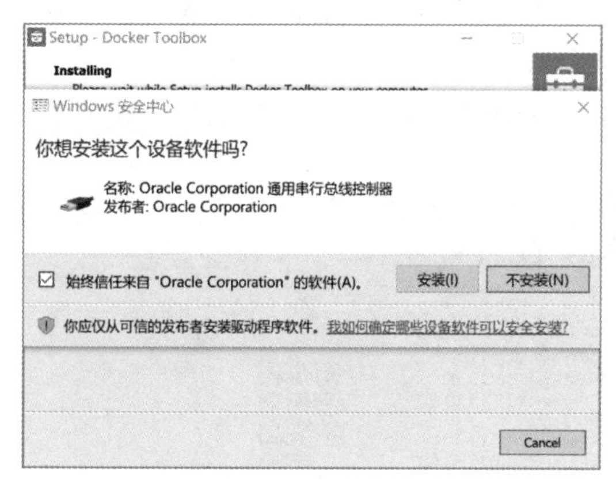

图 13-16　是否安装 Oracle Corporation 软件

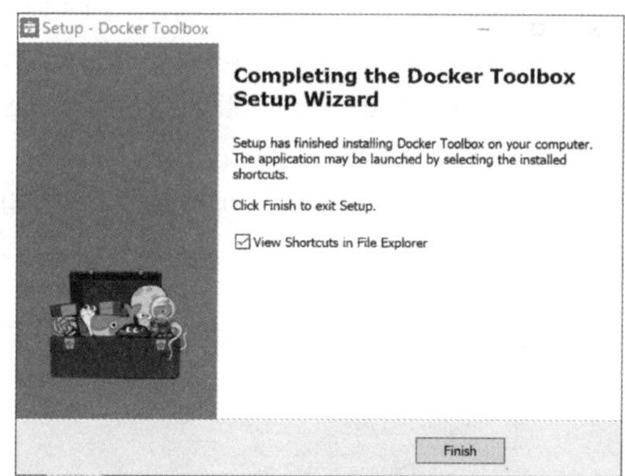

图 13-17　Docker Toolbox 安装完毕

（4）Docker Toolbox 安装完毕后，桌面上会增加 3 个图标，如图 13-18 所示。

- Docker Quickstart Terminal：提供 Docker 的命令行操作；
- Oracle VM VirtualBox：虚拟机软件；
- Kitematic (Alpha)：图形化的 Docker 工具。

图 13-18　桌面图标

（5）安装完毕后，双击桌面上的 Docker Quickstart Terminal 图标，启动过程中会弹出询问是否允许 Oracle VM VirtualBox 等通行的对话框，均允许即可。启动过程如图 13-19 所示（Docker Quickstart Terminal 首次启动会花费一些时间，需要耐心等待）。

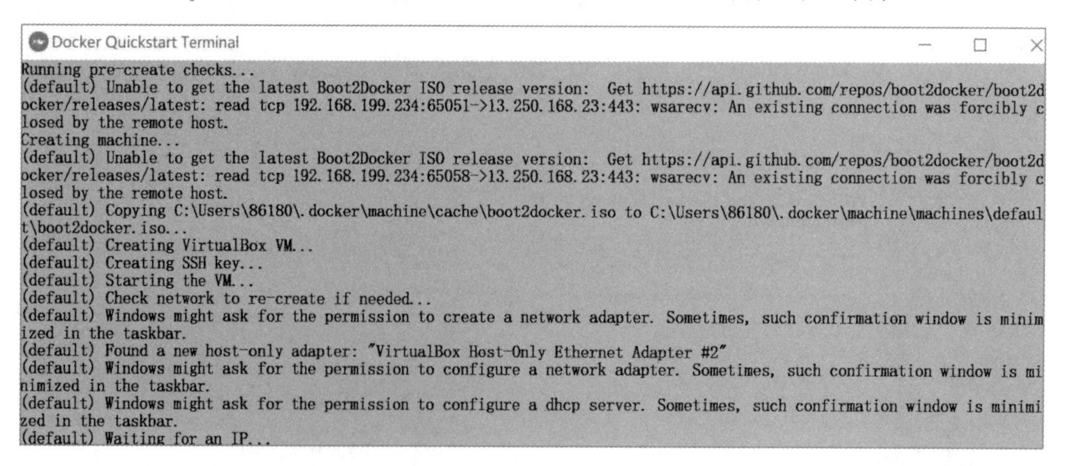

图 13-19　Docker Quickstart Terminal 启动过程

（6）成功启动后，会看到小鲸鱼图形，如图 13-20 所示。

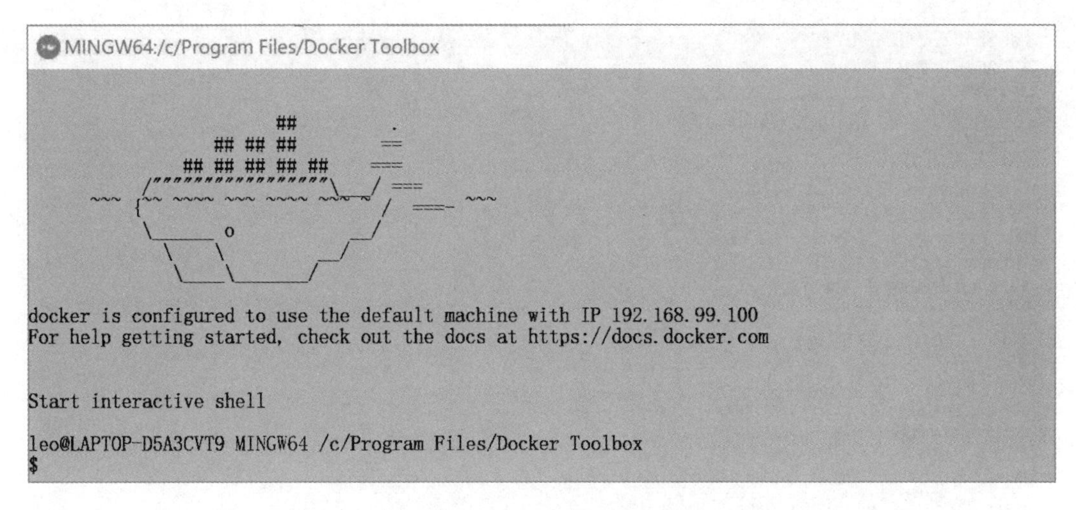

图 13-20　Docker 启动成功界面

（7）输入 docker run hello-world 命令，验证 Docker 运行镜像，如图 13-21 所示。

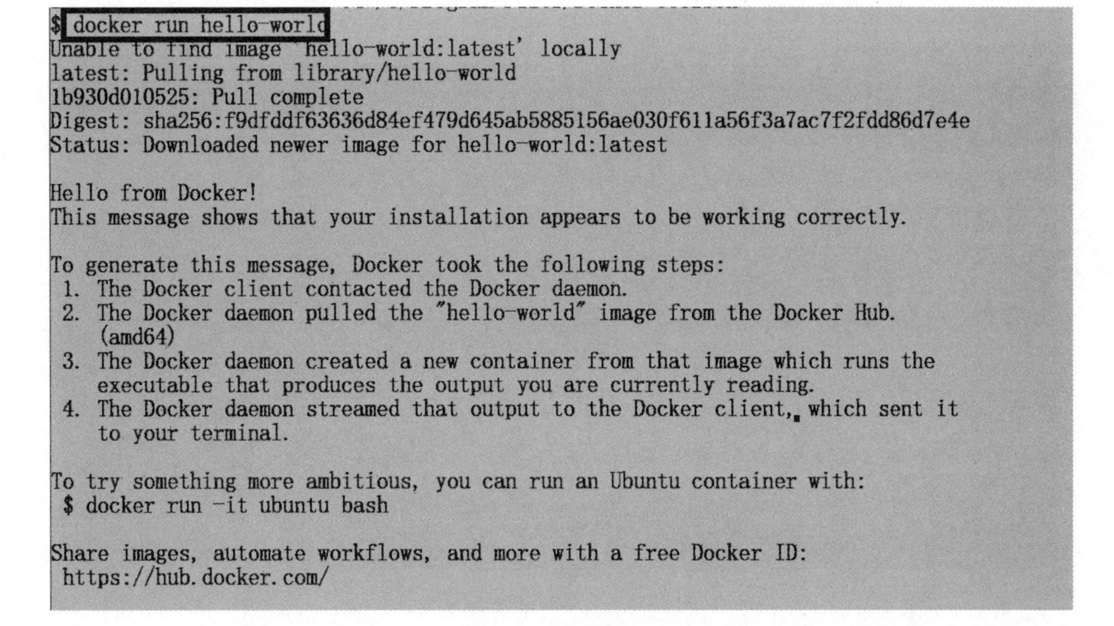

图 13-21　运行镜像

（8）通过 docker version 命令可查看 Docker 的版本。可以看到，Docker 版本是 18.03.0-ce（CE 社区版），如图 13-22 所示。

（9）打开 Windows 系统的 cmd 窗口，也可通过 cmd 命令查看 Docker 是否安装成功。输入 docker-machine 命令，会出现版本等信息，如图 13-23 所示。

```
leo@LAPTOP-D5A3CVT9 MINGW64 /c/Program Files/Docker Toolbox
$ docker version
Client:
 Version:       18.03.0-ce
 API version:   1.37
 Go version:    go1.9.4
 Git commit:    0520e24302
 Built: Fri Mar 23 08:31:36 2018
 OS/Arch:       windows/amd64
 Experimental:  false
 Orchestrator:  swarm

Server:
 Engine:
  Version:      18.03.0-ce
  API version:  1.37 (minimum version 1.12)
  Go version:   go1.9.4
  Git commit:   0520e24
  Built:        Wed Mar 21 23:14:54 2018
  OS/Arch:      linux/amd64
  Experimental: false
```

图 13-22　查看 Docker 版本

```
C:\Windows\system32\cmd.exe
Microsoft Windows [版本 10.0.18362.720]
(c) 2019 Microsoft Corporation。保留所有权利。

C:\Users\86180>docker-machine
Usage: docker-machine [OPTIONS] COMMAND [arg...]

Create and manage machines running Docker.

Version: 0.14.0, build 89b8332

Author:
  Docker Machine Contributors - <https://github.com/docker/machine>

Options:
  --debug, -D                                          Enable debug mode
  --storage-path, -s "C:\Users\86180\.docker\machine"  Configures storage path [$MACHINE_STORAGE_PATH]
  --tls-ca-cert                                        CA to verify remotes against [$MACHINE_TLS_CA_CERT]
  --tls-ca-key                                         Private key to generate certificates [$MACHINE_TLS_CA_KEY]
  --tls-client-cert                                    Client cert to use for TLS [$MACHINE_TLS_CLIENT_CERT]
  --tls-client-key                                     Private key used in client TLS auth [$MACHINE_TLS_CLIENT_KEY]
  --github-api-token                                   Token to use for requests to the Github API [$MACHINE_GITHUB_API
_TOKEN]
  --native-ssh                                         Use the native (Go-based) SSH implementation. [$MACHINE_NATIVE_S
SH]
  --bugsnag-api-token                                  BugSnag API token for crash reporting [$MACHINE_BUGSNAG_API_TOKE
N]
  --help, -h                                           show help
  --version, -v                                        print the version

Commands:
```

图 13-23　Docker 版本信息

注：笔者采取的是方式 1 的方法安装的 Docker Desktop。

13.3　Selenium 与 Docker 的结合

在桌面上单击 Docker Desktop 图标，启动 Docker Desktop，打开 cmd 窗口，完成镜像

的检索和镜像的拉取。

（1）查找公共仓库里关于 Selenium 的镜像，执行命令如下，结果如图 13-24 所示。

```
docker search selenium
```

```
C:\Users\86180>docker search selenium
NAME                                    DESCRIPTION                                     STARS     OFFICIAL
     AUTOMATED
selenium/hub                                                                            347
     [OK]
selenium/standalone-chrome                                                              253
     [OK]
selenium/node-chrome                                                                    202
     [OK]
selenium/node-firefox                                                                   131
     [OK]
selenium/standalone-firefox                                                             120
     [OK]
```

图 13-24　检索镜像

（2）下载主 Hub 镜像（Hub 相当于“北京总部”），如图 13-25 所示。

```
docker pull selenium/hub
```

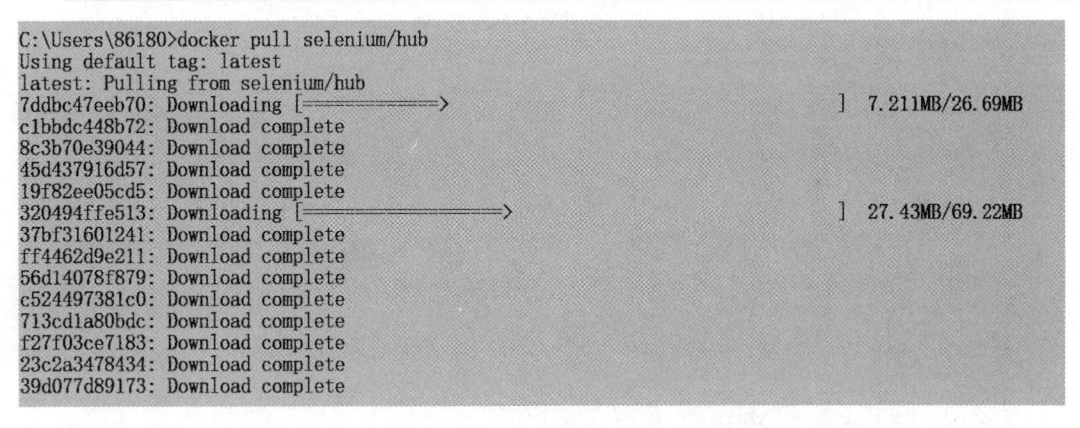

```
C:\Users\86180>docker pull selenium/hub
Using default tag: latest
latest: Pulling from selenium/hub
7ddbc47eeb70: Downloading [=============>                                    ]  7.211MB/26.69MB
c1bbdc448b72: Download complete
8c3b70e39044: Download complete
45d437916d57: Download complete
19f82ee05cd5: Download complete
320494ffe513: Downloading [===================>                              ]  27.43MB/69.22MB
37bf31601241: Download complete
ff4462d9e211: Download complete
56d14078f879: Download complete
c524497381c0: Download complete
713cd1a80bdc: Download complete
f27f03ce7183: Download complete
23c2a3478434: Download complete
39d077d89173: Download complete
```

图 13-25　安装镜像

注：下载镜像比较耗时，需要耐心等待，如不成功，可多试几次。

（3）下载主 node Firefox 镜像（该 Node 为深圳分公司）。执行命令如下，结果如图 13-26 所示。

```
docker pull selenium/node-firefox
```

（4）下载主 node chrome 镜像（该 Node 为为广州分公司）。执行命令如下，结果如图 13-27 所示。

```
docker pull selenium/node-chrome
```

```
C:\Users\86180>docker pull selenium/node-firefox
Using default tag: latest
latest: Pulling from selenium/node-firefox
7ddbc47eeb70: Already exists
c1bbdc448b72: Already exists
8c3b70e39044: Already exists
45d437916d57: Already exists
19f82ee05cd5: Already exists
320494ffe513: Already exists
37bf31601241: Already exists
ff4462d9e211: Already exists
56d14078f879: Already exists
c524497381c0: Already exists
713cd1a80bdc: Already exists
a17229ca0b94: Downloading [>                                                  ]  526.7kB/81.22MB
af50740d57b3: Downloading [======>                                            ]    879kB/7.07MB
d765b18646a8: Downloading [==>                                                ]  1.178MB/22.85MB
f5db115c40d5: Waiting
56afc6231b00: Waiting
768a071aba5c: Waiting
b1ebf7fa7db5: Waiting
6de8b6349cdc: Waiting
c5c4c2bb4918: Waiting
0ad2361bb86d: Waiting
c3ee03a93323: Waiting
```

图 13-26　安装镜像

```
C:\Windows\system32>docker pull selenium/node-chrome
Using default tag: latest
latest: Pulling from selenium/node-chrome
7ddbc47eeb70: Already exists
c1bbdc448b72: Already exists
8c3b70e39044: Already exists
45d437916d57: Already exists
19f82ee05cd5: Already exists
320494ffe513: Already exists
37bf31601241: Already exists
ff4462d9e211: Already exists
56d14078f879: Already exists
c524497381c0: Already exists
713cd1a80bdc: Already exists
a17229ca0b94: Already exists
af50740d57b3: Already exists
d765b18646a8: Already exists
f5db115c40d5: Already exists
56afc6231b00: Already exists
768a071aba5c: Already exists
1204ec367cb8: Pull complete
c54b2a66c3aa: Pull complete
8dbdd3292558: Pull complete
5154a257e987: Pull complete
412ac1592b70: Pull complete
aebae33acd52: Pull complete
Digest: sha256:eab11d28aa7d1fb5907b66168f6ba78b7ad59a28e3659707c91a07da450fb573
Status: Downloaded newer image for selenium/node-chrome:latest
```

图 13-27　安装镜像

（5）查看镜像，结果如下：

```
C:\Windows\system32>docker images
REPOSITORY              TAG       IMAGE ID       CREATED        SIZE
selenium/node-Firefox   latest    55bd725ea05d   10 days ago    836MB
selenium/node-chrome    latest    ee4a823cb1ca   10 days ago    896MB
selenium/hub            latest    232fb121e11f   10 days ago    263MB
```

（6）启动主 Hub 容器，如图 13-28 所示。

在 cmd 中输入命令 docker run -p 5555:4444 -d --name hub selenium/hub，执行结果如下：

```
C:\Windows\system32>docker run -p 5555:4444 -d --name hub selenium/hub
docker: Error response from daemon: Conflict. The container name "/hub" is
already in use by container "e16a1e76bf3b25ca4f6872d15dc74b8dcde54d4ace9
f2aeb14acf35562b2ec32". You have to remove (or rename) that container to
be able to reuse that name.
See 'docker run --help'.
```

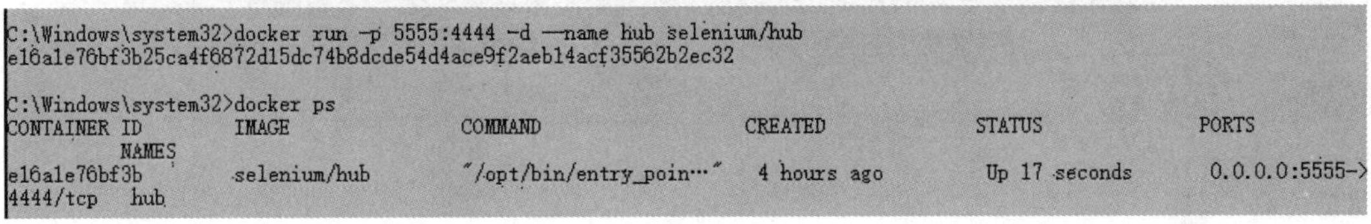

```
C:\Windows\system32>docker run -p 5555:4444 -d --name hub selenium/hub
e16a1e76bf3b25ca4f6872d15dc74b8dcde54d4ace9f2aeb14acf35562b2ec32

C:\Windows\system32>docker ps
CONTAINER ID        IMAGE               COMMAND                  CREATED             STATUS              PORTS
        NAMES
e16a1e76bf3b        selenium/hub        "/opt/bin/entry_poin…"   4 hours ago         Up 17 seconds       0.0.0.0:5555->
4444/tcp   hub
```

图 13-28　启动 Hub

启动主 Hub 容器后，使用 docker ps 命令查看镜像，结果如下：

```
C:\Windows\system32>docker ps
CONTAINER ID        IMAGE               COMMAND
CREATED             STATUS              PORTS                    NAMES
e16a1e76bf3b        selenium/hub        "/opt/bin/entry_poin…"
4 hours ago         Up 17 seconds       0.0.0.0:5555->4444/tcp   hub
```

（7）启动 firefox 节点，命令如下，结果如图 13-29 所示。

```
docker run -P -d --link hub:hub --name firefox selenium/node-firefox
```

```
C:\Windows\system32>docker run -P -d --link hub:hub --name firefox selenium/node-firefox
2a0cd314a84e16c901972a0bdea891d3ecabb534a63e0d4883491fe28c202607
```

图 13-29　启动 firefox 节点

（8）启动 chrome 节点，命令如下，结果如图 12-30 所示。

```
docker run -P -d --link hub:hub --name chrome selenimu/node-chrome
```

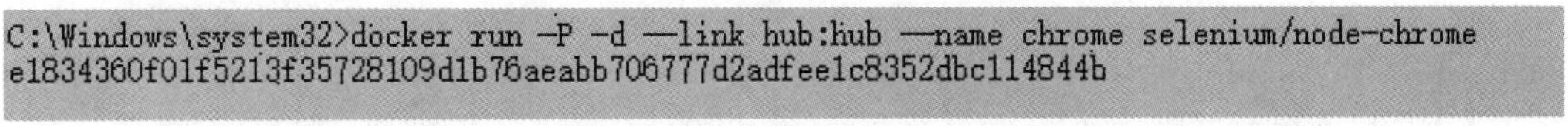

```
C:\Windows\system32>docker run -P -d --link hub:hub --name chrome selenium/node-chrome
e1834360f01f5213f35728109d1b76aeabb706777d2adfee1c8352dbc114844b
```

图 13-30　启动 chrome 节点

（9）通过 cmd 查看本机物理地址，结果如下：

```
以太网适配器 以太网 3:

   连接特定的 DNS 后缀 . . . . . . . : lan
   本地链接 IPv6 地址. . . . . . . . : fe80::8486:8914:c309:c405%11
   IPv4 地址 . . . . . . . . . . . . : 192.168.199.234
   子网掩码  . . . . . . . . . . . . : 255.255.255.0
   默认网关. . . . . . . . . . . . . : 192.168.199.1
```

（10）查看本机 IP 地址后，在浏览器访问 http:// 192.168.199.234:5555/grid/console，可查看不同的节点信息，如图 13-31 所示。

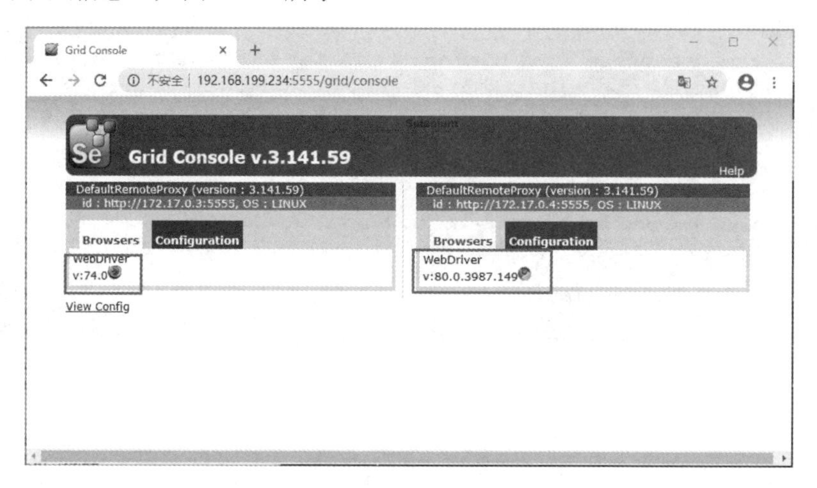

图 13-31　Console 信息页

（11）使用 docker ps -a 命令查看所有容器的状态，包括容器 ID（CONTAINER ID）；使用 docker start 命令启动一个已停止的容器。结果如下：

```
C:\Windows\system32>docker ps -a
CONTAINER ID    IMAGE                   COMMAND                   CREATED
STATUS          PORTS                   NAMES
e1834360f01f    selenium/node-chrome    "/opt/bin/entry_poin…"    4 days ago
Exited (255) 26 minutes ago             chrome
2a0cd314a84e    selenium/node-Firefox   "/opt/bin/entry_poin…"    4 days ago
Exited (255) 26 minutes ago             Firefox
e16a1e76bf3b    selenium/hub            "/opt/bin/entry_poin…"    4 days ago
Exited (255) 26 minutes ago             0.0.0.0:5555->4444/tcp    hub

C:\Windows\system32>docker start e16a1e76bf3b
e16a1e76bf3b

C:\Windows\system32>docker start 2a0cd314a84e
2a0cd314a84e

C:\Windows\system32>docker start e1834360f01f
e1834360f01f
```

（12）Firefox 与 Chrome 运行同一个脚本。

```
# ========================
# Docker 运行下，Firefox 与 Chrome 运行同一个脚本
# ========================
from selenium import webdriver
```

```
from time import ctime

#测试用例
def BingSearch(Host, Browser):
    print('Script-Start-Time: %s' %ctime())
    print(Host, Browser)
    dc = {'browserName': Browser}
    driver = webdriver.Remote(command_executor=Host, desired_capabilities=dc)
    driver.get('http://cn.bing.com/')
    driver.find_element_by_id('sb_form_q').send_keys("bella")
    driver.find_element_by_id('sb_form_go').click()
    driver.get_screenshot_as_file(r"D:/"+ Browser + ".png")
    driver.quit()

lists = {'http://127.0.0.1:5555/wd/hub':'Firefox',
         'http://192.168.199.232:5555/wd/hub':'chrome'
         }

for (Host,Browser) in lists.items():
    BingSearch(Host,Browser)
```

结果如下：

```
Script-Start-Time: Mon Apr 13 21:48:32 2020
http://127.0.0.1:5555/wd/hub Firefox
Script-Start-Time: Mon Apr 13 21:48:38 2020
http://192.168.199.232:5555/wd/hub chrome
```

（13）在 D 盘下，看到 Firefox.png 与 Chrome.png，图的内容与图 13-32 完全一致。

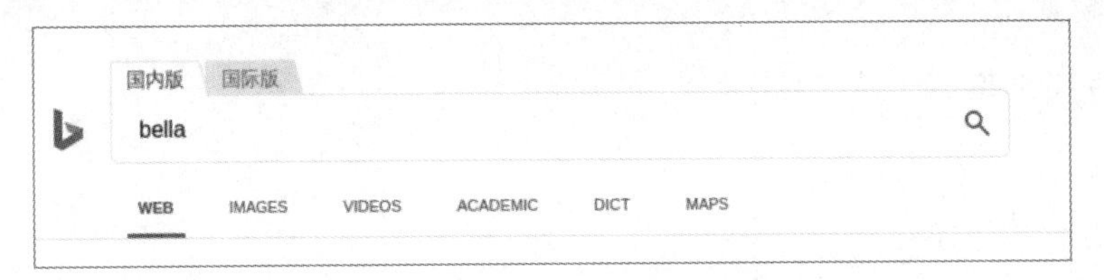

图 13-32　Firefox.png 与 Chrome.png

（14）借助 Firefox 与 Chrome 镜像运行不同的脚本。

```
# ==========================
# Docker 运行下，Firefox 与 Chrome 运行不同的脚本
# ==========================
from selenium import webdriver
from time import ctime

#测试用例
def BingSearch(Host, Browser):
    print('Script-Start-Time: %s' %ctime())
```

```
    # print(Host, Browser)
    dc = {'browserName': Browser}
    driver = webdriver.Remote(command_executor=Host, desired_capabilities=dc)
    driver.get('http://cn.bing.com/')
    driver.find_element_by_id('sb_form_q').send_keys("bella")
    driver.find_element_by_id('sb_form_go').click()
    driver.get_screenshot_as_file(r"D:/"+ Browser + ".png")
    driver.quit()

def BaiDuSearch(Host, Browser):
    print('Script-Start-Time: %s' %ctime())
    # print(Host, Browser)
    dc = {'browserName': Browser}
    driver = webdriver.Remote(command_executor=Host, desired_capabilities=dc)
    driver.get('https://www.baidu.com/')
    driver.find_element_by_id('kw').send_keys("bella")
    driver.find_element_by_id('su').click()
    driver.get_screenshot_as_file(r"D:/"+ Browser + ".png")
    driver.quit()


lists = {'http://127.0.0.1:5555/wd/hub':'Firefox',
         'http://192.168.199.232:5555/wd/hub':'chrome'
         }

# print(len(lists))
# print(list(lists)[0])
# print(list(lists)[1])

# print(range(len(lists)))

# for i in range(len(lists)):
#     print(i)
#
for i in range(len(lists)):
    print("i==%s" % i)
    if i == 0 :
        Bingkey = list(lists)[i]
        Bingvalue = list(lists.values())[i]
        print(Bingkey + ":" + Bingvalue)
        BingSearch(Bingkey, Bingvalue)
    else:
        BaiDukey = list(lists)[i]
        BaiDuvalue = list(lists.values())[i]
        print(BaiDukey+":"+BaiDuvalue)
        BaiDuSearch(BaiDukey, BaiDuvalue)
```

结果如下：

```
i==0
http://127.0.0.1:5555/wd/hub:Firefox
Script-Start-Time: Mon Apr 13 21:56:34 2020
i==1
http://192.168.199.232:5555/wd/hub:chrome
Script-Start-Time: Mon Apr 13 21:56:39 2020
```

（15）在 D 盘下可以看到 Firefox.png（Bing 搜索）与 Chrome.png（百度搜索）两个图片文件，如图 13-33 与图 13-34 所示。

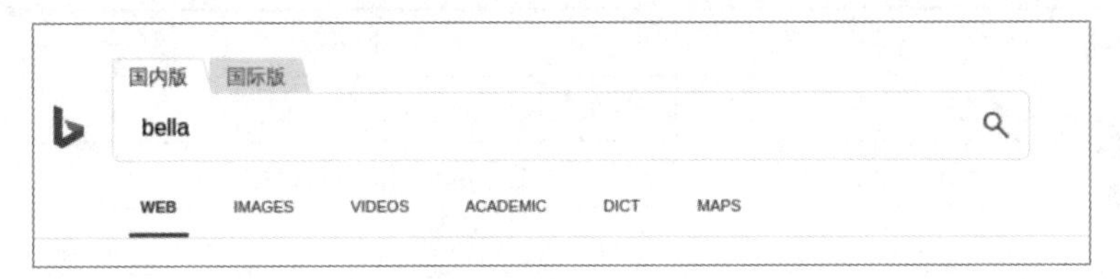

图 13-33　Firefox.png

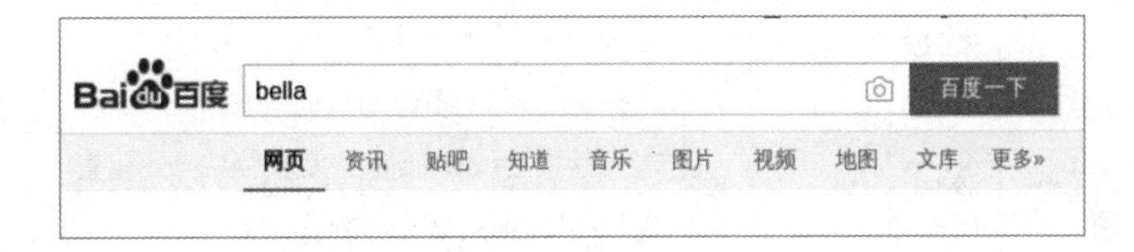

图 13-34　Chrome.png

附　　录

附表 1-1　CSS选择器的常见语法格式

选　择　器	例　　子	例 子 描 述
.class	.intro	选择class="intro"的所有元素
#id	#firstname	选择id="firstname"的所有元素
*	*	选择所有元素
element	p	选择所有<p>元素
element,element	div,p	选择所有<div>元素和所有<p>元素
element element	div p	选择<div>元素内部的所有<p>元素
element>element	div>p	选择父元素为<div>元素的所有<p>元素
element+element	div+p	选择紧接在<div>元素之后的所有<p>元素
[attribute]	[target]	选择带有target属性的所有元素
[attribute=value]	[target=_blank]	选择target="_blank"的所有元素
[attribute~=value]	[title~=flower]	选择title属性包含单词"flower"的所有元素
[attribute|=value]	[lang|=en]	选择lang属性值以"en"开头的所有元素
:link	a:link	选择所有未被访问的链接
:visited	a:visited	选择所有已被访问的链接
:active	a:active	选择活动链接
:hover	a:hover	选择鼠标指针位于其上的链接
:focus	input:focus	选择获得焦点的input元素
:first-letter	p:first-letter	选择每个<p>元素的首字母
:first-line	p:first-line	选择每个<p>元素的首行
:first-child	p:first-child	选择属于父元素的第一个子元素的每个<p>元素
:before	p:before	在每个<p>元素的内容之前插入内容
:after	p:after	在每个<p>元素的内容之后插入内容
:lang(language)	p:lang(it)	选择带有以it开头的lang属性值的每个<p>元素
element1~element2	p~ul	选择前面有<p>元素的每个<ul>元素

（续）

选 择 器	例 子	例 子 描 述
[attribute^=value]	a[src^="https"]	选择其src属性值以"https"开头的每个<a>元素
[attribute$=value]	a[src$=".pdf"]	选择其src属性以".pdf"结尾的所有<a>元素
[attribute*=value]	a[src*="abc"]	选择其src属性中包含"abc"子串的每个<a>元素
:first-of-type	p:first-of-type	选择属于其父元素的首个<p>元素的每个<p>元素
:last-of-type	p:last-of-type	选择属于其父元素的最后<p>元素的每个<p>元素
:only-of-type	p:only-of-type	选择属于其父元素唯一的<p>元素的每个<p>元素
:only-child	p:only-child	选择属于其父元素的唯一子元素的每个<p>元素
:nth-child(n)	p:nth-child(2)	选择属于其父元素的第二个子元素的每个<p>元素
:nth-last-child(n)	p:nth-last-child(2)	同上，从最后一个子元素开始计数
:nth-of-type(n)	p:nth-of-type(2)	选择属于其父元素第二个<p>元素的每个<p>元素
:nth-last-of-type(n)	p:nth-last-of-type(2)	同上，但是从最后一个子元素开始计数
:last-child	p:last-child	选择属于其父元素最后一个子元素的每个<p>元素
:root	:root	选择文档的根元素
:empty	p:empty	选择没有子元素的每个<p>元素（包括文本节点）
:target	#news:target	选择当前活动的#news元素
:enabled	input:enabled	选择每个启用的<input>元素
:disabled	input:disabled	选择每个禁用的<input>元素
:checked	input:checked	选择每个被选中的<input>元素
:not(selector)	:not(p)	选择非<p>元素的每个元素
::selection	::selection	选择被用户选取的元素部分

附表 1-2 ActionChains方法列表

click(on_element=None)	单击鼠标左键
click_and_hold(on_element=None)	单击鼠标左键不松开
context_click(on_element=None)	单击鼠标右键
double_click(on_element=None)	双击鼠标左键
drag_and_drop(source, target)	拖曳到某个元素上然后松开
drag_and_drop_by_offset(source, xoffset, yoffset)	拖曳到某个坐标上然后松开
key_down(value, element=None)	按下键盘上的某个键
key_up(value, element=None)	松开某个键
move_by_offset(xoffset, yoffset)	光标从当前位置移动到某个坐标上

（续）

move_to_element(to_element)	光标移动到某个元素上
move_to_element_with_offset(to_element, xoffset, yoffset)	移动到距某个元素（左上角坐标）多少距离的位置
perform()	执行链中的所有动作
release(on_element=None)	在某个元素位置松开鼠标左键
send_keys(*keys_to_send)	发送某个键到当前焦点的元素

参 考 文 献

[1] 冈迪察．U Selenium 自动化测试——基于 Python 语言[M]．金鑫，熊志男，译．北京：人民邮电出版社，2018.

[2] 李晓鹏．软件功能测试：基于 QuickTest Professional 应用[M]．北京：清华大学出版社，2012．

推荐阅读

Spring+Spring MVC
+MyBatis
整合开发实战

分布式中间件
技术实战
（Java版）
Introduction and Practice of Middleware Technology（Java Version）

Java程序
性能优化实战

深入解析
Java编译器
源码剖析与实例详解

微信
小程序
项目开发实战

Android开发进阶实战
拓展与提升
Android

React+Redux
前端开发实战
React

Node.js+Express+Vue.js
项目开发实战
Node.js

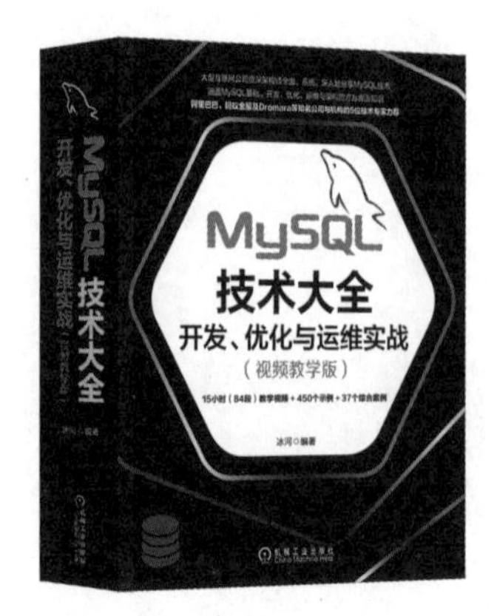
MySQL
技术大全
开发、优化与运维实战
（视频教学版）

推荐阅读

人脸识别与美颜算法实战
基于Python、机器学习与深度学习

分布式人工智能
基于TensorFlow、RTOS与群体智能体系

Python数据挖掘与机器学习实战

神经网络与深度学习实战
Python+Keras+TensorFlow

深度学习之TensorFlow
入门、原理与进阶实战

机器学习算法框架实战
Java和Python实现

深度学习之图像识别
核心技术与案例实战

深度学习之PyTorch物体检测实战

深度学习之人脸图像处理
核心算法与案例实战

推荐阅读

Python
青少年编程
魔法课堂
（案例+视频教学版）

趣学Python
算法100例

人工智能极简编程入门
（基于Python）

从零开始学
Python网络爬虫

从零开始学
Python数据分析

从零开始学
Scrapy 网络爬虫

Python
金融大数据风控建模实战
基于机器学习

Python Django
Web典型模块开发实战

Python Flask
Web开发入门与项目实战